分析化学

主　编　张建辉

副主编　何爱翠　黄淑芳　邓　芳　李　波

参　编　冯　辉　张　斌　刘维平　白燕茹

覃建友　姚华珍　吴和平

主　审　吴江丽

北京理工大学出版社

BEIJING INSTITUTE OF TECHNOLOGY PRESS

内 容 提 要

本书采用模块化的方式编写，以典型项目为依托，突出职业性和技术性。全书包括分析化学基本技能、酸碱滴定法、配位滴定法、氧化还原滴定法、沉淀滴定法、重量分析法以及光学分析法等内容。每个项目均来自生产实际，具有较强的实用性和应用性。每个项目后附有项目评价和习题，便于学生检查、总结和提高。全书内容简明扼要，重点突出，易教易学。

本书可作为环保、化工、食品、医药卫生、生物等专业类别的教材，也可作为分析检验工作者的参考书。

图书在版编目(CIP)数据

分析化学 / 张建辉主编. -- 北京：北京理工大学出版社，2024.2

ISBN 978-7-5763-3581-1

Ⅰ. ①分… Ⅱ. ①张… Ⅲ. ①分析化学－高等学校－教材 Ⅳ. ①O65

中国国家版本馆CIP数据核字（2024）第044765号

责任编辑： 阎少华　　**文案编辑：** 阎少华

责任校对： 周瑞红　　**责任印制：** 王美丽

出版发行 / 北京理工大学出版社有限责任公司

社　　址 / 北京市丰台区四合庄路6号

邮　　编 / 100070

电　　话 /（010）68914026（教材售后服务热线）

（010）68944437（课件资源服务热线）

网　　址 / http：//www.bitpress.com.cn

版 印 次 / 2024年2月第1版第1次印刷

印　　刷 / 河北鑫彩博图印刷有限公司

开　　本 / 787 mm × 1092 mm　1/16

印　　张 / 19

字　　数 / 453千字

定　　价 / 79.00元

前　言

党的二十大报告指出：实施科教兴国战略，强化现代化建设人才支撑。科技是第一生产力、人才是第一资源、创新是第一动力，高技能人才是人才强国战略的重要组成部分。教育部印发的《国家职业教育改革实施方案》明确提出要完善高层次应用型人才培养，要求高等职业学校培养高素质技术技能人才。我们在编写本书时，从职业教育的特点出发，针对高等职业教育教学人才培养的定位，以实际工作过程系统化的理念为指导，以分析检测应用能力培养为重点，将相关的理论基础与操作技能有机地结合起来，构建典型学习项目，形成系统全面的教学内容，满足学生就业和职业发展的需要。

本书的编写按照分析检测的原理不同划分模块，每个模块按照学生认知规律由若干典型项目组成，突出职业性和技术性。全书主要内容包括分析化学基本技能、酸碱滴定法、配位滴定法、氧化还原滴定法、沉淀滴定法、重量分析法以及光学分析法。结合生产和生活实际，精心选取了样品的称量、酸碱体积比的测定、工业醋酸含量的测定、工业烧碱中氢氧化钠和碳酸钠含量的测定、水样总硬度的测定、水质高锰酸盐指数的测定、铁矿石全铁量的测定、水中溶解氧的测定、水质氯含量的测定、水中硫酸根离子的测定、水中微量铁的测定、水样中铜的测定等项目。本书内容简明扼要，结构紧凑，重点突出，易教易学。

本书在内容组织和安排上具有以下特色。

1．教材的每个项目均来自生产和生活实际，具有一定的实用性和应用性，突出职业素养和职业能力的培养。

2．每个项目有若干任务，任务之后有项目实施和项目拓展，过程清晰明了，体现了“做中学，学中做”的教学理念。

3．每个项目提供了评价标准和评价方法，便于学生检查、总结和提高。

4．教材有机融入了思政教育和环保理念。完成任务的过程中，充分挖掘思政元素，同时培养学生的环保意识，并贯穿整个教学及考核评价的全过程。

5．本书不需另外配实验教材使用，操作技能（实验）与理论知识已经融为一体。

本书由长沙环境保护职业技术学院张建辉担任主编；长沙环境保护职业技术学院何爱翠、黄淑芳、邓芳、李波担任副主编；长沙环境保护职业技术学院冯辉、张斌、刘维平，杨凌职业技术学院白燕茹，广西生态工程职业技术学院覃建友，杭州万向职业技术学院姚华珍，桐柏泓鑫新材料有限公司吴和平参与编写；长沙环境保护职业技术学院吴江丽担任主审。邓芳和刘维平编写项目1和项目2；冯辉和白燕茹编写项目3和项目4；黄淑芳和姚华珍编写项目5和项目9；张建辉、白燕茹和张斌编写项目6、项目7和项目8；何爱翠和吴和平编写项目10和项目11；李波和覃建友编写项目12。张建辉、何爱翠、黄淑芳、李波、邓芳负责本书的编排和统稿。

在本书编写的过程中，编者查阅和参考了大量的文献资料，在此对参考文献的作者致以诚挚的谢意。同时，本书的编写得到了各位编者所在单位的大力支持，在此一并表示衷心的感谢。

由于编者水平有限，书中难免存在疏漏之处，恳请使用本书的读者批评指正。

编　者

目　录

模块五 沉淀滴定法

模块六 重量分析法

模块七　光学分析法

绪　论

0.1　分析化学的任务和作用

分析化学是测量和表征物质的组成和结构的科学，即研究物质的化学组成、相对含量和结构的分析方法及相关理论的科学。分析化学的任务是对物质进行组成分析和结构鉴定，研究获取物质化学信息，可分为定性分析、定量分析和结构分析三部分。定性分析是确定物质是由哪些组分(元素、离子、基团或化合物)所组成，即“有什么”；定量分析是测定物质中有关组分的相对含量，也就是“有多少”；结构分析是研究物质各组分的结合方式及其对物质化学性质的影响。

作为化学的一个分支学科，分析化学对化学其他各学科的发展起着重要的作用，没有分析化学就不可能有化学其他学科的发展和进步，许多化学定律和理论都是用分析化学的方法确定的。对于其他学科研究领域，只要涉及化学现象，都无一例外地需要分析测定。不仅如此，分析化学对国民经济、国防建设和人民生活等方面都有很大的实际意义。

在国民经济建设中，分析化学具有重要的地位和作用。例如，工业上资源的勘探、原材料的选择、工艺流程的控制、成品的检验以及“三废”的处理与环境的监测；农业上土壤的普查、农作物营养的诊断、化肥和农药的生产及农产品的质量检验、农药及其残留物的检验。在尖端科学和国防建设中，像人造卫星、核武器的研究和生产以及原子能材料、半导体材料、超纯物质中微量杂质的分析等，都要应用分析化学。在国际贸易方面，对进出口的原料、成品的质量检验，也需要用分析化学。因此，人们常将分析化学称为生产的“眼睛”，它在工业、农业、国防和科学技术现代化进程中起着极其重要的作用。可以说，分析化学的水平已成为衡量一个国家科学技术水平的重要标志之一。

分析化学是一门以实验为基础的学科，在学习过程中一定要理论联系实际，加强实验训练这个重要环节。通过学习此课程，掌握分析化学的基本原理和测定方法，树立准确量的概念；培养严谨的科学态度；正确掌握有关的科学实验技能；提高分析问题和解决问题的能力。

0.2　分析化学的分析方法分类

分析化学的内容很丰富，根据分析任务、分析对象、测定原理、试样用量、待测成分含量的多少以及具体要求的不同，分析方法可分为许多种类。

(1)定性分析、定量分析和结构分析。定性分析的任务是确定物质由哪些元素、原子团或化合物组成；定量分析的任务是测定物质中有关成分的含量；结构分析的任务是研究物质的分子结构或晶体结构。

(2)无机分析和有机分析。无机分析的对象是无机物，有机分析的对象是有机物。在无机分析中，组成无机物的元素种类较多，通常要求鉴定物质的组成和测定各成分的含量。在有机分析中，组成有机物的元素种类不多，但结构相当复杂，分析的重点是官能团分析和结构分析。

(3)常量分析、半微量分析、微量分析和超微量分析。根据试样的用量及操作规模不同，分析方法可分为常量、半微量、微量和超微量分析，分类的大概情况见表 0-1。

表 0-1　按试样用量的分析方法

分析方法名称	常量分析	半微量分析	微量分析	超微量分析
固体试样质量	＞0.1 g	0.1～0.01 g	0.1～10 mg	＜0.1 mg
液态试样体积/mL	＞10	1～10	0.01～1	＜0.01

另外，根据待测成分含量高低不同，分析方法又可分为常量组分分析(质量分数＞1%)、微量组分分析(质量分数 0.01%～1%)和痕量组分分析(质量分数＜0.01%)的测定。

(4)化学分析和仪器分析。以物质的化学反应为基础的分析方法称为化学分析法。化学分析法历史悠久，是分析化学的基础，又称经典分析法，主要有重量分析法和滴定分析(容量分析)法等。

以物质的物理和物理化学性质为基础的分析方法称为物理和物理化学分析法，这类方法都需要较特殊的仪器，通常称为仪器分析法。仪器分析法主要有光学分析法、电化学分析法、热分析法以及色谱分析法等，种类很多，而且新的分析方法还在不断出现。

(5)例行分析和仲裁分析。例行分析是指一般化验室对日常生产中的原材料、半成品和产品所进行的分析，又叫常规分析。仲裁分析是当不同的单位对同一试样分析得出不同的测定结果并由此发生争议时，要求权威机构用公认的标准方法进行准确的分析，以裁判原分析结果的准确性。显然，在仲裁分析中，分析方法和分析结果要求有较高的准确度。

0.3　分析化学的发展趋势

生产的发展和科技的进步给分析化学提出了越来越多的新课题，这些课题已不限于来自工农业生产和经济建设部门，而是更多地来自环境科学、生命科学、材料科学、宇宙科学等一切涉及化学现象的边缘科学。这些课题也不只限于测定物质的组分和含量，而是要求提供更多、更全面的信息，即从组成到形态分析、从静态分析到快速反应跟踪分析、从破坏试样分析到无损分析等。

分析化学是近年来发展十分迅速的学科之一。它同现代科学技术总的发展是分不开的，一方面，现代科学技术的发展要求分析化学提供更多的关于物质组成和结构的信息；另一方面，现代科学技术也不断向分析化学提供新的理论、方法和手段，促进了分析化学的发展。

随着现代科学技术的发展，新成就被不断应用于分析化学，出现了日益增多的新的测试方法和测试仪器，它们都以高灵敏度和快速为特点。如光谱检测用二极管阵列检测器代替传统的二极管，迅速地出现了新一代的电感耦合阵列检测器，具有量子效率高、暗电流小、噪声低、灵敏度高等优良性能。近年来，利用激光的高强度、单色性、定向性等优良性能，痕量分析的灵敏度达到了极高的水平，实现了单个分子和单个原子的检测。20 世纪 80 年代出现的超临界流体色谱新技术，能在较低温度下分离热不稳定、挥发条件差的大分子，其柱效比高效液相色谱技术高几倍。毛细管色谱柱的应用以及气相色谱仪与其他仪器的联用，如气相色谱-质谱联用，已成为分离、鉴定、剖析复杂挥发性有机物质有效的手段之一。

现代分析仪器具有在相对短的时间内提供大量分析数据的能力，甚至连续提供具有很高时间或空间分辨力的多维分析数据。处理这些原始分析数据，以最优方式从中提取解决实际生产、科研课题中所需要的有用信息，这就是化学计量学产生与发展的背景。化学计量学的迅速兴起，使分析化学已由单纯的提供数据，上升到从分析数据中获取有用的信息和知识，成为生产和科研中实际问题的解决者。

将计算机与分析仪器联用，极大地提高了分析仪器提供信息的功能，使分析仪器进入过去传统分析技术无法涉足的许多领域。分析化学的任务也不仅限于测定物质的成分和含量，而且往往要知道物质的结构、价态、状态等信息，因而它涉足的领域也由宏观发展到微观，由表观深入内部，由总体进入微区、表面或薄层，由静态发展到动态。

总之，现代分析化学朝着高灵敏度、高选择性、准确、快速、简便和自动化的方向发展，以解决更多、更深和更复杂的问题。

模块1　分析化学基本技能

分析测试工作要求具备扎实的分析化学实验基本技能和计算基本技能。分析化学实验的基本技能包括实验室安全知识、实验用水、常用试剂的规格及试剂的使用和保存、电子分析天平及其称量方法、滴定分析基本操作；计算基本技能分为溶液配制相关的计算技能、根据化学方程式计算技能、实验数据的处理和可疑值取舍等。

学习目标

知识目标

1. 初步认识实验室安全守则、实验室意外事故的一般处理和实验室“三废”简单的无害化处理；

2. 掌握误差与偏差的表示方法、有关计算及相互关系，掌握准确度、精密度的概念及两者间的关系；

3. 掌握有效数字的定义、意义及有效数字位数的判断，掌握有效数字修约与运算规则；

4. 掌握测量数据中异常值的合理取舍；

5. 理解滴定分析中的基本术语，掌握滴定分析中常见的四种滴定方式的特点；

6. 掌握滴定分析中常用基准物的名称和使用方法，掌握标准溶液的配制方法及其适用条件；

7. 理解滴定剂和被测物质间的计量关系；

8. 掌握标准溶液浓度的计算方法和待测组分含量的计算方法。

技能目标

1. 熟悉天平构造与使用规则，具备根据实际情况选择称量方法的能力；

2. 能进行容量分析仪器基本操作和容量分析仪器的校准。

素质目标

1. 培养学生的安全意识，牢记实验室安全守则；

2. 爱护公物，按要求小心使用实验仪器和设备。

项目1　样品的称量

项目导入

我们常说“差之毫厘，谬以千里”，如果在分析工作刚开始的称量就不准确，那么之后的操作再规范、再认真，所用的仪器再精密先进，最后的分析结果也不会准确。因此，样品的称量是分析工作的重要环节，只有准确地进行样品的称量，才能为接下来的分析测定奠定一个好的基础。分析工作者必须掌握电子分析天平的正确使用以及样品的正确称量。

项目分析

本项目的主要任务是通过对电子分析天平的认识和使用，掌握直接称量法、固定质量称量法和差减称量法三种常用的称量方法，能根据实际情况进行称量方法的选择。

具体要求如下：

(1)掌握电子分析天平的使用规则和使用方法；

(2)掌握称量瓶与干燥器的使用方法；

(3)掌握直接称量法、固定质量称量法和差减称量法的操作方法；

(4)能进行实训原始数据的正确记录；

(5)掌握有效数据在称量中的应用。

项目导图

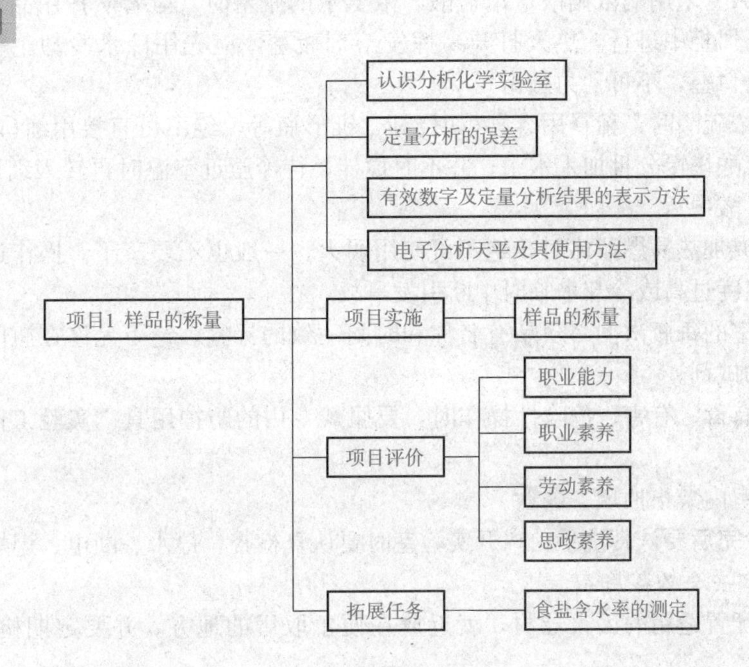

任务 1.1　认识分析化学实验室

分析检验实验室在学校、工厂、科研院所有其不同的性质。学校的化验室一类是为学生进行分析化学实验用的教学基地；另一类是为科研服务的也兼有科研性质的分析化学研究室。

工厂设车间化验室、中央化验室等。车间化验室主要担负生产过程中成品、半成品的控制分析。中央化验室主要担负原料分析、产品质量检验任务，并担负分析方法研究、改进、推广任务及车间化验室所用的标准溶液的配制、标定等工作任务。

科研院所的化验室除为科学研究课题担负测试任务外，也担负分析化学的研究工作。

1.1.1　实验室安全环保知识

对于分析实验室的工作人员，除需要了解、掌握有关用电、化学危险品以及气瓶使用的安全知识外，在日常工作中还要遵守一些常规的、涉及安全问题的常识和规则。

1. 实验室一般安全守则

(1)实验室要经常保持整齐、清洁。仪器、试剂、工具存放有序，实验台面干净、使用的仪器摆放合理。混乱、无序往往是引发事故的重要原因之一。

(2)严格按照技术规程和有关分析程序进行工作。

(3)进行有潜在危险的工作时，如危险物料的现场取样、易燃易爆物品的处理、焚烧废料等，必须有第二者陪伴。陪伴者应位于能看清操作者工作情况的地方，并注意观察操作的全过程。

(4)打开久置未用的浓硝酸、浓盐酸、浓氨水的瓶塞时，应着防护用品，瓶口不要对着人，宜在通风柜中进行。热天打开易挥发溶剂瓶塞，应先用冷水冷却。瓶塞如难以打开，尤其是磨口塞，不可猛力敲击。

(5)稀释浓硫酸时，稀释用容器(如烧杯、锥形瓶等，绝不可直接用细口瓶)置于塑料盆中，将浓硫酸慢慢分批加入水中，并不时搅拌，待冷至近室温时再转入细口储液瓶。绝不可将水倒入酸中。

(6)蒸馏或加热易燃液体时，绝不可使用明火，一般也不要蒸干。操作过程中不要离开人，以防温度过高或冷却水临时中断引发事故。

(7)化验室的每瓶试剂必须贴有名称和时间一致的标签。绝不允许在瓶内盛装与标签内容不相符的试剂。

(8)进行有毒、有害、危险性操作时，要佩戴专用的防护用具，实验工作服不宜穿出室外。

(9)实验室内禁止抽烟、进食。

(10)实验完后要认真洗手，离开实验室时要认真检查，停水、断电、熄灯、锁门。

2. 实验室安全必备用品

(1)必须配置适用的灭火器材，就近放在便于取用的地方，并要定期检查，如失效，要及时更换。

(2)根据各实验室工作内容，配置相应的防护用具和急救药品，如防护眼镜、橡胶手套、防毒口罩等。防护用具和急救药品常用的有红药水、紫药水、碘酒、创可贴、稀小苏打溶液、硼酸溶液、消毒纱布、药棉、医用镊子、剪刀等。

3. 实验室意外事故的一般处理

(1)化学灼伤处理。化学灼伤时，应迅速解脱衣服，清除皮肤上的化学药品，并用大量干净的水冲洗；再用可以清除这种有害药品的特种溶剂、溶液或药剂仔细处理，严重的应送医院治疗。

假如是眼睛受到化学灼伤，最好的方法是立即用洗眼器的水流洗涤，洗涤时要避免水流直射眼球，也不要揉搓眼睛。在用大量的细水流洗涤后，如果是碱灼伤，再用20%硼酸溶液淋洗；如果是酸灼伤，则用3%碳酸氢钠溶液淋洗。

(2)中毒处理。

①吸入有毒气体或刺激性气体。可立即吸入少量酒精和乙醚的混合蒸气解毒。吸入硫化氢、一氧化碳等气体而感到身体不适时，应立即到室外呼吸新鲜空气。

②皮肤接触强腐蚀性和易经皮肤吸收引起中毒的物质时，要迅速脱去污染的衣着，立即用大量流动清水或肥皂水彻底清洗，清洗时应注意头发、手足、指甲及皮肤褶皱处，冲洗时间不少于15 min。

③眼睛受污染时，用流水彻底冲洗。对有刺激和腐蚀性物质冲洗时间不少于15 min。冲洗时应将眼睑提起，注意将结膜囊内的化学物质全部冲出，要边冲洗边转动眼球。

服用中毒物质的患者在催吐前给饮水500～600 mL(空胃不易引吐)，然后用手指或钝物刺激舌根部和咽后壁，即可引起呕吐。催吐要反复数次，直到呕吐物纯为饮入的清水为止。如食入的为强酸、强碱等腐蚀性毒物，则不能催吐，应饮牛奶或蛋清，以保护胃黏膜。

(3)注意防火、防电。

①一般的小火用湿布、防火布或沙子覆盖燃烧物灭火。若因不溶于水的有机溶剂(如酒精、苯或乙醚等)以及能与水反应的物质(如金属钠等)引起着火，绝不能用水灭火，应立即用湿布或沙土等扑灭。若遇电气设备着火，必须先切断电源，再用二氧化碳或四氯化碳灭火器扑灭火种。

②触电时，先立即切断电源，必要时进行人工呼吸。

4. 实验室“三废”简单的无害化处理

实验室“三废”通常指实验过程中所产生的一些废水、废气以及废渣。这些废弃物中许多是有毒有害物质，甚至有些还是剧毒物质和致癌物质，虽然在数量和强度方面不及工业和企业单位，但是如果不进行处理同样会对环境造成很大的污染。同时，教学过程中注重减少“三废”的产生以及无害化处理，不仅可以培养学生良好的实验习惯，还能提高学生的环境保护意识，具备一定的解决环境问题的能力。

分析实验室所用的化学药品种类多，“三废”成分复杂，故应分别进行排放和处理。

(1)废液的处理。

①较纯的有机溶剂废液可回收再用。含酚、氰、汞、铬、砷的废液要经过处理达到“三废”排放标准才能排放。低浓度含酚废液加次氯酸钠或漂白粉使酚氧化为二氧化碳和

水；高浓度含酚废水用乙酸丁酯萃取，重蒸馏回收酚；含氰化物的废液用氢氧化钠调至pH值为10以上，再加入3%的高锰酸钾使CN^-氧化分解；CN^-含量高的废液由碱性氧化法处理，即在pH值为10以上加入次氯酸钠使CN^-氧化分解。

②含汞盐的废液先调至pH值=8～10，加入过量硫化钠，使其生成硫化汞沉淀，再加入共沉淀剂硫酸亚铁，生成的硫化铁将水中悬浮物硫化汞微粒吸附而共沉淀。排出清液，残渣用焙烧法回收汞，或再制成汞盐。

③铬酸洗液失效，浓缩冷却后加高锰酸钾粉末氧化，用砂芯漏斗滤去二氧化锰后即可重新使用。废洗液用废铁屑还原残留的Cr(Ⅵ)到Cr(Ⅲ)，再用废碱或石灰中和成低毒的$Cr(OH)_3$沉淀。

④含砷废液加入氧化钙，调节pH值为8，生成砷酸钙和亚砷酸钙沉淀。或调节pH值为10以上，加入硫化钠与砷反应，生成难溶、低毒的硫化物沉淀。

⑤含铅镉废液，用消石灰将pH值调至8～10，使Pb^{2+}、Cd^{2+}生成$Pb(OH)_2$和$Cd(OH)_2$沉淀，加入硫酸亚铁作为共沉淀剂。

⑥混合废液用铁粉法处理，调节pH值为3～4，加入铁粉，搅拌0.5 h，加碱调pH值至9左右，继续搅拌10 min，加入高分子混凝剂，混凝后沉淀，清液排放，沉淀物以废渣处理。

(2)废气的处理。少量有毒气体可以通过排风设备排出室外，被空气稀释。毒气量大时经过吸收处理后排出；氮氧化物、二氧化硫等酸性气体用碱液吸收；可燃性有机毒物于燃烧炉中借氧气完全燃烧。

(3)废渣的处理。实训室废渣量相对较少，主要为实验室剩余的固体原料、固体生成物以及一些废纸、玻璃碎片等。对环境无污染、无毒害的固体废弃物按一般垃圾处理；对于易燃烧的固体有机物采取焚烧处理。

1.1.2 实验室用水

在分析工作中，洗涤仪器、溶解样品、配制溶液均需用水。一般天然水和自来水(生活饮用水)中常含有氯化物、碳酸盐、硫酸盐、泥沙等少量无机物和有机物，影响分析结果的准确度。作为分析用水，必须先经一定的方法净化达到国家规定。实验室用水规格，根据分析任务和要求的不同，采用不同纯度的水。

我国已建立了实验室用水规格的国家标准《分析实验室用水规格和试验方法》(GB/T 6682—2008)，其中规定了实验室用水的技术指标、制备方法及检验方法。这一基础标准的制定，对规范我国分析实验室的分析用水，提高分析方法的准确度起了重要的作用。

1. 分析用水的检验

为保证纯水的质量符合分析工作要求，对于所制备的每一批纯水，都必须进行质量检查。

(1)pH值的测定。普通纯水pH值应为5.0～7.5(25 ℃)，可用精密pH试纸或酸碱指示剂检验。对甲基红不显红色，对溴百里酚蓝不呈蓝色。用酸度计测定纯水的pH值时，先用pH值为5.0～8.0的标准缓冲溶液校正pH值计，再将100 mL三级水注入烧杯，插入玻璃电极和甘汞电极，测定pH值。

(2)电导率的测定。纯水是微弱导体，水中溶解了电解质，其电导率将相应增加。测定电导率应选用适于测定高纯水的电导率仪。一级水、二级水电导率极低，通常只测定三级水。测量三级水电导率时，将 300 mL 三级水注入烧杯，插入光亮铂电极，用电导率仪测定其电导率。测得的电导率小于或等于 5.0 μS/cm 时，即合格。

(3)吸光度的测定。将水样分别注入 1 cm 和 2 cm 的比色皿，用紫外-可见分光光度计于波长 254 nm 处，以 1 cm 比色皿中水为参比，测定 2 cm 比色皿中水的吸光度。一级水的吸光度应≤0.001；二级水的吸光度应≤ 0.01；三级水可不测水样的吸光度。

(4)SiO_2 的测定。SiO_2 的测定方法比较烦琐，一级水、二级水中的 SiO_2 可按《分析实验室用水规格和试验方法》(GB/T 6682—2008)方法中的规定测定。通常使用的三级水可测定水中的硅酸盐。其测定方法如下：取 30 mL 水于小烧杯中，加入 4 mol/L HNO_3 5 mL，5%$(NH_4)_2MoO_4$ 溶液 5 mL，室温下放置 5 min 后，加入 10%Na_2SO_4 溶液 5 mL，观察是否出现蓝色。如呈现蓝色，则不合格。

(5)氯化物。取 20 mL 水于试管中，用 1 滴 HNO_3(1+3)酸化，加入 0.1 mol/L $AgNO_3$ 溶液 1～2 滴，如有白色乳状物，则水不合格。

(6)Cu^{2+}、Pb^{2+}、Zn^{2+}、Fe^{3+}、Ca^{2+}、Mg^{2+} 等金属离子。

①Cu^{2+}。取 10 mL 水于试管中，加入 1+1 盐酸溶液 1 滴，摇匀，加入 1～2 mL 0.001%双硫腙及 CCl_4 试剂 1～2 mL，观察 CCl_4 层中是否呈现浅蓝色或浅紫色，如出现上述颜色，则水不合格。

②Pb^{2+}。取 10 mL 水于试管中，加入 10%柠檬酸 1～2 mL、10% KCN 1 mL，并加入 0.001%双硫腙 1 mL、CCl_4 2 mL，观察 CCl_4 层中的颜色变化，如出现粉红色，则水不合格。

③Zn^{2+}。取 10 mL 水于试管中，加入 HAc-NaAc 缓冲溶液 5 mL、10% $Na_2S_2O_3$ 0.5 mL，摇匀后加入 0.001%双硫腙 1 mL，如溶液呈现蓝紫色，则水不合格。

以上 Cu^{2+}、Pb^{2+}、Zn^{2+} 的量<0.1 μg/mL 时，均可检验出来(检出限<0.1×10^{-6})。

另一种简易检查金属离子的方法如下：取水 25 mL，加 0.2%铬黑 T 指示剂 1 滴、pH=10.0 的氨缓冲溶液 5 mL，如呈现蓝色，则说明 Fe^{3+}、Zn^{2+}、Pb^{2+}、Ca^{2+}、Mg^{2+} 等阳离子含量甚微，水质合格；如呈现紫红色，则说明水质不合格。

2. 分析用水的制备

制备实验室用水的原料水，应当是饮用水或比较纯净的水。如有污染，则必须进行预处理。纯水常用以下 3 种方法制备。

(1)蒸馏法。蒸馏法制备纯水是根据水与杂质的沸点不同，将自来水(或其他天然水)用蒸馏器蒸馏而得到的。用这种方法制备纯水操作简单、成本低，能除去水中非蒸发性杂质，但不能除去易溶于水的气体。由于蒸馏一次所得蒸馏水仍含有微量杂质，只能用于定性分析或一般工业分析。

目前使用的蒸馏器一般是由玻璃、镀锡铜皮、铝皮或石英等材料制成的。由于蒸馏器的材质不同，带入蒸馏水中的杂质也不同。用玻璃蒸馏器制得的蒸馏水会有 Na^+、SiO_3^{2-} 等离子。用铜蒸馏器制得的蒸馏水通常含有 Cu^{2+}，蒸馏水中通常还含有一些其他杂质。原因是二氧化碳及某些低沸物易挥发物质，随水蒸气带入蒸馏水；少量液态水成雾状飞出，直接进入蒸馏水；微量的冷凝管材料成分也能带入蒸馏水。

必须指出，以生产中的废汽冷凝制得的“蒸馏水”，因含杂质较多，是不能直接用于分析化学的。

(2)离子交换法。离子交换法是利用称为离子交换树脂的具有特殊网状结构的人工合成有机高分子化合物净化水的一种方法。常用于处理水的离子交换树脂有两种：一种是强酸性阳离子交换树脂；另一种是强碱性阴离子交换树脂。当水流过两种离子交换树脂时，阳离子和阴离子交换树脂分别将水中的杂质阳离子和阴离子交换为 H^+ 和 OH^-，从而达到净化水的目的。使用一段时间后，离子交换树脂的交换能力会有所下降，此时可分别用 5%～10%的 HCl 和 NaOH 溶液处理阳离子和阴离离子交换树脂，使其恢复离子交换能力，这叫作离子交换树脂的再生。再生后的离子交换树脂可以重复使用，因为离子交换法方便有效且较经济，故在化工、冶金、环保、医药、食品等行业得到广泛应用。

与蒸馏法相比，离子交换法生产设备简单，节约燃料和冷却水，且水质化学纯度高。但此法也不能完全除去有机物和非电解质。

(3)电渗析法。电渗析法是常用的脱盐技术之一，由于其能耗低，常作为离子交换法的前处理步骤。该法利用外加直流电场，使阴阳离子交换膜分别选择性地允许阴阳离子透过，则一部分离子透过离子交换膜迁移到另一部分水中，使得一部分水纯化，另一部分水浓缩。产出水的纯度能满足一般工业用水的需要。

(4)反渗透法。其生成的原理是让水分子在压力的作用下，通过反渗透膜成为纯水，水中的杂质被反渗透膜截留排出。反渗水克服了蒸馏水和去离子水的许多缺点，利用反渗透技术可以有效地去除水中的溶解盐、胶体、细菌、病毒、细菌内毒素和大部分有机物等杂质。

3. 分析用水的贮存

分析用水的贮存影响分析用水的质量。各级分析用水均应使用密闭的专用聚乙烯容器。三级水也可使用密闭的专用玻璃容器。新容器使用前，需要用 20%盐酸溶液泡 2～3 天，再用待贮存的水反复冲洗，然后注满，浸泡 6 h 以上方可使用。

各级分析用水在贮存期间，其污染主要源于聚乙烯容器可溶成分的溶解及空气中的 CO_2 和其他杂质，故一级水不可贮存，使用前制备；二级水、三级水可适量制备，分别贮存于符合要求的容器中。

1.1.3 实验室试剂管理

1. 试剂的分类及规格

化学试剂产品已有数千种，有分析试剂、仪器分析专用试剂、指示剂、有机合成试剂、生化试剂、电子工业专用试剂、医用试剂等。随着科学技术和生产的发展，新的试剂种类还将不断产生。常用的化学试剂的分类方法有按试剂用途和化学组成分类，按试剂用途和学科分类，按试剂包装和标志分类，按化学试剂的标准分类。

现将化学试剂分为标准试剂、一般试剂、高纯试剂、专用试剂四大类。

(1)标准试剂。标准试剂是用于衡量其他(欲测)物质化学量的标准物质。标准试剂的特点是主体含量高而且准确可靠，其产品一般由大型试剂厂生产，并严格按国家标准检验。主要国产标准试剂的分类及用途列于表 1-1 中。

表 1-1　主要国产标准试剂的分类与用途

类别	主要用途
滴定分析第一基准试剂(C级)	工作基准试剂的定值
滴定分析工作基准试剂(D级)	滴定分析标准溶液的定值
杂质分析标准溶液	仪器及化学分析中作为微量杂质分析的标准
滴定分析标准溶液	滴定分析法测定物质的含量
一级 pH 基准试剂	pH 基准试剂的定值和高精密度 pH 计的校准
pH 基准试剂	pH 计的校准(定位)
热值分析试剂	热值分析仪的标定
色谱分析标准	气相色谱法进行定性和定量分析的标准
临床分析标准溶液	临床化验
农药分析标准	农药分析
有机元素分析标准	有机元素分析

(2)一般试剂。一般试剂是实验室普遍使用的试剂，一般可分为 4 个等级，见表 1-2。

表 1-2　一般试剂的分级标准和适用范围

级别	纯度分类	英文符号	适用范围	标签颜色
一级	优级纯(保证试剂)	G. R	适用于精密分析实验和科学研究工作	绿色
二级	分析纯(分析试剂)	A. R	适用于一般分析实验和科学研究工作	红色
三级	化学纯	C. P	适用于一般分析工作	蓝色
四级	实验试剂	L. R	适用于一般化学实验辅助试剂	棕色或其他颜色

(3)高纯试剂。高纯试剂的特点是杂质含量低(比优级纯基准试剂低)，主体含量与优级纯试剂相当，且规定检验的杂质项目比同种优级纯或基准试剂多 1～2 倍。通常杂质量控制在 10^{-9}～10^{-6} 级的范围内。高纯试剂主要用于微量分析中试样的分解及试液的制备。

高纯试剂多属于通用试剂(如 HCl、$HClO_4$、$NH_3 \cdot H_2O$、Na_2CO_3、H_3BO_3 等)。目前只有 8 种高纯试剂颁布了国家标准，其他产品一般执行企业标准，在产品的标签上标有"特优"或"超优"试剂字样。

(4)专用试剂。专用试剂是指有特殊用途的试剂。其特点是不仅主体含量较高，而且杂质含量很低。它与高纯试剂的区别：在特定的用途中(如发射光谱分析)，有干扰的杂质成分只需控制在不致产生明显干扰的限度以下。

专用试剂种类颇多，如紫外及红外光谱法试剂、色谱分析试剂、标准试剂、气相色谱载体及固定液、液相色谱填料、薄层色谱试剂、核磁共振分析用试剂等。

2. 化学试剂的选用

化学试剂的主体成分含量越高，杂质含量越少，级别越高；其生产或提纯过程越复杂，价格越高，如基准试剂和高纯试剂的价格要比普通试剂高数倍乃至数十倍。在进行实验时，应根据实验的性质、实验方法的灵敏度与选择性、待测组分的含量及对实验结果准确度的要求等，选择合适的化学试剂，既不超级别造成浪费，又不随意降低级别而影响实验结果。

选用化学试剂应注意以下几点。

(1)一般无机化学教学实验使用化学纯试剂，如提纯实验、配制洗涤液，则可使用实验级试剂。

(2)一般滴定分析常用标准溶液，应采用分析纯试剂配制，再用基准试剂标定；滴定分析所用其他试剂一般为分析纯试剂。

(3)仪器分析实验中一般使用优级纯或专用试剂，测定微量或痕量成分时应选用高纯试剂。

(4)从很多试剂的主体成分含量看，优级纯与分析纯相同或很接近，只是杂质含量不同。如果所做实验对试剂杂质要求高，应选择优级纯试剂。如果只对主体含量要求高，则应选用分析纯试剂。

3. 化学试剂的保管及存储

化学试剂如保管不善，则会发生变质。变质试剂不仅是导致分析误差的主要原因，而且还会使分析工作失败，甚至会引起事故。因此，了解影响化学试剂变质的原因，妥善保管化学试剂在实验室中是一项十分重要的工作。

(1)影响化学试剂变质的因素。

①空气的影响。空气中的氧易使还原性试剂氧化而破坏。强碱性试剂易吸收二氧化碳而变成碳酸盐；水分可以使某些试剂潮解、结块；纤维、灰尘能使某些试剂还原、变色等。

②温度的影响。试剂变质的速度与温度有关。夏季，高温会加快不稳定试剂的分解；冬季，严寒会促使甲醛聚合而沉淀变质。

③光的影响。日光中的紫外线能加速某些试剂的化学反应而使其变质(例如银盐、汞盐，溴和碘的钾、钠、铵盐和某些酚类试剂)。

④杂质的影响。不稳定试剂的纯净与否对其变质情况的影响不容忽视。例如纯净的溴化汞实际上不受光的影响，而含有微量的溴化亚汞或有机物杂质的溴化汞遇光易变黑。

⑤贮存期的影响。不稳定试剂在长期贮存后可能发生歧化聚合、分解或沉淀等变化。

(2)化学试剂的存储。化学试剂应贮存在通风良好、干净和干燥的房间，要远离火源，并注意防止水分、灰尘和其他物质污染。

①固体试剂应保存在广口瓶中，液体试剂保存在细口瓶或滴瓶中，见光易分解的试剂应保存在棕色瓶中并置于暗处；容易侵蚀玻璃而影响试剂纯度的如氢氟酸、氟化钠、氟化钾、氟化铵、氢氧化钾等，应保存在塑料瓶中或涂有石蜡的玻璃瓶中。保存碱的瓶子要用橡皮塞，不能用磨口塞，以防瓶口被碱溶解。

②吸水性强的试剂，如无水碳酸钠、苛性碱、过氧化钠等应严格用蜡密封。

③剧毒试剂(如氰化物、砒霜、氢氟酸、二氯化汞等)，应设专人保管，要经一定登记或审批手续方可取用，以免发生事故。

④相互作用的试剂，如蒸发性的酸与氨，氧化剂与还原剂，应分开存放。

⑤易燃的试剂(如乙醇、乙醚、苯、丙酮)与易爆炸的试剂(如高氯酸、过氧化氢、硝基化合物)应分开存在阴凉通风，不受阳光直接照射的地方。灭火方法相抵触的化学试剂不准同室存放。

⑥特种试剂如金属钠应浸在煤油中，白磷要浸在水中保存。

同时，在存储化学药品时，还要注意化学物质毒性的相加、相乘作用。如盐酸是实验室常用的试剂，具有挥发性，若将盐酸和甲醛存储在同一个试剂柜里，就会在空气中合成氯甲醚，而氯甲醚是一种致癌物质。

思考题

1. 若有毒物质落在皮肤上，急救或治疗方法有哪些？
2. 一般实验用水可用哪些方法制备？
3. 分析纯试剂标签颜色及英文名称缩写是什么？

任务 1.2 定量分析的误差

定量分析的任务是测定试样中组分的含量。要求测定的结果必须达到一定的准确度。不准确的分析结果会导致产品报废、资源浪费，甚至在科学上得出错误的结论。但是在分析过程中，即使技术很熟练的人，用同一种方法对同一试样进行多次分析，也不能得到完全一样的分析结果。这说明，在分析过程中，误差是客观存在的。因此，在定量分析中应该了解产生误差的原因和规律，采取有效措施减小误差，并对分析结果进行评价，判断其准确性，以提高分析结果的可靠程度，使之满足生产与科学研究等方面的要求。

1.2.1 误差的表征——准确度与精密度

1. 真值(x_T 或 μ)

某一物质本身具有的客观存在的真实数值，即该量的真值。一般说来，真值是未知的，但下列情况的真值可以认为是知道的。

(1)理论真值。如三角形内角之和等于 180°，某化合物的理论组成等。

(2)计量学约定真值。如国际计量大会上确定的长度、质量、物质的量单位等。

(3)相对真值。认定精度高一个数量级的测定值作为低一级的测量值的真值，这种真值是相对比较而言的。如厂矿实验室中标准试样及管理试样中组分的含量等可视为真值。

2. 准确度

准确度表示分析结果与真实值接近的程度。它们之间的差别越小，则分析结果越准确，即准确度越高。

3. 精密度

分析工作要求在同一条件下对同一样品进行多次重复测定(称为平行测定)，平行测定结果之间相互接近的程度称为精密度。几次分析结果的数值越接近，分析结果的精密度就越高。在分析化学中，有时用重复性和再现性表示不同情况下分析结果的精密度。前者表示同一实验室内，当分析人员、分析设备和分析时间至少有一项不相同情况下所得分析结果的精密度，后者表示不同实验室之间在各自条件下所得分析结果的精密度。

4. 准确度和精密度两者间的关系

定量分析工作中要求测量值或分析结果应达到一定的准确度与精密度。值得注意的是，并非精密度高者准确度就高。例如，甲、乙、丙三人同时测定一铁矿石中 Fe_2O_3 的含量(真实含量以质量分数表示为50.36%)，各分析四次，测定结果见表1-3。

表1-3　甲、乙、丙三人测定一铁矿石中 Fe_2O_3 的含量　　%

测定人	1	2	3	4	平均值
甲	50.31	50.30	50.28	50.27	50.29
乙	50.40	50.30	50.25	50.24	50.30
丙	50.37	50.36	50.35	50.34	50.36

所得分析结果绘于图1-1中。

由图1-1可见，甲的分析结果的精密度很好，但平均值与真实值相差较大，说明准确度低；乙的分析结果精密度不高，准确度也不高；只有丙的分析结果的精密度和准确度都比较高。因此，精密度高的不一定准确度就高，但准确度高一定要求精密度高，即一组数据精密度很差，自然失去了衡量准确度的前提。

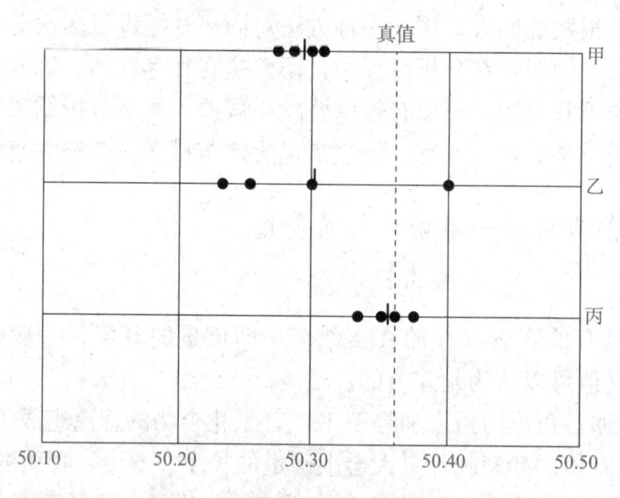

图1-1　不同分析人员的分析结果

1.2.2　误差的表示

1. 误差

准确度的高低用误差来衡量。误差(E)是指测定值(x)与真实值(x_T)之间的差值。

误差越小，表示测定结果与真实值越接近，准确度越高；反之，误差越大，准确度越低。误差可用绝对误差(符号 E_a)与相对误差(E_r)两种方法表示。

绝对误差 E_a 表示测定结果(x)与真实值之差。即

$$E_a = x - x_T \tag{1-1}$$

相对误差是指绝对误差 E_a 在真实值中所占的百分率。即

$$E_r = \frac{E_a}{x_T} \times 100\% \tag{1-2}$$

例如测定某铝合金中铝的质量分数为 78.28%，已知真实值为 78.23%，则其绝对误差为

$$E_a = 78.28\% - 78.23\% = +0.05\%$$

其相对误差为

$$E_r = \frac{E_a}{x_T} \times 100\% = \frac{0.05\%}{78.23\%} \times 100\% = +0.064\%$$

绝对误差和相对误差都有正值和负值。当误差为正值时，表示测定结果偏高；当误差为负值时，表示测定结果偏低。相对误差能反映误差在真实结果中所占的比例，这对于比较在各种情况下测定结果的准确度更为方便，因此最常用。但应注意，有时为了说明一些仪器测量的准确度，用绝对误差更清楚。例如电子分析天平的称量误差是±0.000 2 g，常量滴定管的读数误差是±0.02 mL 等，这些都是用绝对误差来说明的。

2. *偏差*

精密度的高低常用偏差(d)来衡量。偏差是指测定值(x)与几次测定结果平均值($\overline{x}$)的差值。

(1)偏差(d)。偏差小，测定结果精密度高；偏差大，测定结果精密度低，测定结果不可靠。与误差相似，偏差可用绝对偏差和相对偏差表示。设一组测量值为 x_1、x_2、…、x_n，其算术平均值为 $\overline{x}$，对单次测量值 x_i，其偏差可表示为

$$\text{绝对偏差 } d_i = x_i - \overline{x} \tag{1-3}$$

$$\text{相对偏差} = \frac{d_i}{\overline{x}} \times 100\% \tag{1-4}$$

(2)平均偏差($\overline{d}$)。由于在几次平行测定中各次测定的偏差有负有正，有些还可能是零，因此为了说明分析结果的精密度，通常以单次测量偏差绝对值的平均值，即平均偏差 $\overline{d}$ 表示其精密度。

$$\overline{d} = \frac{|d_1| + |d_2| + \cdots + |d_n|}{n} = \frac{|x_1 - \overline{x}| + |x_2 - \overline{x}| + \cdots + |x_n - \overline{x}|}{n} \tag{1-5}$$

测量结果的相对平均偏差为

$$\overline{d_r} = \frac{\overline{d}}{\overline{x}} \times 100\% \tag{1-6}$$

(3)标准偏差(s)。用统计学方法处理实验数据时，常用标准偏差和相对标准偏差来表示一组平行测定值的精密度。标准偏差又称均方根偏差。

当测量次数不多时，标准偏差 s 的数学表达式为

$$s = \sqrt{\frac{\sum_{i=1}^{n}(x_i - \overline{x})^2}{n-1}} \quad (n\text{ 为有限次}) \tag{1-7}$$

式中，($n-1$)称为自由度，自由度是指独立偏差的个数。对于一组 n 个测量数据的样本，可以计算出 n 个偏差值，但仅有 $n-1$ 个偏差是独立的，因而自由度比测量值 n 少 1。引入 $n-1$ 的目的，主要是校正以 $\overline{x}$ 代替 μ 所引起的误差。

相对标准偏差(RSD)：标准偏差在平均值中所占的百分数。

$$RSD=\frac{S}{\bar{x}}\times 100\% \quad (1\text{-}8)$$

(4)极差(R)。一组测量数据中，最大值(x_{max})与最小值(x_{min})之差称为极差，用字母 R 表示。

$$R=x_{max}-x_{min} \quad (1\text{-}9)$$

用该法表示误差十分简单，适用于少数几次测定中估计误差的范围，它的不足之处是没有利用全部测量数据。

测量结果的相对极差为

$$A=\frac{R}{\bar{x}}\times 100\% \quad (1\text{-}10)$$

3. 公差

由前面的讨论可知，误差和偏差具有不同的含义。前者是以真实值为标准，后者是以多次测定值的算术平均值为标准。严格地说，人们只能通过多次反复的测定，得到一个近似真实值的平均结果，用平均结果来代替真实值计算误差。显然，这样计算出来的误差还是偏差。因此，在生产部门并不强调误差和偏差的区别，而用"公差"范围来表示允许误差的大小。

公差是生产部门对分析结果允许误差的一种限量，又称允许误差。如果分析结果超出允许误差范围称为"超差"。遇到这种情况，则该项分析应该重做。公差范围的确定一般是根据生产需要和实际情况而制定的，所谓根据实际情况是指试样组成的复杂情况和所用分析方法的准确程度。对于每一项具体分析工作，各主管部门规定了具体的公差范围，例如钢铁中碳含量的公差范围，国家标准规定见表 1-4。

表 1-4　钢铁中碳含量的公差范围(用绝对误差表示)

碳含量范围/%	0.10～0.20	0.20～0.50	0.50～1.00	1.00～2.00	2.00～3.00	3.00～4.00	>4.00
公差/±%	0.015	0.020	0.025	0.035	0.045	0.050	0.060

1.2.3　误差的来源和分类

在图 1-1 的例子中，为什么甲的分析结果的精密度好而准确度差？为什么每人所做的 4 次平行测定结果都有或大或小的差别呢？这是由于在定量分析过程中，存在各种不同性质的误差，误差按性质不同可分为系统误差与随机误差两类。

1. 系统误差

系统误差是由某种固定的原因造成的，它具有重复性、单向性，即正负、大小都有一定的规律性。系统误差的大小、符号(正、负)在理论上是可以测定的，因此又称可测量误差。

系统误差根据其性质和产生的原因，可分为以下几类：

(1)仪器误差。由于仪器、量器不准所引起的误差称为仪器误差。例如移液管的刻度不准确、电子分析天平所用的砝码未经校正等。

(2)试剂误差。由于所使用的试剂纯度不够而引起的误差。例如试剂不纯、蒸馏水中含微量待测组分等。

(3)方法误差。由于分析方法本身的缺陷所引起的误差。例如在重量分析中选择的沉淀形式，其溶解度较大或称量形式不稳定等。

(4)操作误差。由于操作者的主观因素造成的误差。例如滴定终点颜色的辨别偏深或过浅。

2. 随机误差

随机误差是由于测量过程中许多因素随机作用而形成的具有抵偿性的误差，它又被称为偶然误差。例如环境温度、压力、湿度、仪器的微小变化、分析人员对各份试样处理时的微小差别等，这些不确定的因素都会引起随机误差。随机误差是不可避免的，并且不易找出确定的原因，似乎没有规律性，但如果进行多次测定，就会发现随机误差的分布服从一般的统计规律：

(1)大小相近的正误差和负误差出现的机会相等，即绝对值相近而符号相反的误差以等同的机会出现；

(2)小误差出现的频率较高，而大误差出现的频率较低。

随机误差的大小决定分析结果的精密度。在消除了系统误差的前提下，如果严格操作，增加平行测定次数，分析结果的算术平均值就越趋近于真实值，也就是说，采用“多次测定，取平均值”的方法可以减小随机误差。

在定量分析中，除系统误差和随机误差外，还有一类“过失误差”，是指工作中的差错，一般是因粗枝大叶或违反操作规程引起的。例如溶液溅失、沉淀穿滤、加错试剂、读错刻度、记录和计算错误等，往往引起分析结果有较大的“误差”。这种“过失误差”不能算作随机误差，如证实是过失引起的，应弃去此分析结果。

1.2.4 定量分析中结果数据处理

1. 真值和测定值

在消除了系统误差的前提下，造成测定值偏离真值的主要原因是随机误差。随机误差使得同条件下无限多次测得的测定值围绕着真值左右分布，它的数学表达式为

$$y=\frac{1}{\sigma\sqrt{2\pi}}e^{-(x-\mu)^2/2\sigma^2} \tag{1-11}$$

造成测定值偏离真值的原因是随机误差，于是就需要研究随机误差的分布情况。公式(1-11)过于复杂，在实际工作中为了应用方便，引入变量 $u=\frac{x-\mu}{\sigma}$，即得式(1-12)和图 1-2。

$$y=\frac{1}{\sigma\sqrt{2\pi}}e^{-u^2/2} \tag{1-12}$$

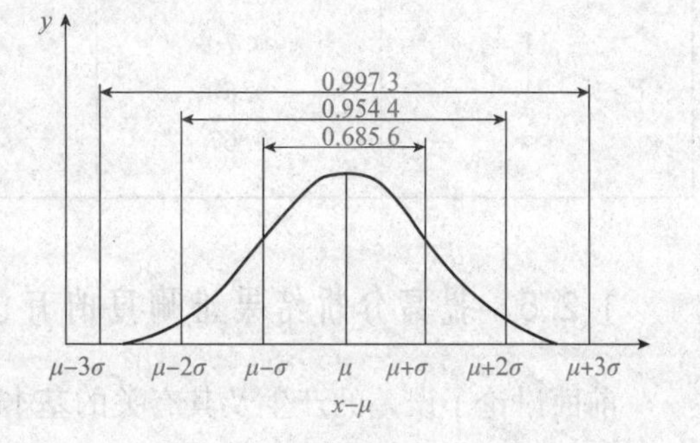

图 1-2　随机误差正态分布图

在正态分布曲线的数学表达中，$x-\mu$ 为偶然误差的大小，u 是在标准正态分布曲线中，以标准偏差为单位时表示的随机误差。

2. 置信度和平均值的置信区间

图 1-2 中横坐标从$-\infty$到$+\infty$之间所包围的面积代表具有各种大小误差的测定值出现的概率总和，设为 100%。由数学计算可知在 $\mu-\sigma$ 到 $\mu+\sigma$ 区间曲线所包围的面积为 68.6%，真值落在此区间的概率为 68.6%，此概率称为置信度(P)。也可计算出落在 $\mu\pm 2\sigma$ 和 $\mu\pm 3\sigma$ 区间内的概率分别为 95.4%和 99.7%。

在实际工作中，不可能也没有必要对一试样做无限次的测定，μ 和 σ 都是不知道的。进行有限次的测定，只要知道 $\bar{x}$ 和 s，由统计学可以推导出有限次数测定的平均值 $\bar{x}$ 和总体平均值(真值)μ 的关系：

$$\mu=\bar{x}\pm\frac{ts}{\sqrt{n}} \tag{1-13}$$

式中，s 为标准偏差；n 为测定次数；t 为在选定的某一置信度下的概率系数，可从表 1-5 中查得。由表 1-5 可知，t 值随测定次数的增加而较小，也随置信度的提高而增大。

根据式(1-13)，可以估算出在选定的置信度下，总体平均值在以测定平均值 $\bar{x}$ 为中心的多大范围内出现，这个范围就是平均值的置信区间。落在此范围之外的概率为 $1-P$，称为显著性水平 α。

表 1-5　对于不同测定次数及不同置信度的 t 值

测定次数 n	置信度，显著性水平			
	$P=0.50$ $\alpha=0.50$	$P=0.90$ $\alpha=0.10$	$P=0.95$ $\alpha=0.05$	$P=0.99$ $\alpha=0.01$
2	1.00	6.31	12.71	63.66
3	0.82	2.92	4.30	9.93
4	0.76	2.35	3.18	5.84
5	0.74	2.13	2.78	4.60
6	0.73	2.02	2.57	4.03
7	0.72	1.94	2.45	3.71
8	0.71	1.90	2.37	3.50
9	0.71	1.86	2.31	3.36
10	0.70	1.83	2.26	3.25
11	0.70	1.81	2.23	3.17
21	0.69	1.73	2.09	2.85
∞	0.67	1.65	1.96	2.58

1.2.5　提高分析结果准确度的方法

前面讨论了误差的产生及其有关的基本理论。在此基础上，下面结合实际情况，简要地讨论如何减小分析过程中的误差。

1. 选择合适的分析方法

为了使测定结果达到一定的准确度，满足实际分析工作的需要，要选择合适的分析方法。各种分析方法的准确度和灵敏度是不相同的。例如重量分析和滴定分析，灵敏度虽不高，但对于高含量组分的测定，能获得比较准确的结果，相对误差一般是千分之几。

2. 减小测量误差

在测定方法选定后，为了保证分析结果的准确度，必须尽量减小测量误差。例如，在重量分析中，测量步骤是称量，这就应设法减少称量误差。一般电子分析天平的称量误差是±0.000 1 g，用减量法称量两次，可能引起的最大误差是±0.000 2 g，为了使称量时的相对误差在0.1%以下，试样质量就不能太小，从相对误差的计算中可得到：

$$相对误差=\frac{绝对误差}{试样质量}\times 100\%$$

因此

$$试样质量=\frac{绝对误差}{相对误差}=\frac{\pm 0.0002}{\pm 0.001}=0.2(g)$$

可见试样质量必须在0.2 g以上才能保证称量的相对误差在0.1%以内。

在滴定分析中，滴定管读数常有±0.01 mL的误差。在一次滴定中，需要读数两次，这样可能造成±0.02 mL的误差。所以，为了使测量时的相对误差小于0.1%，消耗滴定剂体积必须在20 mL以上。一般常控制滴定体积为20～30 mL，以保证滴定体积误差小于0.1%。

3. 增加平行测定次数，减小随机误差

在消除系统误差的前提下，平行测定次数越多，平均值越接近真实值。因此，增加测定次数可以减小随机误差。

4. 消除测量过程中的系统误差

由于造成系统误差有多方面的原因，因此应根据具体情况，采用不同的方法来检验和消除系统误差。

(1)对照试验。对照试验是检验系统误差的有效方法。进行对照试验时，常用已知准确结果的标准试样与被测试样一起进行对照试验，或用其他可靠的分析方法进行对照试验，也可由不同人员、不同单位进行对照试验。

(2)空白试验。由试剂、器皿、蒸馏水和环境带入的杂质所造成的系统误差，一般可做空白试验来扣除。所谓空白试验，就是在不加试样的情况下，按照试样分析同样的操作手续和条件进行试验。试验所得结果称为空白值。从试样分析结果中扣除空白值后，就得到比较可靠的分析结果。

空白值一般不应很大，否则扣除空白值时会引起较大的误差。当空白值较大时，就只好从提纯试剂和改用其他适当的器皿来解决问题。

(3)校准仪器。仪器不准确引起的系统误差，可以通过校准仪器来减小其影响。例如砝码、移液管和滴定管等，在精确的分析中，必须进行校准，并在计算结果时采用校正值。在日常分析工作中，因仪器出厂时已进行过校准，应将仪器妥善保管，并根据使用情况和相关规定定期进行校准或检定。

(4)分析结果的校正。分析过程中的系统误差，有时可采用适当的方法进行校正。例如用硫氰酸盐比色法测定钢铁中的钨时，钒的存在引起正的系统误差。为了排除钒的影

响，可采用校正系数法。根据实验结果，1%钒相当于0.2%钨，即钒的校正系数为0.2（校正系数随实验条件略有变化）。因此，在测得试样中钒的含量后，利用校正系数，即可由钨的测定结果中扣除钒的结果，从而得到钨的正确结果。

思考题

1. 提高分析结果准确性的方法有哪些？这些方法分别能减小或消除哪类误差？

2. 微量电子分析天平可称准至±0.001 mg，要使试剂称量误差不大于0.1%，至少应称取多少试样？普通电子分析天平可称准至±0.1 mg，要使称量误差不大于0.1%，又应至少称取多少试样？

任务1.3　有效数字及定量分析结果的表示方法

在定量分析中，为了得到准确的分析结果，不仅要准确地进行各种测量，而且要正确地记录和计算。分析结果所表达的不仅仅是试样中待测组分的含量，而且反映了测量的准确程度。因此，在实验数据的记录和结果的计算中，保留几位数字不是任意的，要根据测量仪器、分析方法的准确度来决定，这就涉及有效数字的概念。

1.3.1　有效数字的意义

有效数字是指在分析工作中实际能够测量得到的数字。在保留的有效数字中，只有最后一位数字是可疑的，其余数字都是准确的。在定量分析中，为得到准确的分析结果，不仅要精确地进行各种测量，还要正确地记录和计算。例如滴定管读数26.41 mL中，26.4是确定的，0.01是可疑的，可能为26.41±0.01 mL。有效数字的位数由所使用的仪器的精确度来决定，不能任意增加或减少位数。如前例中滴定管的读数不能写成26.410 mL，因为仪器无法达到这种精度，也不能写成26.4 mL，这会降低仪器的精度。

下列是一组数据的有效数字位数：

1.2	2.3	两位有效数字
1.76	0.038 2	三位有效数字
20.31%	0.523 0	四位有效数字
43 219	1.000 8	五位有效数字
3 600	100	有效数字位数不确定

在以上数据中，数字“0”有不同的意义。在第一个非“0”数字前的所有的“0”都不是有效数字，因为它只起定位作用，与精度无关，例如0.038 2；而第一个非“0”数字后的所有的“0”都是有效数字，例如：1.000 8、0.523 0。另外，像3 600这样的数字，一般看成4位有效数字，但它可能是2位或3位有效数字。对于这样的情况，应该根据实际情况而定，分别写成3.6×10^3、3.60×10^3或3.600×10^3较好。

对于含有对数的有效数字，如pH、pK_a、lg$k$等，其位数取决于小数部分的位置，整数部分只说明这个数的方次。如 pH＝8.32 为两位有效数字而不是三位。

1.3.2 有效数字的修约及运算规则

有效数字及其修约规则

1. 有效数字的修约

在处理数据过程中，涉及的各测量值的有效数字位数可能不同，因此需要按下面所述的计算规则确定各测量值的有效数字位数。各测量值的有效数字位数确定后，就要将它后面多余的数字舍弃。舍弃多余的数字的过程称为“数字修约”，它所遵循的规则称为“数字修约规则”。数字修约时，应按《有关量、单位和符号的一般原则》(GB/T 3101—1993)进行。可归纳如下口诀“四舍六入五成双；五后非零就进一，五后皆零视奇偶，五前为偶应舍去，五前为奇则进一”。

【例 1-1】 将下列数据修约到保留两位有效数字：

1.534 26、1.563 1、1.550 7、1.550 0、1.650 0

解： 按上述修约规则，保留两位有效数据，则上述数字分别修约为

1.5、1.6、1.6、1.6、1.6。

注意，若拟舍弃的数字为两位以上，应按规则一次修约，不能分次修约。例如将 7.549 1 修约为 2 位有效数字，不能先修约为 7.55，再修约为 7.6，而应一次修约到位即 7.5。在用计数器(或计算机)处理数据时，对于运算结果，也应按照有效数字的计算规则进行修约。

2. 有效数字的运算规则

有效数字的运算

在分析测定过程中，往往要经过几个不同的测量环节，例如先用减量法称取试样，试样经过处理后进行滴定。在此过程中有多个测量数据，如试样质量、滴定管初终读数等，在分析结果的计算中，每个测量值的误差都要传递到结果里，因此，在进行结果运算时，应遵循下列规则。

(1)加减法。几个数据相加减时，它们的最后结果的有效数字保留，应以小数点后位数最少的数据为根据。例如：

$$53.2+7.45+0.663\ 82=61.313\ 82\approx 61.3$$

(2)乘除法。几个数据相乘或相除时，它们的积或商的有效数字位数的保留必须以各数据中有效数字位数最少的数据为准。例如：

$$\frac{0.024\ 3\times 7.105\times 70.06}{123.4}=0.098\ 0$$

(3)乘方和开方。对数据进行乘方或开方时，所得结果的有效数字位数保留应与原数据相同。例如：

$3.68^2=13.542\ 4$　　保留三位有效数字则为 13.5。

$\sqrt{9.65}=3.106\ 44$　　保留三位有效数字则为 3.11。

(4)对数计算。所取对数的小数点后位数(不包括整数部分)应与原数据的有效数字的位数相等。例如：lg102＝2.008 600 17…，保留三位有效数字则为 2.009。

3. 取舍有效数字位数的注意事项

在计算和取舍有效数字位数时，还应注意以下几点：

(1)在分析化学中，常遇到倍数、分数关系，如 2、5、1/2、1/5 等，是非测量所得，

可视为无限多位有效数字；对于各种误差的计算，一般只要求1～2位有效数字；对于各种化学平衡的计算(如计算平衡时某离子的浓度)，根据具体情况，保留2位或3位有效数字。

(2)在乘除运算过程中，首位数为“8”或“9”的数据，有效数字位数可以多取一位。

(3)在混合计算过程中，可以多保留一位有效数字位数，得到最后结果时，再根据数字修约规则，弃去多余的数字。

(4)对于高含量组分(例如>10%)的测定，一般要求分析结果有4位有效数字；对于中含量组分(例如1%～10%)，一般要求3位有效数字；对于微量组分(<1%)，一般只要求2位有效数字。通常以此为标准，报出分析结果。

1.3.3 定量分析结果的表示方法

根据分析实验数据所得的定量分析结果一般用下面几种方法来表示。

1. 待测组分的化学表示形式

(1)以待测组分实际存在形式表示。例如，含氮量测量，以实际存在形式(如 NH_3、NO_3^-、NO_2^-、N_2O_5 或 N_2O_3 等形式)的含量来表示分析结果。

(2)以氧化物或元素形式表示。当待测组分的实际存在形式不清楚时，分析结果最好以氧化物或元素形式的含量表示。例如，铁矿分析中以 Fe_2O_3 的含量表示分析结果。

有机物分析中以C、H、O、P、N的含量表示分析结果。

(3)以离子的形式表示。电解质溶液的分析结果，常以所存在的离子的形式表示，如以 K^+、Na^+、Ca^{2+}、Mg^{2+}、SO_4^{2-}、Cl^- 等的含量表示。

2. 待测组分含量的表示方法

(1)固体。固体试样中待测组分的含量通常以质量分数 w_B 表示，即

$$w_B = m_B/m$$

式中，m_B 为试样中含待测组分的质量，m 为试样质量，质量分数 w_B 通常用百分数(%)表示，低含量时也用μg/g、ng/g和pg/g等表示。

(2)液体试样。液体试样中待测组分的含量通常有如下表示方式。

①物质的量浓度(c_B)。表示单位体积的试液中含有待测组分B的物质的量 n_B，常用计量单位为mol/L。

②质量分数(w_B)。表示单位质量的待测物中含有被测组分B的质量。常用百分数(%)表示，即表示被测组分在试样中占有的百分数。

③体积分数(φ_B)。表示单位体积试液中含有被测组分B的体积。

④质量浓度(ρ_B)。表示单位体积试液中被测组分B的质量，计量单位常用mg/L、ng/L、μg/L，或μg/mL、ng/mL、pg/mL等。

(3)气体试样。气体试样通常以体积分数 φ_B 表示，低含量时以单位体积(一般换算为标准状况下的体积)的气体试样中所含待测组分的质量表示(质量浓度)。

1.3.4 可疑值的取舍

在定量分析中，得到一组数据后，往往有个别数据与其他数据相差较大，这一数据称

为异常值，又称可疑值或极端值。如果在重复测定中发现某次测定有失常情况，如在溶解样品时有溶液溅出，滴定时不慎加入过量滴定剂等，这次测定值必须舍去。若是测定并无失误而结果又与其他值差异较大，则对于该异常值是保留还是舍去，应按一定的统计学方法进行处理。统计学处理异常值的方法有多种，下面介绍 Q 检验法和 $4\overline{d}$ 检验法。

1. Q 检验法

Q 检验法常用于检验一组测定值的一致性，剔除可疑值。其具体步骤如下：

(1)将测定结果按从小到大的顺序排列：x_1、x_2、…、x_n；

(2)根据测定次数 n 按表 1-6 中的计算公式计算 $Q_{计}$；

(3)再在表 1-6 中查得临界值(Q_x)；

(4)将计算值 $Q_{计}$ 与临界值 Q_x 比较，若 $Q_{计} \leqslant Q_{0.05}$，则可疑值为正常值，应保留；若 $Q_{0.05} < Q_{计} \leqslant Q_{0.01}$，则可疑值为偏离值，可以保留；若 $Q_{计} > Q_{0.01}$，则可疑值应予剔除。

【例 1-2】 某一试验的 5 次测量值分别为 2.63、2.50、2.65、2.63、2.65，试用 Q 检验法检验测定值 2.50 是否为离群值？

解：以表 1-6 中可知，当 $n=5$ 时，用下式计算：

$$Q_{计}=\frac{x_2-x_1}{x_n-x_1}=\frac{2.63-2.50}{2.65-2.50}=0.867$$

查表 1-6，$n=5$ 时，$Q_{(5,0.05)}=0.642$，$Q_{(5,0.01)}=0.780$，$Q_{计} > Q_{(5,0.01)}$，故 2.50 应予舍弃。

表 1-6　Q 检验的统计量与临界值

统计量	n	显著性水平 α	
		0.01	0.05
$Q=\frac{x_n-x_{n-1}}{x_n-x_1}$(检验 x_n) $Q=\frac{x_2-x_1}{x_n-x_1}$(检验 x_1)	3 4 5 6 7	0.988 0.889 0.780 0.698 0.637	0.941 0.765 0.642 0.560 0.507
$Q=\frac{x_n-x_{n-1}}{x_n-x_2}$(检验 x_n) $Q=\frac{x_2-x_1}{x_{n-1}-x_1}$(检验 x_1)	8 9 10	0.683 0.635 0.597	0.554 0.512 0.477

2. $4\overline{d}$ 检验法

对于一些试验数据，也可用 $4\overline{d}$ 检验法判断可疑值的取舍。步骤如下：

(1)求出除异常值外的其余数据的平均值和平均偏差；

(2)异常值与平均值进行比较，如绝对差值大于 $4\overline{d}$，则将可疑值舍去，否则保留；当 $4\overline{d}$ 法与其他检验法矛盾时，以其他法则为准。

【例 1-3】 测定某药物中钴的含量(计量单位为 μg/g)，得结果如下：1.25，1.27，1.31，1.40。试问 1.40 这个数据是否应保留？

解：不计异常值 1.40，求得其余数据的平均值和平均偏差：

$$\overline{x}=1.28$$

$$\overline{d}=0.023$$

异常值与平均值的差的绝对值为

$$|1.40-1.28|=0.12>4\overline{d}(0.092)$$

故1.40这一数据应舍去。

用$4\overline{d}$法处理可疑数据简单，不必查表，至今仍被人们采用，但存在较大误差。显然，这种方法只能用来处理一些要求不高的实验数据。

思考题

1. 什么是有效数字？有效数字的修约规则是什么？
2. 有效数字的运算应遵循怎样的运算规则？
3. 石灰石中镁含量的测定结果为1.61%、1.53%、1.54%、1.83%。试用Q检验法检验是否有应舍去的可疑数据。

任务1.4　电子分析天平及其使用方法

电子分析天平是定量分析中重要且精密的衡量仪器之一，也是化学化工实验中常用的仪器之一，熟练掌握使用电子分析天平称量是分析者应具备的一项基本实验技能。常用的电子分析天平有电光分析天平和电子分析天平，其中，电子分析天平具有体积小、性能稳定、操作简便以及灵敏度高的特点，广泛应用于各个领域。这里主要介绍电子分析天平。

1.4.1　电子分析天平的结构及原理

电子分析天平是新一代的天平，是基于电磁学原理制造的，它是利用电子装置完成电磁力补偿的调节，使物体在重力场中实现力的平衡，或通过电磁力矩的调节，使物体在重力场实现力矩的平衡。电子分析天平有顶部承载式（吊挂单盘）和底部承载式（上皿式）两种结构。

一般的电子分析天平都装有小计算机，具有数字显示、自动调零、自动校正、扣除皮重、输出打印等功能，有些产品还具备数据贮存与处理功能。电子分析天平操作简便，称量速度快。

常见电子分析天平的结构是机电结合式，核心部分是由荷载接收与传递装置、测量及补偿控制装置两部分组成。电子分析天平的结构如图1-3所示。

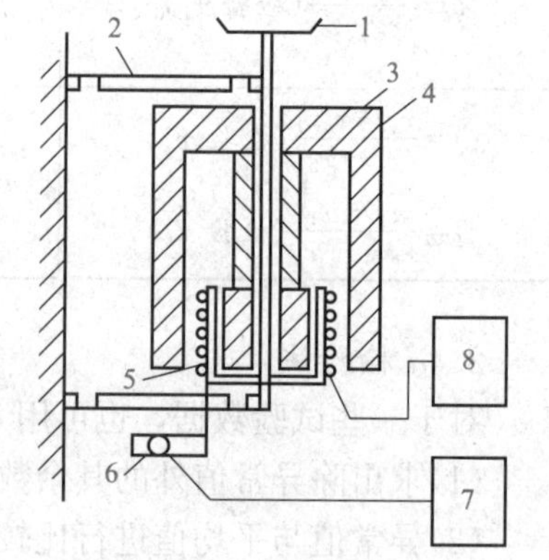

图1-3　电子分析天平基本结构示意（上皿法）

1—称量盘；2—簧片；3—磁钢；4—磁回路体；5—线圈及线圈架；6—位移传感器；7—放大器；8—电流控制电路

把通电导线放在磁场中，导线将产生电磁力，力的方向用左手定则判定。当磁场强度不变时，力的大小与流过线圈的电流强度成正比。如果使重物的重力方向向下，电磁力方向向上，并与之平衡，则通过导线的电流与被称物的质量成正比。

电子分析天平是将秤盘通过支架与通电线圈相连接，置于磁场中，秤盘及被称物的重力通过连杆支架作用于线圈上，方向向下，线圈内有电流通过，产生一个向上作用的电磁力，与重力大小相等、方向相反。位移传感器处于预定的中心位置，当秤盘上的物体质量发生变化时，位移传感器检出位移信号，经调节器和放大器改变线圈的电流直至线圈回到中心位置为止，最后通过数字显示出物体质量。

1.4.2 电子分析天平的安装和使用方法

1. 仪器安装

(1)工作环境。电子分析天平为高精度测量仪器，故仪器安装位置应注意：安装平台稳定、平坦，避免震动；避免阳光直射和受热，避免在湿度大的环境工作；避免在空气直接流通的通道上；应使天平远离带有磁性或能产生磁场的物体和设备。

电子分析天平的外形和相关部件如图 1-4 所示。

(2)天平安装。严格按照仪器说明书操作。

2. 天平使用

(1)调水平。天平开机前，应观察天平水平仪内的水泡是否位于圆环的中央，否则通过天平的地脚螺栓调节，左旋升高，右旋下降。

(2)预热。天平在初次接通电源或长时间断电后开机时，至少需要 30 min 的预热时间。因此，在通常情况下，实验室的电子分析天平不要经常切断电源。

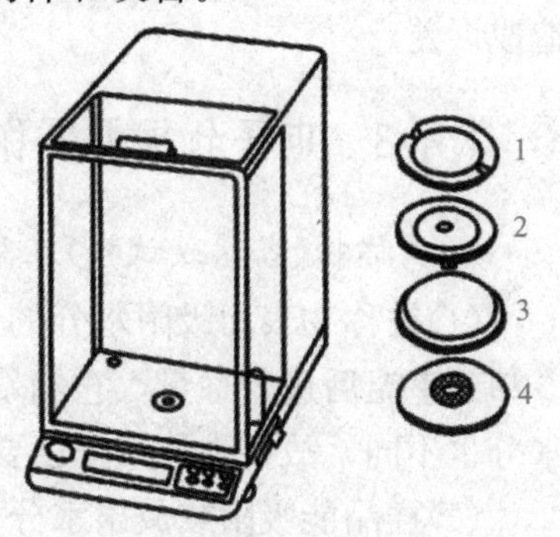

图 1-4 电子分析天平的外形及相关部件

1—秤盘；2—盘托；3—防风环；4—防尘隔板

(3)校准。首次使用天平必须校准。将天平从一地移到另一地使用时，或在使用一段时间(30 天左右)后，应该对天平重新校准。为使称量更为准确，也可对天平随时校准，校准可按说明书用内装标准砝码或外部自备有修正值的标准砝码进行。也可利用电子分析天平内部校准功能，当天平预热后，按一下“调零”键，显示器稳定“0.000 0 g”后，按一下校准键 CAL，天平将自动进行校准，这时显示器为 CAL，表示正在校准。10 s 左右，CAL 消失，表示校准完毕。

电子分析天平的使用

3. 称量

(1)打开天平开关，等待仪器自检，使天平处于零位，否则按“调零”键。

(2)当显示器显示“0.000 0 g”时，自检过程结束，天平可进行称量。

(3)轻轻放置称量器皿于秤盘中间，待数字稳定后，读取数值并记录，在称量器皿中加所要称量的试剂称量，并记录；或者按显示屏的 TAR 键去皮，待显示器显示零时，在称量器皿中加所要称量的试剂进行称量，并记录。例如用小烧杯称取样品时，可先将洁净、干燥的小烧杯置于秤盘中央，显示数字稳定后按“去皮”键或“TAR”键，显示即恢复为零，再缓缓加样品至显示出所需样品的质量时，停止加样，直接记录称取样品的质量。

(4)将器皿连同样品一起拿出。

(5)按天平“去皮”键清零，以备再用。短时间(例如 2 h)内暂不使用天平，可不关闭天平电源开关，以免再使用时重新通电预热。

(6)实验全部结束后，关闭显示器，切断电源。

4. 注意事项

(1)称量前应检查电子分析天平是否正常，是否处于水平位置，秤盘及玻璃框内外是否清洁，硅胶(干燥剂)容器是否靠住秤盘。

(2)称量物不能超过天平最大载荷，被称物大致质量应在台秤上简单称一下。化学试剂和试样不得直接放在盘上，必须盛在干净的容器中称量。对于具有腐蚀性气体或吸湿性的物质，必须放在称量瓶或适当密闭的容器中称量。

(3)电子分析天平的自重较小，容易被碰位移，从而造成水平改变，影响称量结果准确性。所以使用时应特别注意，动作要轻、缓，并时常检查水平是否改变。

(4)要注意克服可能影响天平示值变动性的各种因素，例如：空气对流、温度波动、容器不够干燥、开门及放置被称物时动作过重等。

(5)同一化学分析实验中的所有称量，应自始至终使用同一架天平，使用不同天平会造成误差。

1.4.3 电子分析天平称量误差分析

1. 被称物(容器或试样)在称量过程中条件发生变化

(1)被称物表面吸附水分的变化。烘干的称量瓶、灼烧过的坩埚等一般放在干燥器内冷却到室温后进行称量，它们暴露在空气中会因吸湿而使质量增加，空气湿度不同，吸附水分也不同，故要求称量速度要快。

(2)样品能吸附或放出水分，或具有挥发性，使称量质量变化，灼烧产物都有吸湿性，应盖上坩埚盖称量。

(3)被称物的温度与天平温度不一致。如果被称物温度较高，有上升的热气流，会使称量结果小于真实值。应将烘干或灼烧过的器皿在干燥器中冷却至室温后称量。

2. 容器带电

容器包括加试剂的塑料勺表面由于摩擦带电可能引起较大误差，这点常被操作者忽视。故天平室湿度应保持在50%～70%，过于干燥使摩擦而积聚的电不易耗散。称量时要注意，如擦拭被称物后应多放置一段时间再称量。

3. 称量操作不当

称量操作不当是初学称量者误差的主要来源，如天平未调整水平，称量前后零点变动，开启天平动作过重，其中以开启天平动作过重，造成称量前后零点变动为主要误差，因此在称量前后检查天平零点是否变化，是保证称量数据有效的一个简易方法。

另外，如读错砝码、记录错误等虽属于不应有的过失，但也是初学者称量失误的主要原因。

4. 环境因素的影响

震动、气流、天平室温度太低或温度波动过大等，均使天平变动性增大。

1.4.4 电子分析天平称量方法

样品、试剂等性质差别较大，如有的在空气中容易吸收水分，有的容易挥发，电子分析天平称取试样时，应根据不同的称量对象，采用相应的称量方法。常用天平称量方法有直接称量法、差减称量法和固定质量称量法 3 种。

1. 直接称量法

将天平的零点调定好，将被称物直接放在秤盘上，所得读数即被称物质量，这种称量方法称为直接称量法。该法适用于称量洁净干燥的器皿、棒状或块状的金属等。注意，不得用手直接取放物体，可采用戴细纱手套、垫纸条、用镊子或钳子等适宜的方法。

2. 差减称量法

在称量瓶中放入被称试样，准确称取瓶和试样质量后，向接收容器中倒出所需量的试样，再准确称取瓶和试样质量，两次称量的差值即倒入接收容器中试样的质量。这种称量方法叫差减法，又称减量法。如此重复操作，可连续称取若干份试样。减量法适于称量一般的颗粒状、粉状及液态样品，由于称量瓶有磨口瓶塞，对于称量较易吸湿、较易吸收空气中二氧化碳或挥发性的试样很有利。

3. 固定质量称量法

在分析工作中，有时要求准确称取某一指定质量的样品。例如用基准物质配制某一指定浓度的标准溶液时，采用固定质量称量法称取基准物质。此法主要用来称取不易吸湿，且不与空气作用、性质较稳定的粉末状物质。这种直接称量固定质量方法称为固定质量称量法，又叫增量法。

思考题

1. 安装电子分析天平的注意事项有哪些?
2. 使用天平前要对天平进行检查，应做哪些检查?
3. 电子分析天平使用注意事项有哪些?
4. 什么情况下天平需要校准?

项目实施

样品的称量

[项目准备]

1. 主要仪器

电子分析天平(精度 0.000 1 g)、称量瓶、表面皿、瓷坩埚、小烧杯等。

2. 相关试剂

碳酸钙或其他称量练习用固体。

[工作流程]

1. 实验步骤

(1)直接称量法练习。用直接称量法称量称量瓶、表面皿、瓷坩埚、小烧杯的质量并记录。

(2)差减称量法练习。取一个洗净并干燥的称量瓶，将试样装入瓶中，试样的质量比所需称量略多，盖好瓶盖，用干净的纸条套住称量瓶瓶身(图 1-5)，或者戴上纱布手套，放在天平上准确称量，然后取出称量瓶，在接收容器的上方，用小纸片夹住瓶盖柄，打开瓶盖，将称量瓶慢慢地向下倾斜，并用瓶盖轻轻敲击瓶口，使试样慢慢落入容器(图 1-6)，注意不要撒在容器外。当倾出的试样接近所要称取的质量(从体积上估计)时，将称量瓶慢慢竖起，同时用称量瓶瓶盖继续轻轻敲瓶口，使黏附在瓶口上的试样落入瓶内，再盖好瓶盖。然后将称量瓶放回天平盘上称量，两次称得质量之差即试样的质量。如果一次倾出的样品量不到所需量范围，可再次倾倒样品，直到倾出的样品质量满足要求后，再记录天平的读数；如果倾出样品质量超出所需质量范围，则应洗净接收容器后重新称量。按上述方法可连续称取几份试样。称量液态样品时，可用小滴瓶代替称量瓶进行操作。

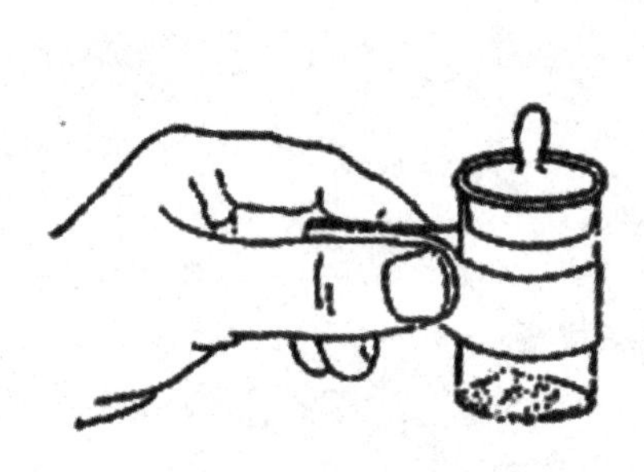

图 1-5　称量瓶

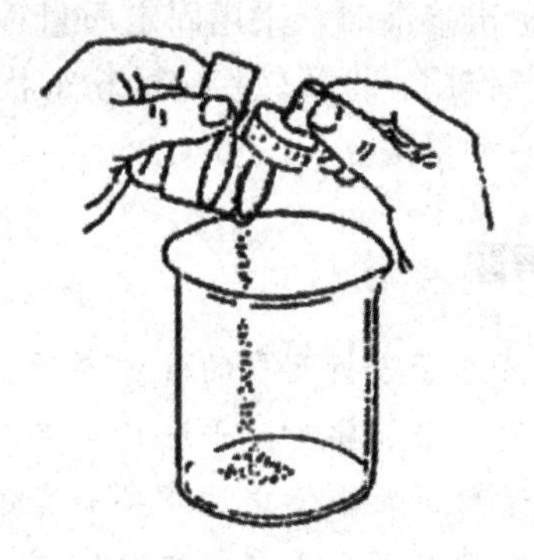

图 1-6　倾出样品的操作

(3)固定质量称量法练习。天平调好零点后，用一个洁净干燥的容器或称量纸，放在天平秤盘中央，按“去皮”键，使屏幕显示为 0.000 0 g。然后通过药匙将试样慢慢加入接收容器，直至显示屏显示所需质量(允许误差±0.000 1 g)，记录数据。

注意：若不小心加入的试剂超过指定的质量，应用药匙取出多余的试剂。重复之前的操作，直至符合要求。严格要求时，取出的多余试剂应弃去，不要放回原来的瓶中。

2. 数据记录

(1)直接称量法。称量瓶、表面皿、瓷坩埚、小烧杯的称量，将数据记录于表 1-7 中。

表 1-7　直接称量法数据记录及处理

物品	称量瓶	表面皿	瓷坩埚	小烧杯
质量/g				

(2)差减称量法。称取碳酸钙固体 3 份，称量范围 0.20～0.30 g，将数据记录于表 1-8 中。

表 1-8　差减称量法数据记录及处理

项目 \ 称量次数	示例	1	2	3
敲样前称量瓶＋试样质量/g	18.758 9			
敲样后称量瓶＋试样质量/g	18.513 2			
敲出的试样质量/g	0.245 7			

(3)固定质量称量法。称取碳酸钙固体 0.250 2 g 3 份，将数据记录于表 1-9 中。

表 1-9　固定质量称量法数据记录及处理

项目 \ 次数	1	2	3
碳酸钙质量 m/g			

3. 注意事项

(1)称量前要做好准备工作(调水平，检查各部件是否正常，清扫，调零点)。

(2)注意不要将试样撒落在接收容器外面。

(3)敲样完成，对于在称量瓶口的试剂，应在称量瓶试剂倾入的上方回敲称量瓶，让瓶口试剂全部回到称量瓶。

(4)减量法称量时，戴细纱手套或用干净的纸条操作称量瓶和瓶盖；称量过程中，称量瓶不要随便放在实验台上，只能放在天平秤盘上或手里；敲出样品的次数不宜过多，敲出范围应重做。

(5)加样时注意不要碰到天平，若发生样品的撒落，应及时清扫。

(6)调节零点及记录称量读数后，应随手关闭天平。

(7)用固定质量称量法进行称量时，加入试样一定要慢，否则会超出称量范围。

(8)读数保留到小数点后四位。

4. 考核要求及评分标准

电子分析天平及样品的称量基本操作考核要点及评分标准见表 1-10。

表 1-10　称量基本操作观测点

序号	考核指标	配分	考核要点	评分标准	扣分	得分
1	天平准备工作	10	1. 清扫 2. 水平 3. 预热 4. 校准	每错一项扣 3 分，扣完为止		
2	称量操作	50	固定质量称量法： 1. 接收容器放秤盘中间 2. 加样姿势正确 3. 无样品撒出	每错一项扣 5 分，扣完为止		

续表

序号	考核指标	配分	考核要点	评分标准	扣分	得分
2	称量操作	50	差减称量法： 1. 称量物放于秤盘中心 2. 在接收容器上方开、关称量瓶盖 3. 敲的位置正确 4. 手不接触称量物或称量物不接触样品接收容器 5. 称量物不得置于台面上 6. 边敲边竖 7. 及时盖干燥器	每错一项扣 5 分，扣完为止		
3	结果	30	固定质量称量法： 称量误差不超过±0.000 1 g 差减称量法： 质量在称量范围之内	每错一项扣 10 分，扣完为止		
4	结束工作	10	1. 复原天平 2. 清扫天平盘 3. 填写使用登记表 4. 放回凳子	每错一项扣 5 分，扣完为止		

项目评价

样品的称量评价指标见表 1-11。

表 1-11　样品的称量评价指标

序号	评价类型	配分	评价指标	分值	扣分	得分
1	职业能力	70	掌握电子分析天平的构造原理	10		
			正确校准天平	10		
			正确使用直接法称量	10		
			正确使用固定质量法称量	20		
			正确使用差减法称量	20		
2	职业素养	10	坚持按时出勤，遵守纪律	2		
			进入实验室要穿好实验服，不得穿拖鞋进实验室	2		
			不得将固体物、废纸等倒入水槽	2		
			保持实验室安静，不得大声喧哗	2		
			爱护公物，小心使用实验仪器和设备	2		

续表

序号	评价类型	配分	评价指标	分值	扣分	得分
3	劳动素养	10	实验结束后，整理好自己的实验台面	2		
			了解急救药品与消防用品的位置和使用方法	4		
			离开实验室时，检查电源、水龙头、门窗是否关好	4		
4	思政素养	10	培养学生的安全意识(实训室安全环保知识)	4		
			培养学生的环保意识(实训室"三废"简单的无害化处理)	4		
			引导学生多角度看待和评价事务(误差的表征——准确度与精密度)	2		
5	合计		100			

拓展任务

食盐含水率的测定

[任务描述]

食盐是一种矿物结晶，是人们日常生活中最常见的一种调味品，是人体组织中的一种基本成分，对保障体内正常的生理活动起重要的作用。食盐含水率的测定对保证产品质量具有一定的意义。

[任务目标]

(1)了解自己天平操作的规范和熟练程度。

(2)掌握测定食盐含水率的分析方法及原理。

(3)复习相关理论知识点，提高分析问题、解决问题的能力。

[任务准备]

1. 明确方法原理

利用食品中水分的物理性质，在 101.3 kPa(一个大气压)温度、101～105 ℃下采用挥发方法测定样品中干燥减失的质量，包括吸湿水、部分结晶水和该条件下能挥发的物质，再通过干燥前后的称量数值计算出含水率。

2. 主要仪器

电子分析天平(精度 0.000 1 g)、低型称量瓶、电热恒温干燥箱、干燥器(内附有效干燥剂)。

3. 相关试剂

待测食盐样品。

[任务实施]

1. 实施步骤

(1)称量瓶恒重。取洁净玻璃制的称量瓶，置于101～105 ℃干燥箱，将瓶盖斜支于瓶边，加热1.0 h，取出盖好，置干燥器内冷却0.5 h，称量，并重复干燥至前后两次质量差不超过0.2 mg，即为恒重。

(2)称取样品质量。将混合均匀的试样迅速磨细至颗粒小于2 mm，不易研磨的样品应尽可能切碎，称取约10 g试样(精确至0.000 1 g)。

(3)将样品放入恒重好的称量瓶里，试样厚度不超过5 mm，如为疏松试样，则厚度不超过10 mm，加盖，精密称量。然后于103～105 ℃干燥2～4 h(注意瓶盖斜支于瓶边)。盖好取出，放入干燥器内冷却至室温，称其质量。反复烘干、冷却、称量，直至两次称量的差≤0.2 mg为止。

2. 数据记录

食盐含水量的测定数据记录见表1-12。

表1-12 食盐含水量的测定数据记录

项目 \ 平行次数			1号瓶	2号瓶	3号瓶
称量瓶重 m_0/g	恒重次数	第1次			
		第2次			
		第3次			
称量瓶恒重质量 m_0/g					
干燥前(称量瓶+样品)质量 m_1/g					
干燥后恒重质量(称量瓶+样品) m_2/g	恒重次数	第1次			
		第2次			
		第3次			
样品质量 $m_{样}$/g					
含水率 w/%					
含水率平均值 w/%					
相对平均偏差/%					

3. 数据处理及计算结果

食盐含水率 $w_{水分}$ 按下式计算：

$$w_{水分}=\frac{m_1-m_2}{m_{样}}\times 100\%$$

式中　$w_{水分}$——含水率(%)；

m_1——干燥前样品加称量瓶质量(g)；

m_2——干燥后样品加称量瓶质量(g)；

$m_{样}$——称取样品质量(g)。

4. 注意事项

(1)两次恒重在最后计算中，取最后一次的称量值；

(2)第一次称量后平面摇动称量瓶内试剂，击碎样品表面结块，混匀样品。

[相关链接]

《食品安全国家标准 食品中水分的测定》(GB 5009.3—2016)规定了食品中水分的测定方法。

阅读材料

我国"电子分析天平"的发展历史

我国电子分析天平的研究始于20世纪70年代末，早期产品仿制进口天平。20世纪80年代初期，上海天平仪器厂和沈阳天平厂、常熟衡器厂及湘仪天平厂等主要厂家都已开始研制电子分析天平或仿制国外早期产品，但是由于技术不成熟，没有形成规模的生产能力。随着我国改革开放步伐的加快，20世纪80年代中期，我国天平行业通过引进发达国家电子分析天平的生产技术，搞SKD散件组装，积累了一定经验，然后在此基础上消化、吸收其产品、技术，进行国产化研究，应用微处理器控制技术，重点攻关电磁力传感器制造技术，使我国的电子分析天平产品在普通称量领域快速地跟上了世界先进水平。20世纪90年代初期已经形成了一定的生产的规模，如上海天平厂、沈阳龙腾公司、常熟衡器厂、湘仪天平厂等，已经能批量地生产电子分析天平并销往国内市场。生产的电子分析天平称量范围从100 g/(0.1 mg)到50 kg/(1 g)。到21世纪，中国电子分析天平行业新厂不断涌现。随着市场的需求量的不断增加，中国电子分析天平行业的生产能力已达到较大规模，供应国内市场并出口到国际市场。

习题

一、单项选择题

1. 实验室安全守则中规定，严禁任何(　　)入口或接触伤口，不能用(　　)代替水杯。

A. 食品、烧杯　　B. 药品、玻璃器皿

C. 药品、烧杯　　D. 食品、玻璃器皿

2. 在实验中，电器着火应采取的措施是(　　)。

A. 用水灭火　　B. 用沙土灭火

C. 及时切断电源用CCl_4灭火器灭火　　D. 用CO_2灭火器灭火

3. 含无机酸的废液可采用(　　)处理。

A. 沉淀法　　B. 萃取法　　C. 中和法　　D. 氧化还原法

4. 下列叙述正确的是(　　)。

A. 随机误差是可以测量的

B. 误差以真值为标准，偏差以平均值为标准；实际工作中获得的“误差”实质上仍是偏差

C. 精密度越高，则该测定的准确度一定越高

D. 系统误差没有重复性，不可减免

5. 下列说法不正确的是(　　)。

A. 精密度高，准确度不一定高　　B. 精密度差，准确度不可能高

C. 精密度高，准确度就高　　D. 准确度高，精密度肯定高

6. 测定值<真实值时，说明分析结果(　　)。

A. 零值　　B. 准确　　C. 偏低　　D. 偏高

7. 对某试样进行平行 3 次测定，得 CaO 平均含量为 30.60%，而真实含量为 30.30%，则 30.60%－30.30%＝0.30% 为(　　)。

A. 相对误差　　B. 绝对误差　　C. 相对偏差　　D. 绝对偏差

8. 某物体在电子分析天平上称得的质量为 15.551 2 g，若用分度值为±0.1 g 的台秤称量，则其质量应记录为(　　)。

A. 15.5 g　　B. 156 00 mg　　C. 16 g　　D. 15.55×10^3 mg

9. 如果分析结果要求达到 0.1% 的准确度，使用灵敏度为 0.1 mg 的电子分析天平称取样品，至少应称取(　　)g。

A. 0.1　　B. 0.2　　C. 0.05　　D. 0.5

10. 天平砝码应定时检定，一般规定检定时间间隔不超过(　　)年。

A. 0.5　　B. 1　　C. 2　　D. 3

11. 有效数字是指(　　)。

A. 计算器计算的数字　　B. 分析仪器实际能够测量到的数字

C. 小数点以前的位数　　D. 小数点后的位数

12. 下列各数中，有效数字位数为四位的是(　　)。

A. $[H^+]$=0.000 3 mol/L　　B. pH＝10.42

C. w_{MgO}＝19.96%　　D. 4 000

13. 下列数据均需保留两位有效数字，修约错误的是(　　)。

A. 1.25→1.3　　B. 1.35→1.4　　C. 1.454→1.5　　D. 1.346→1.3

14. 计算式 2.106×74.45÷0.61 的计算结果应保留(　　)位有效数字。

A. 一位　　B. 二位　　C. 三位　　D. 四位

15. 下列计算正确的是(　　)。

A. 4.115＋5.220 15＝9.34　　B. 4.115＋5.22＝9.335

C. 4.12＋5.225＝9.345　　D. 4.12＋5.225＝9.34

16. 分析测定中随机误差的特点是(　　)。

A. 数值有一定范围　　B. 数值无规律可循

C. 大小误差出现的概率相同　　D. 大小相等的正负误差出现的概率相同

二、多项选择题

1. 下面有关废渣的处理正确的是(　　)。

   A. 毒性小、稳定，难溶的废渣可深埋地下

   B. 汞盐沉淀残渣可用焙烧法回收汞

   C. 有机物废渣可倒掉

   D. AgCl 废渣可送国家回收银部门

2. 下列叙述正确的是(　　)。

   A. 准确度的高低用误差来衡量

   B. 误差表示测定结果与真值的差异，在实际分析工作中真值并不知道，一般用多次平行测定值的算术平均值 $\overline{x}$ 表示分析结果

   C. 各次测定值与平均值之差称为偏差，偏差越小，测定的准确度越高

   D. 公差是生产部门对分析结果允许误差的一种限量

3. 下列叙述正确的是(　　)。

   A. 误差以真值为标准，偏差以平均值为标准

   B. 对随机误差来说，大小相近的正误差和负误差出现的概率均等

   C. 某测定的精密度越高，则该测定的准确度越高

   D. 定量分析要求测定结果的误差在允许范围之内

4. 分析测定中的随机误差，就统计规律来讲，正确的是(　　)。

   A. 数值固定不变

   B. 数值随机可变

   C. 大误差出现的概率小，小误差出现的概率大

   D. 正误差出现的概率大于负误差

5. 下列叙述正确的是(　　)。

   A. Q 检验法可以检验测定数据的系统误差

   B. 对某试样平行测定结果的精密度高，准确度不一定高

   C. 电子分析天平称得的试样质量，不可避免地存在称量误差

   D. 滴定管内壁因未洗净而挂有液滴，使体积测量产生随机误差

6. 下列有关随机误差的表述中正确的是(　　)。

   A. 随机误差具有单向性

   B. 随机误差是由一些不确定的偶然因素造成的

   C. 随机误差在分析过程中是不可避免的

   D. 绝对值相等的正、负随机误差出现的概率均等

7. 在下述方法中，可减免系统误差的是(　　)。

   A. 进行对照试验　　B. 增加测定次数

   C. 做空白试验　　D. 校准仪器

8. 在定量分析中，下列说法错误的是(　　)。

   A. 用 50 mL 量筒，可以准确量取 15.00 mL 溶液

   B. 从 50 mL 滴定管中，可以准确放出 15.00 mL 标准溶液

   C. 测定数据的最后一位数字不是准确值

   D. 用万分之一电子分析天平称量的质量都是四位有效数字

9. 下列表述中正确的是(　　)。

A. 置信水平越高，测定的可靠性越高

B. 置信水平越高，置信区间越宽

C. 置信区间的大小与测定次数的平方根成反比

D. 置信区间的位置取决于平均值

10. 系统误差是由固定原因引起的，主要包括(　　)。

A. 仪器误差　　B. 方法误差　　C. 试剂误差　　D. 操作误差

三、判断题

1.(　　)药品贮藏室最好向阳，以保证室内干燥、通风。

2.(　　)使用二氧化碳灭火器灭火时，应注意勿顺风使用。

3.(　　)腐蚀性中毒通过皮肤进入皮下组织，不一定立即引起表面的灼伤。

4.(　　)测定的精密度好，但准确度不一定好，消除了系统误差后，精密度好的，结果准确度就好。

5.(　　)偏差表示测定结果偏离真实值的程度。

6.(　　)系统误差具有重复性、单向性。

7.(　　)在分析操作中可以避免偶然误差的出现。

8.(　　)电子分析天平使用前应预热较长一段时间。

9.(　　)在天平的维护上要注意天平的防震、防潮、防腐蚀等。

10.(　　)同一实验中的所有称量，应自始至终使用同一架天平，使用不同天平会造成误差。

11.(　　)在乘除法运算中，数据0.834 0的有效数字可看作五位。

12.(　　)将7.633 50修约为4位有效数字的结果是7.634。

四、计算题

1. 某铁矿石含铁量为39.19%，若甲分析结果是39.12%、39.15%、39.18%；乙分析结果是39.18%、39.23%、39.25%。试比较甲、乙两人分析结果的准确度和精密度。

2. 三次标定NaOH溶液浓度(mol/L)结果为0.208 5、0.208 3、0.208 6，计算测定结果的平均值、个别测定值的平均偏差、相对平均偏差、标准偏差和相对标准偏差。

项目1　样品的称量习题答案

项目 2　酸碱体积比的测定

项目导入

滴定管、移液管和容量瓶等是分析实验室常用的精确至 0.01 mL 的滴定分析量器。作为分析人员，开展分析工作的首要任务就是了解这些滴定分析仪器的用途、规格以及掌握其正确的使用方法，例如，滴定管在滴定时如何防止漏液、滴定管如何读数、移液管的取液放液有什么要求等，这些都是分析中必须掌握的基本技能。一定浓度的 HCl 溶液和 NaOH 溶液相互滴定时，所消耗的体积比应是一定的，借此可以检验分析人员滴定操作技术和判断终点的能力。

项目分析

本项目的主要任务是认识、领用和清点常用的化学分析仪器，学习常用化学分析仪器的洗涤方法，掌握化学分析仪器的正确使用方法，掌握容量仪器校准的意义及校准方法，进一步熟悉电子分析天平的称量操作及有效数字的运算规则。

具体要求如下：

(1)能进行移液管的洗涤及移液操作；

(2)能进行容量瓶的洗涤及定容；

(3)能进行酸、碱式滴定管的洗涤、调试操作和读数；

(4)能合理设计滴定管、移液管的绝对校准，容量瓶和移液管的相对校准。

项目导图

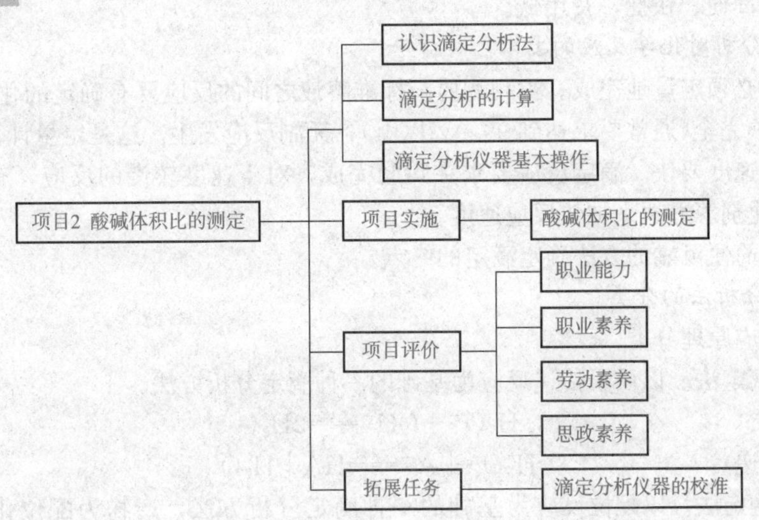

任务2.1 认识滴定分析法

2.1.1 滴定分析的基本概念

滴定分析法是化学分析法中的重要分析方法之一，是将一种已知其准确浓度的试剂溶液(称为标准溶液)滴加到被测物质的溶液中，直至所加溶液的物质的量按化学计量关系恰好反应完全，然后根据所用标准溶液浓度和体积可以求得被测组分的含量，这种方法称为滴定分析法(或称容量分析法)。

$$B(被测组分)+S(滴定剂)=P(产物)$$

滴定过程：用滴定分析法进行定量分析时，是将被测定物质的溶液置于一定的容器(通常为锥形瓶)中，并加入少量适当的指示剂，然后用一种标准溶液通过滴定管逐滴地加到容器里。这样的操作过程称为“滴定”。当滴入的标准溶液与被测定的物质定量反应完全时，也就是两者的物质的量正好符合化学反应式所表示的化学计量关系时，称反应达到了化学计量点。在滴定中，常在被测溶液中加入一种辅助剂，借助其颜色的突变来判别化学计量点的到达，这种辅助试剂称为指示剂。当指示剂变色时停止滴定，停止滴定这一点称为“滴定终点”或简称“终点”。指示剂并不一定正好在化学计量点时变色。

滴定终点与化学计量点不一定恰好相符，它们之间存在着一个很小的差别，由此而造成的分析误差称为“滴定误差”，也叫“终点误差”，以 E_t 表示。滴定误差的大小取决于滴定反应和指示剂的性能及用量。因此，必须选择适当的指示剂才能使滴定的终点尽可能地接近计量点。

滴定分析法是定量分析中的重要方法之一，其特点如下：

(1)准确度高(误差≤0.2%)；

(2)适用于常量分析(含量≥1%)；

(3)操作简便、快捷，费用低。

1. 滴定分析对化学反应的要求

(1)反应必须定量地完成。被测物质与标准溶液之间的反应要有确定的化学计量关系，而且反应必须完全(通常要求达到99.9%以上)，无副反应发生。这是定量计算的基础。

(2)反应速度要快。滴定反应要求在瞬间完成，对于速度较慢的反应，有时可通过加热或加入催化剂等办法来加快反应速度。

(3)要有简便可靠的方法确定滴定的终点。

2. 滴定分析法的分类

(1)按反应原理分类。

①酸碱滴定法。以质子传递反应为基础的一种滴定分析方法。

反应实质： $H_3O^+ + OH^- = 2H_2O$

(质子传递)： $H_3O^+ + A^- = HA + H_2O$

②配位滴定法。以配位反应为基础的一种滴定分析方法，产物为配位化合物或配位

离子。

例：
$$Mg^{2+} + Y^{4-} = MgY^{2-}$$
$$Ag^+ + 2CN^- = [Ag(CN)_2]^-$$

（H_4Y 为乙二胺四乙酸，简写成 EDTA。）

③氧化还原滴定法。以氧化还原反应为基础的一种滴定分析方法。

例：
$$Cr_2O_7^{2-} + 6Fe^{2+} + 14H^+ = 2Cr^{3+} + 6Fe^{3+} + 7H_2O$$
$$I_2 + 2S_2O_3^{2-} = 2I^- + S_4O_6^{2-}$$

④沉淀滴定法。以沉淀反应为基础的一种滴定分析方法。

例：
$$Ag^+ + Cl^- \rightarrow AgCl\downarrow \text{（白色）}$$

（2）滴定方式分类。

①直接滴定法。凡符合反应速度快，反应定量完成，并且有简单方法确定滴定终点的化学反应，就可以直接采用标准溶液对试样溶液进行滴定，称为直接滴定。

如：HCl 标准溶液滴定 NaOH 溶液
$$H^+ + OH^- = H_2O$$
$$Zn^{2+} + H_2Y = ZnY + 2H^+$$
$$Ag^+ + Cl^- = AgCl$$
$$Cr_2O_7^{2-} + 6Fe^{2+} + 14H^+ = 2Cr^{3+} + 6Fe^{3+} + 7H_2O$$

②返滴定法。先加入一定量且过量的标准溶液，待其与被测物质反应完全后，再用另一种标准滴定剂滴定剩余的标准溶液，从而计算被测物质的量，因此返滴定法又称剩余量滴定法。

返滴定法适用于滴定反应速度慢或无合适的指示剂的滴定反应。

如 Al^{3+} 测定：EDTA 与 Al^{3+} 反应慢，先加入过量的 EDTA 与 Al^{3+} 反应，再用 Zn^{2+} 标准溶液滴定剩余的 EDTA，从而可求出 Al^{3+} 的含量。

③置换滴定法。对于不按一定的计量关系进行的反应或有副反应的反应，可加入适量的试剂，使试剂和被测物反应置换出一定量的能被滴定的物质，再用适当的滴定剂滴定，通过计量关系求含量。

置换滴定法适用于不能定量进行（伴有副反应发生）的滴定反应。

例：以 $KBrO_3$ 为基准物，测定 $Na_2S_2O_3$ 溶液浓度。
$$S_2O_3^{2-} + BrO_3^- \rightarrow S_4O_6^{2-}/SO_4^{2-} \text{（有副反应）}$$

首先 $KBrO_3$ 与过量的 KI 先置换 I_2：
$$BrO_3^- + 6I^- + 6H^+ = 3I_2 + Br^- + 3H_2O$$

然后 $Na_2S_2O_3$ 溶液滴定置换出的 I_2：
$$S_2O_3^{2-} + I_2 = 2I^- + S_4O_6^{2-}$$

④间接滴定法。对于不和滴定剂直接反应的物质，通过其他化学反应，用滴定法间接测定。

例：

氧化还原法测钙：
$$Ca^{2+} + MnO_4^- \rightarrow \text{不反应}$$
$$Ca^{2+} + C_2O_4^{2-} \rightarrow CaC_2O_4\downarrow \xrightarrow{H^+} Ca^{2+} + C_2O_4^{2-}$$

$$5C_2O_4^{2-}+2MnO_4^-+16H^+ \xlongequal{} 2Mn^{2+}+10CO_2+8H_2O$$

2.1.2 基准物质和标准溶液

在滴定分析中，标准溶液的浓度和用量是计算待测组分含量的主要依据，因此正确配制标准溶液，准确地确定标准溶液的浓度以及对标准溶液进行妥善保存，对于提高滴定分析的准确度有着重大意义。

1. 基准物质

在滴定分析中，并不是所有物质都可以用来直接配制标准溶液。可用于直接配制标准溶液或标定溶液浓度的物质称为基准物质(primary reference material)。

基准物质应符合下列条件：

(1)在空气中要稳定。例如加热干燥时不分解，称量时不吸湿，不吸收空气中的 CO_2，不被空气氧化等。

(2)物质必须具有足够的纯度(一般要求纯度在 99.9%以上)，杂质含量少到不影响分析准确度。通常用基准试剂或优级纯试剂。

(3)实际组成应与化学式完全符合。若含结晶水，如硼砂 $Na_2B_4O_7 \cdot 10H_2O$，其结晶水的含量也应与化学式符合。

(4)试剂最好具有较大的摩尔质量。因为摩尔质量越大，称取的量就越多，称量误差就可相应地减少。

(5)试剂参加反应时，应按反应式定量进行，没有副反应。

常用基准物质干燥条件和应用范围列于表 2-1。

表 2-1 常用基准物质的干燥条件及其应用

基准物质		干燥条件/℃	标定对象
名称	化学式		
无水碳酸钠	Na_2CO_3	200～300	酸
硼砂	$Na_2B_4O_7 \cdot 10H_2O$	相对湿度为 60%的恒温器	酸
草酸	$H_2C_2O_4 \cdot 2H_2O$	室温，空气干燥	碱或 $KMnO_4$
邻苯二甲酸氢钾	$KHC_8H_4O_4$	110～120	碱
重铬酸钾	$K_2Cr_2O_7$	140～150	还原剂
溴酸钾	$KBrO_3$	130	还原剂
碘酸钾	KIO_3	130	还原剂
三氧化二砷	As_2O_3	室温，干燥器保存	氧化剂
草酸钠	$Na_2C_2O_4$	130	氧化剂
碳酸钙	$CaCO_3$	110	EDTA
锌	Zn	室温，干燥器保存	EDTA
氯化钠	NaCl	500～600	$AgNO_3$
氯化钾	KCl	500～600	$AgNO_3$

2. 标准溶液的配制方法

标准溶液的配制方法有直接配制法和间接配制法两种。

(1)直接配制法。准确称取一定质量的物质(基准物质)，用水或酸等试剂溶解后定量转入容量瓶，用水稀释至刻度，然后根据称取基准物质的质量和容量瓶的体积即可算出该标准溶液的准确浓度。例如，称取 4.903 g 基准 $K_2Cr_2O_7$，用水溶解后，置于 1 L 容量瓶中，用水稀释至刻度，即得 $c\left(\frac{1}{6}K_2Cr_2O_7\right)=0.100\,0$ mol/L 的标准溶液。

(2)间接配制法。间接配制法也叫标定法。许多化学试剂是不符合基准物质条件的，如 NaOH，它很容易吸收空气中的 CO_2 和水分，因此称得的质量不能代表纯净 NaOH 的质量；盐酸(除恒沸溶液外)，也很难知道其中 HCl 的准确含量；$KMnO_4$、$Na_2S_2O_3$ 等均不易提纯，且见光易分解，均不宜用直接法配成标准溶液，而要用标定法。即先配成接近所需浓度的溶液，然后用基准物质或用另一种物质的标准溶液来测定它的准确浓度。这种利用基准物质(或用已知准确浓度的溶液)来确定标准溶液浓度的操作过程，称为“标定”，标定标准溶液的方法有两种。

①用基准物质标定。称取一定量的基准物质，溶解后用待标定的溶液滴定，然后根据基准物质的质量及待标定溶液所消耗的体积，即可算出该溶液的准确浓度。大多数标准溶液是通过标定的方法测定其准确浓度的。

②与标准溶液进行比较。准确吸取一定量的待标定溶液，用已知准确浓度的标准溶液滴定；或者准确吸取一定量的已知准确浓度的标准溶液，用待标定溶液滴定。根据两种溶液所消耗的毫升数及标准溶液的浓度，就可计算出待标定溶液的准确浓度。这种用标准溶液来测定待标定溶液准确浓度的操作过程称为“比较”。显然，这种方法不如直接用基准物质来进行标定的方法好，因为标准溶液的浓度不准确会直接影响待标定溶液浓度的准确性。因此，标定时应尽量采用直接标定法。

物质的量浓度

2.1.3 标准溶液浓度的表示方法

1. 物质的量及单位——摩尔

物质的量表示含有一定数目基本单位的集合体。科学实验表明，在 0.012 kg ^{12}C 中所含有的原子数约为 6.02×10^{23} 个，如果在一定量的基本单位集合体中所含有的基本单位数与 0.012 kg ^{12}C 中所含有原子数相同，我们就说它为 1 moL。

基本单元可以是原子、分子、离子、电子及其他基本粒子，或是这些基本粒子的特定组合。例如，硫酸的基本单元可以是 H_2SO_4，也可以是 $\frac{1}{2}H_2SO_4$，物质的量也就不同。用 H_2SO_4 作基本单元时，1 moL 硫酸为 98.08 g，用 $\frac{1}{2}H_2SO_4$ 作为基本单元时，98.08 g 的硫酸为 2 moL。

2. 摩尔质量(M_B)

1 moL 不同物质中所含的分子、原子或离子的数目虽然相同，但由于粒子的质量不同，因此 1 moL 不同物质的质量也不同。

例如：一个 ^{12}C 与 1 个 H 的质量比约为 12∶1，因为 1 moL ^{12}C 的质量为 12 g，所以

1 moL H 的质量为 1 g。为此 1 mol 任何粒子或物质的量以克为单位时，在数值上都与该粒子的相对原子质量或相对分子质量相等。

我们将单位物质的量的物质所具有的质量称为摩尔质量(M_B)。

$$M_B=\frac{m_B}{n_B} \tag{2-1}$$

即有

$$n_B=\frac{m_B}{M_B} \tag{2-2}$$

式中 m_B——物质 B 的质量(g)；

M_B——物质 B 单位物质的量所具有的质量(摩尔质量)(g/moL)；

n_B——物质 B 的物质的量(moL)；

B——溶质的化学式。

3. 物质的量浓度

标准溶液的浓度常用物质的量浓度表示，物质 B 的物质的量浓度是指单位体积溶液中所含溶质 B 的物质的量，以符号 c_B表示，单位为 mol/L，即

$$c_B=\frac{n_B}{V} \tag{2-3}$$

得

$$c_B\times V=\frac{m_B}{M_B} \tag{2-4}$$

$$m_B=c_B\times V\times M_B$$

式中 V——溶液的体积；

n_B——溶液中溶质 B 的物质的量。

由于物质的量 n_B 的数值取决于基本单元的选择，因此，表示物质的量浓度时，必须指明基本单元，如

$$c\left(\frac{1}{5}KMnO_4\right)=0.100\ 0\ mol/L$$

基本单元的选择一般可根据标准溶液在滴定反应中的质子转移数(酸碱反应)、电子得失(氧化还原反应)或反应的计量关系确定。

【例 2-1】 已知盐酸的密度 $\rho=1.19$ g/ mL，其中盐酸的质量分数为 $w=36\%$，求每升盐酸中所含的 n_{HCl}及盐酸的 c_{HCl}分别为多少？

解： 由式(2-2) $n_{HCl}=\frac{m_{HCl}}{M_{HCl}}=\frac{\rho\times v\times w_{HCl}}{M_{HCl}}=\frac{1.19\times10^3\times36\%}{36.5}=12(mol)$

由式(2-3) $c_{HCl}=\frac{n_{HCl}}{V}=\frac{12}{1}=12(mol/L)$

4. 滴定度

滴定度是指每毫升标准溶液相当被测物质的质量(g 或 mg)，以符号 $T_{B/S}$表示。其中 B 是被测物质的分子式，S 是标准溶液中溶质的分子式。

生产单位在对大批试样进行例行分析时，用滴定度来计算分析结果十分方便。知道了滴定度，再乘以滴定中用去的标准溶液的体积，就可以直接得到被测物质的含量。

如用 $T_{NaOH/H_2SO_4}=0.040\ 00$ g/mL 的 H_2SO_4 标准溶液滴定烧碱溶液，设滴定时用去 H_2SO_4 标准溶液体积为 32.00 mL，则此试样中 NaOH 的质量为

$$m_{NaOH}=T_{NaOH/H_2SO_4}\times V_{H_2SO_4}=32.00\times0.040\ 00=1.280(g)$$

有时滴定度也可用每毫升标准溶液中所含溶质的质量(g)来表示。如 $T_{NaOH}=0.004\ 0$ g/mL，即表示每毫升 NaOH 标准溶液中含有 0.004 0 g 的 NaOH。这种表示方法在配制专用标准溶液中广泛使用。

思考题

1. 滴定分析对化学反应的要求是什么？

2. 滴定方式主要有哪几种？分别举例说明。

3. 下列物质中哪些可以直接配制标准溶液？哪些只能用间接法配制。

HCl、无水 Na_2CO_3、$KMnO_4$、$AgNO_3$、$Na_2C_2O_4$、KCl、$KBrO_3$、H_2SO_4。

4. 标定 NaOH 溶液时，草酸($H_2C_2O_4\cdot2H_2O$)和邻苯二甲酸氢钾($KHC_8H_4O_4$)都可以作基准物，若 c(NaOH)=0.05 mol/L，选哪一种为基准物更好？(从称量误差角度考虑)

任务 2.2　滴定分析的计算

2.2.1　滴定分析的化学计量关系

滴定分析是用标准溶液滴定被测物质的溶液，由于对反应物选取的基本单元不同，可以采用不同的计算方法。

1. 根据滴定剂 S 与被测物 B 的化学计量数比计算

在滴定分析法中，设待测物 B 和滴定剂 S 按照反应物之间是按化学计量关系相互作用的原理，反应式如下：

$$sS(\text{标准溶液})+bB(\text{被测物})=cC+dD$$

当滴定到计量点，化学方程式中各物质的系数比就是反应中各物质相互作用的物质的量的比。

$$n_S:n_B=s:b$$

故

$$n_s=\frac{s}{b}n_B\quad\text{或}\quad n_B=\frac{b}{s}n_s \tag{2-5}$$

即有

$$c_S\times V_s=\frac{s}{b}c_B\times V_B$$

如果已知 c_S、V_S、V_B，则可求出 c_B。

故

$$m_B=\frac{b}{s}c_S\times V_S\times M_B \tag{2-6}$$

通常在滴定时，体积以 mL 为单位来计量，运算时要化为 L，即

$$m_B=\frac{b}{s}\times\frac{c_SV_SM_B}{1\ 000} \tag{2-7}$$

例如 $$2HCl+Na_2CO_3 = 2NaCl+H_2O$$

$$n(HCl)=2n(Na_2CO_3)$$

又如 $$Cr_2O_7^{2-}+6Fe^{2+}+14H^+ = 2Cr^{3+}+6Fe^{3+}+7H_2O$$

$$n(Fe^{2+})=6n(K_2Cr_2O_7)$$

【例 2-2】 在稀硫酸溶液中，用 0.020 12 mol/L 的 $KMnO_4$ 溶液滴定某草酸钠溶液，如欲两者消耗的体积相等，则草酸钠溶液的浓度为多少？若需配制该溶液 100.0 mL，则应称取草酸钠多少克？

解： $$5C_2O_4^{2-}+2MnO_4^-+16H^+ = 10CO_2+2Mn^{2+}+8H_2O$$

$$n(Na_2C_2O_4)=\frac{5}{2}n(KMnO_4)$$

$$cV(Na_2C_2O_4)=\frac{5}{2}cV(KMnO_4)$$

根据题意，有 $V(Na_2C_2O_4)=V(KMnO_4)$，则

$$c(Na_2C_2O_4)=\frac{5}{2}c(KMnO_4)=2.5\times 0.020\,12$$
$$=0.050\,30(\text{mol/L})$$

$$m(Na_2C_2O_4)=cVM(Na_2C_2O_4)$$
$$=0.050\,30\times 100.0\times 134.00/1\,000$$
$$=0.674\,0(\text{g})$$

2. 根据等物质的量规则计算

对于一定的化学反应，如选定适当的基本单元，那么在任何时刻所消耗的反应物的物质的量均相等。在滴定分析中，若根据滴定反应选取适当的基本单元，则滴定达到化学计量点时，被测组分的物质的量就等于所消耗的标准溶液物质的量。

本书主要介绍以最小反应单元为基本单元的等物质的量定律来计算。酸碱反应中是以每得到或给出一个质子的特定组合作为反应物的基本单元；氧化还原反应是以反应物每得到一个电子或失去一个电子的特定组合作为基本单元。在本书中以$\frac{1}{Z_s}$和$\frac{1}{Z_B}$分别表示基准物质和被测物质的基本单元。

如 $$Na_2CO_3+2HCl = 2NaCl+H_2O+CO_2$$

对于反应物 Na_2CO_3 得两个质子，得一个质子的最小反应单元为$\frac{1}{2}Na_2CO_3$，HCl 的最小反应单元为 HCl。

对于氧化还原反应以得失一个电子为基本单元。

如 $$Cr_2O_7^{2-}+6Fe^{2+}+14H^+ = 2Cr^{3+}+6Fe^{3+}+7H_2O$$

则有 $$n\left(\frac{1}{6}K_2Cr_2O_7\right)=n(Fe^{2+})$$

同样依据反应式：sS(标准溶液)$+b$B(被测物)$=c$C$+d$D

则有 $$n\left(\frac{1}{Z_s}S\right)=n\left(\frac{1}{Z_B}B\right) \tag{2-8}$$

2.2.2 滴定分析有关计算

1. 标准溶液的浓度配制

(1)直接配制法。准确称取质量为m_S(g)的基准物质S，将其配制成体积为V_S(L)的标准溶液，已知基准物质S的摩尔质量为$M_{(S)}$(g/mol)，由于

$$n\left(\frac{1}{Z_s}S\right)=\frac{m_S}{M\left(\frac{1}{Z_S}S\right)} \tag{2-9}$$

$$n\left(\frac{1}{Z_s}S\right)=c\left(\frac{1}{Z_S}S\right)\times V_S \tag{2-10}$$

则该标准溶液的浓度为

$$c\left(\frac{1}{Z_S}S\right)=\frac{n\left(\frac{1}{Z_S}S\right)}{V_S}=\frac{m_S}{V_S M\left(\frac{1}{Z_S}S\right)} \tag{2-11}$$

【例2-3】 准确称取基准物质$K_2Cr_2O_7$ 1.471 g，溶解后定量转移至500.0 mL容量瓶中。计算此$K_2Cr_2O_7$溶液的浓度$c(K_2Cr_2O_7)$及$c\left(\frac{1}{6}K_2Cr_2O_7\right)$。已知$M(K_2Cr_2O_7)=294.2$ g/mol。

解： 根据式(2-11)得

$$c(K_2Cr_2O_7)=\frac{1.471}{0.500\,0\times 294.2}=0.010\,00(\text{mol/L})$$

$$c\left(\frac{1}{6}K_2Cr_2O_7\right)=\frac{1.471}{0.500\,0\times\frac{1}{6}\times 294.2}=0.060\,00(\text{mol/L})$$

【例2-4】 欲配制$c\left(\frac{1}{2}Na_2CO_3\right)=0.100\,0$ mol/L的Na_2CO_3标准溶液500.0 mL，问应称取基准试剂Na_2CO_3多少克？已知$M(Na_2CO_3)=106.0$ g/mol。

解： $m(Na_2CO_3)=c\left(\frac{1}{2}Na_2CO_3\right)\times V(Na_2CO_3)\times M\left(\frac{1}{2}Na_2CO_3\right)$

$$=0.100\,0\times 0.500\,0\times\frac{1}{2}\times 106.0$$

$$=2.650(\text{g})$$

(2)标定法。若以基准物质S标定浓度为c_B的标准溶液，设所称取的基准物质的质量为m_S(g)，其摩尔质量为M(S)，滴定时消耗待标定的标准溶液B的体积为V_B(mL)，根据等物质的量关系：

$$n\left(\frac{1}{Z_S}S\right)=n\left(\frac{1}{Z_B}B\right)$$

则

$$\frac{m_S}{M\left(\frac{1}{Z_S}S\right)}=c\left(\frac{1}{Z_B}B\right)\times\frac{V_B}{1\,000} \tag{2-12}$$

因此

$$c\left(\frac{1}{Z_B}B\right)=\frac{1\,000\,m_S}{M\left(\frac{1}{Z_S}S\right)\times V_B} \tag{2-13}$$

【例 2-5】 称取基准物质草酸($H_2C_2O_4 \cdot 2H_2O$)0.200 2 g，溶于水中，用 NaOH 溶液滴定，消耗了 NaOH 溶液 28.52 mL，计算 NaOH 溶液浓度。已知 $M(H_2C_2O_4 \cdot 2H_2O)=126.1$ g/mol。

解 按题意滴定反应为

$$2NaOH+H_2C_2O_4 \rightarrow Na_2C_2O_4+2H_2O$$

根据最小反应单元质子转移数选 NaOH 为基本单元，则 $H_2C_2O_4$ 的基本单元为 $\frac{1}{2}H_2C_2O_4$，按式(2-13)得

$$c(NaOH)=\frac{1\,000\,m(H_2C_2O_4 \cdot 2H_2O)}{M\left(\frac{1}{2}H_2C_2O_4 \cdot 2H_2O\right)\times V(NaOH)}$$

$$=\frac{1\,000\times 0.200\,2}{\frac{1}{2}\times 126.1\times 28.52}=0.111\,3(mol/L)$$

【例 2-6】 要求在标定时用去 0.20 mol/L NaOH 溶液 20～25 mL，问应称取基准试剂邻苯二甲酸氯钾($KHC_8H_4O_4$)多少克？已知 $M(KHC_8H_4O_4)=204.2$ g/mol。如果改用二水草酸做基准物质，又应称取多少？已知 $M(H_2C_2O_4 \cdot 2H_2O)=126.1$ g/mol。

解：根据题意邻苯二甲酸氢钾与氢氧化钠反应

$$KHC_8H_4O_4+NaOH \rightarrow KNaC_8H_4O_4+H_2O$$

根据反应式得

$$n(KHC_8H_4O_4)=n(NaOH)$$

$$\frac{m(KHC_8H_4O_4)}{M(KHC_8H_4O_4)}=\frac{c(NaOH)\times V(HCl)}{1\,000}$$

$$m(KHC_8H_4O_4)=\frac{c(NaOH)\times V(NaOH)\times M(KHC_8H_4O_4)}{1\,000}$$

根据题意，NaOH 溶液消耗体积一般为 20～25 mL。

$$m_1=0.20\times\frac{20}{1\,000}\times 204.2=0.82(g)$$

$$m_2=0.20\times\frac{25}{1\,000}\times 204.2=1.0(g)$$

由此算出 $KHC_8H_4O_4$ 称量范围为 0.82～1.0 g；

改用 $H_2C_2O_4 \cdot 2H_2O$，其反应方程式为

$$2NaOH+H_2C_2O_4 \rightarrow Na_2C_2O_4+2H_2O$$

$$n\left(\frac{1}{2}H_2C_2O_4\right)=n(NaOH)$$

同理可得出 $m(H_2C_2O_4 \cdot 2H_2O)$ 为 0.26～0.32 g。

2. 被测物质的质量和质量分数的计算

完成一个滴定分析的全过程，可以得到 3 个测量数据，即称取试样的质量 m(g)、标准溶液的浓度 $c\left(\frac{1}{Z_S}S\right)$(mol/L)、滴定至终点时的标准溶液消耗的体积 V_S(mL)。若测得试样中待测组分 B 的质量为 m_B(g)，则待测组分 B 的质量分数 w_B(数值以%)表示为

$$w_B=\frac{m_B}{m}\times 100\% \qquad (2\text{-}14)$$

根据等物质量的规则

$$n\left(\frac{1}{Z_S}S\right)=n\left(\frac{1}{Z_B}B\right)$$

即有

$$c\left(\frac{1}{Z_S}Z\right)\times\frac{V_S}{1\,000}=\frac{m_B}{M\left(\frac{1}{Z_B}B\right)}$$

因此

$$m_B=c\left(\frac{1}{Z_S}S\right)\times V_S\times M\left(\frac{1}{Z_B}B\right)/1\,000 \tag{2-15}$$

将式(2-15)代入式(2-14)得

$$w_B=\frac{c\left(\frac{1}{Z_S}S\right)\times V_S\times M\left(\frac{1}{Z_B}B\right)}{m\times 1\,000}\times 100\% \tag{2-16}$$

再利用所获得的 3 个测量数据代入式(2-16)即可求得待测组分的含量。

【例 2-7】 称取工业纯碱 0.264 8 g，以 $c(HCl)=0.197\,0$ mol/L 的盐酸标准溶液滴定至终点，用去 HCl 标准溶液 24.45 mL，求纯碱中 Na_2CO_3 的含量。

解： 此滴定反应为

$$2HCl+Na_2CO_3\rightarrow 2NaCl+CO_2+H_2O$$

根据质子转移数，选 HCl、$\frac{1}{2}Na_2CO_3$ 为基本单元，将已知条件代入式(2-16)得

$$\begin{aligned}w(Na_2CO_3)&=\frac{c(HCl)\times V(HCl)\times M\left(\frac{1}{2}Na_2CO_3\right)}{m\times 1\,000}\times 100\%\\&=\frac{0.197\,0\times 24.45\times\frac{1}{2}\times 106.0}{0.264\,8\times 1\,000}\times 100\%\\&=96.41\%\end{aligned}$$

【例 2-8】 分析草酸的纯度。称取试样 0.400 6 g，溶于水后，在酸性条件下，用 $KMnO_4$ 标准溶液滴定，已知 1.00 mL $KMnO_4$ 溶液含 5.980 mg $KMnO_4$，滴定用去 $KMnO_4$ 28.62 mL，求草酸的质量分数。已知 $M(KMnO_4)=158.0$ g/mol。

解： 已知 $\rho(KMnO_4)=5.980$ mg/mL

反应方程式：$5C_2O_4^{2-}+2MnO_4^-+16H^+\rightarrow 10CO_2+2Mn^{2+}+8H_2O$

$$MnO_4^-\xrightarrow{+5e}Mn^{2+}\quad C_2O_4^{2-}\xrightarrow{-2e}2CO_2$$

按等物质量的规则：

$$n\left(\frac{1}{2}C_2O_4^{2-}\right)=n\left(\frac{1}{5}MnO_4^-\right)$$

$$\begin{aligned}w(H_2C_2O_4\cdot H_2O)&=\frac{\rho(KMnO_4)\times V(KMnO_4)\times M\left(\frac{1}{2}H_2C_2O_4\right)/M\left(\frac{1}{5}KMnO_4\right)}{m\times 1\,000}\times 100\%\\&=\frac{5.980\times 28.62\times\frac{1}{2}\times 126.0/\left(\frac{1}{5}\times 158.0\right)}{0.400\,6\times 1\,000}\times 100\%\\&=85.18\%\end{aligned}$$

3. 物质的量浓度与滴定度间的换算

设标准溶液浓度为c_S，滴定度为$T_{B/S}$，根据等物质的量规则和滴定度定义，它们之间的关系为

$$T_{B/S}=\frac{c\left(\frac{1}{Z_S}S\right)\times M\left(\frac{1}{Z_B}B\right)}{1\ 000} \tag{2-17}$$

或

$$c\left(\frac{1}{Z_S}S\right)=\frac{T_{B/A}\times 1\ 000}{M\left(\frac{1}{Z_B}B\right)} \tag{2-18}$$

【例 2-9】 设HCl标准溶液的浓度为0.191 9 mol/L，试计算此标准溶液对Na_2CO_3滴定度为多少？已知$M(Na_2CO_3)=106.0$ g/mol。

解：滴定反应：

$$2HCl+Na_2CO_3 \rightarrow 2NaCl+CO_2\uparrow+H_2O$$

根据质子转移数，以最小反应单元选HCl、$\frac{1}{2}Na_2CO_3$作为基本单元，按式(2-18)则

$$T_{Na_2CO_3/HCl}=\frac{c(HCl)\times M\left(\frac{1}{2}Na_2CO_3\right)}{1\ 000}$$

$$=\frac{0.191\ 9\times\frac{1}{2}\times 106.0}{1\ 000}=0.010\ 17(g/mL)$$

思考题

1. 根据等物质的量规则计算，酸碱反应和氧化还原反应中，应如何选择反应物的基本单元？

2. 当反应$aA+bB \rightarrow cC+dD$达到化学计量点时，$n_A=\frac{a}{b}n_B$，$n\left(\frac{1}{Z_B}B\right)=n\left(\frac{1}{Z_A}A\right)$，$Z_A$、$Z_B$与$a$、$b$有什么关系？

任务 2.3　滴定分析仪器基本操作

滴定管是滴定时准确测量标准溶液体积的量器具。化学分析中常用的精确至0.01 mL的量器具为滴定管、移液管和容量瓶。只有正确地使用和选择，才能避免分析过程中一些不必要的误差。例如，用酸式滴定管如何防止和检验在滴定时不漏液；对见光易分解的滴定剂选择棕色管还是无色管，滴定管如何读数；移液管的取液放液有什么要求等；这都是化学分析中必须掌握的基本技能。

2.3.1　滴定管及其使用

滴定管一般分为两种(图 2-1)：一种是酸式滴定管，用于存放酸类溶液或氧化性溶液；

另一种是碱式滴定管，用于存放碱类溶液，不能存放氧化性溶液(如高锰酸钾、碘和硝酸银等溶液)。

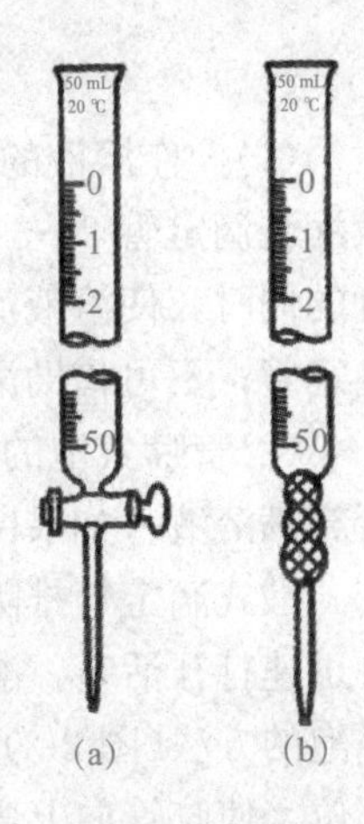

图 2-1　滴定管
(a)酸式；(b)碱式

常量分析的滴定管容积有 50 mL 和 25 mL，最小刻度为 0.1 mL，读数可估计到 0.01 mL。微量滴定管常用的有 5 mL 和 10 mL。

酸式滴定管在管的下端带有玻璃旋塞，碱式滴定管在管的下端连接一橡皮管，内放一玻璃珠，以控制溶液的流出，橡皮管下端再连接一个尖嘴玻璃管。

正确选用不同型号的滴定管。一般用量在 10 mL 以下，选用 10 mL 或 5 mL 微量滴定管；用量为 10～20 mL，选用 25 mL 滴定管；若用量超过 25 mL，则选用 50 mL 滴定管。实际工作中，有人就不注意这方面的误差，有的标液用量不到 10 mL 仍用 50 mL 滴定管，有的标液用量超过 25 mL 仍用 25 mL 滴定管，分几次加入等，这些情况都是错误的做法，会引起较大误差。

1. 滴定管使用前的检查

滴定管的使用

使用前应检查酸式滴定管的玻璃活塞转动是否灵活，碱式滴定管的橡皮管是否老化、变质；玻璃珠是否适当，玻璃珠过大，则不便操作，玻璃珠过小，则会漏液。试漏的方法是先将活塞关闭，在滴定管内充满水，将滴定管夹在滴定管夹上。放置 2 min，观察管口及活塞两端是否有水渗出；将活塞转动 180°，再放置 2 min，看是否有水渗出。若前后两次均无水渗出，活塞转动也灵活，即可使用。否则应将活塞取出，重新涂上凡士林后再使用。

2. 滴定管的清洗

一般用自来水冲洗，零刻度线以上部位可用毛刷蘸洗涤剂刷洗，零刻度线以下部位如不干净，则采用洗液洗(碱式滴定管应除去乳胶管，用橡胶乳头将滴定管下口堵住)。少量的污垢可装入约 10 mL 洗液，双手平托滴定管的两端，不断转动滴定管，使洗液润洗滴定管内壁，操作时管口对准洗液瓶口，以防洗液外流。洗完后，将洗液分别由两端放出。如果滴定管太脏，可将洗液装满整根滴定管浸泡一段时间。为防止洗液流出，在滴定管下方可放一烧杯。最后用自来水、蒸馏水洗净。洗净后的滴定管内壁应被水均匀润湿而不挂水珠。如挂水珠，则应重新洗涤。

3. 酸式滴定管涂油

为了使酸式滴定管玻璃活塞转动灵活，必须在塞子与塞槽内壁涂少许凡士林。涂凡士林的方法(图 2-2)是将活塞取出，用滤纸将活塞及活塞槽内的水擦干净。用手指蘸少许凡士林在活塞的两端涂上薄薄一层，在活塞孔的两旁少涂一些，以免凡士林堵住活塞孔。将活塞直接插入活塞槽，向同一方向转动活塞，直至活塞中油膜均匀透明。转动活塞时，应有一定的向活塞小头部分方向挤的力，以免来回移动活塞，使孔受堵。最后将橡皮圈套在活塞的小头沟槽上。酸式滴定管尖部出口被润滑油酯堵塞，快速有效的处理方法是在热水中浸泡并用力下抖。

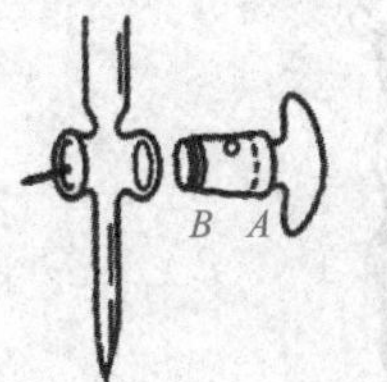

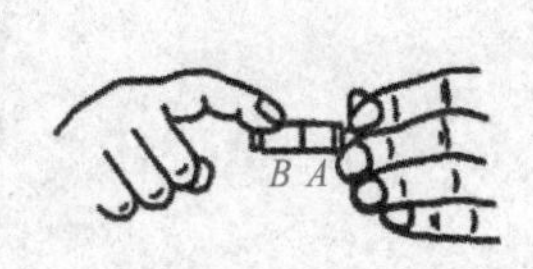

图 2-2　酸式滴定管旋塞涂凡士林操作

4. 滴定操作

(1)操作溶液的装入。先将操作溶液摇匀，使凝结在瓶壁上的水珠混入溶液。用该溶液润洗滴定管 2～3 次，每次 10～15 mL，双手拿住滴定管两端无刻度部位，在转动滴定管的同时，使溶液流遍内壁，再将溶液由流液口放出，弃去。混匀后的操作液应直接倒入滴定管，不可借助漏斗、烧杯等容器来转移。

(2)管嘴气泡的检查及排除。滴定管充满操作液后，应检查管的出口下部尖嘴部分是否充满溶液，如果留有气泡，需要将气泡排除。

酸式滴定管排除气泡的方法：右手拿滴定管上部无刻度处，并使滴定管倾斜 30°，左手迅速打开活塞，溶液冲出管口，反复数次，即可达到排除气泡的目的。碱式滴定管排除气泡的方法(图 2-3)：将碱式滴定管垂直地夹在滴定管架上，左手拇指和食指捏住玻璃珠部位，使胶管向上弯曲并捏挤胶管，使溶液从管口喷出，即可排除气泡。

(3)滴定管的操作。使用酸式滴定管时(图 2-4)，左手握滴定管，无名指和小指向手心弯曲，轻轻贴着出口部分，其他 3 个手指控制活塞，手心内凹，以免触动活塞而造成漏液。

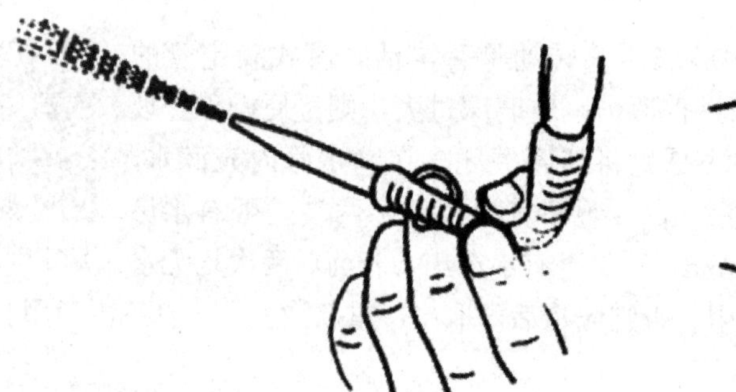

图 2-3　碱式滴定管排气泡的方法　　图 2-4　酸式滴定管操作

使用碱式滴定管时(图 2-5)，左手握滴定管，拇指和食指指尖捏挤玻璃珠周围一侧的胶管，使胶管与玻璃珠之间形成一个小缝隙，溶液即可流出。注意不要捏挤玻璃珠下部胶管，以免空气进入而形成气泡，影响读数。

滴定操作通常在锥形瓶内进行(图 2-6)。滴定时，用右手拇指、食指和中指拿住锥形瓶，其余两指辅助在下侧，使瓶底离滴定台高 2～3 cm，滴定管下端伸入瓶口内约 1 cm，左手握滴定管，边滴加溶液，边用右手摇动锥形瓶，使滴下去的溶液尽快混匀。摇瓶时，应微动腕关节，使溶液向同一方向旋转。

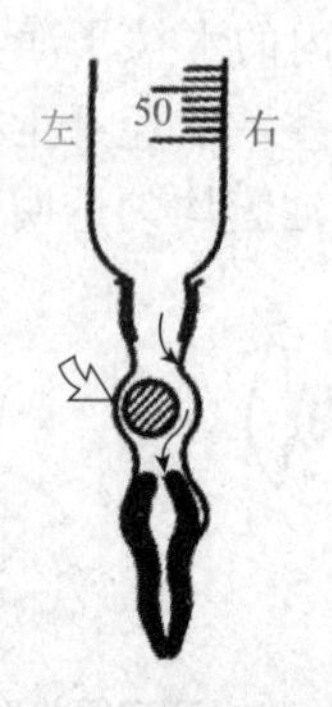

图 2-5　碱式滴定管操作

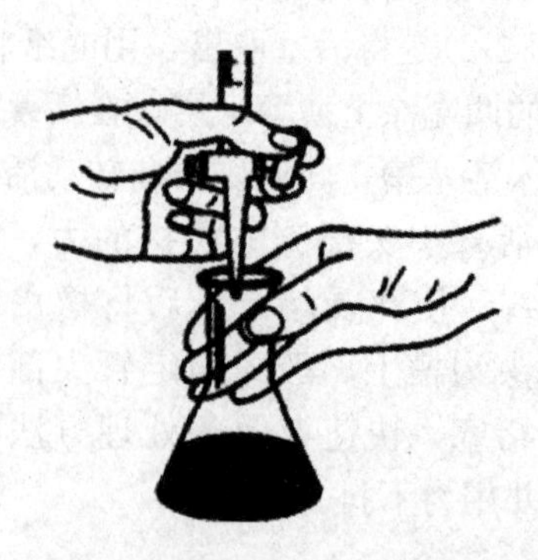

图 2-6　锥形瓶中的滴定操作

有些样品宜在烧杯中滴定(图 2-7)，将烧杯放在滴定台上，滴定管尖嘴伸入烧杯左后约 1 cm，不可靠壁，左手滴加溶液，右手拿玻璃棒搅拌溶液。玻璃棒做圆周搅动，不要碰到烧杯壁和底部。滴定接近终点时所加的半滴溶液可用玻璃棒下端轻轻沾下，再浸入溶液中搅拌。注意玻璃棒不要接触管尖。

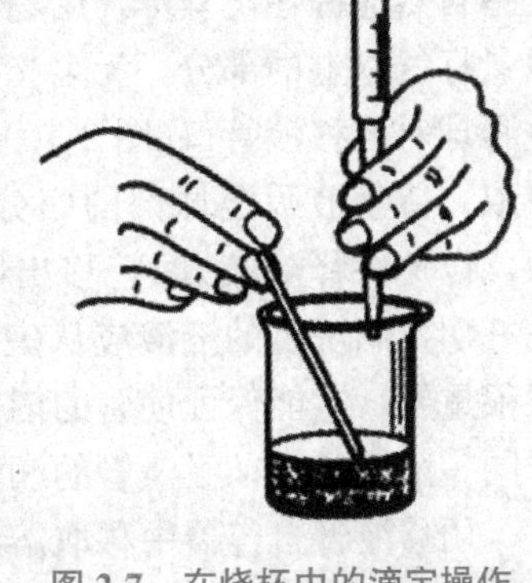

图 2-7　在烧杯中的滴定操作

(4)半滴的控制和吹洗。使用半滴溶液时，轻轻转动活塞或捏挤胶管，使溶液悬挂在出口管嘴上，形成半滴，用锥形瓶内壁将其沾落，再用洗瓶吹洗。

(5)滴定注意事项。

①最好每次滴定都从 0.00 mL 开始，或接近 0 的任一刻度开始，这样可减少滴定误差。

②滴定过程中左手不要离开活塞而任溶液自流。

③滴定时，要观察滴落点周围颜色的变化，不要去看滴定管上的刻度变化。控制适当的滴定速度，一般每分钟 10 mL 左右，接近终点时要一滴一滴加入，即加一滴摇几下，最后还要加一次或几次半滴溶液直至终点。

(6)滴定管的读数。读数时将滴定管从滴定管架上取下，用右手拇指和食指捏住滴定管上部无刻度处，使滴定管保持垂直，然后读数。

读数原则如下：

①注入溶液或放出溶液后，需等待 1～2 min，使附着在内壁上的溶液流下来再读数。

②滴定管内的液面呈弯月形，无色和浅色溶液读数时，视线应与弯月面下缘实线的最低点相切，即读取与弯月面相切的刻度(图 2-8)；深色溶液读数时，视线应与液面两侧的最高点相切，即读取视线与液面两侧的最高点呈水平处的刻度。

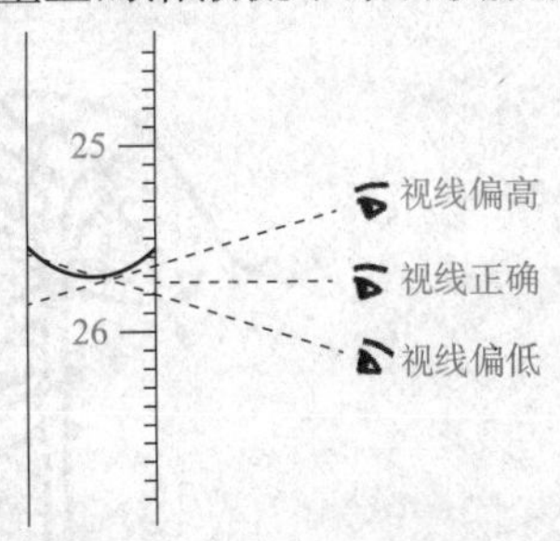

图 2-8　读数视线位置

③使用“蓝带”滴定管时液面呈现三角交叉点，读取交叉点与刻度相交之点的读数。

④读数必须读到毫升小数后第二位，即要求估计到 0.01 mL。

2.3.2　移液管及其使用

移液管的使用

移液管和吸量管(图 2-9)都是用于准确移取一定体积溶液的量出式玻璃量器(量器上标有“Ex”字)。

移液管是一根细长而中间膨大的玻璃管，在管的上端有一环形标线，膨大部分标有它的容积和标定时的温度。常用的移液管有 10 mL、25 mL 和 50 mL 等规格。

吸量管是具有分刻度的玻璃管，一般只用于量取小体积的溶液。常用的吸量管有 1、2、5、10(mL)等规格。

移液管和吸量管的操作方法如下：

第一次用洗净的移液管吸取溶液时，应先用滤纸将尖端内外的水吸净，否则会因水滴引入而改变溶液的浓度。方法：用左手持洗耳球，将食指或拇指放在洗耳球的上方，其余手指自然地握住洗耳球，用右手的拇指和中指拿住移液或吸量标线以上的部分，无名指和小指辅助拿住移液管，将洗耳球对准移液管口(图 2-10)，将管尖伸入溶液或洗液中吸取，待吸液吸至球部的四分之一处(注意，勿使溶液流回，以免稀释溶液)时，移出，荡洗、弃去。如此反复荡洗三次，润洗过的溶液应从尖口放出、弃去。荡洗这一步骤很重要，它能保证使管的内壁及有关部位与待吸溶液处于同一浓度状态。吸量管的润洗操作与此相同。

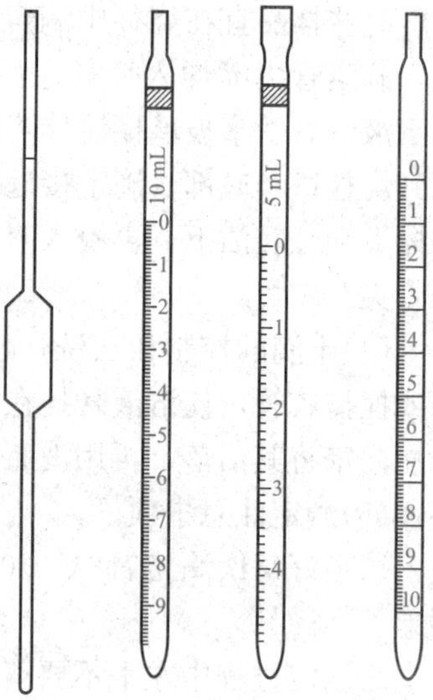

图 2-9　移液管和吸量管

用移液管自容器中移取溶液时，一般用右手的拇指和中指拿住颈标线上方，将移液管插入溶液中，移液管不要插入溶液太深或太浅(1～2 cm 处)，太深会使管外黏附溶液过多，太浅会在液面下降时吸空。左手拿洗耳球，排除空气后紧按在移液管口上，慢慢松开手指使溶液吸入管内，移液管应随容器中液面的下降而下降。

当管口液面上升到刻线以上时，立即用右手食指堵住管口，将移液管提离液面，取出移液管，用干净滤纸擦拭管外溶液，然后使管尖端靠着容器的内壁，左手拿容器，并使其倾斜 30°。略微放松食指并用拇指和中指轻轻转动管身，使液面平稳下降，直到溶液的弯月面与标线相切时，按紧食指。把准备承接溶液的容器稍倾斜，将移液管移入容器，使管垂直，管尖靠着容器内壁，松开食指，使溶液自由地沿器壁流下(图 2-11)，待下降的液面静止后，再等待 15～30 s，取出移液管。

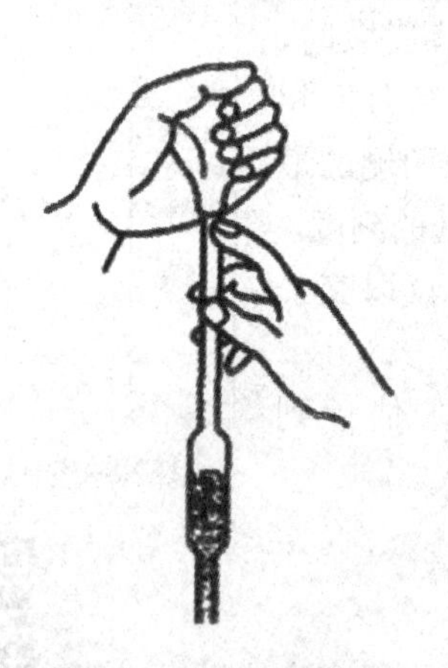

图 2-10　吸取溶液操作

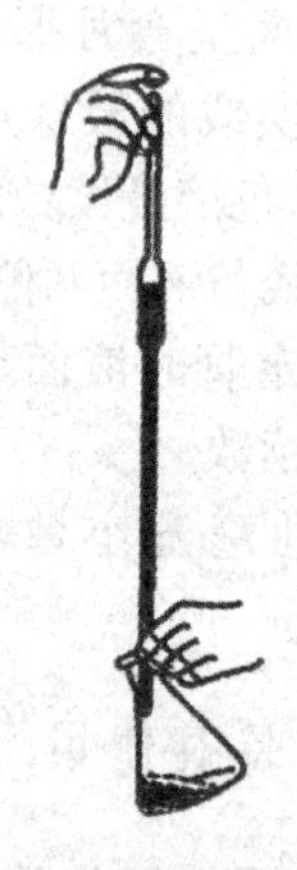

图 2-11　放出溶液操作

管上未刻有“吹”字的，切勿把残留在管尖内的溶液吹出，因为在校正移液管时，已经考虑了末端所保留溶液的体积。

吸量管的操作方法与移液管相同。

移液管和吸量管使用后，应洗净放在移液管架上。

2.3.3　容量瓶及其使用

容量瓶(图 2-12)是常用的测量容纳液体体积的一种量入式量器(量器上标有“In”字)，

主要用途是配制准确浓度的溶液或定量地稀释溶液。

容量瓶是细颈梨形平底玻璃瓶，由无色或棕色玻璃制成，带有磨口玻璃塞或塑料塞，颈上有一标线。常用容量瓶有 50 mL、100 mL、250 mL、500 mL 等规格。

容量瓶的容量定义：在 20 ℃时，充满至刻度线所容纳水的体积，以毫升计。

容量瓶是常用的测量容纳一定溶液体积的一种容量器具，主要用来配制或稀释一定量溶液到一定的体积的容量器具。但实际中往往有人用它来长期贮存溶液，尤其是碱性溶液，它会侵蚀瓶壁使瓶塞沾住，无法打开配制好的溶液，因此碱性溶液不能贮存在容量瓶中，而应及时倒入试剂瓶中保存，试剂瓶应先用配好的溶液荡洗 2～3 次。

1. 容量瓶的检查

容量瓶使用前要检查瓶口是否漏水(图 2-13)。加自来水至标线附近，盖好瓶塞后，用左手食指按住塞子，其余手指拿住瓶颈标线以上部分，右手用指尖托住瓶底，将瓶倒立 2 min，如不漏水，将瓶直立，转动瓶塞 180°后，再倒立 2 min 检查，如不漏水，即可使用。用橡皮筋将塞子系在瓶颈上，防止玻璃磨口塞沾污或搞错。

2. 溶液的配制

用容量瓶配制标准溶液时，将准确称取的固体物质置于小烧杯中，加水或其他溶剂将固体溶解，然后将溶液定量转入容量瓶。

定量转移溶液时，右手拿玻璃棒，左手拿烧杯，使烧杯嘴紧靠玻璃棒，而玻璃棒悬空伸入容量瓶口，棒的下端靠在瓶颈内壁上，使溶液沿玻璃棒和内壁流入容量瓶(图 2-14)。烧杯中溶液流完后，将烧杯沿玻璃棒轻轻上提，同时将烧杯直立，再将玻璃棒放回烧杯。用洗瓶以少量蒸馏水吹洗玻璃棒和烧杯内壁 3～4 次，将洗出液定量转入容量瓶。然后加水至容量瓶的三分之二容积时，拿起容量瓶，按同一方向摇动，使溶液初步混匀，此时切勿倒转容量瓶。最后继续加水至距离标线 1 cm 处，等待 1～2 min 使附在瓶颈内壁的溶液流下后，用滴管滴加蒸馏水至弯月面下缘与标线恰好相切。盖上干燥的瓶塞，用左手食指按住塞子，其余手指拿住瓶颈标线以上部分，右手用指尖托住瓶底，将瓶倒转并摇动，再倒转过来，使气泡上升到顶，如此反复多次，使溶液充分混合均匀。

容量瓶的使用

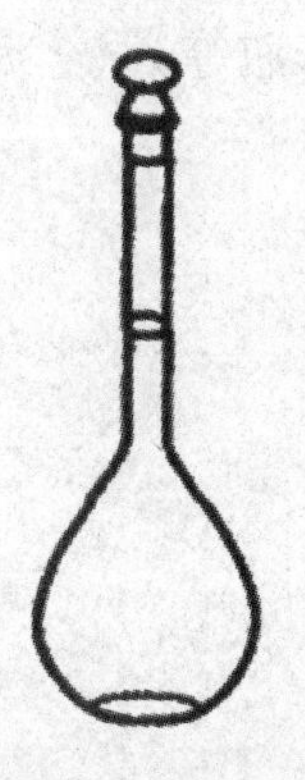

图 2-12　容量瓶

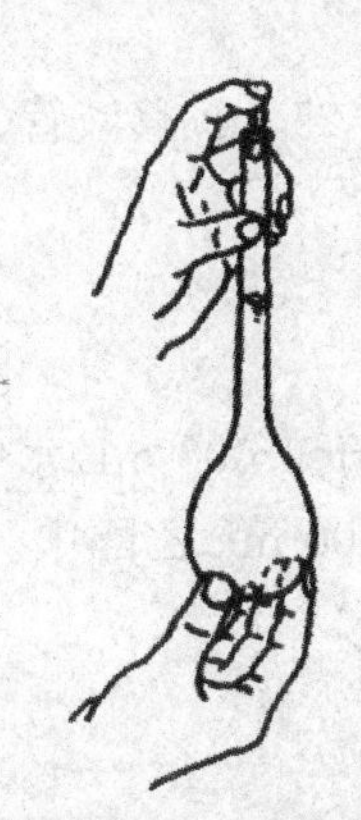

图 2-13　检查漏水和混匀溶液操作

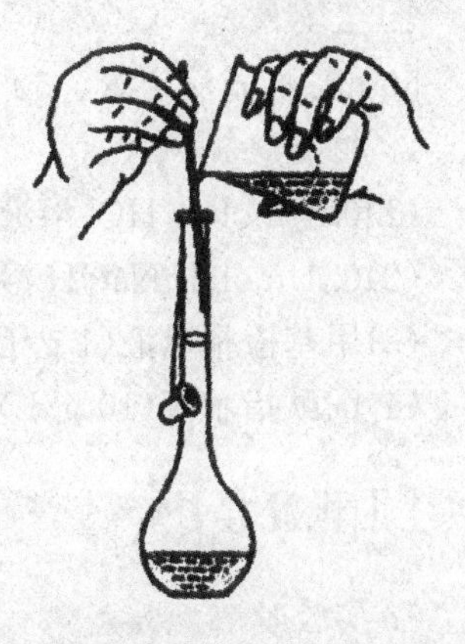

图 2-14　转移溶液操作

3. 稀释溶液

用容量瓶稀释溶液，则用移液管移取一定体积的溶液于容量瓶中，加水至标度刻线。

4. 容量瓶使用注意事项

(1)热溶液应冷却至室温后，才能稀释至标线，否则可造成体积误差。

(2)需避光的溶液应以棕色容量瓶配制。容量瓶不宜长期存放溶液，应转移到磨口试剂瓶中保存。

(3)容量瓶及移液管等有刻度的精确玻璃量器，均不宜放在烘箱中烘烤。如需使用干燥的容量瓶，则可将容量瓶洗净后，用乙醇等有机溶剂荡洗后晾干或用电吹风的冷风吹干。

(4)容量瓶如长期不用，磨口处应洗净擦干，并用纸片将磨口隔开。

思考题

1. 如果酸式滴定管出现凡士林堵塞管口，应该如何处理？
2. 在滴定开始前和停止后，滴定管尖嘴外留有液体应如何处理？
3. 用滴定管读数时的注意事项有哪些？

酸碱体积比的测定

[项目准备]

1. 主要仪器

50 mL 酸式滴定管、50 mL 碱式滴定管、25 mL 移液管、250 mL 锥形瓶等。

2. 相关试剂

(1)0.1 mol/L HCl 溶液；

(2)0.1 mol/L NaOH 溶液；

(3)甲基橙指示液(1 g/L)：1 g 甲基橙溶于 1 000 mL 水中；

(4)酚酞指示液(10 g/L)：1 g 酚酞溶于 100 mL 乙醇中。

[工作流程]

1. 实验步骤

(1)用移液管移取 25.00 mL 0.1 mol/L NaOH 溶液于 250 mL 锥形瓶中，加甲基橙指示剂一滴，用 0.1 mol/L HCl 溶液滴定至黄色变为橙色，记录 HCl 溶液的用量 V(HCl)，平行测定 3 次。

(2)用移液管移取 25.00 mL 0.1 mol/L HCl 溶液于 250 mL 锥形瓶中，加酚酞指示剂两滴，用 0.1 mol/L NaOH 溶液滴定至无色变为浅红色，30 s 不褪色，记录 NaOH 溶液的用量 V(NaOH)，平行测定 3 次。

2. 数据记录

(1)HCl 溶液滴定 NaOH 溶液数据记录及处理(表 2-2)。

表 2-2 HCl 溶液滴定 NaOH 溶液数据记录及处理(指示剂：甲基橙)

项目	1	2	3
V(NaOH)/mL	25.00	25.00	25.00
V(HCl)/mL			
V(HCl)/V(NaOH)			
V(HCl)/V(NaOH)平均值			
相对平均偏差/%			

(2)NaOH 溶液滴定 HCl 溶液数据记录及处理(表 2-3)。

表 2-3 NaOH 溶液滴定 HCl 溶液数据记录及处理(指示剂：酚酞)

项目	1	2	3
V(HCl)/mL	25.00	25.00	25.00
V(NaOH)/mL			
V(HCl)/V(NaOH)			
V(HCl)/V(NaOH)平均值			
相对平均偏差/%			

3. 注意事项

(1)滴定时，注意控制滴定速度，开始滴定时，滴定速度可稍快，“见滴成线”，每秒 3～4 滴，但不能成流水状放出；接近终点时，应改为一滴一滴加入，即加一滴摇几下，再滴再摇；最后是半滴加入，摇动锥形瓶，直至溶液颜色发生明显变化。

(2)指示剂不得多加，否则终点难以观察。

(3)滴定过程中要注意观察溶液颜色变化，特别是甲基橙由黄到橙或由橙到黄时，对于初学者有一定难度，应仔细观察，反复练习。

4. 考核要求及评分标准

容量瓶、移液管、滴定管操作考核要点及评分标准见表 2-4。

表 2-4　容量瓶、移液管、滴定管操作考核要点

<table>
<tr><th>序号</th><th colspan="2">考核指标</th><th>配分</th><th>考核要点</th><th>评分标准</th><th>扣分</th><th>得分</th></tr>
<tr><td rowspan="19">1</td><td rowspan="19">容量瓶操作(25分)</td><td>容量瓶洗涤</td><td>1</td><td>洗涤干净</td><td>每错一项扣 1 分</td><td rowspan="2"></td><td rowspan="2"></td></tr>
<tr><td>容量瓶试漏</td><td>2</td><td>试漏方法正确</td><td>每错一项扣 2 分</td></tr>
<tr><td rowspan="10">定量转移</td><td rowspan="10">15</td><td>1. 溶样完全后转移(无固体颗粒)</td><td rowspan="10">每错一项扣 2 分，扣完为止</td><td rowspan="10"></td><td rowspan="10"></td></tr>
<tr><td>2. 玻棒拿出前靠去所挂液</td></tr>
<tr><td>3. 玻棒插入瓶口深度为玻璃棒下端在磨口下端附近</td></tr>
<tr><td>4. 玻璃棒不碰瓶口</td></tr>
<tr><td>5. 烧杯离瓶口的位置(2 cm 左右)</td></tr>
<tr><td>6. 烧杯上移动作</td></tr>
<tr><td>7. 玻璃棒不在杯内滚动(玻璃棒不放在烧杯尖嘴处)</td></tr>
<tr><td>8. 吹洗玻璃棒、容量瓶口</td></tr>
<tr><td>9. 洗涤次数至少 3 次</td></tr>
<tr><td>10. 溶液不洒落</td></tr>
<tr><td rowspan="7">定容</td><td rowspan="7">7</td><td>1. 三分之二水平摇动</td><td rowspan="7">每错一项扣 1 分，扣完为止</td><td rowspan="7"></td><td rowspan="7"></td></tr>
<tr><td>2. 近刻线停留两分钟左右</td></tr>
<tr><td>3. 准确稀释至刻线</td></tr>
<tr><td>4. 摇匀动作正确</td></tr>
<tr><td>5. 摇动 7～8 次，打开塞子并旋转 180°</td></tr>
<tr><td>6. 溶液全部落下后进行下一次摇匀</td></tr>
<tr><td>7. 摇匀次数≥14 次</td></tr>
<tr><td rowspan="3">2</td><td rowspan="3">移液管操作(24分)</td><td>移液管洗涤</td><td>1</td><td>洗涤方法正确，洗涤干净</td><td>每错一次扣 1 分</td><td></td><td></td></tr>
<tr><td rowspan="2">移液管润洗</td><td rowspan="2">5</td><td>1. 溶液润洗前将水尽量沥(擦)干</td><td rowspan="2">每错一项扣 1 分，扣完为止</td><td rowspan="2"></td><td rowspan="2"></td></tr>
<tr><td>2. 小烧杯与移液管润洗次数≥3 次</td></tr>
</table>

续表

序号	考核指标		配分	考核要点	评分标准	扣分	得分
2	移液管操作(24分)	移液管润洗	5	3. 润洗液量1/4球至1/3球	每错一项扣1分，扣完为止		
				4. 润洗动作正确			
				5. 润洗液从尖嘴放出			
		吸溶液	6	1. 插入液面下1～2 cm	每错一项扣2分，扣完为止		
				2. 不能吸空			
				3. 溶液不得回放至原溶液			
		调刻线	10	1. 调刻线前擦干外壁	每错一项扣2分，扣完为止		
				2. 调刻线时移液管竖直、下端尖嘴靠壁			
				3. 调刻线准确			
				4. 因调刻线失败重吸≥1次			
				5. 调好刻线时移液管下端没有气泡且无挂液			
		放溶液	2	1. 移液管竖直、靠壁、停顿约15秒，旋转	每错一项扣1分，扣完为止		
				2. 用少量水冲下接收容器壁上的溶液			
3	滴定管操作(49分)	滴定管的洗涤	1	洗涤方法正确，洗涤干净	每错一次扣1分		
		滴定管的试漏	2	试漏方法正确	每错一次扣2分		
		滴定管的润洗	3	1. 润洗前尽量沥干	每错一项扣1分，扣完为止		
				2. 润洗量10～15 mL			
				3. 润洗动作正确			
				4. 润洗≥3次			
		装溶液	6	1. 装溶液前摇匀溶液	每错一次扣1分，扣完为止		
				2. 装溶液时标签对手心			
				3. 溶液不能溢出			
				4. 赶尽气泡			
		调零点	2	调零点正确	每错一次扣2分		
		滴定操作	20	1. 滴定前用干净小烧杯靠去滴定管下端所挂液	每错一项扣5分，扣完为止		

续表

序号	考核指标		配分	考核要点	评分标准	扣分	得分
3	滴定管操作(49分)	滴定操作	20	2. 终点后尖嘴处内没有气泡或挂液	每错一项扣5分,扣完为止		
				3. 滴定操作与锥形瓶摇动动作协调			
				4. 没有漏液(活塞漏或滴到锥形瓶外)			
				5. 终点附近靠液次数≤4次			
		终点观察	10	1. 不能过终点或欠滴	每错一个扣5分,扣完为止		
				2. 终点后滴定管尖处没有悬滴或气泡			
		读数与记录	5	1. 停30 s读数	每错一个扣1分,扣完为止		
				2. 读数时取下滴定管			
				3. 读数姿态正确			
				4. 数据记录及时、真实、准确			
				5. 有效数字,以mL为单位,读至小数点后2位			
4	结束工作(2分)		2	1. 滴定残液处理	每错一个扣1分,扣完为止		
				2. 仪器清洗及摆放			

项目评价

酸碱体积比的测定评价指标见表2-5。

表2-5　酸碱体积比的测定评价指标

序号	评价类型	配分	评价指标	分值	扣分	得分
1	职业能力	70	正确使用滴定管	20		
			正确使用移液管	15		
			正确使用容量瓶	15		
			正确判断终点颜色(甲基橙)	10		
			正确判断终点颜色(酚酞)	10		

续表

序号	评价类型	配分	评价指标	分值	扣分	得分
2	职业素养	10	实验室内严禁吸烟，严禁将饮料或食物带入实验室	2		
			保持实验室安静，不得大声喧哗	2		
			共用仪器和试剂用完后应放回原处	2		
			实验过程中，不得擅离实验岗位	2		
			实验结束要整理好自己的台面	2		
3	劳动素养	10	实验过程中正确操作，细心观察、如实记录、积极思考	2		
			培养学生准确的量的概念(滴定分析仪器基本操作)	4		
			离开实验室时应检查电源、水龙头、门窗是否关好	4		
4	思政素养	10	实验产生的废酸、废碱或有毒废液应倒入指定的收集容器内集中处理，形成保护环境的意识	4		
			严禁任意混合各种试剂，重视安全操作	2		
			爱护公物，小心使用实验仪器和设备	4		
5	合计		100			

拓展任务

滴定分析仪器的校准（包括移液管、容量瓶、滴定管）

[任务描述]

量器具的准确度对于一般分析已经满足要求，但在要求较高的分析工作中必须进行校准。因此有必要掌握量器具的校准方法。在实际工作中，容量仪器的校准通常采用绝对校准和相对校准两种方法。

[任务目标]

(1)理解容量仪器校准的意义。

(2)初步掌握滴定管的绝对校准、容量瓶的校准及移液管和容量瓶的相对校准。

(3)巩固滴定操作及电子分析天平的使用。

[任务准备]

1. 明确方法原理

滴定管、移液管、容量瓶等分析实验室常用的玻璃量器具，都有刻度和标称容量，国家标准规定的容量允差见表 2-6。合格的产品其容量误差往往小于允差，但也有不合格产品流入市场，如果不预先进行容量校准就可能给实验结果带来系统误差。在进行分析化学实验之前，应该对所用仪器的计量能心中有数，使其测量的精密度能满足对实验结果准确度的要求。

表 2-6　容量器皿的容量允差

滴定管			移液管			容量瓶		
容积/mL	容量允差(±)/mL		容积/mL	容量允差(±)/mL		容积/mL	容量允差(±)/mL	
	A	B		A	B		A	B
5	0.010	0.020	2	0.010	0.020	25	0.03	0.06
10	0.025	0.050	5	0.015	0.030	50	0.05	0.10
25	0.05	0.10	10	0.020	0.040	100	0.10	0.20
50	0.05	0.10	25	0.030	0.060	250	0.15	0.30
100	0.10	0.20	50	0.050	0.100	500	0.25	0.50
			100	0.080	0.160	1000	0.40	0.80

进行高精度的定量分析时，应使用经过校准的仪器，尤其是对所用仪器的质量有怀疑或需要使用 A 级产品而只能买到 B 级产品时，或不知道现有仪器的精密度时，都有必要对仪器进行容量校准。在实际工作中，用于产品质量检验的量器具都必须经过校准。因此，容量的校准是一项不可忽视的工作。

校准方法：称量被校准的量器具中量入或量出纯水的质量，再根据当时水温下的表观密度计算出该量器在 20 ℃时的实际容量。这里应该考虑空气浮力作用和空气成分在水中的溶解、纯水在真空中和在空气中的密度值稍有差别等因素。

2. 主要仪器

电子分析天平(具有足够承载范围和称量空间的电子分析天平，其分度值应小于被校量器具容量误差的 1/10)，温度计(分度值为 0.1 ℃)，具塞锥形瓶，25 mL 胖肚移液管，250 mL、50 mL 滴定管，坐标纸等。

3. 相关试剂

(1)新制备的蒸馏水或去离子水。

(2)乙醇(无水或 95%)，供干燥容量瓶用。

[任务实施]

1. 移液管(单标线吸量管)的校准

取一个 125 mL 的具塞锥形瓶，在电子分析天平上称量至毫克位。用已洗净的 25 mL 移液管吸取纯水(盛在 100 mL 烧杯中)至标线以上几毫米，用滤纸片擦干管下端的外壁，将流液口接触烧杯内壁，移液管垂直，烧杯倾斜 30°。调节液面使其最低点与标线上边缘相切，然后将移液管插入锥形瓶，使流液口接触磨口以下的内壁让水沿壁留下，待液面静止后再等待 15 s。在放水及等待过程中，移液管要始终保持垂直，流液口一直接触瓶壁，但不可接触瓶内的水，锥形瓶要保持倾斜。放完水后要随机盖上瓶塞，称量到毫克位。两次称得质量之差即释出纯水的质量 m_t。重复操作一次，两次释出纯水质量之差应小于 0.01 g。

将温度计插入水中 5～10 min，测量水温读数时，不可将温度计的下端提出水面。从表 2-7 中查出该温度下的 ρ_t，利用此值可将不同温度下水的质量换算成 20 ℃时的体积，其换算公式为

$$V_{20\,℃}=m_t/\rho_t \tag{2-19}$$

表 2-7　不同温度下 1 mL 纯水在空气中的质量(用黄铜砝码称量)

温度/℃	质量/g	温度/℃	质量/g	温度/℃	质量/g	温度/℃	质量/g
1	0.998 24	11	0.998 32	21	0.997 00	31	0.994 64
2	0.998 32	12	0.998 23	22	0.996 80	32	0.994 34
3	0.998 39	13	0.998 14	23	0.996 60	33	0.994 06
4	0.998 44	14	0.998 04	24	0.996 38	34	0.993 75
5	0.998 48	15	0.997 93	25	0.996 17	35	0.993 45
6	0.998 51	16	0.997 80	26	0.995 93	36	0.993 12
7	0.998 50	17	0.997 65	27	0.995 69	37	0.992 80
8	0.998 48	18	0.997 51	28	0.995 44	38	0.992 46
9	0.998 44	19	0.997 34	29	0.995 18	39	0.992 12
10	0.998 39	20	0.997 18	30	0.994 91	40	0.991 77

2. 移液管、容量瓶的相对校正

将 250 mL 容量瓶洗净、晾干(可用几毫升乙醇润洗内壁后倒挂在漏斗板上数小时)，用洗净的 25 mL 移液管准确吸取蒸馏水 10 次至容量瓶中，观察容量瓶中水的弯月面下缘是否与标线相切，若正好相切，则说明移液管和容量瓶体积的比例为 1∶10。若不相切(相差不超过 1 mm)，则表示有误差，记下弯月面下缘的位置，待容量瓶晾干后再校准一次。连续两次实验相符后，可用一平直的窄纸条在与弯月面相切处，并在纸条上刷蜡或贴一块透明胶布以保护此标记。以后使用容量瓶和移液管时即可按所贴标记配套使用。

3. 滴定管的校准

洗净一支 50 mL 的酸式滴定管，用洁布擦干外壁，倒挂于滴定台上 5 min 以上。打开旋塞，用洗耳球使水从管尖吸入，仔细观察液面上升过程中是否变形(液面边缘是否起皱)，如果变形，则应重新洗涤。

将滴定管注水至标线以上 5 mm 处，垂直挂在滴定台上，等待 30 s 后调节液面至 0.00 mL。取一个干净晾干的 125 mL 具塞锥形瓶，在天平上称准至 0.001 g。从滴定管中向锥形瓶排水，当液面降至被校分度线以上 5 mm 时，等待 15 s。然后在 10 s 内将液面调整至被校分度线，随即用锥形瓶内壁靠下挂在滴定管上的液滴，立即塞上瓶塞进行称量。测量温度后，从表 2-7 查出该温度下的 ρ_t，利用 $V_{20℃}=m_t/\rho_t$ 计算被校分度线的实际体积，再计算出相应的校正值 ΔV=实际体积－标称容量。

按照规定的容量间隔进行分段校准，每支滴定管重复校准一次。

以上滴定管被校分度线的标称容量为横坐标，相应的校正值为纵坐标，用直线连接各点绘制出校正曲线。

4. 数据处理及校准结果

(1)滴定管校准的数据记录及处理见表 2-8。

表 2-8　滴定管校准的数据记录及处理

实验温度=　　℃，水的密度=　　g/mL										
滴定管读数/mL	称量记录/g				水的质量/g			实际容积/mL	校准值/mL	总校准值/mL
	瓶	瓶＋水	瓶	瓶＋水	1	2	平均值			
0.00～10.00										
10.00～20.00										
20.00～30.00										
30.00～40.00										
40.00～50.00										

(2)绘出滴定管的校准曲线。

(3)移液管校准的数据记录及处理见表 2-9。

表 2-9　移液管校准的数据记录及处理

次数	锥形瓶质量/g	瓶＋水的质量/g	水的质量/g	实际容积/mL
1				
2				

5. 注意事项

(1)一件仪器的校准应连续、迅速地完成，以避免温度波动和水的蒸发所引起的误差。校正不当和使用不当，都是产生误差的主要原因，其误差可能超过允差或量器具本身固有的误差。凡是要使用校正值的，其校准次数不可少于两次，两次校准数据的偏差应不超过该量器具容量允差的 1/4，并以其平均值为校准结果。

(2)锥形瓶磨口部位不要沾到水。

(3)称量具塞锥形瓶时不得用手直接拿取。

(4)校准容量仪器的蒸馏水至少在天平室放置 1 h。

(5)称量盛水的锥形瓶时，应将天平箱中的硅胶取出，称完后将其放回原处。

(6)待校准的玻璃仪器应洗净至内壁完全不挂水珠且干燥。

[相关链接]

《实验室玻璃仪器 玻璃量器的容量校准和使用方法》(GB/T 12810—2021)规定了实验室玻璃仪器的容量校准和使用方法。

阅读材料

哪些玻璃仪器是可以加热的?

1. 加热分类

(1)可以直接加热的仪器：试管、坩埚、蒸发皿。

(2)只能间接加热的仪器：烧杯、烧瓶、锥形杯(垫石棉网均匀受热)。

(3)可用于固体加热的仪器：试管、坩埚、蒸发皿。

(4)可用于液体加热的仪器：试管、烧杯、蒸发皿、烧瓶、锥形瓶。

(5)不可加热的仪器：移液管、滴定管、容量瓶、量筒。

2. 加热玻璃仪器的注意事项

(1)在实际工作中，应注意量筒、量杯、容量瓶、移液管、滴定管、试剂瓶等不能直接加热，应酌情选用。

(2)要将玻璃仪器放在石棉网上加热，以免容器受热不均匀，甚至爆裂。

(3)玻璃仪器使用过程中高温时骤冷或取下的灼热玻璃容器直接放置台面上，而不按规定放置在石棉网上，会导致容器破裂、试剂散失，将影响检验工作的正常进行。

习题

一、单项选择题

1. 既可用来标定 NaOH 溶液，也可标定 $KMnO_4$ 的物质是(　　)。

A. 草酸　　B. 无水碳酸钠　　C. 硼砂　　D. 硫酸

2. 配制好的氢氧化钠标准溶液贮存于(　　)中。

A. 棕色橡皮塞试剂瓶　　B. 白色磨口塞玻璃试剂瓶

C. 棕色玻璃试剂瓶　　D. 聚乙烯塑料试剂瓶

3. 在滴定分析中，一般利用指示剂颜色的突变来判断化学计量点的到达，在指示剂颜色突变时停止滴定，这一点称为(　　)。

A. 理论变色点　　B. 滴定终点　　C. 化学计量点　　D. 以上说法都可以

4. 终点误差的产生是由于(　　)。

A. 滴定终点与化学计量点不符　　B. 滴定反应不完全

C. 试样不够纯净　　D. 滴定管读数不准确

5. 下列物质中可用于直接配制标准溶液的是(　　)。

A. 固体 NaOH(G. R.)　　B. 浓 HCl(G. R.)

C. 固体 $K_2Cr_2O_7$(G. R.)　　D. 固体 $Na_2S_2O_3 \cdot 5H_2O$(A. R.)

6. 下列说法正确的是(　　)。

A. 已知准确浓度的溶液称为标准溶液　B. 分析纯的试剂均可做基准物质

C. 定量完成的反应均可作为滴定反应　D. 指示剂的变色点即化学计量点

7. 标定工作中，在运算标准溶液浓度过程中可保留(　　)位有效数字。

A. 1　B. 2　C. 3　D. 4

8. 滴定分析用于含量测定的依据是(　　)。

A. 化学计量点　B. 化学计量系数

C. 指示剂变色的点　D. 指示剂的变色范围

二、多项选择题

1. 以下属于基准物质条件的是(　　)。

A. 实际组成与化学式符合　B. 一般纯度应在99.99%以上

C. 性质稳定　D. 具有较大的摩尔质量

2. 滴定分析中的滴定方式有(　　)。

A. 直接滴定法　B. 返滴定法　C. 置换滴定法　D. 间接滴定法

3. 下列标准溶液，须用间接法配制的是(　　)。

A. KCl　B. I_2　C. $AgNO_3$　D. $Na_2S_2O_3$

4. 配制1 000 mL HCl标准溶液时应选用的器皿包括(　　)。

A. 1 000 mL烧杯　B. 10 mL量筒　C. 玻璃棒　D. 1 000 mL容量瓶

5. 能应用于滴定分析的化学反应，应满足以下(　　)条件。

A. 反应必须完成　B. 无副反应发生

C. 要有简便、可靠的方法确定滴定终点　D. 反应速度要快

三、判断题

1. (　　)滴定分析法以测量溶液体积为基础，故又称容量分析法。

2. (　　)滴定液配制后必须立刻滴定。

3. (　　)氧化还原滴定只能用于测定氧化还原性物质。

4. (　　)凡能满足滴定分析要求的反应都可以用直接滴定方式测定，否则只能采用间接滴定法。

5. (　　)终点误差是由于操作者终点判断失误或操作不熟练而引起的。

四、计算题

1. 称取基准物质Na_2CO_3 0.158 0 g，标定HCl溶液浓度，消耗HCl溶液24.80 mL，计算HCl溶液浓度。

2. 欲配制500.0 mL 0.100 0 mol/L的邻苯二甲酸氢钾($KHC_8H_4O_4$)溶液，应称取多少克邻苯二甲酸氢钾？再移取上述溶液25.00 mL用于标定NaOH溶液，消耗NaOH溶液24.84 mL，求NaOH溶液的浓度为多少。

项目2　酸碱体积比的测定习题答案

模块2　酸碱滴定法

酸碱滴定法是以酸碱反应为基础的滴定分析方法。酸碱反应实质是质子的传递反应，一般的酸、碱以及能与酸、碱直接或间接发生质子传递反应的物质绝大多数可以利用酸碱滴定法进行测定。酸碱滴定法是应用广泛的基本分析方法之一。

学习目标

知识目标

1. 对酸碱滴定法有初步认识，理解酸碱滴定相关的概念；

2. 理解酸碱质子理论，了解弱酸弱碱在水溶液中的解离；

3. 掌握酸碱滴定的基本原理，理解分步滴定及滴定可行性判断相关的概念；

4. 了解酸碱指示剂的变色原理，掌握常用指示剂的变色范围和颜色变化；学会正确选择酸碱指示剂指示滴定终点；

5. 了解酸碱滴定法在实际中的应用。

技能目标

1. 能正确制备常用强酸、强碱的标准溶液；

2. 能正确测定工业醋酸的含量、工业烧碱中氢氧化钠和碳酸钠的含量，能采用酸碱滴定法对其他实际试样进行分析测定。

素质目标

1. 按照标准规范操作，不弄虚作假，具有良好的职业习惯；

2. 具备安全意识、环保意识及团队合作意识。

项目3　工业醋酸含量的测定

项目导入

工业醋酸是一种重要的化学原料，具有广泛的用途，主要用于化学工业和制造业等。如可用于生产乙酸酯类、乙酸盐等化学物质；可用于金属表面处理，去污除锈和防腐等。我国禁止将工业醋酸用于食品制造业。工业醋酸对人体有腐蚀性，同时含有重金属和苯类等杂质，会对人体造成危害。

项目分析

本项目的主要任务是通过对酸碱滴定法中的酸碱质子理论、酸碱离解常数、酸碱指示剂以及一元酸碱滴定的学习和探讨，掌握工业醋酸的测定及酸碱滴定法在其他方面的应用。

具体要求如下：

(1)能进行氢氧化钠标准溶液的配制和标定；

(2)酸碱指示剂的选择正确；

(3)能进行工业醋酸含量的分析测定；

(4)能合理设计工业硫酸含量的测定方案。

项目导图

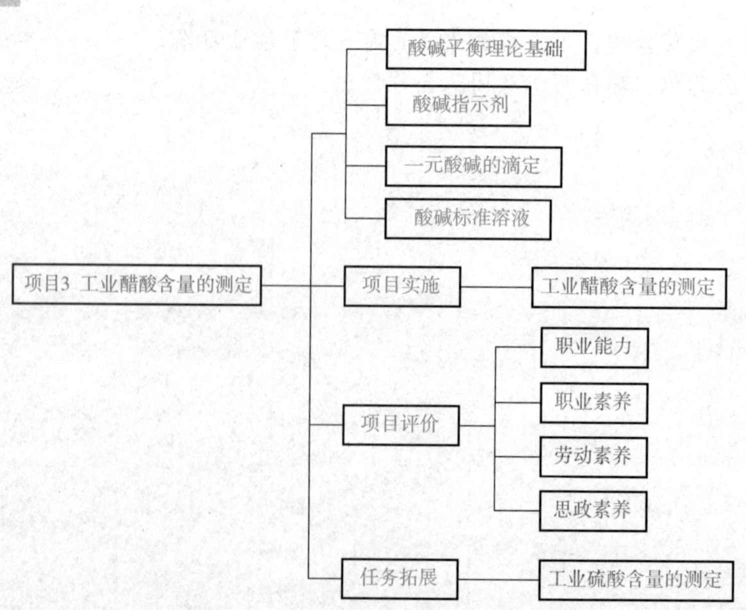

任务 3.1 酸碱平衡理论基础

酸碱滴定法是以酸碱反应为基础的滴定分析方法。利用酸或碱做标准溶液测定酸性或碱性物质的含量。一般的酸碱以及能与酸碱直接或间接发生反应的物质，绝大多数可以用酸碱滴定法进行测定。因此，酸碱滴定法是应用很广泛的一种滴定分析方法。它不仅应用于科学研究和工农业生产，而且常用于食品、药品分析。

3.1.1 酸碱质子理论

1923 年，布朗斯特在酸碱电离理论的基础上，提出了酸碱质子理论，酸碱质子理论认为：凡能给出质子的物质都是酸；凡能接受质子的物质都是碱。当某种酸 HA 失去一个质子后形成了酸根 A^-，它自然对质子有一定的亲和力，故 A^- 是碱。由于一个质子的转移，HA 与 A^- 形成一对能转化的酸碱，称为共轭酸碱对，也可直接称为酸碱对，这种关系如下：

$$\text{酸} \rightleftharpoons \text{质子} + \text{碱}$$

$$HA \rightleftharpoons H^+ + A^-$$

HA 是 A^- 的共轭酸，A^- 是 HA 的共轭碱。类似的例子还有

酸　　碱

$$H_2CO_3 \rightleftharpoons HCO_3^- + H^+$$

$$HCO_3^- \rightleftharpoons CO_3^{2-} + H^+$$

$$NH_4^+ \rightleftharpoons NH_3 + H^+$$

$$H_6Y^{2+} \rightleftharpoons H_5Y^+ + H^+$$

由此可见，酸和碱可以是阳离子、阴离子，也可以是中性分子。

上式各共轭酸碱对的质子得失反应称为酸碱半反应。与氧化还原中的半反应相类似，酸碱半反应在溶液中不能单独进行，而是当一种酸给出质子时，溶液中必定有一种碱来接受质子。酸(如 HAc)在水中存在如下平衡：

$$HAc(\text{酸}_1) + H_2O(\text{碱}_2) \rightleftharpoons H_3O^+(\text{酸}_2) + Ac^-(\text{碱}_1)$$

碱(如 NH_3)在水中存在如下平衡：

$$NH_3(\text{碱}_1) + H_2O(\text{酸}_2) \rightleftharpoons NH_4{}^+(\text{酸}_1) + OH^-(\text{碱}_2)$$

因此，HAc 的水溶液之所以能表现出酸性，是因为 HAc 和水溶剂之间发生了质子转移反应的结果。NH_3 的水溶液之所以能表现出碱性，也是由于它与水溶剂之间发生了质子转移的反应。前者水是碱，后者水是酸。

对上述两个反应通常可以用最简便的反应式来表示，即

$$HAc \rightleftharpoons H^+ + Ac^-$$

$$NH_3 + H_2O \rightleftharpoons NH_4^+ + OH^-$$

3.1.2 酸碱解离平衡

1. 水的质子自递作用

由式(3-1)与式(3-2)可知，水分子具有两性作用。也就是说，一个水分子可以从另一个水分子中夺取质子而形成 H_3O^+ 和 OH^-，即

$$H_2O(\text{碱}_1)+H_2O(\text{酸}_2)\rightleftharpoons H_3O^+(\text{酸}_1)+OH^-(\text{碱}_2)$$

水分子之间存在质子的传递作用，称为水的质子自递作用。这个作用的平衡常数称为水的质子自递常数，用 K_w 表示，即

$$K_w=[H_3O^+][OH^-] \tag{3-1}$$

水合质子 H_3O^+ 也常常简写作 H^+，因此水的质子自递常数常简写为

$$K_w=[H^+][OH^-] \tag{3-2}$$

这个常数就是水的离子积，在 25 ℃时约等于 10^{-14}。于是

$$K_w=10^{-14}，pK_w=14$$

2. 酸碱离解常数

根据酸碱质子理论，当酸或碱加入水溶剂后，发生质子的转移过程，并产生相应的共轭碱或共轭酸。

$$HA+H_2O\rightleftharpoons H_3O^+ +A^-$$

酸离解平衡常数用 K_a 表示。

$$K_a=\frac{[H^+][A^-]}{[HA]} \tag{3-3}$$

平衡常数 K_a 称为酸的离解常数，它是衡量酸强弱的参数。K_a 越大，则表明该酸的酸性越强。在一定温度下 K_a 是一个常数，它仅随温度的变化而变化。

与此类似，对于碱 A^- 而言，它在水溶液中的离解反应与平衡常数是

$$A^- +H_2O\rightleftharpoons HA+OH^-$$

$$K_b=\frac{[HA][OH^-]}{[A^-]} \tag{3-4}$$

K_b 是衡量碱强弱的尺度，称为碱的离解常数。

酸碱的强弱取决于给出质子或接受质子的能力。给出质子的能力越强，酸性就越强，反之则弱；接受质子的能力越强，碱性就越强，反之就越弱。这种给出或接受 H^+ 能力的大小，具体表现在它们的离解平衡常数上。对于共轭酸碱对来说，如果酸的酸性越强(K_a 越大)，则其对应的共轭碱的碱性越弱(K_b 越小)。例如 $HClO_4$、H_2SO_4、HCl、HNO_3 都是强酸，它们在水溶液中给出质子的能力很强，$K_a\gg1$，但它们相应的共轭碱没有能力从 H_2O 中取得质子转化为共轭酸，K_b 小到很难测出，这些共轭碱都是极弱的碱。反之，酸的酸性越弱(K_a 越小)，则其对应共轭碱的碱性越强(K_b 越大)。

3. 共轭酸碱对 K_a 与 K_b 的关系

一元共轭酸碱对的 K_a 和 K_b 有如下关系：

$$K_a\times K_b=\frac{[H_3O^+][A^-]}{[HA]}\times\frac{[HA][OH^-]}{[A^-]}=[H_3O^+][OH^-]=K_w=10^{-14}(25\ ℃) \tag{3-5}$$

或

$$pK_a+pK_b=pK_w=14(25\ ℃) \tag{3-6}$$

以此类推，对于二元共轭酸碱对，三元共轭酸碱对等有如下关系：

$$K_{a_1} \cdot K_{b_2} = K_{a_2} \cdot K_{b_1} = K_w$$

$$K_{a_1} \cdot K_{b_3} = K_{a_2} \cdot K_{b_2} = K_{a_3} \cdot K_{b_1} = K_w$$

需要注意以下几点：

(1)只有共轭酸碱对之间的 K_a 与 K_b 才有关系；

(2)对一元弱酸碱共轭酸碱对 K_a 与 K_b 之间的关系为 $pK_a + pK_b = pK_w$；

(3)对二元弱酸碱共轭酸碱对 K_a 与 K_b 之间的关系为 $pK_{a_1} + pK_{b_2} = pK_{a_2} + pK_{b_1} = pK_w$；

(4)对三元弱酸碱共轭酸碱对 K_a 与 K_b 之间的关系为 $pK_{a_1} + pK_{b_3} = pK_{a_2} + pK_{b_2} = pK_{a_3} + pK_{b_1} = pK_w$。

(5)对 n 元弱酸碱共轭酸碱对 K_a 与 K_b 之间的关系为 $pK_{a_1} + pK_{b_n} = pK_{a_2} + pK_{b(n-1)} = pK_{a_3} + pK_{b(n-2)} = \cdots\cdots = pK_{a_n} + pK_{b_1} = pK_w$

【例 3-1】 计算 HCO_3^- 的 K_b 值。

解： HCO_3^- 为两性物质，既可作为酸，又可作为碱。HCO_3^- 作为碱时

$$HCO_3 + H_2O \rightleftharpoons H_2CO_3 + OH^-$$

可见 HCO_3^- 的共轭酸是 H_2CO_3，已知 H_2CO_3 的 $K_{a_1} = 4.2 \times 10^{-7}$，则

$$K_{b_2} = \frac{K_w}{K_{a_1}} = \frac{10^{-14}}{4.2 \times 10^{-7}} = 2.4 \times 10^{-8}$$

4. 酸度与酸的浓度

酸的浓度是指单位体积溶液中含有某种酸溶质的量，包括未离解的与已离解的酸的浓度。

如：

$$HA \rightleftharpoons A^- + H^+$$

平衡时，各种型体的平衡浓度用方括号表示。显然

$$c_{HA} = [HA] + [A^-]$$

酸度是指溶液中 H^+ 的浓度，严格地说是指 H^+ 的活度，常用 pH 值表示，在稀溶液中

$$pH = -\lg \alpha_{H^+} \approx -\lg [H^+]$$

α_H^+ 是指 H^+ 的活度。在稀溶液中，可以忽略其与$[H^+]$的差别。

同样，碱度与碱的浓度在概念上也是完全不同的。碱度一般用 pH 表示，有时也用 pOH 表示。在实际应用过程中，一般用 c_B 表示酸或碱的浓度，而用[ ]表示酸或碱的平衡浓度。

3.1.3 酸碱水溶液中 H^+ 浓度的计算

1. 分布系数与分布曲线

在弱酸(碱)平衡体系中，一种物质可能以多种型体存在。各种存在形式的浓度称为平衡浓度，各平衡浓度之和称为总浓度或分析浓度。某一存在形式的平衡浓度占总浓度的分数，则称为该存在形式的分布系数，用 δ 表示。当溶液的 pH 发生变化时，平衡随之移动，因此溶液中各种酸碱存在形式的分布情况也发生变化，分布系数 δ 也随之发生相应的变化。一般把分布系数随溶液 pH 变化的曲线称为分布曲线。

(1)一元弱酸的分布。一元酸 HA 在水溶液中只能以 HA 与 A^- 两种形式存在。设 HA 在水溶液中的总浓度为 c，则 $c = [HA] + [A^-]$。若设 HA 在溶液中所占的分数为 δ_1，A^-

所占的分数为δ_0，则有

$$\delta_1=\frac{[HA]}{c}=\frac{[HA]}{[HA]+[A^-]}=\frac{1}{1+\frac{[A^-]}{[HA]}}=\frac{1}{1+\frac{K_a}{[H^+]}}=\frac{[H^+]}{[H^+]+K_a} \tag{3-7a}$$

同理

$$\delta_0=\frac{[A^-]}{c}=\frac{K_a}{[H^+]+K_a} \tag{3-7b}$$

显然

$$\delta_1+\delta_0=1$$

如果以溶液 pH 为横坐标，溶液中各存在形式的分布系数为纵坐标，则可得到 HA 的分布曲线，图 3-1 显示了 HAc 的分布曲线。

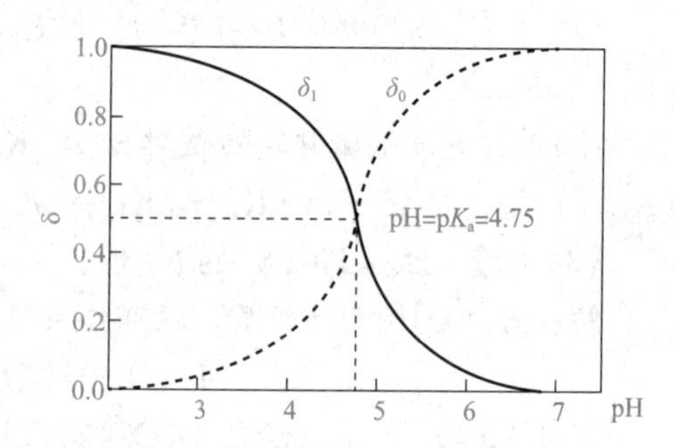

图 3-1　HAc、Ac^-分布系数与溶液 pH 值的关系曲线

【例 3-2】 计算 pH＝5.00 时，HAc 和 Ac^- 的分布系数。

解： $\delta_1=1.00-0.36=0.64$

由图 3-1 可知，当 pH≪pK_a 时，$\delta_1\gg\delta_0$，此时溶液中的 HAc 为主要存在形式；当 pH≫pK_a 时，$\delta_1\ll\delta_0$，此时溶液中的 Ac^- 为主要存在形式；当 pH＝pK_a＝4.75 时，$\delta_1=\delta_0=0.5$，此时溶液中 HAc 和 Ac^- 两种形式各占一半。

(2)二元弱酸的分布。二元酸 H_2A 有两个 pK_a 值(pK_{a_1} 与 pK_{a_2})，在水溶液中有 H_2A、HA^-、A^{2-} 3 种存在形式。平衡时，如果用 δ_2、δ_1 与 δ_0 分别代表溶液中 H_2A、HA^- 与 A^{2-} 的分布系数，则按与一元酸类似的方法处理，可以推导出二元酸分布系数的计算公式，即

$$\delta_2=\frac{[H_2A]}{c}=\frac{[H^+]^2}{[H^+]^2+K_{a_1}[H^+]+K_{a_1}K_{a_2}} \tag{3-8a}$$

$$\delta_1=\frac{[HA^-]}{c}=\frac{K_{a_1}[H^+]}{[H^+]^2+K_{a_1}[H^+]+K_{a_1}K_{a_2}} \tag{3-8b}$$

$$\delta_0=\frac{[A^{2-}]}{c}=\frac{K_{a_1}K_{a_2}}{[H^+]^2+K_{a_1}[H^+]+K_{a_1}K_{a_2}} \tag{3-8c}$$

图 3-2 显示了酒石酸(2，3-二羟基丁二酸)的分布曲线图，从中可以看出：当 pH＜pK_{a1}＝3.04 时，酒石酸分子(H_2A)占主要优势；当 pH＞pK_{a2}＝4.37 时，酒石酸根二价阴离子(A^{2-})占主要优势；当 pH 值处于两者之间时，则酒石酸氢根离子(HA^-)是主要存在形式。

(3)三元弱酸的分布。三元酸 H_3A 在水溶液中有 H_3A、H_2A^-、HA^{2-} 与 A^{3-} 四种存在形式，按上述方法可以推导出平衡时溶液中各种存在形式分布系数的计算公式，即

$$\delta_3=\frac{[H_3A]}{c}=\frac{[H^+]^3}{[H^+]^3+[H^+]^2K_{a_1}+[H^+]K_{a_1}K_{a_2}+K_{a_1}K_{a_2}K_{a_3}} \tag{3-9a}$$

$$\delta_2=\frac{[H_2A^-]}{c}=\frac{[H^+]^2K_{a_1}}{[H^+]^3+[H^+]^2K_{a_1}+[H^+]K_{a_1}K_{a_2}+K_{a_1}K_{a_2}K_{a_3}} \tag{3-9b}$$

$$\delta_1=\frac{[H_2A^-]}{c}=\frac{[H^+]K_{a_1}K_{a_2}}{[H^+]^3+[H^+]^2K_{a_1}+[H^+]K_{a_1}K_{a_2}+K_{a_1}K_{a_2}K_{a_3}} \tag{3-9c}$$

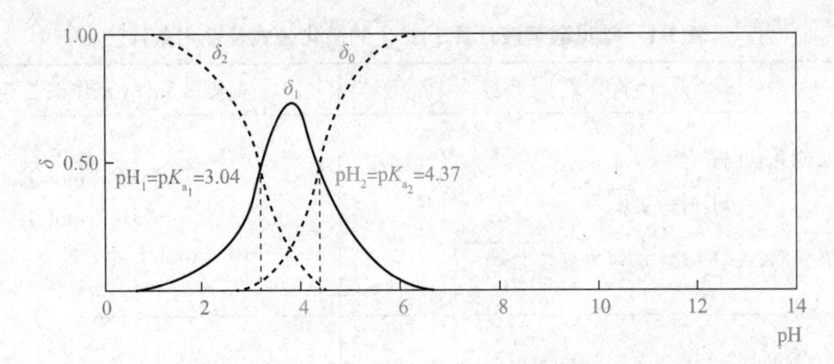

图 3-2 酒石酸中各种存在形式的分布系数与溶液 pH 值的关系曲线

$$\delta_0=\frac{[HA^{2-}]}{c}=\frac{K_{a_1}K_{a_2}K_{a_3}}{[H^+]^3+[H^+]^2K_{a_1}+[H^+]K_{a_1}K_{a_2}+K_{a_1}K_{a_2}K_{a_3}} \tag{3-9d}$$

$$\delta_3+\delta_2+\delta_1+\delta_0=1$$

以上各式中，c 表示酸在溶液中各种存在形式的总浓度(分析浓度)，δ_3、δ_2、δ_1 与 δ_0 分别表示平衡时溶液中 H_3A、H_2A^-、HA^{2-} 与 A^{3-} 的分布系数。图 3-3 显示了 H_3PO_4 的分布曲线。由于 H_3PO_4 的三级电离常数均相差较大，因此各种存在形式共存的情况不如酒石酸明显，有利于分步滴定。

可见，分布系数主要取决于溶液中该存在形式的性质与溶液中 H^+ 的浓度。

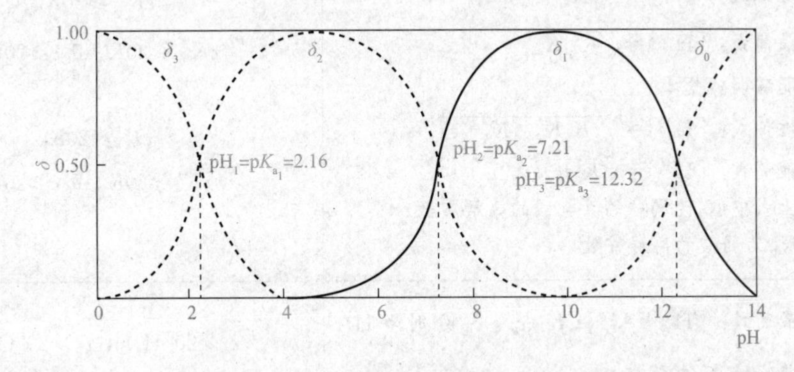

图 3-3 磷酸溶液中各种存在形式的分布系数与溶液 pH 值的关系曲线

分布系数是一个非常重要的参数，它对于计算平衡时溶液中各组分的浓度，深入了解酸碱滴定的过程、终点误差以及分步滴定的可行性等都是非常有用的。

2. 酸碱水溶液中 H^+ 浓度的计算公式及使用条件

酸度是水溶液最基本和最主要的因素，溶液中氢离子浓度($[H^+]$)的计算有很大的实际意义。由于酸碱反应的实质是质子的转移，因此可根据共轭酸碱对之间质子转移的平衡关系来推导出计算溶液中$[H^+]$的公式。在运算过程中，再根据具体情况进行合理的近似处理，即可得到计算$[H^+]$的近似式与最简式。为方便起见，表 3-1 列出了各类酸碱水溶液$[H^+]$的计算式及其在允许有 5%误差范围内的使用条件，供选择与参考。

表 3-1 中未列出精确计算公式，因为进行精确计算，需要解高次方程，数学处理复杂，在实际工作中也无此必要。若需要计算强碱、一元弱碱以及二元弱碱等碱性物质的 pH 值，只需将计算式及使用条件中的$[H^+]$和 K_a 相应地换成$[OH^-]$和 K_b 即可。

表 3-1　常见酸溶液计算 $[H^+]$ 的简化公式及使用条件

水溶液	计算公式	使用条件(允许误差 5%)
强酸	近似式：$[H^+]=c$ $[H^+]=\sqrt{K_w}$ 精确式：$[H^+]=\frac{1}{2}(c+\sqrt{c^2+4K_w})$	$c\geqslant 10^{-6}$ mol/L $c<10^{-8}$ mol/L 10^{-6} mol/L$\geqslant c\geqslant 10^{-8}$ mol/L
一元弱酸	近似式：$[H^+]=\frac{1}{2}(-K_a+\sqrt{K_a^2+4cK_a})$ 最简式：$[H^+]=\sqrt{cK_a}$	$cK_a\geqslant 20K_w$ $cK_a\geqslant 20K_w$ 且 $c/K_a\geqslant 500$
二元弱酸	近似式：$[H^+]=\frac{1}{2}(-K_{a_1}+\sqrt{K_{a_1}^2+4cK_{a_1}})$ 最简式：$[H^+]=\sqrt{cK_{a1}}$	$cK_{a1}\geqslant 20K_w$，且$\frac{2K_{a2}}{\sqrt{cK_{a1}}}\leqslant 0.05$ $cK_{a1}\geqslant 20K_w$，$\frac{c}{K_{a1}}\geqslant 500$，且$\frac{2K_{a2}}{\sqrt{cK_{a1}}}\leqslant 0.05$
两性物质	酸式盐： 近似式：$[H^+]=\sqrt{cK_{a_1}K_{a_2}/(K_{a_1}+c)}$ 最简式：$[H^+]=\sqrt{K_{a_1}K_{a_2}}$ 弱酸弱碱盐： 近似式：$[H^+]=\sqrt{cK_aK'_a/(K_a+c)}$ 最简式：$[H^+]=\sqrt{K_aK'_a}$ 上式中 K'_a 为弱碱的共轭酸的离解常数； K_a 为弱酸的离解常数	$cK_{a_2}\geqslant 20K_w$ $cK_{a_2}\geqslant 20K_w$ 且 $c\geqslant 20K_{a_1}$ $cK'_a\geqslant 20K_w$ $cK'_a\geqslant 20K_w$ 且 $c\geqslant 20K_a$
缓冲溶液	最简式：$[H^+]=\frac{c_a}{c_b}\cdot K_a$($c_a$、$c_b$ 分别为 HA 及共轭碱 A^- 的浓度)	$c_a\gg 20[H^+]$，$c_b\gg 20[OH^-]$

【例 3-3】 分别计算 $c(HCl)=0.039$ mol/L、$c(HCl)=2.6\times10^{-7}$ mol/L 的 HCl 溶液的 pH 值。

解：(1)因为　$c(HCl)=0.039\ \text{mol/L}\gg 1.0\times10^{-6}\ \text{mol/L}$

即

$$[H^+]=c(HCl)=0.039\ \text{mol/L}$$

$$pH=-\lg 0.039=1.41$$

(2)$c(HCl)=2.6\times10^{-7}$mol/L 浓度太稀，其 10^{-6} mol/L$\geqslant c(HCl)\geqslant 10^{-8}$ mol/L，因此需考虑水的离解，应采用精确式计算。

即

$$[H^+]=\frac{1}{2}(c+\sqrt{c^2+4K_w})$$

故 $[H^+]=\frac{1}{2}[2.6\times10^{-7}+\sqrt{(2.6\times10^{-7})^2+4\times10^{-14}}]=2.9\times10^{-7}(\text{mol/L})$

$$pH=-lg[H^+]=-lg(2.9\times10^{-7})=6.53$$

【例 3-4】 求 0.083 mol/L HAc 溶液的 pH 值。已知 $pK_a=4.76$。

解：因为 $$cK_a>20K_w,\ \frac{c}{K_a}=\frac{0.083}{10^{-4.76}}>500$$

故可以使用最简式计算。

即 $$[H^+]=\sqrt{cK_a}$$

$$pH=-lg(1.2\times10^{-3})=2.92$$

【例 3-5】 计算 0.10 mol/L $NaHCO_3$ 溶液的 pH 值。

解：已知 $c=0.10$ mol/L，$K_{a_1}=4.2\times10^{-7}$，$K_{a_2}=5.6\times10^{-11}$，由于 $c\gg20K_{a_1}$，$cK_{a_2}\gg20K_w$，故采用最简式计算，得到

$$[H^+]=\sqrt{K_{a_1}K_{a_2}}=\sqrt{4.2\times10^{-7}\times5.6\times10^{-11}}$$
$$=4.9\times10^{-9}(mol/L)$$
$$pH=-lg(4.9\times10^{-9})=8.31$$

3.1.4 酸碱缓冲溶液

缓冲溶液是一种能对溶液的酸度起稳定作用的溶液。如果向溶液中加入少量的酸或碱，或因化学反应溶液中产生了少量的酸碱，或将溶液稍加稀释，能使溶液的 pH 值不发生显著变化，这种作用称为缓冲作用。具有缓冲作用的溶液称为缓冲溶液。缓冲溶液之所以能起缓冲作用，是因为它们既有质子的提供者，又有质子的接受者。

1. 缓冲溶液的组成

分析化学中一般缓冲溶液：由浓度较大的弱酸(或弱碱)与其共轭碱(或共轭酸)组成，例如 HAc-NaAc、NH_3-NH_4Cl；两性物质如 Na_2HPO_4、NaH_2PO_4、$NaHCO_3$、$KHC_8H_4O_4$ 等；高浓度的强酸(pH<2)或强碱(pH>12)的溶液也可作为缓冲溶液。在实际工作中，前两者较为常用。

分析化学中要用到很多缓冲溶液，大多数作为控制溶液的酸度用，有些则是测量其他溶液的 pH 值时作为参照标准用，称为标准缓冲溶液，其 pH 值是在一定温度下经过准确的实验测得的(表 3-2)。

2. 缓冲溶液的 pH 值等相关计算

由弱酸 HA 与其共轭碱 A^- 组成的缓冲溶液，若 c(HAc)、$c(A^-)$分别表示 HA、A^- 的分析浓度，可推出计算此缓冲溶液的$[H^+]$及 pH 值的最简式。

$$[H^+]=K_a\frac{c_{HA}}{c_{A^-}}$$

$$pH=pK_a+lg\frac{c_{A^-}}{c_{HAc}} \tag{3-10}$$

【例 3-6】 用 0.10 mol/L 的 HAc 溶液和 0.20 mol/L 的 NaAc 溶液等体积混合配成 1 L 缓冲溶液，已知 HAc 的 $pK_a=4.74$，求此缓冲溶液的 pH 值。

解：
$$[HAc]=\frac{0.10}{2}=0.05(mol/L)$$

$$[Ac^-]=\frac{0.20}{2}=0.10(mol/L)$$

$$pK_a=4.74$$

代入式(3-10)得

$$pH=4.75+\lg\frac{0.10}{0.05}=4.75+0.3=5.05$$

【例 3-7】 欲配制 pH=5.00 的缓冲溶液 500 mL，已用去 6.0 mol/L HAc 溶液 34.0 mL，问需要 $NaAc \cdot 3H_2O$ 多少克？

解： $c(HAc)=6.0\times34.0/500=0.41(mol/L)$

由 $[H^+]=K_a\frac{[HAc]}{[Ac^-]}$ 得

$$[Ac^-]=K_a\frac{[HAc]}{[H^+]}$$

$$=0.41\times1.8\times10^{-5}/1.0\times10^{-5}$$

$$=0.74(mol/L)$$

在 500 mL 溶液中需要 $NaAc \cdot 3H_2O$ 的质量为 $136.1\times0.74\times500/1\,000=50(g)$。

3. 缓冲容量与缓冲范围

各种缓冲溶液具有不同的缓冲能力，其大小可用缓冲容量来衡量。它的物理意义：使 1 L 缓冲溶液的 pH 值增加 1 个单位所需加入强碱物质的量，或使溶液 pH 值减少 1 个单位所需加入强酸物质的量。

缓冲溶液的缓冲容量越大，其缓冲能力越强。缓冲容量的大小与缓冲组分的浓度有关，其浓度越高，缓冲容量越大。此外，也与缓冲溶液中各组分的浓度比值有关，如果缓冲组分的总浓度一定，缓冲组分的浓度之比为 1∶1 时，缓冲容量最大。在实际应用中，常采用弱酸及其共轭碱的组成浓度比为 $c_a:c_b=1:10$ 或 $10:1$ 作为缓冲溶液 pH 值的缓冲范围。由计算知：

$$c_a:c_b=1:10 \text{ 时}，pH=pK_a+1；$$

$$c_a:c_b=10:1 \text{ 时}，pH=pK_a-1$$

因而缓冲溶液的 pH 值缓冲范围为 $pH=pK_a\pm1$。例如 HAc-NaAc 缓冲范围 $pH=4.74\pm1$，即 pH=3.74～5.74 为 HAc-NaAc 溶液的缓冲范围。又如 NH_4Cl-NH_3 可在 pH=8.26～10.26 范围内起到缓冲作用。

4. 缓冲溶液的选择

分析化学中用于控制溶液酸度的缓冲溶液很多，通常根据实际情况选用不同的缓冲溶液。缓冲溶液的选择原则如下：

(1)缓冲溶液对分析实验过程没有干扰；

(2)组成缓冲溶液的 pK_a 或 pK_b 应接近所需控制的 pH 值；

(3)缓冲溶液应有足够的缓冲容量以满足实际工作需要，为此，在配制缓冲溶液时，应尽量控制弱酸与共轭碱的浓度比接近 1∶1，所用缓冲溶液的总浓度尽量大一些(一般可控制为 0.01～1 mol/L)；

(4)组成缓冲溶液的物质应低价易得，避免污染环境。

表 3-2 列出了常用的酸碱缓冲溶液，供实际选择时参考。

表 3-2　常用的酸碱缓冲溶液

缓冲溶液的组成	共轭酸碱对	pK_a	pH 值范围
盐酸-氨基乙酸	$^{+}NH_3CH_2COOH/^{+}NH_3CH_2COO^-$	2.35	1.0～3.7
一氯乙酸- NaOH	$CH_2ClCOOH/CH_2ClCOO^-$	2.86	1.9～3.9
甲酸- NaOH	$HCOOH/HCOO^-$	3.77	2.8～4.6
醋酸-醋酸钠	HAc/Ac^-	4.76	3.7～5.6
盐酸-六次甲基四胺	$(CH_2)_6N_4H^+/(CH_2)_6N_4$	5.13	4.2～6.2
磷酸二氢钠-磷酸氢二钠	$H_2PO_4^-/HPO_4^{2-}$	7.21	5.9～8.0
盐酸-磷酸氢二钠	$^{+}NH(CH_2CH_2OH)_3/N(CH_2CH_2OH)_3$	7.76	6.7～8.7
氯化铵-氨水	NH_4^+/NH_3	9.25	8.3～9.2
氨基乙酸- NaOH	$^{+}NH_3CH_2COO^-/NH_2CH_2COO^-$	9.78	8.2～10.1
碳酸氢钠-碳酸钠	HCO_3^-/CO_3^{2-}	10.32	9.2～11.0
三乙醇胺- NaOH	HPO_4^{2-}/PO_4^{3-}	12.32	11.0～12.0

思考题

1. 相比酸碱电离理论，质子理论有哪些优势？
2. 酸碱反应的实质是什么？

任务 3.2　酸碱指示剂

在酸碱滴定分析中，一般采用指示剂法来确定滴定终点。

指示剂法是借助加入的酸碱指示剂在化学计量点附近的颜色的变化来确定滴定终点的。这种方法简单、方便，是确定滴定终点的基本方法。

3.2.1　酸碱指示剂的作用原理

酸碱指示剂一般是一些有机弱酸或弱碱，其酸式与共轭碱式具有不同的颜色。当溶液 pH 值改变时，酸碱指示剂获得质子转化为酸式，或失去质子转化为碱式，由于指示剂的酸式与碱式具有不同的结构因而具有不同的颜色。下面以最常用的甲基橙、酚酞为例来说明。

甲基橙(缩写 MO)是一种有机弱碱，也是一种双色指示剂，它在溶液中的离解平衡可用下式表示：

$$(CH_3)_2N-C_6H_4-N=N-C_6H_4-SO_3^- \underset{OH^-}{\overset{H^+}{\rightleftharpoons}} (CH_3)_2\overset{+}{N}=C_6H_4=N-N(H)-C_6H_4-SO_3^-$$

黄色（偶氮式）　　　　红色（醌式）

由平衡关系式可以看出：当溶液中[H^+]增大时，反应向右进行，此时甲基橙主要以醌式存在，溶液呈红色；当溶液中$[H^+]$降低，而$[OH^-]$增大时，反应向左进行，甲基橙主要以偶氮式存在，溶液呈黄色。

酚酞是一种有机弱酸，它在溶液中的电离平衡如下所示：

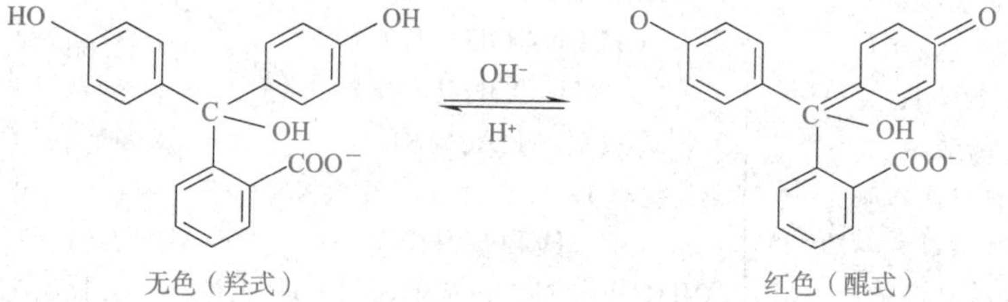

HO OH C OH COO^- OH^- H^+ O O C OH COO^-

无色（羟式） 红色（醌式）

在酸性溶液中，平衡向左移动，酚酞主要以羟式存在，溶液呈无色；在碱性溶液中，平衡向右移动，酚酞则主要以醌式存在，因此溶液呈红色。

由此可见，当溶液的 pH 值发生变化时，由于指示剂结构的变化，颜色也随之发生变化，因而可通过酸碱指示剂颜色的变化来确定酸碱滴定的终点。

3.2.2 指示剂的变色范围

若以 HIn 代表酸碱指示剂的酸式(其颜色称为指示剂的酸式色)，其离解产物 In^- 就代表酸碱指示剂的碱式(其颜色称为指示剂的碱式色)，则离解平衡可表示为

$$\underset{（酸式色）}{HIn} \rightleftharpoons H^+ + \underset{（碱式色）}{In^-}$$

当离解达到平衡时：

$$K_{HIn}=\frac{[H^+][In^-]}{[HIn]}$$

则
$$\frac{[In^-]}{[HIn]}=\frac{K_{HIn}}{[H^+]} \tag{3-11}$$

或
$$pH=pK_{HIn}+\lg\frac{[In^-]}{[HIn]} \tag{3-12}$$

溶液的颜色取决于指示剂碱式与酸式的浓度比值，即$\frac{[In^-]}{[HIn]}$值。对一定的指示剂而言，在指定条件下，K_{HIn}是常数。因此，由式(3-12)可以看出，$\frac{[In^-]}{[HIn]}$值只取决于$[H^+]$，$[H^+]$不同时，$\frac{[In^-]}{[HIn]}$的数值就不同，溶液将呈现不同的色调。

一般说来，当一种形式的浓度大于另一种形式浓度 10 倍时，人眼通常只看到较浓形式物质的颜色，即$\frac{[In^-]}{[HIn]}\leqslant\frac{1}{10}$，看到的是 HIn 的颜色(酸式色)。此时，由式(3-14)得

$$pH\leqslant pK_{HIn}+\lg\frac{1}{10}=pK_{HIn}-1$$

若$\frac{[In^-]}{[HIn]}\geqslant\frac{10}{1}$，看到的是 In^- 的颜色(碱式色)。此时，由式(3-12)得

$$pH\geqslant pK_{HIn}+\lg\frac{10}{1}=pK_{HIn}+1$$

若$\frac{[In^-]}{[HIn]}$在$\frac{1}{10}$～$\frac{10}{1}$时，看到的是酸式色与碱式色混合后的颜色。

由此可见，当pH值在$pK_{HIn}-1$以下时，溶液只显酸式的颜色；pH值在$pK_{HIn}+1$以上时，只显指示剂碱式的颜色。pH值在$pK_{HIn}-1$到$pK_{HIn}+1$之间，我们才能看到指示剂的颜色变化情况。故指示剂的变色范围为$pH=pK_{HIn}\pm1$，为2个pH单位。

当指示剂中酸式的浓度与碱式的浓度相同时（$[HIn]=[In^-]$），溶液便显示指示剂酸式与碱式的混合色。由式(3-14)可知，此时溶液的$pH=pK_{HIn}$，这一点称为指示剂的理论变色点。例如，甲基红$pK_{HIn}=5.0$，所以甲基红的理论变色范围为pH＝4.0～6.0。

理论上说，指示剂的变色范围都是2个pH单位，但指示剂的变色范围(指从一种色调改变至另一种色调)不是根据pK_{HIn}计算出来的，而是依据人眼观察出来的。由于人眼对各种颜色的敏感程度不同，加上两种颜色之间的相互影响，因此实际观察到的各种指示剂的变色范围(表3-3)并不都是2个pH单位，而是略有上下。比如甲基红指示剂，由于人眼对红色更为敏感，甲基红指示剂的变色范围不是理论上的pH＝4.0～6.0，而是实际上的pH＝4.4～6.2，这也称为指示剂的实际变色范围。表3-3列出几种常用酸碱指示剂在室温下水溶液中的变色范围，供使用时参考。

表3-3　几种常用酸碱指示剂在室温下水溶液中的变色范围

指示剂	变色范围(pH值)	颜色变化	pK_{HIn}	浓度	用量/[滴·(10 mL试液)$^{-1}$]
百里酚蓝	1.2～2.8	红-黄	1.7	0.1%的20%乙醇溶液	1～2
甲基黄	2.9～4.0	红-黄	3.3	0.1%的90%乙醇溶液	1
甲基橙	3.1～4.4	红-黄	3.4	0.05%的水溶液	1
溴酚蓝	3.0～4.6	黄-紫	4.1	0.1%的20%乙醇溶液或其钠盐水溶液	1
溴甲酚绿	4.0～5.6	黄-蓝	4.9	0.1%的20%乙醇溶液或其钠盐水溶液	1～3
甲基红	4.4～6.2	红-黄	5.0	0.1%的60%乙醇溶液或其钠盐水溶液	1
溴百里酚蓝	6.2～7.6	黄-蓝	7.3	0.1%的20%乙醇溶液或其钠盐水溶液	1
中性红	6.8～8.0	红-黄橙	7.4	0.1%的60%乙醇溶液	1
苯酚红	6.8～8.4	黄-红	8.0	0.1%的60%乙醇溶液或其钠盐水溶液	1
酚酞	8.0～10.0	无色-红	9.1	0.5%的90%乙醇溶液	1～3
百里酚蓝	8.0～9.6	黄-蓝	8.9	0.1%的20%乙醇溶液	1～4
百里酚酞	9.4-10.6	无色-蓝	10.0	0.1%的90%乙醇溶液	1～2

3.2.3　混合指示剂

在某些酸碱滴定中，pH值突跃范围很窄，使用一般的指示剂难以判断终点，此时可采用混合指示剂。混合指示剂利用颜色互补原理使终点颜色变化敏锐。混合指示剂可分为两类，一类是在某种指示剂中加入一种惰性染料。例如由甲基橙和靛蓝组成的混合指示剂。靛蓝颜色不随pH值改变而变化，只作为甲基橙的蓝色背景。在pH>4.4的溶液中，混合指示剂显绿色(黄与蓝混合)，在pH<3.1的溶液中，混合指示剂显紫色(红与蓝配合)，在pH=4的溶液中，混合指示剂显浅灰色(接近无色)，终点颜色变化非常敏锐。另一类是由两种或两种以上的指示剂混合而成。例如溴甲酚绿(pK_a=4.9，黄→蓝)和甲基红(pK_a=5.2，红→黄)，按3∶1混合后，使溶液在酸性条件下显酒红色(黄+红)，碱性条件下显绿色(蓝+黄)，而在pH=5.1时两者颜色发生互补，产生灰色，使颜色在此时发生突变，变色十分敏锐，常常用于Na_2CO_3作为基准物质标定盐酸标准溶液的浓度。常见的混合指示剂见表3-4。

表3-4 几种常见的混合指示剂

指示剂溶液的组成	变色时pH值	颜色		备注
		酸式色	碱式色	
一份0.1%甲基黄乙醇溶液 一份0.1%次甲基蓝乙醇溶液	3.25	蓝紫	绿	pH=3.2，蓝紫色； pH=3.4，绿色
一份0.1%甲基橙水溶液 一份0.25%靛蓝二磺酸水溶液	4.1	紫	黄绿	
一份0.1%溴甲酚绿钠盐水溶液 一份0.2%甲基橙水溶液	4.3	橙	蓝绿	pH=3.5，黄色； pH=4.05，绿色； pH=4.3，浅绿
三份0.1%溴甲酚绿乙醇溶液 一份0.2%甲基红乙醇溶液	5.1	酒红	绿	
一份0.1%溴甲酚绿钠盐水溶液 一份0.1%氯酚红钠盐水溶液	6.1	黄绿	蓝绿	pH=5.4，蓝绿色； pH=5.8，蓝色； pH=6.0，蓝带紫； pH=6.2，蓝紫
一份0.1%中性红乙醇溶液 一份0.1%次甲基蓝乙醇溶液	7.0	紫蓝	绿	pH=7.0，紫蓝
一份0.1%甲酚红钠盐水溶液 三份0.1%百里酚蓝钠盐水溶液	8.3	黄	紫	pH=8.2，玫瑰红； pH=8.4，清晰的紫色
一份0.1%百里酚蓝50%乙醇溶液 三份0.1%酚酞50%乙醇溶液	9.0	黄	紫	从黄到绿再到紫
一份0.1%酚酞乙醇溶液 一份0.1%百里酚酞乙醇溶液	9.9	无色	紫	pH=9.6，玫瑰红； pH=10，紫色
二份0.1%百里酚酞乙醇溶液 一份0.1%茜素黄R乙醇溶液	10.2	黄	紫	

思考题

1. 酸碱指示剂用来确定酸碱滴定终点的原理是什么?

2. 酸碱指示剂的变色范围和理论变色点分别是什么?

任务 3.3 一元酸碱的滴定

酸碱滴定法的滴定终点可借助指示剂颜色的变化显现出来，而指示剂颜色的变化完全取决于溶液 pH 值的大小。因此，为了给某一特定酸碱滴定反应选择一合适的指示剂，就必须了解在其滴定过程中溶液 pH 值的变化，特别是化学计量点附近 pH 值的变化。在滴定过程中用来描述加入不同量标准溶液(或不同中和百分数)时溶液 pH 值变化的曲线称为酸碱滴定曲线。由于各种不同类型的酸碱滴定过程中 H^+ 浓度的变化规律是各不相同的，因此下面分别予以讨论。

3.3.1 强碱(酸)滴定强酸(碱)

以 0.100 0 mol/L NaOH 标准溶液滴定 20.00 mL 0.100 0 mol/L HCl 为例来说明强碱滴定强酸过程中 pH 值的变化与滴定曲线的形状。

1. 滴定过程中溶液 pH 值的变化

滴定终点的控制

该滴定过程可分为 4 个阶段。

(1)滴定开始前。溶液的 pH 由此时 HCl 溶液的酸度决定。即

$$[H^+]=0.100\,0\ \text{mol/L}$$

$$pH=1.00$$

(2)滴定开始至化学计量点前。溶液的 pH 值由剩余 HCl 溶液的酸度决定。

例如，当滴入 NaOH 溶液 18.00 mL 时，溶液中剩余 HCl 溶液 2.00 mL，则

$$[H^+]=\frac{0.100\,0\times 2.00}{20.00+18.00}=5.26\times 10^{-3}(\text{mol/L})$$

$$pH=2.28$$

当滴入 NaOH 溶液 19.80 mL 时，溶液中剩余 HCl 溶液 0.20 mL，则

$$[H^+]=\frac{0.100\,0\times 0.20}{20.00+19.80}=5.03\times 10^{-4}(\text{mol/L})$$

$$pH=3.30$$

当滴入 NaOH 溶液 19.98 mL 时，溶液中剩余 HCl 0.02 mL，即这时相对误差为

$$\frac{-0.02}{20.00}\times 100\%=-0.1\%$$

则

$$[H^+]=\frac{0.100\,0\times 0.02}{20.00+19.98}=5.00\times 10^{-5}(\text{mol/L})$$

$$pH=4.30$$

(3)化学计量点时。溶液的 pH 值由体系产物的离解决定。此时溶液中的 HCl 全部被 NaOH 中和，其产物为 NaCl 与 H_2O，因此溶液呈中性，即

$$[H^+]=[OH^-]=1.00\times10^{-7}\ mol/L$$

$$pH=7.00$$

(4)化学计量点后。溶液的 pH 值由过量的 NaOH 浓度决定。

例如，加入 NaOH 溶液 20.02 mL 时，NaOH 过量 0.02 mL，相对误差为

$$\frac{+0.02}{20.00}\times100\%=+0.1\%$$

此时溶液中[OH⁻]为

$$[OH^-]=\frac{0.1000\times0.02}{20.00+20.02}=5.00\times10^{-5}(mol/L)$$

$$pOH=4.30;\ pH=9.70$$

用完全类似的方法可以计算出整个滴定过程中加入任意体积 NaOH 时溶液的 pH 值，其结果见表 3-5。

表 3-5　用 0.100 0 mol/L NaOH 溶液滴定 20.00 mL 0.100 0 mol/L HCl 时 pH 值的变化

加入 NaOH /mL	HCl 被滴定百分数/%	剩余 HCl /mL	过量 NaOH /mL	$[H^+]$	pH 值
0.00	0.00	20.00		1.00×10^{-1}	1.00
18.00	90.00	2.00		5.26×10^{-3}	2.28
19.80	99.00	0.20		5.02×10^{-4}	3.30
19.98	99.90	0.02		5.00×10^{-5}	4.30 } 滴定突跃
20.00	100.00	0.00		1.00×10^{-7}	7.00
20.02	100.1		0.02	2.00×10^{-10}	9.70
20.20	101.0		0.20	2.01×10^{-11}	10.70
22.00	110.0		2.00	2.10×10^{-12}	11.68
40.00	200.0		20.00	5.00×10^{-13}	12.52

2. 滴定曲线和滴定突跃

以溶液的 pH 值为纵坐标，以滴定剂的加入量(或滴定百分数)绘制出来的曲线称为滴定曲线。图 3-4 所示为强碱 NaOH 滴定强酸 HCl 绘制出的滴定曲线。

从表格数据和滴定曲线可知，滴定开始到 NaOH 加入量为 19.98 mL，pH 值增加了 3.3 个单位；滴加 NaOH 在化学计量点±0.02 mL 的范围内，溶液从酸性到碱性发生了质的改变，pH 值增加了 5.4 个单位；化学计量点后，随着 NaOH 滴入，pH 值的增加又变得越来越缓慢了。这种在化学计量点附近(通常应在规定的误差范围内)引起 pH 值的突然变化称为滴定突跃，改变的 pH 值范围称为突跃范围。

通过计算可知，如果酸碱的浓度增加或减少一个数量级，pH 值突跃范围增加或减少 2 个单位。即酸碱浓度越高滴定突跃范围越大，酸碱的浓度越低滴定突跃的范围越小。

3. 指示剂的选择

选择指示剂的原则：一是指示剂的变色范围全部或部分地落入滴定突跃范围；二是指

示剂的变色点尽量靠近化学计量点。

例：如用 0.100 0 mol/L NaOH 滴定 0.100 0 mol/L HCl，其突跃范围为 pH＝4.30～9.70，则可选择甲基红、甲基橙与酚酞做指示剂。

甲基红的变色范围：红—黄（pH＝4.4～6.2），其变色范围全部落在滴定突跃范围内。酚酞的变色范围：无色—红（pH＝8.0～10.0）。选择甲基橙（pH＝3.1～4.4）做指示剂，当溶液颜色由橙色变为黄色时，溶液的 pH＝4.4，滴定误差小于 0.1%。实际分析时，通常选用酚酞做指示剂，因其终点颜色由无色变成浅红色，比甲基红由红变为黄更为敏锐。

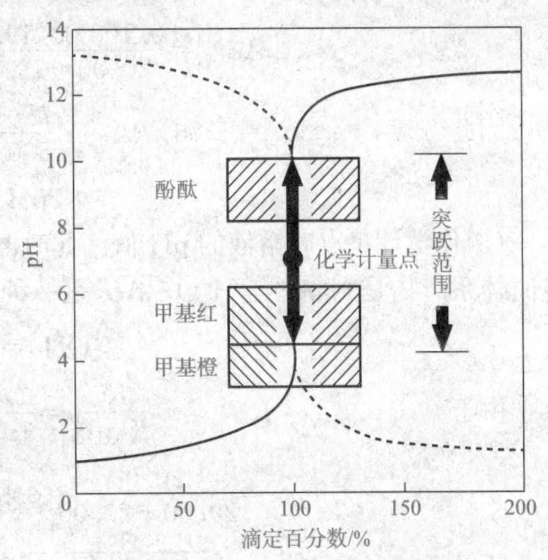

图 3-4　0.100 0 mol/L NaOH 与 0.100 0 mol/L HCl 的滴定曲线

如果用 0.100 0 mol/L HCl 标准溶液滴定 0.100 0 mol/L NaOH 溶液，则可选择酚酞或甲基红作为指示剂。倘若仍然选择甲基橙做指示剂，则当溶液颜色由黄色转变成橙色时，其 pH＝4.0，滴定误差将有＋0.2%。实际分析时，为了进一步提高滴定终点的准确性，以及更好地判断终点（如用甲基红时，终点颜色由黄变橙，人眼不易把握，若用酚酞，则由红色褪至无色，人眼也不易判断），通常选用混合指示剂溴甲酚绿-甲基红，终点时颜色由绿经浅灰变为暗红，容易观察。

3.3.2　强碱（酸）滴定弱酸（碱）

以 0.100 0 mol/L NaOH 标准溶液滴定 20.00 mL 0.100 0 mol/L HAc 为例来说明这一类滴定过程中 pH 值变化与滴定曲线。

1. 滴定过程中溶液 pH 值的变化

与讨论强酸强碱滴定曲线方法相似，讨论这一类滴定曲线也分为 4 个阶段。

(1)滴定开始前溶液的 pH 值。此时溶液的 pH 值由 0.100 0 mol/L 的 HAc 溶液的酸度决定。根据弱酸 pH 值计算的最简式（表 3-1）

$$[H^+]=\sqrt{cK_a}$$

因此　$$[H^+]=\sqrt{0.1000\times1.8\times10^{-5}}=1.33\times10^{-3}(mol/L)$$

$$pH=2.88$$

(2)滴定开始至化学计量点前溶液的 pH 值。这一阶段的溶液是由未反应的 HAc 与反应产物 NaAc 组成的，其 pH 值由 HAc-NaAc 缓冲体系来决定，即

$$[H^+]=K_{a(HAc)}\frac{[HAc]}{[Ac^-]}$$

比如，当滴入 NaOH 19.98 mL（剩余 HAc 0.02 mL）时，

$$[HAc]=\frac{0.1000\times0.02}{20.00+19.98}=5.0\times10^{-5}(mol/L)$$

$$[Ac^-]=\frac{0.1000\times19.98}{20.00+19.98}=5.0\times10^{-2}(\text{mol/L})$$

因此 $$[H^+]=1.76\times10^{-5}\times\frac{5.0\times10^{-5}}{5.0\times10^{-2}}=1.76\times10^{-8}(\text{mol/L})$$

$$pH=7.75$$

(3)化学计量点时溶液的 pH 值。此时溶液的 pH 值由体系产物的离解决定。化学计量点时体系产物是 NaAc 与 H_2O，Ac^- 是一种弱碱。因此

$$[OH]=\sqrt{cK_{b(Ac^-)}}$$

由于 $$K_{b(Ac^-)}=\frac{K_w}{K_{a(HAc)}}=\frac{1.0\times10^{-14}}{1.76\times10^{-5}}=5.68\times10^{-10}$$

$$c_{Ac-}=\frac{20.00}{20.00+20.00}\times0.1000=5.0\times10^{-2}(\text{mol/L})$$

所以 $$[OH^-]=\sqrt{5.0\times10^{-2}\times5.68\times10^{-10}}=5.33\times10^{-6}(\text{mol/L})$$

$$pOH=5.27;\ pH=8.73$$

(4)化学计量点后溶液的 pH 值。此时溶液的组成是过量 NaOH 和滴定产物 NaAc。由于过量 NaOH 的存在，抑制了 Ac^- 的水解。因此，溶液的 pH 值仅由过量 NaOH 的浓度来决定。比如，滴入 20.02 mL NaOH 溶液(过量的 NaOH 为 0.02 mL)，则

$$[OH^-]=\frac{0.02\times0.1000}{20.00+20.02}=5.0\times10^{-5}(\text{mol/L})$$

$$pOH=4.30;\ pH=9.70$$

按上述方法，依次计算出滴定过程中溶液的 pH 值，其计算结果见表 3-6。用同样的方法可以计算出强酸滴定弱碱时溶液 pH 值的变化情况。表 3-7 列出了用 0.1000 mol/L HCl 滴定 20.00 mL 0.1000 mol/L NH_3 时溶液 pH 值的变化情况，同时也列出了在不同滴定阶段溶液 pH 值的计算式。

表 3-6 用 0.1000 mol/L NaOH 滴定 20.00 mL 0.1000 mol/L HAc 的 pH 值变化

加入 NaOH/mL	HAc 被滴定百分数/%	计算式	pH 值
0.00	0.00		2.88
10.00	50.0		4.76
18.00	90.0	$[H^+]=\sqrt{c_{HAc}K_{a(HAc)}}$	5.71
19.80	99.0		6.76
19.96	99.8	$[H^+]=K_a\frac{c_{HAc}}{c_{Ac^-}}$	7.46
19.98	99.9		7.76 } 滴定突跃
20.00	100.0	$[OH]=\sqrt{\frac{K_w}{K_{a(HAc)}}c_{Ac^-}}$	8.73 } 滴定突跃
20.02	100.1		9.70 } 滴定突跃
20.04	100.2	$[OH^-]=[NaOH]_{过量}$	10.00
20.20	101.0		10.70
22.00	110.0		11.70

2. 滴定曲线和滴定突跃

根据滴定过程各点的 pH 值同样可以绘出强碱(酸)滴定一元弱酸(碱)的滴定曲线

(图 3-5、图 3-6)。

表 3-7 用 0.100 0 mol/L HCl 滴定 20.00 mL 0.100 0 mol/L NH_3 的 pH 值变化

加入 NaOH/mL	HAc 被滴定百分数/%	计算式	pH 值
0.00	0.00	$[OH^-]=\sqrt{c_{NH_3}\cdot K_{b(NH_3)}}$	11.12
10.00	50.0		9.25
18.00	90.0		8.30
19.80	99.0	$[OH^-]=K_{b(NH_3)}\dfrac{c_{NH_3}}{c_{NH_4^+}}$	7.25
19.98	99.9		6.25 滴定突跃
20.00	100.0	$[H^+]=\sqrt{\dfrac{K_w}{K_{b(NH_3)}}c_{NH_4^+}}$	5.28
20.02	100.1		4.30
20.20	101.0		3.30
22.00	110.0	$[H^+]=[HCl]_{过量}$	2.32

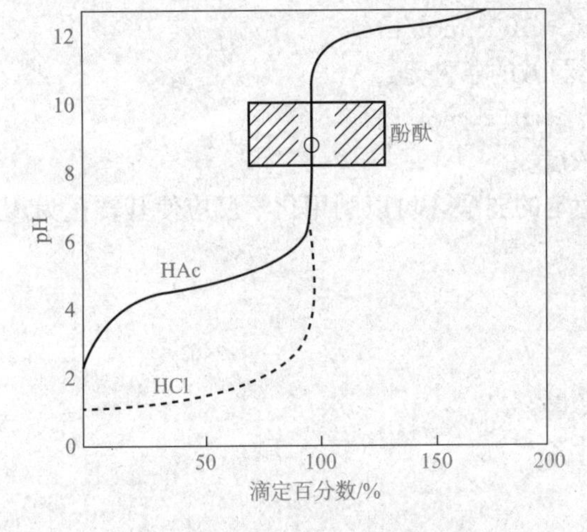

图 3-5 0.1 mol/L NaOH 滴定 0.1 mol/L HAc 的滴定曲线

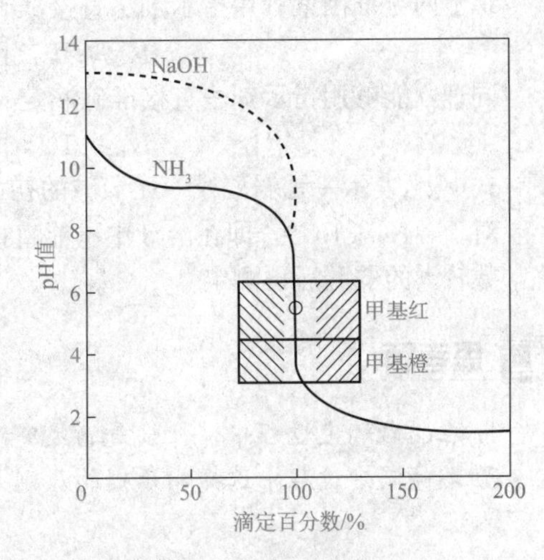

图 3-6 0.1 mol/L HCl 滴定 0.1 mol/L NH_3 的滴定曲线

由图 3-5 与表 3-6 可以看出，在相同浓度的前提下，强碱滴定弱酸的突跃范围比强碱滴定强酸的突跃范围要小得多，且主要集中在弱碱性区域，其化学计量点时，溶液也不是呈中性而呈弱碱性(pH>7)。

由图 3-6 与表 3-7 也可以看出，在相同浓度的前提下，强酸滴定弱碱的突跃范围比强酸滴定强碱的突跃范围也要小得多，且主要集中在弱酸性区域，其化学计量点时，溶液呈弱酸性。

3. 指示剂的选择

在强碱(酸)滴定一元弱酸(碱)中，由于滴定突跃范围变小，因此指示剂的选择便受到一定的限制，但其选择原则还是与强碱(酸)滴定强酸(碱)时一样。对于用 0.100 0 mol/L NaOH 滴定 0.100 0 mol/L HAc 而言，其突跃范围为 7.76～9.70(化学计量点时 pH＝8.73)，因此，在酸性区域变色的指示剂如甲基红、甲基橙等均不能使用，而只能选择酚酞、百里酚蓝等在碱性区域变色的指示剂。在这个滴定分析中，由于酚酞指示剂的理论变色点(pH＝9.0)正好落在滴定突跃范围之内，所以选择酚酞作为指示剂将获得比较准确的结果。

若用0.100 0 mol/L HCl标准溶液滴定0.100 0 mol/L NH_3溶液，由于其突跃范围在6.25～4.30(化学计量点时pH＝5.28)，因此必须选择在酸性区域变色的指示剂，如甲基红或溴甲酚绿等。若选择甲基橙做指示剂，当滴定到溶液由黄色变至橙色(pH＝4.0)时，滴定误差达＋0.20%。

4. 滴定可行性判断

由前面的计算过程可知强碱(酸)滴定一元弱酸(碱)突跃范围与弱酸(碱)的浓度及其离解常数有关。酸的离解常数越小(酸的酸性越弱)，酸的浓度越低，则滴定突跃范围也就越小。如果要求滴定误差 ≤±0.1%，则必须使滴定突跃超过0.3 pH单位，此时人眼才可以辨别出指示剂颜色的变化，滴定才能顺利进行。为此，要求被滴定溶液的初始浓度足够高，以及弱酸的离解常数足够大。

综上两方面因素，用指示剂法直接准确滴定一元弱酸的条件：

$$c_0K_a \geq 10^{-8} \text{且} c_0 \geq 10^{-3}\ \text{mol/L}$$

同理，能够用指示剂法直接准确滴定一元弱碱的条件是：

$$c_0K_b \geq 10^{-8} \text{且} c_0 \geq 10^{-3}\ \text{mol/L}$$

式中 c_0 表示一元弱酸或一元弱碱的初始浓度。

对于 $c_0K_a \leq 10^{-8}$，即在溶液中不能直接滴定的弱酸，可以利用化学反应使其转化为离解常数较大的弱酸后再测定。

思考题

1. 在酸碱滴定过程中，什么是滴定突跃范围？
2. 酸碱滴定过程中选择指示剂的原则是什么？

任务3.4　酸碱标准溶液

酸碱滴定法中常用的标准溶液均由强酸或强碱组成。一般用于配制酸标准溶液的主要有HCl和H_2SO_4，其中最常用的是HCl溶液；若需要加热或在较高温度下使用，则用H_2SO_4溶液较适宜。一般用来配制碱标准溶液的主要有NaOH与KOH，实际分析中一般多数用NaOH。酸碱标准溶液通常配成0.1 mol/L，但也有用到浓度高达1.0 mol/L和低至0.01 mol/L的时候。不过标准溶液的浓度太高因消耗太多试剂会造成不必要的浪费，而浓度太低又会导致滴定突跃太小，不利于终点的判断，从而得不到准确的滴定结果。因此，实际工作中应根据需要配制合适浓度的标准溶液。

3.4.1　HCl标准溶液的制备

1. 配制

盐酸标准溶液一般用间接法配制，即先用市售的盐酸试剂(分析纯)配制成接近所需浓度的溶液（其浓度值与所需配制浓度值的误差不得大于5%），然后用基准物质标定其准确浓度。由于浓盐酸具有挥发性，配制时所取HCl的量可稍多些。

2. 标定

用于标定HCl标准溶液的基准物有无水碳酸钠和硼砂等。

(1)无水碳酸钠(Na_2CO_3)。Na_2CO_3容易吸收空气中的水分，使用前必须在270～300 ℃高温炉中灼热至恒重，然后密封于称量瓶内，保存在干燥器中备用。称量时要求动作迅速，以免吸收空气中水分而带入测定误差。

用Na_2CO_3标定HCl溶液的标定反应为

$$2HCl + Na_2CO_3 = H_2CO_3 + 2NaCl$$
$$\hookrightarrow CO_2 + H_2O$$

滴定时用溴甲酚绿-甲基红混合指示剂指示终点。近终点时要煮沸溶液，赶除CO_2后继续滴定至暗红色，以避免由于溶液中CO_2过饱和而造成假终点。

(2)硼砂($Na_2B_4O_7 \cdot 10H_2O$)。硼砂容易提纯，且不易吸水，但易失水，因而要求保存在相对湿度40%～60%环境中，以确保其所含的结晶水数量与计算时所用的化学式相符。实验室采用在干燥器底部装入食盐和蔗糖的饱和水溶液的方法，使相对湿度维持在60%。

用硼砂标定HCl溶液的标定反应为

$$Na_2B_4O_7 + 2HCl + 5H_2O = 4H_3BO_3 + 2NaCl$$

若被标定的HCl的浓度为0.1 mol/L，则滴定的终点产物是H_3BO_3，根据$[H^+]=\sqrt{cK_a}$计算，终点pH约为5.3，选用甲基红做指示剂，终点时溶液颜色由黄变红，变色较为明显。

3.4.2 NaOH标准溶液的制备

1. 配制

由于NaOH具有很强的吸湿性，也容易吸收空气中的水分及CO_2生成Na_2CO_3，且含有少量的硅酸盐、硫酸盐和氯化物。因此NaOH标准溶液不能用直接法配制，同样须先配制成接近所需浓度的溶液，然后用基准物质标定其准确浓度。

NaOH标准溶液最常用的方法是先配制NaOH的饱和溶液（取分析纯NaOH约110 g，溶于100 mL无CO_2的蒸馏水中，浓度约为20 mol/L），密闭静置数日，待其中的Na_2CO_3沉降后取上层清液做贮备液。配制时，根据所需浓度，移取一定体积的NaOH饱和溶液，再用无CO_2的蒸馏水稀释至所需的体积。

2. 标定

常用于标定NaOH标准溶液浓度的基准物有邻苯二甲酸氢钾与草酸。

(1)邻苯二甲酸氢钾($KHC_8H_4O_4$，缩写KHP)。邻苯二甲酸氢钾容易用重结晶法制得纯品，不含结晶水，在空气中不吸水，容易保存，且摩尔质量大[M(KHP)=204.2 g/moL]，称量误差小，所以它是标定碱标准溶液较好的基准物质。标定前，邻苯二甲酸氢钾应于100～125 ℃时干燥后备用。干燥温度不宜过高，否则邻苯二甲酸氢钾会脱水而成为邻苯二甲酸酐。

用KHP标定NaOH溶液的标定反应如下：

$$C_6H_4(COOK)(COOH) + NaOH = C_6H_4(COOK)(COONa) + H_2O$$

由于滴定产物邻苯二甲酸钾钠盐呈弱碱性，故滴定时采用酚酞做指示剂，终点时溶液由无色变至浅红。

(2)草酸($H_2C_2O_4 \cdot 2H_2O$)。在实际标定时通常有两种操作方法：一种是基准物准确称量溶解后标定；另一种是基准物准确称量，溶解后定量转移入一定体积的容量瓶中配制，然后移取一定量进行标定(通常配制成250 mL，移取25.00 mL)。

草酸是二元酸($pK_{a1}=1.25$，$pK_{a2}=4.29$)，由于$\frac{K_{a1}}{K_{a2}}<10^4$，故与强碱作用时只能按二元酸一次被滴定到$C_2O_4^{2-}$，其标定反应如下：

$$H_2C_2O_4+2NaOH=Na_2C_2O_4+H_2O$$

用草酸标定NaOH溶液可选用酚酞做指示剂，终点时溶液变色敏锐。

草酸固体比较稳定，但草酸溶液的稳定性较差(空气中$H_2C_2O_4$分解)，溶液在长期保存后，其浓度逐渐降低。

思考题

1. 用基准物邻苯二甲酸氢钾标定NaOH标准溶液时，出现下列情况会对NaOH标准溶液浓度产生什么影响(偏高、偏低或没有影响)，为什么？

(1)滴定速度太快，附在滴定管管壁的NaOH标准溶液来不及流下来就读取滴定体积；

(2)称取邻苯二甲酸氢钾基准物时，实际质量为0.502 4 g，记录时误记为0.520 4 g；

(3)称取邻苯二甲酸氢钾基准物时，部分撒落在天平上；

(4)滴定管旋塞漏出NaOH的溶液；

(5)滴定开始之前，忘记调节零点，NaOH标准溶液的液面高度高于零点。

2. 用邻苯二甲酸氢钾标定NaOH为什么用酚酞作指示剂而不用甲基橙？

项目实施

工业醋酸含量的测定

[项目准备]

1. 主要仪器

电子分析天平(精度0.000 1 g)、50 mL碱式滴定管、25 mL胖肚移液管、250 mL容量瓶、刻度吸量管、电炉等。

2. 相关试剂

(1)工业醋酸样品溶液(冰醋酸)。

(2)NaOH 固体(分析纯)。

(3)邻苯二甲酸氢钾：基准试剂，105～110 ℃ 烘至质量恒重。

(4)酚酞指示液(10 g/L)：1 g 酚酞溶于 100 mL 乙醇中。

(5)无二氧化碳水：将蒸馏水注入烧瓶，煮沸 10 min，立即用装有钠石灰管的胶塞塞紧，放置冷却备用。

3. 标准溶液

c(NaOH)＝0.1 mol/L 的氢氧化钠标准溶液：在台秤上用表面皿迅速称取 2.1～2.3 g 固体 NaOH 固体(分析纯)于小烧杯，用少量新煮沸并冷却的蒸馏水溶解，冷却，转入 500 mL 试剂瓶，加水稀释至 500 mL，用胶塞塞紧。摇匀，贴上标签，待标定。

[工作流程]

1. 实验步骤

(1)0.1 mol/L NaOH 标准溶液的标定。用减量法称取邻苯二甲酸氢钾基准物 3 份，每份质量为 0.4～0.6 g(称准至 0.000 1 g)，分别置于 3 个 250 mL 锥形瓶中，各加 50 mL 不含二氧化碳的蒸馏水使之溶解，加酚酞指示液 2 滴，用待标定的 NaOH 溶液滴定，直至溶液由无色变为浅粉色 30 s 不褪色即终点。记录滴定时消耗 NaOH 溶液的体积。同时做空白试验。

(2)工业醋酸含量的测定。准确移取工业醋酸 2.00 mL 置于 250 mL 容量瓶中，用不含二氧化碳的蒸馏水稀释至刻度摇匀。

用 25 mL 移液管分别取 3 份上述溶液置于 250 mL 锥形瓶中，加入 1～2 滴酚酞指示剂，用 NaOH 标准溶液滴定至呈微红色并保持 30 s 不褪即终点。计算工业醋酸的质量浓度(g/mL)。

2. 数据记录

(1)NaOH 标准溶液浓度标定数据记录见表 3-8。

表 3-8 NaOH 溶液浓度标定数据记录

项目 \ 次数		1	2	3	备用
基准物称量	$m_{倾样前}$/g				
	$m_{倾样后}$/g				
	$m(KHC_8H_4O_4)$/g				
消耗 NaOH 标准溶液的体积 V/mL					
空白试验消耗 NaOH 标准溶液的体积 V(空白)/mL					
c(NaOH)/(mol・L^{-1})					
c(NaOH)的平均值/(mol・L^{-1})					
相对平均偏差/%					

(2)工业醋酸含量测定数据记录见表 3-9。

表 3-9　工业醋酸含量测定数据记录

项目＼次数	1	2	3	备用
工业醋酸样品/mL				
$c(NaOH)/(mol\cdot L^{-1})$				
滴定时消耗 NaOH 的体积 V/mL				
$\rho(HAc)/(g\cdot L^{-1})$				
$\rho(HAc)$的平均值$/(g\cdot L^{-1})$				
相对平均偏差/%				

3. 数据处理

(1)NaOH 标准溶液浓度按以下公式计算：

$$c(NaOH)=\frac{m(KHC_8H_4O_4)\times 1\ 000}{[V(NaOH)-V(空白)]\times M(KHC_8H_4O_4)}$$

式中　$c(NaOH)$——NaOH 标准溶液的浓度(mol/L)；

$V(NaOH)$——滴定时消耗 NaOH 标准溶液的体积(mL)；

$V(空白)$——空白试验滴定时消耗 NaOH 标准溶液的体积(mL)；

$m(KHC_8H_4O_4)$——$KHC_8H_4O_4$ 基准物的质量(g)；

$M(KHC_8H_4O_4)$——$KHC_8H_4O_4$ 的摩尔质量(g/mol)。

(2)工业醋酸含量按以下公式计算：

$$\rho(HAc,\ g/L)=\frac{c(NaOH)\times V(NaOH)\times M(HAc)}{V(HAc)}$$

式中　$\rho(HAc)$——HAc 的质量浓度(g/L)；

$c(NaOH)$——NaOH 标准溶液的浓度(mol/L)；

$V(NaOH)$——测定醋酸时消耗 NaOH 标准溶液的体积(mL)；

$V(HAc)$——HAc 溶液的体积(mL)；

$M(HAc)$——乙酸摩尔质量(g/mol)。

4. 注意事项

(1)在滴定分析中，为了减少滴定管的读数误差，一般消耗标准溶液的体积应不小于 20 mL；称取基准物质的量不应少于 0.20 g，这样才能使称量的相对误差不大于 1%。

(2)溶解基准物质时加入约 50 mL 水，是用量筒量取，不需要用移液管移取，因为这时所加的水只是溶解基准物质，而不会影响基准物质的量。因此加入的水不需要非常准确，可以用量筒量取。

项目评价

工业醋酸含量的测定评价指标见表 3-10。

表 3-10　工业醋酸含量测定评价指标

序号	评价类型	配分	评价指标	分值	扣分	得分
1	职业能力	70	正确称量邻苯二甲酸氢钾基准物	5		
			正确使用容量瓶稀释醋酸溶液，使用无 CO_2 蒸馏水	5		
			正确使用滴定管，正确控制滴定速度	15		
			正确使用移液管	5		
			有半滴的操作，终点颜色控制正确	3		
			正确进行空白试验	2		
			正确记录、处理数据，合理评价分析结果	10		
			结果相对平均偏差 ≤0.10%不扣分；＞0.10%扣5分； ＞0.30%扣10分；＞0.50%扣15分； ＞0.80%扣20分；＞1.0%扣25分	25		
2	职业素养	10	坚持按时出勤，遵守纪律	2		
			按要求穿戴实验服、口罩、手套、护目镜	2		
			协作互助，解决问题	2		
			按照标准规范操作	2		
			合理出具报告	2		
3	劳动素养	10	认真填写仪器使用记录	2		
			玻璃器皿洗涤干净，无器皿损坏	4		
			操作台面摆放整洁、有序	4		
4	思政素养	10	如实记录数据，不弄虚作假，具有良好的职业习惯	4		
			涉及氢氧化钠、邻苯二甲酸氢钾、工业醋酸等试剂，取用要规范，有自我安全防范意识； 涉及电炉的使用，注意用电安全	2		
			节约试剂和实验室资源，严禁将化学试剂直接倒入环境中； 废纸和废液分类收集、处理，具有环保意识	4		
5	合计		100			

拓展任务

工业硫酸含量的测定

[任务描述]

工业硫酸是一种重要的化工原料，广泛用于各个工业部门，主要有化肥工业、冶金工业、石油工业、医药工业以及军事航天工业，还可用于生产染料、农药、化学纤维以及各种基本有机物和无机化工产品。它的质量指标受到相应的国家标准的限制。

[任务目标]

(1)巩固酸碱滴定的基本理论知识、基本操作技能；
(2)进一步了解酸碱滴定法在实际中的应用；
(3)培养正确选择分析方法、设计分析方案的能力。

[任务准备]

1. 明确方法原理

硫酸是强酸，可用氢氧化钠标准溶液直接滴定，化学计量点时溶液为中性，其反应方程式为

$$H_2SO_4+2NaOH = Na_2SO_4+2H_2O$$

选用甲基红-亚甲基蓝混合指示剂，终点颜色由红紫色变成绿色，根据消耗的氢氧化钠标准溶液的量以及反应的计量关系计算含量。

2. 主要仪器

电子分析天平(精度 0.000 1 g)、50 mL 碱式滴定管等。

3. 相关试剂

(1)工业硫酸样品；
(2)0.1 mol/L 的 NaOH 标准溶液(已知准确浓度)；
(3)0.1%甲基红-亚甲基蓝混合指示剂：将 0.12 g 甲基红和 0.08 g 亚甲基蓝混合溶解于 100 mL 无水乙醇中。

[任务实施]

1. 工业硫酸含量的测定

用已称量的带磨口盖的小滴瓶称取约 0.7 g(精确至 0.000 1 g)工业硫酸，小心移入事先盛有 50 mL 水的 250 mL 锥形瓶中，冷却到室温后，加 2～3 滴甲基红-亚甲基蓝混合指

示剂，用0.1 mol/L 的 NaOH 标准溶液(已知准确浓度)滴定至溶液由红紫色变成绿色30 s 不褪色为终点，记录消耗 NaOH 标准溶液的体积。

2. 数据记录

工业硫酸含量测定数据记录见表3-11。

表 3-11　工业硫酸含量测定数据记录

项目＼次数		1	2	3	备用
硫酸样品的称量	m(取样前)/g				
	m(取样后)/g				
	$m(H_2SO_4)$/g				
消耗 NaOH 标准溶液的体积 V/mL					
$w(H_2SO_4)$/%					
$w(H_2SO_4)$的平均值/%					
相对平均偏差/%					

3. 数据处理及计算结果

硫酸含量的计算公式

$$w(H_2SO_4)=\frac{\frac{1}{2}\times c(NaOH)\times V(NaOH)\times 10^{-3}\times M(H_2SO_4)}{m(样品)}\times 100\%$$

式中　$w(H_2SO_4)$——工业硫酸试样中硫酸的质量分数(%)；

$c(NaOH)$——氢氧化钠标准溶液的浓度(mol/L)；

$V(NaOH)$——滴定时消耗氢氧化钠标准溶液的体积(mL)；

m(样品)——工业硫酸试样质量(g)；

$M(H_2SO_4)$——硫酸的摩尔质量(g/mol)。

4. 注意事项

(1)配制硫酸溶液时，应将浓硫酸缓慢加入水中；

(2)硫酸稀释时会放出大量的热，应冷却后再进行滴定。

[相关链接]

《工业硫酸》(GB/T 534—2014)中规定了工业硫酸的分析方法。

阅读材料

早期的酸碱指示剂——植物指示剂

早在200年前，酸碱指示剂就被化学家们使用了。1963年，英国化学家波义耳发表了一篇题为《关于颜色的实验》的文章，其中讲道：“用上好的紫罗兰，捣出有色的汁液，滴在白纸上(这是为了用较少的量使颜色更明显)，再在汁液上加两三滴酒精，将醋或其他绝大多数的酸液滴到这个混合液上时，你立刻就会发现浆液变成了红色。”

波义耳除用紫罗兰的汁液外，还用了矢车菊、蔷薇花、雪莲花、报春花、胭脂花和石蕊等。石蕊是一种菌类和藻类共生的植物，通常把它制成蓝色粉末溶于水和酒精中。常用的石蕊试纸可用滤纸浸泡在石蕊的酒精溶液中，然后晾干而制成。

随着植物指示剂的实验逐渐广泛，一些科学家指出各种植物指示剂的变色灵敏度和变色范围不一样，必须对所有植物汁液的灵敏度进行鉴定，才能找出合适的指示剂来测量各种酸的相对强度。

1782 年，法国化学家居顿・德莫沃将纸浸泡在黄姜、巴西木的汁液制成试纸，首先用于利用硝酸制取硝酸钾的工业生产中。接着化学家在酸碱中利用了植物指示剂，以确定滴到终点。

1877 年，德国化学家勒克首先用化学制剂酚酞作酸碱指示剂。第二年，德国化学家隆格使用了甲基橙。自此，科学家开始使用化学制剂作指示剂。

来源：凌永乐编《化学概念和理论的发现》

习题

一、单项选择题

1. 酸碱滴定中指示剂选择的依据是(　　)。

A. 酸碱溶液的浓度　　B. 酸碱滴定 pH 值突跃范围

C. 被滴定酸或碱的浓度　　D. 被滴定酸或碱的强弱

2. 已知 $K_b(NH_3 \cdot H_2O)=1.8\times10^{-5}$，则其共轭酸的 K_a 值为(　　)。

A. 1.8×10^{-9}　　B. 1.8×10^{-10}

C. 5.6×10^{-10}　　D. 5.6×10^{-5}

3. 用 0.100 0 mol/L NaOH 标准溶液滴定 20.00 mL 0.100 0 mol/L HAc 溶液，达到化学计量点时，其溶液的 pH 值(　　)。

A. 等于 7　　B. 大于 7　　C. 等于 0　　D. 小于 7

4. 下列弱酸或弱碱(设浓度为 0.1 mol/L)能用酸碱滴定法直接准确滴定的是(　　)。

A. 亚砷酸($pK_a=9.22$)　　B. 苯酚($pK_b=9.95$)

C. 邻苯二甲酸氢钾($pK_a=5.14$)　　D. 硼酸($pK_a=9.24$)

5. 用酸碱滴定法测定工业醋酸中的乙酸含量，应选择的指示剂是(　　)。

A. 酚酞　　B. 甲基橙

C. 甲基红　　D. 甲基红-次甲基蓝

6. 下列各组酸碱对中，不属于共轭酸碱对的是(　　)。

A. H_2CO_3-HCO_3^-　　B. H_3O^+-OH^-

C. HPO_4^{2-}-PO_4^{3-}　　D. NH_3-NH_4^+

7. NH_3 的 $K_b=1.8\times10^{-5}$，0.1 mol/L NH_3 溶液的 pH 值为(　　)。

A. 2.87　　B. 2.22　　C. 11.13　　D. 11.78

8. 0.10 mol/L 的 HAc 溶液的 pH 值为(　　)($K_a=1.8\times10^{-5}$)。

A. 4.74　　B. 2.88　　C. 5.3　　D. 1.8

9. 0.1 mol/L NH_4Cl 溶液的 pH 值为(　　)(氨水的 $K_b=1.8\times10^{-5}$)。

A. 5.13　　B. 6.13　　C. 6.87　　D. 7

10. 0.20 mol/L 的某碱溶液，其溶液的 pH 值为(　　)($K_b=4.2\times10^{-4}$)。

A. 2.04　　B. 11.96　　C. 4.08　　D. 9.92

11. pH=5 和 pH=3 的两种盐酸以 1+2 体积比混合，混合溶液的 pH 值是(　　)。

A. 3.17　　B. 10.1　　C. 5.3　　D. 8.2

12. 欲配制 pH=5.0 的缓冲溶液应选用的一对物质是(　　)。

A. HAc($K_a=1.8\times10^{-5}$)-NaAc

B. HAc-NH_4Ac

C. $NH_3\cdot H_2O$($K_b=1.8\times10^{-5}$)-NH_4Cl

D. KH_2PO_4-Na_2HPO_4

二、多项选择题

1. 下列各种碱的共轭酸的化学式正确的是(　　)。

A. H_2O-H_3O^+　　B. NH_4^+-NH_3

C. $C_6H_5NH_2$-$C_6H_5NH_3^+$　　D. $HCOO^-$-HCOOH

2. 标定 HCl 溶液常用的基准物有(　　)。

A. 无水 Na_2CO_3　　B. 硼砂($Na_2B_4O_7\cdot10H_2O$)

C. 草酸($H_2C_2O_4\cdot2H_2O$)　　D. $CaCO_3$

3. 在下列溶液中，可作为缓冲溶液的是(　　)。

A. 弱酸及其共轭碱　　B. 弱碱及其共轭酸

C. 高浓度的强酸或强碱溶液　　D. 中性化合物溶液

4. 下列说法正确的是(　　)。

A. 配制溶液时，所用的试剂越纯越好

B. 基本单元可以是原子、分子、离子、电子等粒子

C. 酸度和酸的浓度是不一样的

D. 因滴定终点与化学计量点不完全符合引起的分析误差叫终点误差

三、判断题

1.(　　)甲基橙在酸性溶液中为红色，在碱性溶液中为橙色。

2.(　　)酸碱指示剂本身必须是有机弱酸或有机弱碱。

3.(　　)盐酸和硼酸都可以用 NaOH 标准溶液直接滴定。

4.(　　)酸碱溶液浓度越小，滴定曲线化学计量点附近的滴定突跃越长，可供选择的指示剂越多。

5.(　　)用 0.100 0 mol/L NaOH 溶液滴定 20.00 mL 0.100 0 mol/L HCl 溶液时，如果滴定误差在±0.1%以内，反应完毕后，溶液的 pH 值范围为 4.3～9.7。

四、计算题

1. 称取纯草酸($H_2C_2O_4\cdot2H_2O$)0.300 0 g 标定 KOH 溶液，消耗 KOH 溶液 22.59 mL，求 KOH 溶液的浓度。

2. 要求在滴定时消耗 0.1 mol/L NaOH 溶液 20～30 mL。问应称取基准试剂邻苯二甲酸氢钾多少克？($KHC_8H_4O_4$ 分子量为 204.22)

3. 用酸碱滴定法测定工业硫酸的含量，称取硫酸试样 1.977 0 g，配成 250.0 mL 的溶液，移取 25.00 mL 该溶液，以甲基橙为指示剂，用浓度为 0.123 3 mol/L 的 NaOH 标准溶液滴定，到终点时消耗 NaOH 溶液 31.42 mL，试计算该工业硫酸的质量分数。(H_2SO_4 分子量为 98.08)

项目 3　工业醋酸含量的测定习题答案

项目4　工业烧碱中氢氧化钠和碳酸钠含量的测定

项目导入

烧碱是一种重要的工业原料，广泛用于各个行业，如制造纸浆、肥皂、染料、制铝、石油精制、棉织品整理、煤焦油产物的提纯，以及食品加工、木材加工、机械工业等。但是劣质品碱中的杂质不仅会影响使用效果，还会造成污染和腐蚀，耽误正常的工业生产进度，同时增加设备维修等方面的费用。

项目分析

本项目主要是通过对酸碱滴定中多元酸碱滴定的学习和探讨，掌握工业烧碱中氢氧化钠和碳酸钠含量的测定，了解酸碱滴定法在实际中其他方面的应用。

具体要求如下：

(1)能进行盐酸标准溶液的正确配制；

(2)掌握盐酸标准溶液的标定方法及终点控制；

(3)能进行工业烧碱中氢氧化钠和碳酸钠含量的测定(双指示剂法)；

(4)能合理设计饼干中碳酸钠和碳酸氢钠含量的测定方案。

项目导图

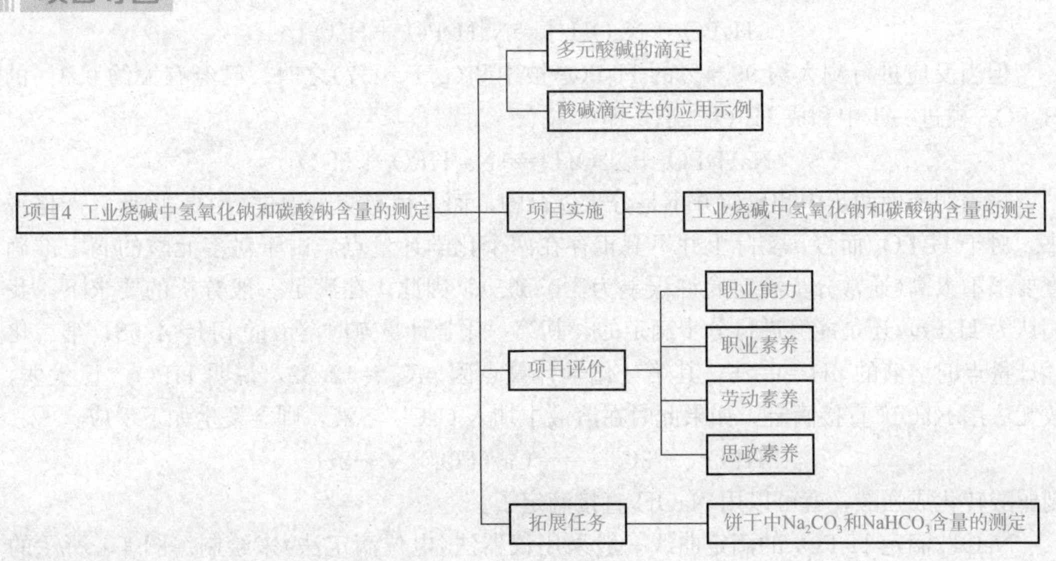

任务 4.1　多元酸碱的滴定

多元酸碱的滴定比一元酸碱的滴定复杂，能否直接准确滴定，必须考虑两种情况：一是能否滴定酸或碱的总量；二是能否分级滴定(对多元酸碱而言)。下面结合实例对上述问题做简要的讨论。

4.1.1　强碱滴定多元酸

1. 滴定可行性判断和滴定突跃

大量的实验证明，多元酸的滴定可按下述原则判断：

(1)当 $c_aK_{a1} \geqslant 10^{-8}$时，这一级离解的 H^+ 可以被直接滴定；

(2)当相邻的两个 K_a 的比值等于或大于 10^4 时，较强的那一级离解的 H^+ 先被滴定，出现第一个滴定突跃，较弱的那一级离解的 H^+ 后被滴定。但能否出现第二个滴定突跃，则取决于酸的第二级离解常数值是否满足 $c_aK_{a2} \geqslant 10^{-8}$。

(3)当相邻的两个 K_a 的比值小于 10^4 时，滴定时两个滴定突跃将混在一起，这时只出现一个滴定突跃。

2. 磷酸的滴定

磷酸是弱酸，在水溶液中分步离解：

$$H_3PO_4 \rightleftharpoons H^+ + H_2PO_4^- \qquad pK_{a1}=2.16$$

$$H_2PO_4^- \rightleftharpoons H^+ + HPO_4^{2-} \qquad pK_{a2}=7.21$$

$$HPO_4^{2-} \rightleftharpoons H^+ + PO_4^{3-} \qquad pK_{a3}=12.32$$

如果用 NaOH 滴定 H_3PO_4，那么 H_3PO_4 首先被滴定成 $H_2PO_4^-$，即

$$H_3PO_4 + NaOH = NaH_2PO_4 + H_2O$$

但当反应进行到大约 99.4%的 H_3PO_4 被中和(pH=4.7)之时，已经有大约 0.3%的 $H_2PO_4^-$ 被进一步中和成 HPO_4^{2-} 了，即

$$NaH_2PO_4 + NaOH = Na_2HPO_4 + H_2O$$

这表明前面两步中和反应并不是分步进行的，而是稍有交叉地进行的，因此，严格说来，对于 H_3PO_4 而言，实际上并不真正存在两个化学计量点。由于对多元酸的滴定准确度要求不太高(通常分步滴定允许误差为±0.5%)，因此，在满足一般分析的要求下，我们认为 H_3PO_4 还是能够进行分步滴定的，其第一化学计量点时溶液的 pH=4.68；第二化学计量点时溶液的 pH=9.76。其第三化学计量点因 $pK_{a3}=12.32$，说明 HPO_4^{2-} 已太弱，故无法用 NaOH 直接滴定，如果此时在溶液中加入 $CaCl_2$ 溶液，则会发生如下反应：

$$2HPO_4^{2-} + 3Ca^{2+} = Ca_3(PO_4)_2 \downarrow + 2H^+$$

则弱酸转化成强酸，就可以用 NaOH 直接滴定了。

NaOH 滴定 H_3PO_4 的滴定曲线一般采用仪器法(电位滴定法)来绘制。图 4-1 所示的是 0.100 0 mol/L NaOH 标准溶液滴定 20.00 mL 0.100 0 mol/L H_3PO_4 溶液的滴定曲线。

从图 4-1 可以看出，由于中和反应交叉进行，使化学计量点附近曲线倾斜，滴定突跃较短，且第二化学计量点附近突跃较第一化学计量点附近的突跃还短。正因为突跃短小，使得终点变色不够明显，因而导致终点准确度也欠佳。

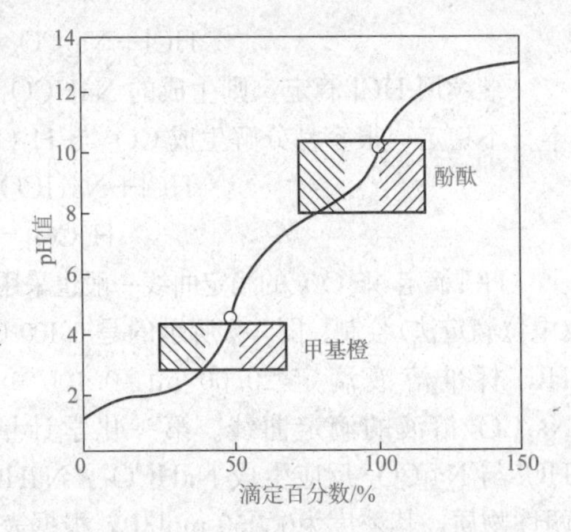

图 4-1　0.100 0 mol/L NaOH 滴定 0.100 0 mol/L H_3PO_4 的滴定曲线

如图 4-1 所示，第一化学计量点时，NaH_2PO_4 的浓度为 0.050 mol/L，根据 H^+ 浓度计算的最简式：

$$[H^+]_1 = \sqrt{K_{a1}K_{a2}} = \sqrt{10^{-2.16} \times 10^{-7.21}}$$
$$= 10^{-4.68} \text{ mol/L}$$
$$pH_1 = 4.68$$

此时若选用甲基橙（pH＝4.0）为指示剂，采用同浓度 Na_2HPO_4 溶液为参比，其终点误差不大于 0.5%。

第二化学计量点时，Na_2HPO_4 的浓度为 3.33×10^{-2} mol/L（此时溶液的体积已增加了两倍），同样根据 H^+ 浓度计算的最简式：

$$[H^+]_2 = \sqrt{K_{a2}K_{a3}} = \sqrt{10^{-7.21} \times 10^{-12.32}} = 10^{-9.76} (\text{mol/L})$$
$$pH_2 = 9.76$$

此时若选择酚酞（pH＝9.0）为指示剂，则终点将出现过早；若选用百里酚酞（pH＝10.0）为指示剂，当溶液由无色变为浅蓝色时，其终点误差为＋0.5%。

4.1.2　强酸滴定多元碱

多元碱的滴定与多元酸的滴定类似，因此，有关多元酸滴定的结论也适合多元碱的情况。

1. 滴定可行性判断和滴定突跃

与多元酸类似，多元碱的滴定可按下述原则判断：

（1）当 $c_bK_{b1} \geqslant 10^{-8}$ 时，这一级离解的 OH^- 可以被直接滴定；

（2）当相邻的两个 K_b 比值等于或大于 10^4 时，较强的那一级离解的 OH^- 先被滴定，出现第一个滴定突跃，较弱的那一级离解的 OH^- 后被滴定。但能否出现第二个滴定突跃，则取决于碱的第二级离解常数值是否满足 $c_bK_{b2} \geqslant 10^{-8}$。

（3）当相邻的 K_b 比值小于 10^4 时，滴定时两个滴定突跃将混在一起，这时只出现一个滴定突跃。

2. Na_2CO_3 的滴定

Na_2CO_3 是二元碱，在水溶液中存在如下离解平衡：

$$CO_3^{2-} + H_2O \rightleftharpoons HCO_3^- + OH^- \qquad pK_{b1} = 3.75$$
$$HCO_3^- + H_2O \rightleftharpoons H_2CO_3 + OH^- \qquad pK_{b2} = 7.62$$

在满足一般分析的要求下，Na_2CO_3 还是能够进行分步滴定的，只是滴定突跃较小。如果用 HCl 滴定，则第一步生成 $NaHCO_3$，反应式为

$$HCl + Na_2CO_3 = NaHCO_3 + NaCl$$

继续用 HCl 滴定，则生成的 $NaHCO_3$ 被进一步反应生成碱性更弱的 H_2CO_3。H_2CO_3 本身不稳定，很容易分解生成 CO_2 与 H_2O，反应式为

$$HCl + NaHCO_3 = H_2CO_3 + NaCl$$

$$H_2CO_3 = CO_2 + H_2O$$

HCl 滴定 Na_2CO_3 的滴定曲线一般也采用仪器法(电位滴定法)绘制。图 4-2 所示的是 0.100 0 mol/L HCl 标准溶液滴定 20.00 mL 0.100 0 mol/L Na_2CO_3 溶液的滴定曲线。第一化学计量点时，HCl 与 Na_2CO_3 反应生成 $NaHCO_3$。$NaHCO_3$ 为两性物质，其浓度为0.050 mol/L，根据表 3-1 所列 H^+ 浓度计算的最简式：

$$[H^+]_1 = \sqrt{K_{a1}K_{a2}} = \sqrt{10^{-6.38} \times 10^{-10.25}} = 10^{-8.32}(\text{mol/L})$$

$$pH_1 = 8.32$$

(H_2CO_3 的 $pK_{a1} = 6.38$，$pK_{a2} = 10.25$)

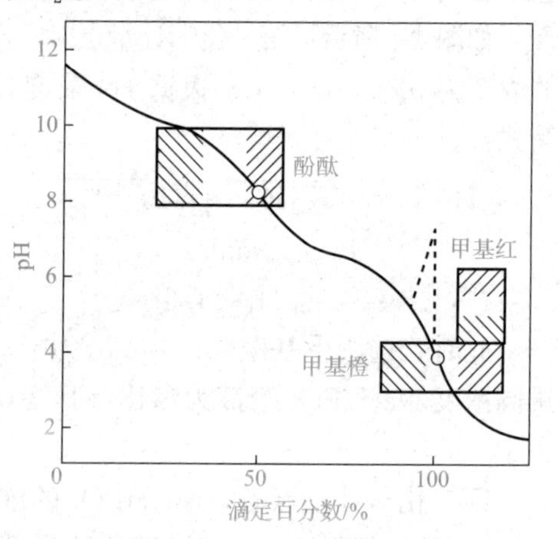

图 4-2　0.1 mol/L HCl 滴定 0.1 mol/L Na_2CO_3 的滴定曲线

此时选用酚酞(pH＝9.0)为指示剂，终点误差较大，滴定准确度不高。若采用酚红与百里酚蓝混合指示剂，并用同浓度 $NaHCO_3$ 溶液为参比，终点误差约为 0.5%。

第二化学计量点时，HCl 进一步与 $NaHCO_3$ 反应，生成 H_2CO_3($H_2O + CO_2$)，其在水中的饱和浓度约为 0.040(mol/L)。

因此，按表 3-1 计算二元弱酸 pH 值的最简公式计算：

$$[H^+]_2 = \sqrt{cK_{a1}} = \sqrt{0.040 \times 10^{-6.38}} = 1.3 \times 10^{-4}(\text{mol/L})$$

$$pH_2 = 3.89$$

若选择甲基橙(pH＝4.0)为指示剂，在室温下滴定时，终点变化不敏锐。为提高滴定准确度，可采用为 CO_2 所饱和并含有相同浓度 NaCl 和指示剂的溶液做对比。也有选择甲基红(pH＝5.0)为指示剂的，不过滴定时需加热除去 CO_2。实际操作：当滴到溶液变红(pH＜4.4)时，暂时中断滴定，加热除去 CO_2，则溶液又变回黄色(pH＞6.2)，继续滴定到红色(溶液 pH 值变化如图 4-2 虚线所示)。重复此操作 2～3 次，至加热除去 CO_2 并将溶液冷却至室温后，溶液颜色不发生变化为止。此种方式滴定终点敏锐，准确度高。

思考题

1. 多元酸(碱)分步滴定的可行性判据分别是什么？

2. 市售的 NaOH 试剂中常含有 1%～2%的 Na_2CO_3，且碱溶液容易吸收空气中的 CO_2，蒸馏水中也常含有 CO_2，它们参与酸碱滴定反应之后，会产生什么影响？

任务4.2 酸碱滴定法的应用示例

酸碱滴定法是应用比较广泛的滴定分析方法，凡是能与酸、碱直接或间接发生质子传递的物质，绝大多数可以采用酸碱滴定法进行测定。下面列举几个实例，简要叙述酸碱滴定法在某些方面的应用。

4.2.1 食品总酸度的测定

食品中酸的种类很多，可分为无机酸和有机酸两类，但主要为有机酸。食品中常见的有机酸有柠檬酸、苹果酸、酒石酸、草酸、醋酸等，这些酸有些是食品所固有的，如果蔬中的有机酸，有些是在食品加工过程中加入的，如汽水中的有机酸，有些是在生产加工过程中产生的，如食醋、酸奶中的有机酸。食品安全国家标准系列(GB 5009、GB 12456)中规定了果蔬制品、饮料、酒类和调味品总酸的测定，可采用氢氧化钠的标准溶液直接滴定，终点时溶液呈碱性，选用酚酞作指示剂。为了防止 CO_2 对滴定的影响，最好用新制备的蒸馏水或煮沸后刚冷却的蒸馏水，必要时做空白试验，扣除空白值再进行计算。

4.2.2 氮含量的测定

用酸碱滴定法可测定蛋白质、生物碱及土壤、肥料等含氮化合物中氮的含量。测定时，通常将试样进行适当处理，将各种氮化物分解并转化为简单的 NH_4^+，然后进行测定。常用的测定方法有蒸馏法和甲醛法。

1. 蒸馏法

在处理好的含 NH_4^+ 的试样溶液中加入过量的浓碱溶液，并加热使 NH_3 释放出来：

$$NH_4^+ + OH^- = NH_3\uparrow + H_2O$$

释放出来的 NH_3 吸收于 H_3BO_3 溶液中，然后用酸标准溶液滴定 H_3BO_3 吸收液

$$NH_3 + H_3BO_3 = NH_4BO_2 + H_2O$$

$$HCl + NH_4BO_2 + H_2O = NH_4Cl + H_3BO_3$$

H_3BO_3 是极弱的酸，它并不影响滴定。该滴定用甲基红和溴甲酚绿混合指示剂，终点为粉红色。根据 HCl 的浓度和消耗的体积，按下式计算氮的含量：

$$w_N = \frac{c_{HCl}V_{HCl} \times 14.01}{m_S \times 1\ 000} \times 100\%$$

除用 H_3BO_3 吸收 NH_3 外，还可用过量的酸标准溶液吸收 NH_3，然后以甲基红或甲基橙作指示剂，再用碱标准溶液返滴定剩余的酸。

土壤和有机化合物中的氮不能直接测定，须经一定的化学处理，使各种氮化合物转变成铵盐后，再按上述方法进行测定。

2. 甲醛法

利用甲醛与铵盐作用，释放出相当量的酸(质子化的六次甲基四胺和 H^+)：

$$4NH_4^+ + 6HCHO \xlongequal{\quad} (CH_2)_6N_4H^+ + 3H^+ + 6H_2O$$

$$(K_a = 7.1 \times 10^{-6})$$

然后以酚酞作指示剂，用 NaOH 标准溶液滴定至溶液成微红色，由 NaOH 的浓度和消耗的体积，按下式计算氮的含量。

$$w_N = \frac{c_{NaOH}V_{NaOH} \times 14.01}{m \times 1\,000} \times 100\%$$

如果试样中含游离酸，事先以甲基红作指示剂，用碱中和。甲醛法较蒸馏法快速、简便。

4.2.3 硼酸的测定

硼酸的酸性太弱($pK_a = 9.24$)，不能用碱直接滴定。实际测定时一般是在硼酸溶液中加入多元醇(如甘露醇或甘油)，使之与硼酸反应，生成配位酸，此配位酸的酸性较强，其 $pK_a = 4.26$，可用 NaOH 直接滴定，终点可用酚酞或百里酚酞为指示剂。

$$2\begin{array}{c} H \\ | \\ R-C-OH \\ | \\ R-C-OH \\ | \\ H \end{array} + 3H_3BO_3 \xlongequal{\quad} \begin{array}{c} H \\ | \\ R-C-O \\ | \\ R-C-O \\ | \\ H \end{array} \!\!\!>\! B \!<\!\!\! \begin{array}{c} H \\ | \\ O-C-R \\ | \\ O-C-R \\ | \\ H \end{array} + 3H_2O$$

4.2.4 混合碱的分析

混合碱的组分主要有 NaOH、Na_2CO_3、$NaHCO_3$，由于水溶液中 NaOH 和 $NaHCO_3$ 不可能共存，因此混合碱的组成或者为三种组分中的任一种，或者为 NaOH 与 Na_2CO_3 及 Na_2CO_3 和 $NaHCO_3$ 的混合物。若是单一组分的化合物，用 HCl 标准溶液直接滴定即可；若是两种组分的混合物，一般可采用氯化钡法与双指示剂法进行测定。

1. 氯化钡法

(1)NaOH 和 Na_2CO_3 混合物的测定。准确称取一定量试样，溶解后稀释至一定体积，移取两份相同体积的试液分别测定。

第一份试液用甲基橙作指示剂，以 HCl 标准溶液滴定至溶液变为红色时，溶液中的 NaOH 与 Na_2CO_3 完全被中和，所消耗 HCl 标准溶液的体积记为 V_1 mL。

第二份试液中先加入稍过量的 $BaCl_2$，使 Na_2CO_3 完全转化成 $BaCO_3$ 沉淀。在沉淀存在的情况下，用酚酞作指示剂，以 HCl 标准溶液滴定至溶液变为无色时，溶液中的 NaOH 完全被中和，所消耗 HCl 标准溶液的体积记为 V_2 mL。

显然，与溶液中 NaOH 反应的 HCl 标准溶液的体积为 V_2 mL，因此

$$w_{NaOH} = \frac{c_{HCl}V_2 \times 40.01}{m \times 1\,000} \times 100\%$$

而与溶液中 Na_2CO_3 反应的 HCl 标准溶液的体积为$(V_1 - V_2)$mL，因此

$$w_{Na_2CO_3} = \frac{\frac{1}{2}c_{HCl} \times (V_1 - V_2) \times 106.0}{m \times 1\,000} \times 100\%$$

式中　m——称取试样的质量(g)；

40.01——NaOH 的摩尔质量(g/moL)；

106.0——Na_2CO_3 的摩尔质量(g/moL)；

w_{NaOH}——试样中 NaOH 的质量分数(数值以%表示)；

$w_{Na_2CO_3}$——试样中 Na_2CO_3 的质量分数(数值以%表示)。

(2)$NaHCO_3$ 和 Na_2CO_3 混合物的测定。准确称取一定量试样，溶解后稀释至一定体积，移取两份相同体积的试液分别测定。

第一份试样溶液仍以甲基橙作指示剂，用 HCl 标准溶液滴定至溶液变为红色时，溶液中的 Na_2CO_3 与 $NaHCO_3$ 全部被中和，所消耗 HCl 标准溶液的体积仍记为 V_1 mL。

第二份试样溶液中先准确加入过量的已知准确浓度 NaOH 标准溶液 V mL，使溶液中的 $NaHCO_3$ 全部转化成 Na_2CO_3，然后加入稍过量的 $BaCl_2$ 将溶液中的 CO_3^{2-} 沉淀为 $BaCO_3$。同样在沉淀存在的情况下，以酚酞为指示剂，用 HCl 标准溶液返滴定过量的 NaOH 溶液。待溶液变为无色时，表明溶液中过量的 NaOH 全部被中和，所消耗的 HCl 标准溶液的体积记为 V_2 mL。

显然，使溶液中 $NaHCO_3$ 转化成 Na_2CO_3 所消耗的 NaOH 的物质的量即溶液中 $NaHCO_3$ 的物质的量，因此

$$w_{NaHCO_3}=\frac{[c_{NaOH}V-c_{HCl}V_2]\times 84.01}{m\times 1\,000}\times 100\%$$

同样，与溶液中的 Na_2CO_3 反应的 HCl 标准溶液的体积则为总体积 V_1 减去 $NaHCO_3$ 所消耗之体积，因此

$$w_{Na_2CO_3}=\frac{[c_{HCl}V_1-(c_{NaOH}V-c_{HCl}V_2)]\times\frac{1}{2}\times 106.0}{m\times 1\,000}\times 100\%$$

式中　m——试样的质量(g)()；

84.01——$NaHCO_3$ 的摩尔质量(g/moL)；

106.0——Na_2CO_3 的摩尔质量(g/moL)；

w_{NaHCO_3}——试样中 $NaHCO_3$ 的质量分数(数值以%表示)；

$w_{Na_2CO_3}$——试样中 Na_2CO_3 的质量分数(数值以%表示)。

2. 双指示剂法

在混合碱试液中，先加入酚酞指示剂，用盐酸标准溶液滴定至溶液由红色恰好褪去，这是第一化学计量点，消耗 HCl 溶液体积 V_1 mL。此时，溶液中的 NaOH 全部被中和，而 Na_2CO_3 则被中和为 $NaHCO_3$。反应式如下：

$$NaOH+HCl = NaCl+H_2O$$

$$Na_2CO_3+HCl = NaHCO_3+NaCl$$

然后在试液中加入甲基橙指示剂，继续用 HCl 标准溶液滴定至溶液由黄色变为橙色即终点，这是第二化学计量点，消耗 HCl 溶液体积为 V_2 mL。显然，V_2 是滴定溶液中 $NaHCO_3$(包括溶液中原本存在的 $NaHCO_3$ 与 Na_2CO_3 被中和所生成的 $NaHCO_3$)所消耗的体积。反应式为

$$NaHCO_3+HCl = NaCl+H_2O+CO_2\uparrow$$

由于 Na_2CO_3 被中和到 $NaHCO_3$ 与 $NaHCO_3$ 被中和到 H_2CO_3 所消耗的 HCl 标准溶液的体积是相等的。因此，由 V_1 和 V_2 的大小，可以判断混合碱的组成。

(1)$V_1>V_2$。这表明溶液中有 NaOH 存在，因此，混合碱由 NaOH 与 Na_2CO_3 组成，且将溶液中的 Na_2CO_3 中和到 $NaHCO_3$ 所消耗的 HCl 标准溶液的体积为 V_2mL，因此

$$w_{Na_2CO_3}=\frac{c_{HCl}V_2\times 106.0}{m\times 1\ 000}\times 100\%$$

将溶液中的 NaOH 中和成 NaCl 所消耗的 HCl 标准溶液的体积为(V_1-V_2)mL，因此

$$w_{NaOH}=\frac{c_{HCl}(V_1-V_2)\times 40.01}{m\times 1\ 000}\times 100\%$$

以上两式中，m 均为试样的质量(g)；106.0 为 Na_2CO_3 的摩尔质量(g/moL)；40.01 为 NaOH 的摩尔质量(g/moL)；w_{NaOH}、$w_{Na_2CO_3}$ 分别为试样中 NaOH、Na_2CO_3 的质量分数(数值以%表示)。

(2)$V_1<V_2$。这表明溶液中有 $NaHCO_3$ 存在，因此，混合碱由 Na_2CO_3 与 $NaHCO_3$ 组成，且将溶液中的 Na_2CO_3 中和到 $NaHCO_3$ 所消耗的 HCl 标准溶液的体积为 V_1mL，因此

$$w_{Na_2CO_3}=\frac{c_{HCl}V_1\times 106.0}{m\times 1\ 000}\times 100\%$$

将溶液中的 $NaHCO_3$ 中和成 H_2CO_3 所消耗的 HCl 标准溶液的体积为(V_2-V_1)mL，因此

$$w_{NaHCO_3}=\frac{c_{HCl}(V_2-V_1)\times 84.01}{m\times 1\ 000}\times 100\%$$

以上两式中，m 均为所制备试样溶液中包含试样的质量(g)；84.01 为 $NaHCO_3$ 的摩尔质量(g/moL)；106.0 为 Na_2CO_3 的摩尔质量(g/moL)；w_{NaHCO_3}、$w_{Na_2CO_3}$ 分别为试样中 $NaHCO_3$、Na_2CO_3 的质量分数(数值以%表示)。

氯化钡法与双指示剂法相比，前者操作上虽然稍麻烦，但由于测定时 CO_3^{2-} 被沉淀，因此最后的滴定实际上是强酸滴定强碱，因此结果反而比双指示剂法准确。

思考题

1. 有一碱溶液可能是 NaOH、$NaHCO_3$、Na_2CO_3 或其中两种物质的混合物，用双指示剂法进行测定。以酚酞为指示剂时消耗的 HCl 体积为 V_1，继续以甲基橙为指示剂，又消耗 HCl 的体积为 V_2。V_1 和 V_2 的关系如下，试判断上述溶液的组成。

(1)$V_1=0$，$V_2>0$；

(2)$V_1>0$，$V_2=0$；

(3)$V_1=V_2>0$；

(4)$V_1>V_2>0$；

(5)$V_2>V_1>0$。

2. 设计 $H_3PO_4+NaH_2PO_4$ 混合液的分析方案。

项目实施

工业烧碱中氢氧化钠和碳酸钠含量的测定

[项目准备]

1. 主要仪器

电子分析天平(精度 0.000 1 g)、50 mL 酸式滴定管、25 mL 移液管、250 mL 容量瓶等。

2. 相关试剂

(1)浓盐酸(密度为 1.19 g/mL);

(2)无水碳酸钠：基准试剂，在 270～300 ℃烘至质量恒重，密封保存在干燥器中；

(3)甲基橙指示液(1 g/L)：1 g 甲基橙溶于 1 000 mL 水中；

(4)酚酞指示液(10 g/L)：1 g 酚酞溶于 100 mL 乙醇中；

(5)工业烧碱试液。

3. 标准溶液

$c(HCl)=0.1$ mol/L 盐酸标准溶液：用量杯量取 4.5 mL 浓盐酸，倒入预先盛有 200 mL 水的 500 mL 烧杯中，搅拌均匀后再稀释到 500 mL。转入试剂瓶，摇匀并贴好标签，待标定。

[工作流程]

1. 实验步骤

(1)0.1 mol/L 盐酸标准溶液的标定。以减量法称取预先烘干的无水碳酸钠 0.2 g(精确至 0.000 1 g)置于 250 mL 锥形瓶中，加 25 mL 水溶解，再加甲基橙指示液 1 滴，用欲标定的 0.1 mol/L HCl 标准溶液进行滴定，直至溶液由黄色变为橙色时即终点。读数并记录消耗盐酸溶液的体积。

(2)烧碱中氢氧化钠和碳酸钠含量的测定。准确移取 25.00 mL 烧碱试液于 250 mL 容量瓶中，用水稀释至刻度，充分摇匀。

准确移取 25.00 mL 稀释后的烧碱试液于锥形瓶中，加酚酞指示剂 2 滴，用 HCl 标准溶液滴定至溶液红色恰好消失，记录 HCl 溶液的体积 V_1mL，然后加入甲基橙指示液 1 滴，继续用 HCl 标准溶液滴定至溶液由黄色变为橙色。记录消耗 HCl 溶液的体积 V_2mL(即终读数减去 V_1)，计算试液中各组分的含量。

2. 数据记录

(1)盐酸标准溶液浓度标定数据记录见表 4-1。

表 4-1　盐酸标准溶液标定数据记录

项目＼次数		1	2	3	备用
基准物称量	$m_{倾样前}$/g				
	$m_{倾样后}$/g				
	$m(Na_2CO_3)$/g				
V(HCl)初读数/mL					
V(HCl)终读数/mL					
滴定消耗V(HCl)/mL					
HCl标准溶液的浓度c(HCl)/(mol·L^{-1})					
HCl标准溶液浓度c(HCl)的平均值/(mol·L^{-1})					
相对平均偏差/%					

(2)烧碱测定数据记录见表4-2。

表 4-2　烧碱测定数据记录

项目＼次数		1	2	3	备用
烧碱试液体积/mL					
c(HCl)/(mol·L^{-1})					
酚酞变色	HCl初读数/mL				
	HCl终读数/mL				
	V_1(HCl)/mL				
甲基橙变色	HCl初读数/mL				
	HCl终读数/mL				
	V_2(HCl)/mL				
ρ(NaOH)/(g·L^{-1})					
ρ(NaOH)平均值/(g·L^{-1})					
相对平均偏差/%					
$\rho(Na_2CO_3)$/(g·L^{-1})					
$\rho(Na_2CO_3)$平均值/(g·L^{-1})					
相对平均偏差/%					

3. 数据处理

(1)盐酸标准溶液浓度按以下公式计算：

$$c(\mathrm{HCl})=\frac{2m(\mathrm{Na_2CO_3})\times 10^3}{M(\mathrm{Na_2CO_3})\times V(\mathrm{HCl})}$$

式中　$c(\mathrm{HCl})$——HCl 标准溶液的浓度(mol/L)；

$V(\mathrm{HCl})$——滴定时消耗 HCl 标准溶液的体积(mL)；

$m(\mathrm{Na_2CO_3})$——Na_2CO_3 基准物的质量(g)；

$M(\mathrm{Na_2CO_3})$——Na_2CO_3 的摩尔质量(g/mol)。

(2)工业烧碱中氢氧化钠和碳酸钠含量分别按以下公式计算：

$$\rho_{\mathrm{NaOH}}(\mathrm{g/L})=\frac{c(\mathrm{HCl})\times(V_1-V_2)\times M(\mathrm{NaOH})}{25.00\times\frac{25.00}{250.0}}$$

$$\rho_{\mathrm{Na_2CO_3}}(\mathrm{g/L})=\frac{\frac{1}{2}c(\mathrm{HCl})\times 2V_2\times M(\mathrm{Na_2CO_3})}{25.00\times\frac{25.00}{250.0}}$$

式中　$c(\mathrm{HCl})$——HCl 标准溶液的浓度(mol/L)；

$V_1(\mathrm{HCl})$——酚酞终点时消耗 HCl 标准溶液的体积(mL)；

$V_2(\mathrm{HCl})$——甲基橙终点时消耗 HCl 标准溶液的体积(mL)；

$M(\mathrm{NaOH})$——NaOH 的摩尔质量(g/mol)；

$M(\mathrm{Na_2CO_3})$——Na_2CO_3 的摩尔质量(g/mol)。

4. 注意事项

(1)采用无水 Na_2CO_3 标定盐酸溶液，在接近滴定终点时应剧烈摇动或最好把溶液加热至沸，并摇动以赶出 CO_2，冷却后再继续滴定至终点。

(2)测定烧碱时，第一计量点的颜色变化为红—微红色，不应有 CO_2 的损失，造成 CO_2 损失的操作是滴定速度过快，溶液中 HCl 局部过量，引起 $NaHCO_3+HCl=NaCl+H_2O+CO_2\uparrow$ 的反应。因此滴定速度宜适中，摇动要均匀。第二计量点的颜色变化为黄色—橙色。滴定过程中摇动要剧烈，使 CO_2 逸出避免形成碳酸饱和溶液，使终点提前。

项目评价

工业烧碱中氢氧化钠和碳酸钠含量测定评价指标见表 4-3。

表 4-3　工业烧碱中氢氧化钠和碳酸钠含量测定评价指标

序号	评价类型	配分	评价指标	分值	扣分	得分
1	职业能力	70	正确使用天平称量基准物无水碳酸钠，称量范围不超过±10%	5		

续表

序号	评价类型	配分	评价指标	分值	扣分	得分
1	职业能力	70	正确使用容量瓶稀释烧碱的样品溶液	5		
			正确使用滴定管，正确控制滴定速度	15		
			正确使用移液管	5		
			两个终点盐酸终点颜色控制正确	5		
			正确记录、处理数据，合理评价分析结果	10		
			结果相对平均偏差 ≤0.10%不扣分； >0.10%扣5分； >0.30%扣10分； >0.50%扣15分； >0.80%扣20分； >1.0%扣25分	25		
2	职业素养	10	坚持按时出勤，遵守纪律	2		
			按要求穿戴实验服、口罩、手套、护目镜	2		
			协作互助，解决问题	2		
			按照标准规范操作	2		
			合理出具报告	2		
3	劳动素养	10	认真填写仪器使用记录	2		
			玻璃器皿洗涤干净，无器皿损坏	4		
			操作台面摆放整洁、有序	4		
4	思政素养	10	如实记录数据，不弄虚作假，具有良好的职业习惯	4		
			涉及盐酸、碳酸钠、工业烧碱等试剂，取用要规范，有自我安全防范意识	2		
			节约试剂和实验室资源，严禁将化学试剂直接倒入环境中； 废纸和废液分类收集、处理，具有环保意识	4		
5	合计	100				

拓展任务

饼干中Na_2CO_3、$NaHCO_3$含量的测定

[任务描述]

膨松剂在面包、饼干的加工中普遍使用。$NaHCO_3$是常用的碱性膨松剂，运用膨松剂

使所加工的食品形成致密多孔组织而膨松酥口。分解后残留 Na_2CO_3，而使成品呈碱性，影响口味，使用不当还会使成品的表面呈现黄色斑点。因此，Na_2CO_3、$NaHCO_3$ 的含量是饼干质量检验指标之一。

[任务目标]

(1)巩固酸碱滴定法的基本理论知识、基本操作技能；

(2)进一步了解酸碱滴定法在实际中的应用；

(3)培养学生理论联系实际的应用能力，正确选择分析方法、设计分析方案的能力。

[任务准备]

1. 明确方法原理

饼干中 Na_2CO_3、$NaHCO_3$ 的测定可以采用双指示剂法。先加入酚酞指示剂，用盐酸标准溶液滴定至溶液由红色恰好褪去。此时，溶液中的 Na_2CO_3 被中和为 $NaHCO_3$。反应式如下：

$$Na_2CO_3 + HCl = NaHCO_3 + NaCl$$

然后在试液中加入甲基橙指示剂，继续用 HCl 标准溶液滴定至溶液由黄色变为橙色。此时溶液中的 $NaHCO_3$(包括溶液中原本存在的 $NaHCO_3$ 与 Na_2CO_3 被中和所生成的 $NaHCO_3$)被继续中和。反应式为

$$NaHCO_3 + HCl = NaCl + H_2O + CO_2\uparrow$$

根据两个终点所消耗的盐酸标准溶液体积计算样品中 Na_2CO_3、$NaHCO_3$ 的含量。

2. 主要仪器

电子分析天平(精度 0.000 1 g)、50 mL 酸式滴定管、25 mL 移液管、250 mL 容量瓶等。

3. 相关试剂

(1)无水碳酸钠：基准试剂，在 270～300 ℃烘至质量恒重，密封保存在干燥器中；

(2)c(HCl)＝0.1 mol/L 盐酸标准溶液(已知准确浓度)；

(3)甲基橙指示液(1 g/L)：1 g 甲基橙溶于 1 000 mL 水中；

(4)酚酞指示液(10 g/L)：1 g 酚酞溶于 100 mL 乙醇中；

(5)饼干样品。

[任务实施]

1. 实验步骤

准确称取 5.0 g 饼干试样，用蒸馏水溶解后定量转移至 250 mL 容量瓶中，用水稀释至刻度，充分摇匀，静置。

准确移取 25.00 mL 上层清液于 250 mL 锥形瓶中，加酚酞指示剂 2 滴，用 HCl 标准溶液滴定至溶液红色恰好消失，记录 HCl 溶液的体积 V_1 mL；然后加入甲基橙指示液 1 滴，继续用 HCl 标准溶液滴定至橙色。记录消耗 HCl 溶液的体积 V_2 mL(终读数减去 V_1)，计算试液中各组分的含量。

2. 数据记录

饼干中 Na_2CO_3、$NaHCO_3$ 的测定数据记录见表 4-4。

表 4-4 饼干中 Na_2CO_3、$NaHCO_3$ 的测定数据记录

项目＼次数		1	2	3	备用
饼干样品/g					
$c(HCl)/(mol \cdot L^{-1})$					
酚酞变色	HCl 初读数/mL				
	HCl 终读数/mL				
	$V_1(HCl)$/mL				
甲基橙变色	HCl 初读数/mL				
	HCl 终读数/mL				
	$V_2(HCl)$/mL				
$w(Na_2CO_3)/\%$					
$w(Na_2CO_3)$平均值/%					
相对平均偏差/%					
$w(NaHCO_3)/\%$					
$w(NaHCO_3)$平均值/%					
相对平均偏差/%					

3. 数据处理及计算结果

Na_2CO_3 和 $NaHCO_3$ 含量的计算公式：

$$w_{Na_2CO_3}=\frac{\frac{1}{2}c(HCl)\times 2V_1\times 10^{-3}\times M(Na_2CO_3)}{m\times\frac{25.00}{250.0}}\times 100\%$$

$$w_{NaHCO_3}=\frac{c(HCl)\times(V_2-V_1)\times 10^{-3}\times M(NaHCO_3)}{m\times\frac{25.00}{250.0}}\times 100\%$$

式中 $c(HCl)$——HCl 标准溶液的浓度(mol/L)；

$V_1(HCl)$——酚酞终点时消耗 HCl 标准溶液的体积(mL)；

$V_2(HCl)$——甲基橙终点时消耗 HCl 标准溶液的体积(mL)；

$M(Na_2CO_3)$——Na_2CO_3 的摩尔质量(g/mol)。

$M(NaHCO_3)$——$NaHCO_3$ 的摩尔质量(g/mol)；

m——饼干样品质量。

[相关链接]

可以参考“工业烧碱中氢氧化钠和碳酸钠含量的测定”。

阅读材料

标准方法

标准方法(standard method)是经过充分试验很好地确定了其精密度和准确度，并由国家主管部门、国际组织(如国际标准化组织、国际原子能委员会)或公认权威机构(如美国材料试验协会、英国标准化协会)颁布的方法。它在技术上不一定是最先进的，但它是获得广泛认可的、可靠的、成熟的方法。原国家技术监督局颁布的分析检验标准方法按性质分为3类：强制性标准、推荐性标准和行业标准。它可以直接用于高准确度的测量、标准物质的定值、仲裁分析和评价其他方法的准确度。

来源：邓勃主编《分析化学辞典》

习题

一、单项选择题

1. 酸碱滴定中指示剂选择的依据是(　　)。

A. 酸碱标准溶液的浓度　　B. 酸碱滴定pH值突跃范围

C. 被滴定酸或碱的浓度　　D. 被滴定酸或碱的强弱

2. 用盐酸溶液滴定Na_2CO_3使其生成$NaHCO_3$，所需的指示剂为(　　)。

A. 甲基红　　B. 酚酞

C. 甲基橙　　D. 二甲酚橙

3. 碱试样溶液以酚酞为指示剂，用标准HCl溶液滴定至终点时耗去V_1 mL，继以甲基橙为指示剂，又耗去HCl标准溶液V_2 mL，若$V_2=V_1$，则此碱样溶液是(　　)。

A. Na_2CO_3　　B. NaOH

C. $NaHCO_3$　　D. $NaOH+Na_2CO_3$

4. 用盐酸溶液滴定Na_2CO_3溶液的第一、二个化学计量点可分别用(　　)为指示剂。

A. 甲基红和甲基橙 B. 酚酞和甲基橙　C. 甲基橙和酚酞　D. 酚酞和甲基红

5. 双指示剂法测混合碱，用酚酞为指示剂，消耗HCl标准溶液体积为20.10 mL；再加入甲基橙为指示剂，继续用HCl标准溶液滴定，一共消耗HCl标准溶液47.40 mL，那么该碱液的组成是(　　)。

A. $NaOH+Na_2CO_3$　　B. $Na_2CO_3+NaHCO_3$

C. $NaHCO_3$　　D. Na_2CO_3

二、多项选择题

1. 下列物质中不能用强酸标准溶液直接滴定的是(　　)。

A. Na_2CO_3(H_2CO_3的$K_{a1}=4.2\times10^{-7}$，$K_{a2}=5.6\times10^{-11}$)

B. $Na_2B_4O_7\cdot10H_2O$(H_3BO_3的$K_{a1}=5.7\times10^{-10}$)

C. NaAc(HAc的$K_a=1.8\times10^{-5}$)

D. HCOONa(HCOOH的$K_a=1.8\times10^{-4}$)

2. 对反应 $HPO_4^{2-}+H_2O \rightarrow H_2PO_4^-+OH^-$ 来说，以下不正确的有(　　)。

A. HPO_4^{2-} 是酸，$H_2PO_4^-$ 是它的共轭碱　B. H_2O 是酸，HPO_4^{2-} 是它的共轭碱

C. HPO_4^{2-} 是酸，OH^- 是它的共轭碱　D. H_2O 是酸，OH^- 是碱

3. 欲配制 0.1 mol/L 的 HCl 标准溶液，需选用的量器是(　　)。

A. 烧杯　B. 滴定管　C. 移液管　D. 量筒

4. 双指示剂法测定烧碱中 NaOH 和 Na_2CO_3 的含量，如滴定时第一滴定终点 HCl 标准溶液过量，则下列说法正确的是(　　)。

A. NaOH 的测定结果偏高

B. Na_2CO_3 的测定结果偏低

C. 只影响 NaOH 的测定结果

D. 对 NaOH 和 Na_2CO_3 的测定结果无影响

5. 在双指示剂法中，酚酞作指示剂消耗盐酸的体积为 V_1，甲基橙作指示剂消耗的体积为 V_2，下列说法错误的是(　　)。

A. $V_1=V_2$，试样中只含有碳酸钠和氢氧化钠

B. $V_1>V_2$，试样中只含有碳酸钠

C. $V_2>V_1$，试样中只含有碳酸钠和碳酸氢钠

D. 三者均含有

三、判断题

1.(　　)在滴定分析中一般利用指示剂颜色的突变来判断化学计量点的到达，在指示剂变色时停止滴定，这一点称为化学计量点。

2.(　　)$H_2C_2O_4$ 的两步离解常数为 $K_{a1}=5.6\times10^{-2}$，$K_{a2}=5.1\times10^{-5}$，因此不能分步滴定。

3.(　　)1 L 溶液中含有 98.08 g H_2SO_4，则 $c\left(\frac{1}{2}H_2SO_4\right)=2$ mol/L。

4.(　　)双指示剂法测定混合碱含量，已知试样消耗标准溶液盐酸的体积 $V_1>V_2$，则混合碱的组成为 NaOH 和 Na_2CO_3。

5.(　　)用 NaOH 标准溶液分别滴定体积相同的 H_2SO_4 和 HCOOH 溶液，若消耗 NaOH 体积相同，则有 $c(H_2SO_4)=c(HCOOH)$。

四、计算题

1. 称取无水碳酸钠基准物 0.150 0 g，标定 HCl 溶液时消耗 HCl 溶液的体积为 25.60 mL，计算该 HCl 溶液的浓度。

2. 称到混合碱试样(杂质均不与酸作用)1.200 g，溶于水，用 0.500 0 mol/L HCl 溶液滴至酚酞褪色，用去 30.00 mL，加入甲基橙，继续滴加 HCl 标准液至橙色，又用去 5.00 mL，求试样中混合碱各组分的百分含量。

3. 称取混合碱试样(杂质均不与酸作用)2.500 g 溶于水并转至 250 mL 容量瓶中用水稀释至刻度，摇匀。从容量瓶中吸取 25.00 mL，用 0.100 0 mol/L HCl 标准溶液滴至酚酞褪色，用去 12.50 mL，加入甲基橙，继续用该 HCl 滴至终点，用去 24.50 mL，求试样中混合碱各组分的质量分数。

项目 4　工业烧碱中氢氧化钠和碳酸钠含量的测定习题答案

模块3 配位滴定法

配位滴定法是以配位反应为基础的滴定分析方法。它是用配位剂作为标准溶液直接或间接滴定被测物质。主要用于测定金属离子的含量，也可以利用间接法测定其他离子的含量。本模块主要讨论以 EDTA 为标准溶液的配位滴定法。

学习目标

知识目标

1. 使学生对配位滴定法有初步认识，了解 EDTA 的性质及其金属离子配合物的特点；
2. 理解配位滴定中副反应对主反应的影响、条件稳定常数与副反应系数之间的关系；
3. 了解金属指示剂的作用原理，能正确选择金属指示剂；
4. 掌握提高配位滴定选择性的方法，不同样品中钙、镁的测定方法原理；
5. 掌握水硬度的测定原理，了解水硬度测定在实际中的应用。

技能目标

1. 能正确配制 EDTA 标准溶液；
2. 能正确选择配位滴定方法测定自来水硬度；测定盐卤水中 SO_4^{2-}；测定硅酸盐物料中三氧化二铁、氧化铝、氧化钙和氧化镁；连续测定铋、铅混合液中铋、铅的含量等。

素质目标

1. 按照标准规范操作，不弄虚作假，具有良好的职业习惯；
2. 具备安全意识、环保意识及团队合作意识。

项目5　水样总硬度的测定

项目导入

水是人类宝贵的自然资源，其中水样总硬度是生活用水和工业用水水质监测的一个重要指标，与生活健康和生产安全息息相关。对于生活用水，《生活饮用水卫生标准》(GB 5749—2022)规定，水体总硬度不得超过 450 mg/L(以 $CaCO_3$ 计)，世界卫生组织推荐最佳饮用水硬度 170 mg/L，长时间饮用过高硬度的水会直接影响人们的生活，并间接地影响饮用者的健康。对于工业用水，水硬度是形成锅垢和影响产品质量的主要因素。因此，水样总硬度的测定，为确定用水质量和进行水的处理提供重要依据。

项目分析

本项目的主要任务是通过对配位滴定法的学习和探讨，掌握配位滴定法对自来水中总硬度及其他方面的应用。

具体要求如下：

(1)掌握 EDTA 标准溶液的配制方法；

(2)能进行碳酸钙和氧化锌标准溶液的配制；

(3)掌握 EDTA 标准溶液的标定方法及条件控制；

(4)能进行自来水总硬度的测定；

(5)掌握自来水钙镁硬度的测定。

项目导图

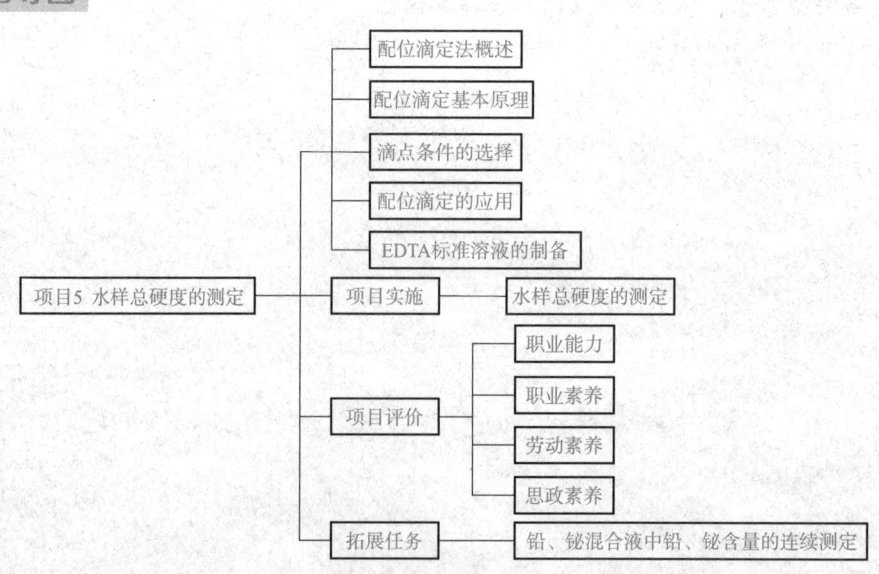

任务 5.1 配位滴定法概述

配位滴定法是以生成配位化合物的反应为基础的滴定分析方法。在化学反应中，配位反应是非常普遍的，但不是所有的配位反应都能用于滴定分析，能用于配位滴定的配位反应必须具备下列条件：

(1)生成的配合物要有足够的稳定性；

(2)生成的配合物要有确定组成，即中心离子与配位剂的比例(配位比)恒定；

(3)配位反应速率要足够快；

(4)有适当的方法检出终点。

5.1.1 氨羧配位剂

能与金属离子配位的配位剂很多，按类别可分为无机配位剂和有机配位剂。多数的无机配位剂只有一个配位原子，与金属离子配位时分级配位，常形成 ML_n 型的简单配合物。由于它们的稳定常数都不大，彼此相差也很小，因此，除个别反应(例如 Ag^+ 与 CN^-、Hg^{2+} 与 Cl^- 等反应)外，无机配位剂大多数不能用于配位滴定，在分析化学中一般多用作掩蔽剂、辅助配位剂和显色剂。有机配位剂可与金属离子形成很稳定而且组成固定的配合物，克服了无机配位剂的缺点，因而在分析化学中的应用得到迅速的发展。

目前广泛用作配位滴定剂的是含有$-N(CH_2COOH)_2$ 基团的有机化合物，称为氨羧配位剂。其分子中含有氨氮 $\ddot{N}$ 和羧氧 $-\overset{O}{\overset{\|}{C}}-\ddot{O}-$ 两种配位原子，前者易与 Cu^{2+}、Ni^{2+}、Zn^{2+}、Co^{2+}、Hg^{2+} 等金属离子配位，后者可与绝大多数高价金属离子配位。因此氨羧配位剂兼有两者配位的能力，能与绝大多数金属离子配位。它们与金属离子配位时形成低配位比的具有环状结构的螯合物。

目前研究过的氨羧配位剂有几十种。在配位滴定中最常用的氨羧配位剂主要有 EDTA(乙二胺四乙酸)、CyDTA(或 DCTA，环己烷二胺基四乙酸)、EDTP(乙二胺四丙酸)、TTHA(三乙基四胺六乙酸)。其中，EDTA 是目前应用最广泛的一种氨羧配位剂，用 EDTA 标准溶液可以滴定几十种金属离子。通常所谓配位滴定法，主要是指 EDTA 滴定法。

5.1.2 乙二胺四乙酸的性质

乙二胺四乙酸(简称 EDTA)是一种四元酸。习惯上用 H_4Y 表示，其结构式如下：

$$\begin{matrix} HOOCCH_2 \\ HOOCCH_2 \end{matrix}\!\!>\!N-CH_2-CH_2-N\!<\!\!\begin{matrix} CH_2COOH \\ CH_2COOH \end{matrix}$$

乙二胺四乙酸为白色无水结晶粉末，室温时溶解度较小(22 ℃时，每 100 mL 水中仅能溶解 0.02 g)，难溶于酸和有机溶剂，易溶于碱或氨水中形成相应的盐。由于乙二胺四乙酸溶解度小，因而不宜用作滴定剂。

EDTA 二钠盐($Na_2H_2Y \cdot 2H_2O$，也简称为 EDTA，相对分子质量为 372.26)为白色结晶粉末，室温下可吸附水分 0.3%，80 ℃时可烘干除去。在 100～140 ℃时将失去结晶水而成为无水的 EDTA 二钠盐(相对分子质量为 336.24)。EDTA 二钠盐易溶于水(22 ℃时，每 100 mL 水中能溶解 11.1 g，饱和溶液浓度约 0.3 mol/L，pH≈4.4)，因此通常使用 EDTA 二钠盐作滴定剂。

乙二胺四乙酸在水溶液中，具有双偶极离子结构：

$$\begin{matrix} HOOCH_2C \\ ^{-}OOCH_2C \end{matrix} \!\!>\!\! \overset{H}{\underset{+}{N}}-CH_2-CH_2-\overset{H}{\underset{+}{N}} \!\!<\!\! \begin{matrix} CH_2COO^- \\ CH_2COOH \end{matrix}$$

因此，当 EDTA 溶解于酸度很高的溶液中时，它的两个羧酸根可再接受两个 H^+ 形成 H_6Y^{2+}，这样，它就相当于一个六元酸，有六级离解常数(表 5-1)，即

$$H_6Y^{2+} \rightleftharpoons H_5Y^+ \rightleftharpoons H_4Y \rightleftharpoons H_3Y^- \rightleftharpoons H_2Y^{2-} \rightleftharpoons HY^{3-} \rightleftharpoons Y^{4-}$$

表 5-1　EDTA 的离解常数

K_{a1}	K_{a2}	K_{a3}	K_{a4}	K_{a5}	K_{a6}
$10^{-0.9}$	$10^{-1.6}$	$10^{-2.0}$	$10^{-2.67}$	$10^{-6.16}$	$10^{-10.26}$

EDTA 在水溶液中总是以 H_6Y^{2+}、H_5Y^+、H_4Y、H_3Y^-、H_2Y^{2-}、HY^{3-} 和 Y^{4-} 七种型体存在。它们的分布系数 δ 与溶液 pH 值的关系如图 5-1 所示。

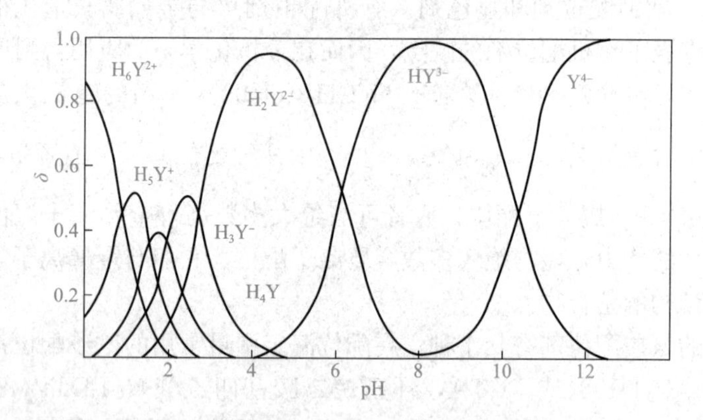

图 5-1　EDTA 溶液中各种存在形式的分布

在不同的 pH 值时，EDTA 的主要存在型体列于表 5-2 中。

表 5-2　在不同 pH 值时，EDTA 的主要存在型体

pH 值	<1	1～1.6	1.6～2	2～2.7	2.7～6.2	6.2～10.3	>10.3
主要存在型体	H_6Y^{2+}	H_5Y^+	H_4Y	H_3Y^-	H_2Y^{2-}	HY^{3-}	Y^{4-}

值得注意的是，在七种型体中只有 Y^{4-}(为了方便，以下均用符号 Y 来表示 Y^{4-})能与金属离子直接配位。Y 分布系数越大，即 EDTA 的配位能力越强。

5.1.3 乙二胺四乙酸的配合物

EDTA 分子具有两个氨氮原子和四个羧氧原子，都有孤对电子，即有六个配位原子。因此，绝大多数的金属离子均能与 EDTA 形成多个五元环，例如 EDTA 与 Ca^{2+} 形成的配合物结构如图 5-2 所示。

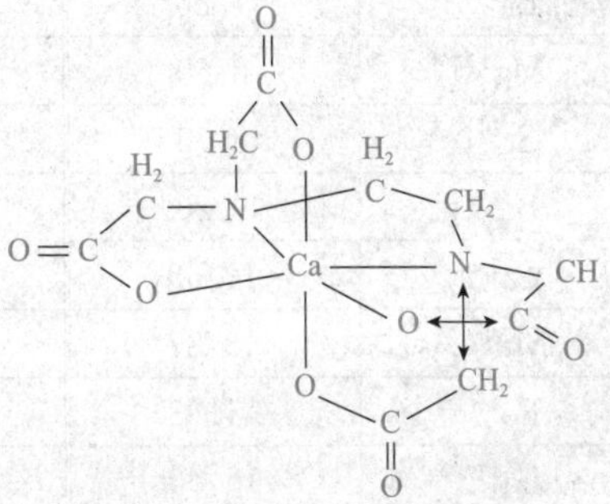

从图 5-2 中可以看出，EDTA 与金属离子形成五个五元环，具有这类环状结构的配合物称为螯合物，结构非常稳定。

由于多数金属离子的配位数不超过 6，所以 EDTA 与大多数金属离子可形成 1∶1 型的配合物，只有极少数金属离子，如锆(Ⅳ)和钼(Ⅵ)等。

图 5-2　EDTA 与 Ca^{2+} 形成的螯合物

EDTA 与绝大多数金属离子形成的螯合物具有下列特点：

(1)EDTA 具有广泛的配位性能，能与绝大多数金属离子形成配合物。

(2)EDTA 配合物的配位比简单，多数情况下形成 1∶1 配合物。个别离子如 Mo(Ⅴ)与 EDTA 配合物 $[(MoO_2)_2Y^{2-}]$的配位比为 2∶1。

(3)EDTA 配合物的稳定性高，能与金属离子形成具有多个五元环结构的螯合物。

(4)EDTA 配合物易溶于水，使配位反应较迅速。

(5)大多数金属的 EDTA 配合物无色，这有利于指示剂确定终点。但 EDTA 与有色金属离子配位生成的螯合物颜色则加深。例如：

CuY^{2-}	NiY^{2-}	CoY^{2-}	MnY^{2-}	CrY^{-}	FeY^{-}
深蓝	蓝色	紫红	紫红	深紫	黄

因此滴定这些离子时，要控制其浓度不要过大，否则，使用指示剂确定终点将发生困难。

5.1.4 配位解离平衡及影响因素

1. 配合物的稳定常数

若金属离子与配位剂为 1∶1 型，反应 $M+Y \rightleftharpoons MY$(书写方便，省去电荷)，平衡时配合物的稳定常数为

$$K_{MY}=\frac{[MY]}{[M][Y]} \tag{5-1}$$

常见金属离子与 EDTA 所形成的配合物的稳定常数列于表 5-3 中。

表 5-3　EDTA 与一些常见金属离子配位化合物的稳定常数

阳离子	$\lg K_{MY}$	阳离子	$\lg K_{MY}$	阳离子	$\lg K_{MY}$
Na^{+}	1.66	Ce^{4+}	15.98	Cu^{2+}	18.80
Li^{+}	2.79	Al^{3+}	16.3	Ga^{2+}	20.3
Ag^{+}	7.32	Co^{2+}	16.31	Ti^{3+}	21.3

续表

阳离子	$\lg K_{MY}$	阳离子	$\lg K_{MY}$	阳离子	$\lg K_{MY}$
Ba^{2+}	7.86	Pt^{2+}	16.31	Hg^{2+}	21.8
Mg^{2+}	8.69	Cd^{2+}	16.49	Sn^{2+}	22.1
Sr^{2+}	8.73	Zn^{2+}	16.50	Th^{4+}	23.2
Be^{2+}	9.20	Pb^{2+}	18.04	Cr^{3+}	23.4
Ca^{2+}	10.69	Y^{3+}	18.09	Fe^{3+}	25.1
Mn^{2+}	13.87	VO^{+}	18.1	U^{4+}	25.8
Fe^{2+}	14.33	Ni^{2+}	18.60	Bi^{3+}	27.94
La^{3+}	15.50	VO^{2+}	18.8	Co^{3+}	36.0

K_{MY}越大，表示所形成的配合物越稳定。如配位剂为 L，形成的是 ML_n 型配合物，则逐级形成 ML_n，逐级反应的平衡常数为

$$\begin{aligned} & M+L \rightleftharpoons ML && K_1=\frac{[ML]}{[M][L]} \\ & ML+L \rightleftharpoons ML_2 && K_2=\frac{[ML_2]}{[ML][L]} \\ & \quad\vdots && \quad\vdots \\ & ML_{n-1}+L \rightleftharpoons ML_n && K_n=\frac{[ML_n]}{[ML_{n-1}][L]} \end{aligned} \tag{5-2}$$

2. 影响配位反应平衡的主要因素

在配位滴定分析中，金属离子 M 和配位剂 EDTA(Y)生成配合物 MY(均省略电荷)的反应称为主反应。溶液中存在的其他反应称为副反应，如下式：

主反应：　M + Y ⇌ MY

副反应：

副反应	产物	名称
$M \xrightarrow{OH^-}$	$M(OH)$ … $M(OH)_n$	羟基配位效应
$M \xrightarrow{L}$	ML … ML_n	配位效应
$Y \xrightarrow{H^+}$	HY … H_6Y	酸效应
$Y \xrightarrow{N}$	NY	共存离子效应
$MY \xrightarrow{H^+}$	MHY	混合配位效应
$MY \xrightarrow{OH^-}$	$M(OH)Y$	混合配位效应

式中，L 为辅助配位剂，N 为共存离子。

显然，反应物(M、Y)发生副反应不利于主反应的进行，而生成物(MY)的各种副反应则有利于主反应的进行，但所生成的这些混合配合物大多数不稳定，可以忽略不计。以下主要讨论对平衡影响较大的 EDTA 的酸效应和金属离子的配位效应。

(1)EDTA 的酸效应与酸效应系数。

式(5-1)中，K_{MY}是描述在没有任何副反应时配位反应进行的程度。由于 Y 与 H 发生副反应时，使 Y 参加主反应的能力降低，这种现象称为酸效应，酸效应的大小用酸效应系数 $\alpha_{Y(H)}$ 来衡量。$\alpha_{Y(H)}$ 是指在一定酸度下，未与 M 配位的 Y 的总浓度[Y′]与游离 EDTA 酸根离子浓度[Y]的比值。即

$$\alpha_{Y(H)}=\frac{[Y']}{[Y]}=\frac{[Y]+[HY]+[H_2Y]+\cdots+[H_6Y]}{[Y]} \tag{5-3}$$

不同酸度下的 $\alpha_{Y(H)}$ 值，可按下式计算：

$$\alpha_{Y(H)}=1+\frac{[H]}{K_6}+\frac{[H]^2}{K_6K_5}+\frac{[H]^3}{K_6K_5K_4}+\cdots+\frac{[H]^6}{K_6K_5\cdots K_1} \tag{5-4}$$

$$=1+\beta_1[H^+]+\beta_2[H^+]^2+\beta_3[H^+]^3+\beta_4[H^+]^4+\beta_5[H^+]^5+\beta_6[H^+]^6 \tag{5-5}$$

式中 K_6、K_5、…、K_1 为 H_6Y^{2+} 的各级离解常数，β_1、β_2、…、β_6 为 HY、HY_2、…、HY_6 各级累积稳定常数。

由式(5-4)可知 $\alpha_{Y(H)}$ 随 pH 值的增大而减少。$\alpha_{Y(H)}$ 越小，则[Y]越大，即 EDTA 有效浓度[Y]越大，配位能力越强。

【例 5-1】 计算 pH＝2.00 和 pH＝12.00 时，EDTA 的酸效应系数 $\alpha_{Y(H)}$ 及对数值。

解： 由式(5-4)得，当溶液的 pH 值为 2.00 时

$$\alpha_{Y(H)}=1+\frac{10^{-2}}{10^{-10.26}}+\frac{10^{-4}}{10^{-10.26-6.16}}+\frac{10^{-6}}{10^{-10.26-6.16-2.67}}+\frac{10^{-8}}{10^{-10.26-6.16-2.67-2.0}}$$

$$+\frac{10^{-10}}{10^{-10.26-6.16-2.67-2.0-1.6}}+\frac{10^{-12}}{10^{-10.26-6.16-2.67-2.0-1.6-0.9}}$$

$$=1+10^{8.26}+10^{12.42}+10^{13.09}+10^{13.09}+10^{12.69}+10^{11.59}$$

$$=3.25\times10^{13}$$

$$\lg\alpha_{Y(H)}=13.51$$

当溶液中的 pH 值为 12.00 时，同样的方法可以算出：

$$\alpha_{Y(H)}=1.02$$

$$\lg\alpha_{Y(H)}=0.01$$

计算表明，在 pH＝2.00 时，溶液中以简单离子存在的 EDTA 的浓度[Y]在其总浓度 c_Y 中只占极微小的一部分，$\frac{[Y]}{[Y']}=\frac{1}{\alpha_{Y(H)}}=3.08\times10^{-14}$。但当 pH＝12.00 时，$\frac{[Y]}{[Y']}=$ 98%，说明在该酸度下，EDTA 绝大多数以 Y^{4-} 的形式存在。

在 EDTA 滴定中，$\alpha_{Y(H)}$ 是最常用的副反应系数。为了应用方便，通常用其对数值 $\lg\alpha_{Y(H)}$ 表示。表 5-4 列出不同 pH 溶液中 EDTA 酸效应系数 $\lg\alpha_{Y(H)}$ 值。

表 5-4 不同 pH 值时的 $\lg\alpha_{Y(H)}$ 表

pH 值	$\lg\alpha_{Y(H)}$	pH 值	$\lg\alpha_{Y(H)}$	pH 值	$\lg\alpha_{Y(H)}$
0.0	23.64	3.4	9.70	6.8	3.55
0.4	21.32	3.8	8.85	7.0	3.32
0.8	19.08	4.0	8.44	7.5	2.78
1.0	18.01	4.4	7.64	8.0	2.27
1.4	16.02	4.8	6.84	8.5	1.77
1.8	14.27	5.0	6.45	9.0	1.28
2.0	13.51	5.4	5.69	9.5	0.83
2.4	12.19	5.8	4.98	10.0	0.45
2.8	11.09	6.0	4.65	11.0	0.07
3.0	10.60	6.4	4.06	12.0	0.01

(2)配位效应与配位效应系数。在 EDTA 滴定中，由于其他配位剂的存在使金属离子参加主反应的能力降低的现象称为配位效应。这种由于配位剂 L 引起副反应的副反应系数称为配位效应系数，用 $\alpha_{M(L)}$ 表示。$\alpha_{M(L)}$ 定义为没有参加主反应的金属离子总浓度[M′]与游离金属离子浓度[M]的比值。

$$\alpha_{M(L)}=\frac{[M']}{[M]}=\frac{[M]+[ML]+[ML_2]+\cdots+[ML_n]}{[M]} \tag{5-6}$$

由式(5-2)和式(5-6)导出

$$\alpha_{M(L)}=1+\beta_1[L]+\beta_2[L]^2+\cdots+\beta_n[L]^n \tag{5-7}$$

可以看出，游离配位体 L 浓度越大，或其配合物稳定常数越大，则配位效应系数越大，不利于主反应的进行。

3. 条件稳定常数

在没有任何副反应存在时，EDTA 与金属离子形成配合物的稳定常数用 K_{MY} 表示，K_{MY} 越大，表示配位反应进行得越完全，生成的配合物 MY 越稳定。由于 K_{MY} 是在一定温度和离子强度的理想条件下的平衡常数，不受溶液其他条件的影响，故也称为 EDTA 配合物的绝对稳定常数。当 M 和 Y 的配合反应在一定酸度条件下进行，并有 EDTA 以外的其他配位体存在时，将会引起副反应，从而影响主反应的进行。由此推导的稳定常数应区别于绝对稳定常数，而称为条件稳定常数，用 K'_{MY} 表示

即

$$K'_{MY}=K_{MY}\frac{\alpha_{MY}}{\alpha_M\times\alpha_Y} \tag{5-8}$$

配位滴定法中，一般情况下，对主反应影响较大的副反应是 EDTA 的酸效应和金属离子的配位效应，则式(5-8)变为

$$K'_{MY}=\frac{K_{MY}}{\alpha_{Y(H)}\times\alpha_{M(L)}} \tag{5-9}$$

即

$$\lg K'_{MY}=\lg K_{MY}-\lg\alpha_{Y(H)}-\lg\alpha_{M(L)} \tag{5-10}$$

如果只考虑酸效应，则

$$\lg K'_{MY}=\lg K_{MY}-\lg\alpha_{Y(H)} \tag{5-11}$$

【例 5-2】 计算 pH=2.00、pH=5.00 时的 $\lg K'_{ZnY}$。

解：查表 5-3 得 $\lg K_{ZnY}=16.5$；查表 5-4 得 pH=2.00 时，$\lg\alpha_{Y(H)}=13.51$。

按题意，溶液中只存在酸效应，根据式(5-11)：

$$\lg K'_{ZnY}=\lg K_{ZnY}-\lg\alpha_{Y(H)}$$

因此 $\lg K'_{ZnY}=16.5-13.51=2.99$

同样，查表 5-4 得 pH=5.00 时，$\lg\alpha_{Y(H)}=6.45$，

因此 $\lg K'_{ZnY}=16.5-6.45=10.05$

答：pH=2.00 时，$\lg K'_{ZnY}$ 为 2.99；pH=5.00 时，$\lg K'_{ZnY}$ 为 10.05。

由上例可看出，尽管 $\lg K_{ZnY}=16.5$，但 pH=2.00 时，$\lg K'_{ZnY}$ 仅为 2.99，此时 ZnY^{2-} 极不稳定，在此条件下 Zn^{2+} 不能被准确滴定；而在 pH=5.00 时，$\lg K'_{ZnY}$ 则为 10.05，ZnY^{2-} 已稳定，配位滴定可以进行。可见配位滴定中控制溶液酸度是十分重要的。

思考题

1. 发生副反应一定不利于主反应的进行？请讨论分析。

2. 如果 $\lg K'_{ZnY}$ 大于 8 可以准确滴定，那么当 pH 值为 2.0、3.0、4.0、5.0、12.0 时，Zn^{2+} 能否被 EDTA 准确滴定？

3. 为什么通常使用乙二胺四乙酸二钠盐配制 EDTA 标准溶液，而不用乙二胺四乙酸？

任务 5.2 配位滴定基本原理

5.2.1 配位滴定曲线

在酸碱滴定中，随着滴定剂的加入，溶液中 H^+ 的浓度也在变化，当到达化学计量点时，溶液 pH 值发生突变。配位滴定的情况与酸碱滴定相似。在一定 pH 值条件下，随着配位滴定剂的加入，金属离子不断与配位剂反应生成配合物，其浓度不断减少。当滴定到达化学计量点时，金属离子浓度(pM)发生突变，形成滴定突跃。若将滴定过程各点 pM 与对应配位剂的加入体积绘成曲线，即可得到配位滴定曲线。配位滴定曲线反映了滴定过程中配位滴定剂的加入量与待测金属离子浓度之间的变化关系。

1. 影响滴定突跃的因素

配位滴定中滴定突跃越大，就越容易准确地指示终点。配合物的条件稳定常数和被滴定金属离子的浓度是影响突跃范围的主要因素。

(1)配合物的条件稳定常数对滴定突跃的影响。

图 5-3 所示是 EDTA 滴定 Ca^{2+} 的滴定曲线。配合物条件稳定常数的大小直接影响滴定突跃的大小，K'_{MY}越大，滴定突跃也越大，K'_{MY}增大 10 倍，滴定突跃增加一个单位。而 K'_{MY}值的大小取决于 K_{MY}、$\alpha_{M(L)}$ 和 $\alpha_{Y(H)}$。酸度高时，$\lg\alpha_{Y(H)}$ 大，$\lg K'_{MY}$变小。因此滴定突跃就减小(图 5-4)。

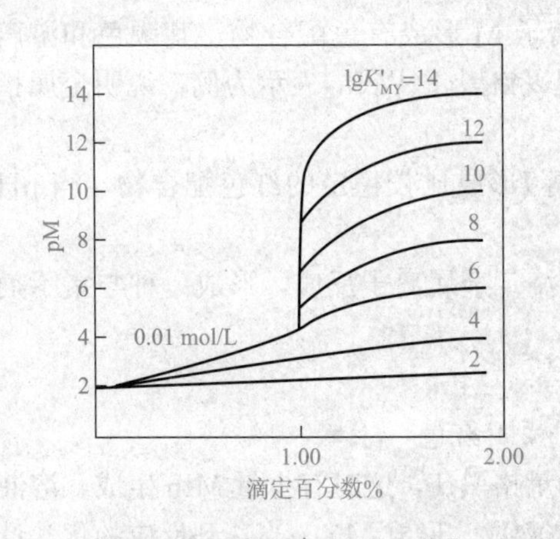

图 5-3 不同 $\lg K'_{MY}$ 的滴定曲线

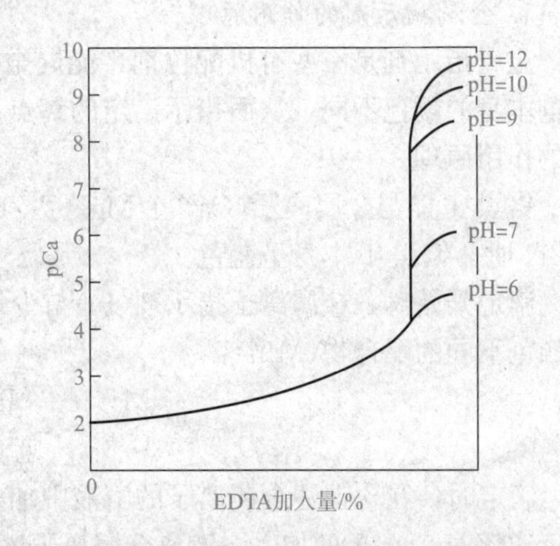

图 5-4 不同 pH 值时的滴定曲线

从图 5-4 中可以看出，用 EDTA 滴定 Ca^{2+}，在化学计量点后一段的位置，pCa 数值随 pH 值不同而不同。如果滴定的金属离子是易与其他配位体配合或水解的离子，则滴定曲线同时受酸效应和配位效应的影响。

(2)浓度对滴定突跃的影响。图 5-5 所示是用 EDTA 滴定不同浓度 M 时的滴定曲线。由图 5-5 可以看出金属离子 c_M 越大，滴定曲线起点越低，因此滴定突跃越大；反之相反。

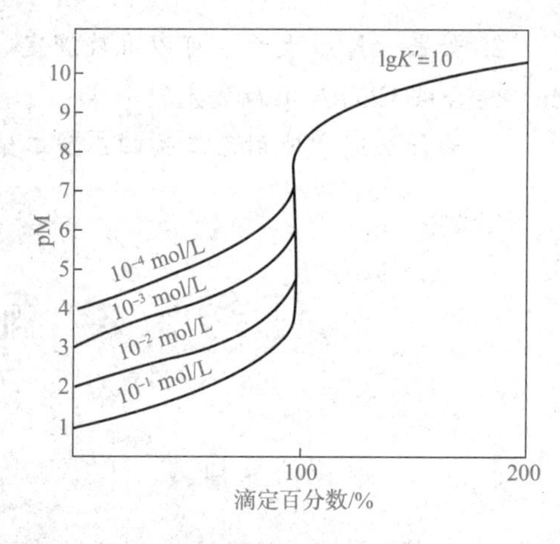

图 5-5　滴定不同金属离子浓度时的滴定曲线

2. 单一离子准确测定的条件

滴定突跃范围的大小是判断能否准确滴定的重要依据之一，由上面的推导可知突跃范围的大小取决于金属离子的初始浓度和条件稳定常数，只有当金属离子的初始浓度和条件稳定常数足够大时，才会有明显的突跃，才能准确滴定。

在配位滴定中，通常采用金属指示剂指示滴定终点。在人眼判断颜色的情况下，终点的判断与化学计量点之间会有±0.2pM 单位的差距，要满足滴定分析的误差要求，在终点时配合物 MY 的离解部分必须不大于 0.1%。若被滴定的金属离子的初始浓度是 0.010 mol/L(配位滴定常用的浓度)，则配合物的条件稳定常数 K'_{MY}应不小于 10^8，即

$$\lg K'_{MY} \geqslant 8 \tag{5-12}$$

考虑到金属离子的初始浓度(c_M)对滴定突跃的影响，上式可表示为

$$\lg(c_M K'_{MY}) \geqslant 6 \tag{5-13}$$

式(5-13)即配位滴定中准确测定单一金属离子的条件。

5.2.2　金属指示剂

酸碱指示剂以指示溶液中 H^+ 浓度的变化确定终点，而金属指示剂以指示溶液中金属离子浓度的变化确定终点。

1. 金属指示剂的作用原理

金属指示剂是一些有机配位剂，能同金属离子 M 形成有色配合物，其颜色和游离指示剂本身的颜色不同，从而指示滴定的终点。现以铬黑 T(以 In)表示为例，说明金属指示剂的作用原理。

铬黑 T 能与金属离子(Ca^{2+}、Mg^{2+}、Zn^{2+} 等)形成比较稳定的红色配合物，当 pH＝8～11 时，铬黑 T 本身呈蓝色。

滴定开始时，金属离子指示剂(In)与少量被滴定金属离子反应，形成一种与指示剂本身颜色不同的配合物(MIn)：

$$\underset{\text{}}{M} + \underset{\text{蓝色}}{In} \rightleftharpoons \underset{\text{红色}}{MIn}$$

滴定时，在含上述金属离子的溶液中加入少量铬黑 T，这时有少量 MIn 生成，溶液呈红色，随着 EDTA 的加入，游离金属离子逐渐被配位，形成 MY。当达到反应的化学计量点时，EDTA 从 MIn 中夺取金属离子 M，使指示剂 In 游离出来，溶液由红色变为蓝色，指示终点到达：

$$\underset{\text{红色}}{MIn} + Y \rightleftharpoons MY + \underset{\text{蓝色}}{In}$$

许多金属指示剂不仅具有配位体的性质，而且在不同的 pH 值范围内，指示剂本身呈现不同颜色。在某些 pH 值范围内，指示剂本身颜色与金属离子和指示剂配合物颜色没有明显差别，此时，在使用金属指示剂时，必须注意选择合适的 pH 值范围。

2. 金属指示剂必须具备的条件

作为金属指示剂，必须具备以下条件：

(1)显色配合物(MIn)与指示剂(In)的颜色应显著不同，这样才能借助颜色的明显变化来判断终点的到达。

(2)金属指示剂与金属离子形成的配合物 MIn 要有适当的稳定性。如果 MIn 稳定性过高(K_{MIn}太大)，则在化学计量点附近，Y 不易与 MIn 中的 M 结合，终点推迟，甚至不变色，得不到终点。通常要求 $K_{MY}/K_{MIn} \geqslant 10^2$。如果稳定性过低，则未到达化学计量点时，MIn 就会分解，变色不敏锐，影响滴定的准确度。一般要求 $K_{MIn} \geqslant 10^4$。

(3)显色反应灵敏、迅速，有良好的变色可逆性，这样才便于滴定。

(4)金属离子指示剂应比较稳定，便于贮藏和使用。

(5)指示剂与金属离子形成的配合物应易溶于水。

3. 使用金属指示剂时可能出现的问题

(1)指示剂的封闭现象。有时，某些指示剂能与某些金属离子生成极为稳定的配合物，这些配合物较 MY 配合物更稳定，到达计量点时滴入过量 EDTA，也不能夺取指示剂配合物(MIn)中的金属离子，指示剂不能释放出来，看不到颜色的变化，这种现象叫指示剂的封闭现象。例如，用铬黑 T 值指示剂，在 pH=10 的条件下，用 EDTA 滴定 Ca^{2+}、Mg、时，Fe^{3+}、Al^{3+}、Ni^{2+}、Co^{2+}对铬黑 T 有封闭作用，这时，可加入少量三乙醇胺(掩蔽 Fe^{3+}、Al^{3+})和 KCN(掩蔽 Ni^{2+}、Co^{2+})以消除干扰。

(2)指示剂的僵化现象。有些金属指示剂本身与金属离子形成的配合物的溶解度很小，使 EDTA 与指示剂金属离子配合物 MIn 的置换缓慢，终点的颜色变化不明显；还有些金属指示剂与金属离子所形成的配合物的稳定性只稍差于对应 EDTA 配合物，因而使 EDTA 与 MIn之间的反应缓慢，使终点拖长，这种现象叫作指示剂的僵化。这时，可加入适当的有机溶剂或加热，以增大其溶解度。例如，用 PAN(吡啶偶氮萘酚)作指示剂时，可加入少量甲醇或乙醇，也可以将溶液适当加热，以加快置换速度，使指示剂的变色较明显。

(3)指示剂的氧化变质现象。金属指示剂大多数是具有许多双键的有色化合物，易被日光氧化，被空气分解。有些指示剂在水溶液中不稳定，日久会变质。如铬黑 T、钙指示剂的水溶液均易氧化变质，因此常配成固体混合物或在配制时加入盐酸羟胺等还原剂。

4. 常用的金属指示剂

(1)铬黑 T(EBT)。铬黑 T 在溶液中有如下平衡：

$$\underset{\text{红}}{H_2In^-} \overset{pK_{a2}=6.3}{\rightleftharpoons} \underset{\text{蓝}}{HIn^{2-}} \overset{pK_{a3}=11.6}{\rightleftharpoons} \underset{\text{橙}}{In^{3-}}$$

因此在 pH<6.3 时，EBT 在水溶液中呈紫红色；在 pH>11.6 时，EBT 呈橙色，而 EBT 与二价离子形成的配合物颜色为红色或紫红色，因此只有在 pH 值为 7～11 范围内使用，指示剂才有明显的颜色，实验表明最适宜的酸度是 pH 值为 9～10.5。

铬黑 T 固体相当稳定，但其水溶液仅能保存几天，这是聚合反应的缘故。聚合后的铬黑 T 不能再与金属离子显色。pH<6.5 的溶液中聚合更为严重，加入三乙醇胺可以防止聚合。

铬黑 T 是在弱碱性溶液中滴定 Mg^{2+}、Zn^{2+}、Pb^{2+} 等离子的常用指示剂。

(2)二甲酚橙(XO)。二甲酚橙为多元酸。pH 为 0～6.0，二甲酚橙呈黄色，它与金属离子形成的配合物为红色，是酸性溶液中许多离子配位滴定所使用的极好指示剂，常用于锆、铪、钍、钪、铟、钇、铋、铅、锌、镉、汞的直接滴定法中。

铝、镍、钴、铜、镓等离子会封闭二甲酚橙，可采用返滴定法。即在 pH 值为 5.0～5.5(六次甲基四胺缓冲溶液)时，加入过量 EDTA 标准溶液，再用锌或铅标准溶液返滴定。Fe^{3+} 在 pH 值为 2～3 时，以硝酸铋返滴定法测定。

(3)其他指示剂。除前面所介绍的指示剂外，还有磺基水杨酸、钙指示剂(NN)等常用指示剂。磺基水杨酸(无色)在 pH=2 时，与 Fe^{3+} 形成紫红色配合物，因此可用作滴定 Fe^{3+} 的指示剂。钙指示剂(蓝色)在 pH=12.5 时，与 Ca^{2+} 形成紫红色配合物，因此可用作滴定钙的指示剂。

常用金属指示剂的使用 pH 值条件、可直接滴定的金属离子和颜色变化及配制方法列于表 5-5 中。

表 5-5 常用的金属指示剂

指示剂	离解常数	滴定元素	颜色变化	配制方法	对指示剂封闭离子
酸性铬蓝	$pK_{a1}=6.7$ $pK_{a2}=10.2$ $pK_{a3}=14.6$	Mg(pH=10) Ca(pH=12)	红→蓝	0.1%乙醇溶液	
钙指示剂	$pK_{a2}=3.8$ $pK_{a3}=9.4$ $pK_{a4}=13\sim14$	Ca(pH=12～13)	酒红→蓝	与 NaCl 按 1∶100 的质量比混合	Co^{2+}、Ni^{2+}、Cu^{2+}、Fe^{3+}、Al^{3+}、Ti^{4+}
铬黑 T	$pK_{a1}=3.9$ $pK_{a2}=6.4$ $pK=11.5$	Ca(pH=10，加入 EDTA-Mg) Mg(pH=10) Pb(pH=10，加入酒石酸钾) Zn(pH=6.8～10)	红→蓝 红→蓝 红→蓝 红→蓝	与 NaCl 按 1∶100 的质量比混合	Co^{2+}、Ni^{2+}、Cu^{2+}、Fe^{3+} Al^{3+}、Ti(Ⅳ)
紫脲酸胺	$pK_{a1}=1.6$ $pK_{a2}=8.7$ $pK_{a3}=10.3$ $pK_{a4}=13.5$ $pK_{a5}=14$	Ca(pH>10，φ=25%乙醇) Cu(pH7～8) Ni(pH8.5～11.5)	红→紫 黄→紫 黄→紫红	与 NaCl 按 1∶100 的质量比混合	

续表

指示剂	离解常数	滴定元素	颜色变化	配制方法	对指示剂封闭离子
o-PAN	$pK_{a1}=2.9$ $pK_{a2}=11.2$	Cu(pH=6) Zn(pH=5～7)	红→黄 粉红→黄	1 g/L 乙醇溶液	
磺基水杨酸	$pK_{a1}=2.6$ $pK_{a2}=11.7$	Fe(Ⅲ) (pH1.5～3)	红紫→黄	10～20 g/L 水溶液	

思考题

1. EDTA 滴定金属离子时，若仅浓度均增大 10 倍，pM 突跃改变几个单位？
2. 水样总硬度测定用铬黑 T 指示剂时，为什么要控制 pH=10？
3. 铬黑 T 指示剂是怎样指示滴定终点的？

任务 5.3　滴定条件的选择

由于 EDTA 配位剂具有相当强的配位能力，能与多种金属离子形成配合物，因而得到广泛应用。但是，实际分析对象经常是多种元素同时存在，往往互相干扰。因此，如何提高配位滴定的选择性，便成为配位滴定中要解决的重要问题。

5.3.1　酸度的选择

在配位滴定中，被滴定的金属离子的 K'_{MY} 主要取决于溶液的酸度(因为酸效应的存在)。当酸度较低时，$\alpha_{Y(H)}$ 较小，K'_{MY} 较大，有利于滴定；当酸度过低时，金属离子易发生水解，生成氢氧化物沉淀，使 K'_{MY} 较小，同样不利于滴定，因此酸度是配位滴定的重要条件。

1. 金属离子测定的最高酸度(最低 pH 值)

在滴定反应中假设除 EDTA 酸效应外，没有其他副反应，则根据单一离子准确滴定的判别式，在被测金属离子的浓度为 0.01 mol/L 时，$\lg K'_{MY} \geqslant 8$。

因此
$$\lg K'_{MY}=\lg K_{MY}-\lg\alpha_{Y(H)}\geqslant 8$$

即
$$\lg\alpha_{Y(H)}\leqslant \lg K_{MY}-8 \tag{5-14}$$

将各种金属离子的 $\lg K_{MY}$ 代入式(5-14)中，即可求出对应的最大 $\lg\alpha_{Y(H)}$ 值，再从表 5-4 中查得与它对应的最小 pH 值。

【例 5-3】 求用 0.010 mol/L EDTA 溶液滴定 0.010 mol/L Zn^{2+} 时溶液的最低 pH 值。

解： 根据式(5-14)：$\lg\alpha_{Y(H)}\leqslant \lg K_{MY}-8$，由表 5-3 可知，$\lg K_{ZnY}=16.50$

$\lg\alpha_{Y(H)} \leqslant \lg K_{MY} - 8 = 8.5$，由表 5-4 可查得 pH≥4.0。

即对于浓度为 0.01 mol/L 的 Zn^{2+} 溶液而言，pH≥ 4.0 可进行滴定，pH=4 为滴定的最小酸度。

用上述方法，可以算出用 EDTA 溶液滴定各种金属离子时的最低 pH 值，图 5-6 为 0.01 mol/L 金属离子在允许终点误差为±0.1%时，金属离子的 $\lg K_{MY}$ 值与最小 pH(或对应的 $\lg\alpha_{Y(H)}$ 与最小 pH 值)绘成曲线，称为酸效应曲线。

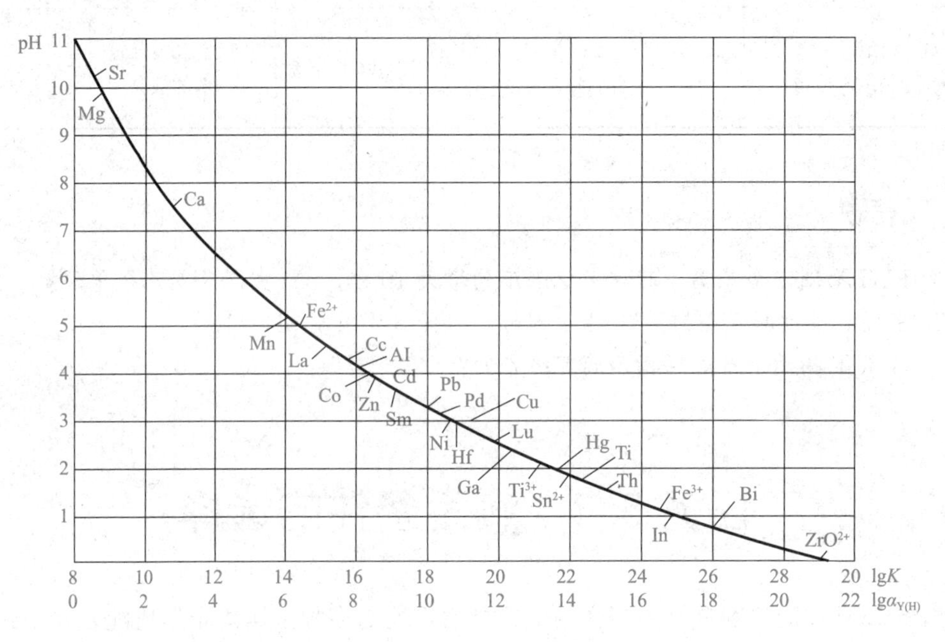

图 5-6 EDTA 酸效应曲线

2. 最低酸度(最高 pH 值)

为了能准确滴定被测金属离子，滴定时酸度一般都大于所允许的最小 pH 值，但溶液的酸度不能过低，因为酸度太低，金属离子将会发生水解形成 $M(OH)_n$ 沉淀。除影响反应速度使终点难以确定之外，还影响反应的计量关系，因此需要考虑滴定时金属离子不水解的最低酸度(最高 pH 值)。

在没有其他配位剂存在下，金属离子不水解的最低酸度可由 $M(OH)_n$ 的溶度积求得。

【例 5-4】 计算 0.020 mol/L EDTA 滴定 0.02 mol/L Cu^{2+} 的适宜酸度范围。

解： 能准确滴定 Cu^{2+} 的条件是 $\lg c_M K'_{MY} \geqslant 6$，考虑滴定至化学计量点时体积增加一倍，故 $c_{Cu^{2+}} = 0.010$ mol/L。

$$\lg K_{CuY} - \lg\alpha_{Y(H)} \geqslant 8$$

即
$$\lg\alpha_{Y(H)} \leqslant 18.80 - 8.0 = 10.80$$

查表 5-4，当 $\lg\alpha_{Y(H)} = 10.80$ 时，pH=2.9，此为滴定允许的最高酸度。

滴定 Cu^{2+} 时，允许最低酸度为 Cu^{2+} 不产生水解时的 pH 值。

因为
$$[Cu^{2+}][OH^-]^2 = K_{sp}[Cu(OH)_2] = 10^{-19.66}$$

所以
$$[OH^-] = \sqrt{\frac{10^{-19.66}}{0.02}} = 10^{-8.98}$$

即 $$pH=5.0$$

所以，用 0.020 mol/L EDTA 滴定 0.020 mol/L Cu^{2+} 的适宜酸度范围 pH 值为 2.9～5.0。

由于 MY 的形成常数不同，因此在滴定时允许的最小 pH 也不同。溶液中同时有两种或两种以上的离子时，若控制溶液的酸度，致使只有一种离子形成稳定配合物，而其他离子不易配合，这样就避免了干扰。

假设溶液中含有两种金属离子 M、N，它们均可与 EDTA 形成配合物，且 $K_{MY}>K_{NY}$。当用 EDTA 滴定时，若 $c_M=c_N$，M 首先被滴定。若 K_{MY} 与 K_{NY} 相差足够大，则 M 被定量滴定后，EDTA 才与 N 作用，这样，N 的存在并不干扰 M 的准确滴定。两种金属离子的 EDTA 配合物的条件稳定常数相差越大，准确滴定 M 离子的可能性就越大。对于有干扰离子存在的配位滴定，一般允许有不超过±0.5%的相对误差，而如前所述，肉眼判断终点颜色变化时，滴定突跃至少应有 0.2 个 pM 单位，根据理论推导，可得出要准确滴定 M，而 N 不干扰，就要满足：

$$\frac{c_M K_{MY}}{c_N K_{NY}}\geqslant 10^5 \tag{5-15}$$

即 $$\Delta\lg K+\lg(c_M/c_N)\geqslant 5 \tag{5-16}$$

一般以此式作为判断能否利用控制酸度进行分别滴定的条件。若 $\lg K+\lg(c_M/c_N)\leqslant 5$，则不能用控制酸度的方法分步滴定，而必须采用其他方法。

【例 5-5】 溶液中 Bi^{3+}、Pb^{2+} 浓度均为 0.020 mol/L，试问能否在 Pb^{2+} 存在下用 EDTA 滴定 Bi^{3+} 离子。

解： 查表 5-3 得 $\lg K_{BiY}=27.94$，$\lg K_{PbY}=18.04$，因为 $c_{Bi}=c_{Pb}$，根据式(5-16)，$\Delta\lg K=\lg K_{BiY}-\lg K_{PbY}=27.94-18.04=9.90>5$。

所以能在 Pb^{2+} 存在下滴定 Bi^{3+}。

5.3.2 掩蔽和解蔽

在配位滴定中，如利用控制酸度的办法尚不能消除干扰离子的影响时，常利用掩蔽剂来掩蔽干扰离子。常用的掩蔽法有配位掩蔽法、沉淀掩蔽法和氧化还原掩蔽法。

1. 配位掩蔽法

利用配位反应降低干扰离子的浓度以消除干扰的方法，称为配位掩蔽法。例如用 EDTA 测定水中的 Ca^{2+}、Mg^{2+} 时，Fe^{3+}、Al^{3+} 等离子的存在对测定有干扰，可加入三乙醇胺作为掩蔽剂。三乙醇胺能与 Fe^{3+}、Al^{3+} 等离子形成稳定的配合物，而且不与 Ca^{2+}、Mg^{2+} 作用，这样就可以消除 Fe^{3+} 和 Al^{3+} 的干扰。

根据分析要求，配位滴定所使用的掩蔽剂应具备以下两个条件：

(1)掩蔽剂与干扰离子形成的配合物应远比待测离子与 EDTA 形成的配合物稳定($\lg K'_{NY}\gg\lg K'_{MY}$)，而且所形成的配合物应为无色或浅色。

(2)掩蔽剂与待测离子不发生配位反应或形成的配合物稳定性要远小于待测离子与 EDTA 配合物的稳定性。

(3)掩蔽作用与滴定反应的 pH 条件大致相同。例如，我们已经知道在 pH=10 时测定 Ca^{2+}、Mg^{2+} 总量，少量 Fe^{3+}、Al^{3+} 的干扰可使用三乙醇胺来掩蔽，但若在 pH=1 时测定 Bi^{3+} 就不能再使用三乙醇胺掩蔽。因为 pH=1 时三乙醇胺不具有掩蔽作用。实际工作中常用的配位掩蔽剂见表 5-6。

表 5-6 部分常用的配位掩蔽剂

掩蔽剂	被掩蔽的金属离子	pH 值
三乙醇胺	Al^{3+}、Fe^{3+}、Sn^{4+}、TiO^{2+}	10
氟化物	Al^{3+}、Sn^{4+}、TiO^{2+}、Zr^{4+}	>4
乙酰丙酮	Al^{3+}、Fe^{2+}	5～6
邻二氮菲	Cu^{2+}、Co^{2+}、Ni^{2+}、Cd^{2+}、Hg^{2+}	5～6
氰化物	Cu^{2+}、Co^{2+}、Ni^{2+}、Cd^{2+}、Hg^{2+}、Fe^{2+}	10
2，3-二巯基丙醇	Hg^{2+}、Zn^{2+}、Cd^{2+}、Bi^{3+}、Pb^{2+}、Ag^{+}、As^{3+}、Sn^{4+}及少量 Cu^{2+}、Ni^{2+}、Co^{2+}、Fe^{3+}	10
硫脲	Cu^{2+}、Hg^{2+}、Ti^{+}	弱酸性
碘化物	Hg^{2+}	-

2. 沉淀掩蔽法

利用沉淀反应降低干扰离子浓度，以消除干扰离子的方法，称为沉淀掩蔽法。

例如，在 Ca^{2+}、Mg^{2+} 共存的溶液中，加入 NaOH 溶液，使 pH>12，则 Mg^{2+} 形成 $Mg(OH)_2$ 沉淀，不干扰 Ca^{2+} 的滴定。

沉淀掩蔽法在实际应用中有一定的局限性，它要求生成的沉淀致密，溶解度小，无色或浅色，且吸附作用小。否则，由于颜色深、体积大，吸附待测离子或吸附指示剂都将影响终点的观察和测定结果。

配位滴定中常用的沉淀掩蔽剂见表 5-7。

表 5-7 部分常用的沉淀掩蔽剂

掩蔽剂	被掩蔽离子	被测离子	pH 值	指示剂
氢氧化物	Mg^{2+}	Ca^{2+}	12	钙指示剂
KI	Cu^{2+}	Zn^{2+}	5～6	PAN
氟化物	Ba^{2+}、Sr^{2+}、Ca^{2+}、Mg^{2+}	Zn^{2+}、Cd^{2+}、Mn^{2+}	10	EBT
硫酸盐	Ba^{2+}、Sr^{2+}	Ca^{2+}、Mg^{2+}	10	EBT
铜试剂	Bi^{3+}、Cu^{2+}、Cd^{2+}	Ca^{2+}、Mg^{2+}	10	EBT

3. 氧化还原掩蔽法

利用氧化还原反应，来改变干扰离子的价态以消除其干扰的方法，称为氧化还原掩蔽法。

例如，$\lg K_{FeY^-}=25.1$，$\lg K_{FeY^{2-}}=14.33$。表明 Fe^{3+} 与 EDTA 形成的配合物比 Fe^{2+} 与 EDTA 形成的配合物要稳定得多。

在 pH=I 时，用 EDTA 滴定 Bi^{3+}、Zr^{4+}、Th^{4+} 等离子时，如有 Fe^{3+} 存在，就会干扰滴定。此时，如果用羟胺或抗坏血酸(维生素 C)等还原剂将 Fe^{3+} 还原为 Fe^{2+}，可以消除 Fe^{3+} 的干扰。

常用的还原剂有抗坏血酸、盐酸羟胺、联胺、硫脲、半胱氨酸等，其中有些还原剂同时又是配位剂。

4. 解蔽方法

在金属离子配合物的溶液中，加入一种试剂(解蔽剂)，将已被 EDTA 或掩蔽剂配合的金属离子释放出来的过程，称为解蔽。例如，用配位滴定法测定铜合金中 Zn^{2+} 和 Pb^{2+}。试液用 NH_3 水中和，加 KCN 掩蔽 Cu^{2+}、Zn^{2+}，此时 Pb^{2+} 不能被 KCN 掩蔽，故可在 pH=10 时，以铬黑 T 为指示剂，用 EDTA 标准溶液滴定 Pb^{2+}。然后，加入甲醛解蔽 Zn^{2+}，再用 EDTA 滴定 Zn^{2+}。

在实际分析中，用一种掩蔽的方法，常不能得到令人满意的结果，当有多种离子共存时，常应用几种掩蔽剂或沉淀剂，这样才能获得高度的选择性。

例如，测定土壤中 Ca^{2+}、Mg^{2+} 时，Fe^{3+}、Al^{3+}、Mn^{2+} 及 Cu^{2+} 等重金属离子严重干扰测定。在弱碱性条件下，Fe^{3+}、Al^{3+}、Mn^{2+} 等以氢氧化物沉淀析出，沉淀是棕红色，严重影响滴定终点的观察，故常用盐酸羟胺和三乙醇胺来消除 Fe^{3+}、Al^{3+}、Mn^{2+} 的干扰。

【例 5-6】 称取 0.500 0 g 铜锌镁合金，溶解后配成 100.0 mL 试液。移取 25.00 mL 试液调至 pH=6.0，用 PAN 作指示剂，用 0.050 00 mol/L EDTA 滴定 Cu^{2+} 和 Zn^{2+}，用去 EDTA 37.30 mL；另取 25.00 mL 试液调至 pH=10.0，加 KCN 掩蔽 Cu^{2+} 和 Zn^{2+} 后，用去等浓度的 EDTA 4.10 mL 滴定 Mg^{2+}。然后滴加甲醛解蔽 Zn^{2+}，又用上述 EDTA 13.40 mL 滴定至终点。计算试样中铜、锌、镁的质量分数。

解：已知滴定 Cu^{2+} 与 Zn^{2+}、滴定 Zn^{2+} 以及滴定 Mg^{2+} 时，所消耗 EDTA 溶液的体积分别为 37.30 mL、13.40 mL 和 4.10 mL。

试样的质量：
$$m=0.500\,0\times\frac{25}{100}$$

$$\mathrm{Mg}\%=\frac{4.10\times0.050\,00\times\frac{1}{1\,000}\times M_{\mathrm{Mg}}}{0.500\,0\times\frac{25}{100}}\times100\%$$

$$=\frac{4.10\times0.050\,00\times\frac{1}{1\,000}\times24.31}{0.500\,0\times\frac{25}{100}}\times100\%=3.99\%$$

$$\mathrm{Zn}\%=\frac{13.40\times0.050\,00\times\frac{1}{1\,000}\times M_{\mathrm{Zn}}}{0.500\,0\times\frac{25}{100}}\times100\%$$

$$=\frac{13.40\times0.050\,00\times\frac{1}{1\,000}\times65.39}{0.500\,0\times\frac{25}{100}}\times100\%=35.05\%$$

$$\mathrm{Cu}\%=\frac{(37.30-13.40)\times0.050\,00\times\frac{1}{1\,000}\times M_{\mathrm{Cu}}}{0.500\,0\times\frac{25}{100}}\times100\%$$

$$=\frac{(37.30-13.40)\times0.050\,00\times\frac{1}{1\,000}\times63.55}{0.500\,0\times\frac{25}{100}}\times100\%=60.75\%$$

故试样中铜、锌、镁的质量分数分别为 60.75%、35.05%、3.99%。

任务 5.4　配位滴定的应用

在配位滴定中，采用不同的滴定方式不但可以扩大配位滴定的应用范围，而且可以提高配位滴定的选择性。

5.4.1　配位滴定方式

常用的方式有以下四种。

1. 直接滴定法

直接滴定法是配位滴定中的基本方法，该方法是将试液调至适宜的酸度，加入其他必要的试剂和指示剂，直接用 EDTA 滴定。

直接滴定法可用于以下情况：

(1)pH=1 时，滴定 Zr^{4+}；

(2)pH=2～3 时，滴定 Fe^{3+}、Bi^{3+}、Th^{4+}、Ti^{4+}、Hg^{2+}；

(3)pH=5～6 时，滴定 Zn^{2+}、Pb^{2+}、Cd^{2+}、Cu^{2+} 及稀土；

(4)pH=10 时，滴定 Mg^{2+}、Co^{2+}、Ni^{2+}、Zn^{2+}、Cd^{2+}；

(5)pH=12 时，滴定 Ca^{2+}。

用直接滴定法时，必须满足下列条件：

(1)金属离子与 EDTA 的反应必须满足准确滴定的要求，即 $\lg(c_M K'_{MY})\geqslant 6$；

(2)配位反应的速度应该快；

(3)应有变色敏锐的指示剂，并且没有封闭现象；

(4)在滴定条件下，被测金属离子不水解，不生成沉淀；

直接滴定法的优点：迅速方便，适合测定大多数金属离子，引入的误差较小。

2. 返滴定法

返滴定法是在适当的酸度下，在试液中加入定量且过量的 EDTA 标准溶液，加热(或不加热)使待测离子与 EDTA 配位完全，然后调节溶液的 pH 值，加入指示剂，以适当的金属离子标准溶液作为返滴定剂，滴定过量的 EDTA。

返滴定法适用于下列情况：

(1)采用直接滴定法，无合适指示剂，有封闭现象。

(2)被测离子与 EDTA 的配位速度较慢。

(3)被测离子发生水解等副反应，影响滴定。

例如：Al^{3+} 的测定，测定步骤如下：

(1)在 Al^{3+} 试液中加入一定量的 EDTA 标准溶液。在 pH=3.5 时，煮沸溶液(在此条件下，酸度较大，Al^{3+} 不发生水解，EDTA 过量，因此 Al^{3+} 与 EDTA 反应完全)。

(2)配位完全后，调节 pH 值至 5～6(AlY 稳定，不会重新水解)，加入指示剂二甲酚橙，即可用 Zn^{2+} 标准溶液进行返滴定 EDTA。

3. 置换滴定法

置换滴定法分为两种类型：

(1)置换出 EDTA。将被测定的金属离子 M 与干扰离子全部用 EDTA 配位，加入选择性高的配合剂 L 以夺取 M，并释放出 EDTA：

$$MY + L \rightleftharpoons ML + Y$$

然后用金属盐类标准溶液滴定释放出来的 EDTA，从而即可求得 M 的含量。

例如，在 Cu^{2+}、Zn^{2+} 存在下测 Al^{3+}。样品中加过量的 EDTA 并加热，生成稳定的 CuY、ZnY 和 AlY 配合物；pH 值调至 5～6 时以二甲酚橙为指示剂，过量的 EDTA 用 Zn^{2+} 标准溶液滴定；加入 NH_4F，F^- 夺取 AlY 中的 Al^{3+}，生成 AlF_6^{3-}，而释放出 Al^{3+} 等物质的量的 EDTA，再用 Zn^{2+} 标准溶液滴定。

(2)置换出金属离子。被测定的离子 M 与 EDTA 反应不完全或所形成的配合物不稳定时可让 M 置换出另一种配合物 NL 中等物质的量的 N，用 EDTA 溶液滴定 N，从而可求得 M 的含量。

例如：Ag^+ 与 EDTA 配合物不稳定，不能直接滴定，如果将 Ag^+ 加入 $Ni(CN)_4^{2-}$ 溶液，则

$$2Ag^+ + Ni(CN)_4^{2-} \rightleftharpoons 2Ag(CN)_4^{2-} + Ni^{2+}$$

在适当条件滴定 Ni^{2+} 即可求得 Ag^+ 的含量。

4. 间接滴定法

有些金属离子和非金属离子不与 EDTA 配位或者配合物不稳定，可采用间接滴定法进行测定。

例如：K^+ 不与 EDTA 配位，可将其沉淀为 $K_2NaCo(NO_2)_6 \cdot 6H_2O$，沉淀过滤溶解后，用 EDTA 滴定其中的 Co^{2+}，以间接法测定 K^+ 含量。

例如：PO_4^{3-}，可将其沉淀为 $MgNH_4PO_4 \cdot 6H_2O$，沉淀过滤溶解于 HCl，加入过量 EDTA 标准液，调至氨性，用 Mg^{2+} 标准溶液返滴过量的 EDTA，通过 Mg^{2+} 即可间接求 PO_4^{3-}。

5.4.2 配位滴定法应用示例

1. 水硬度的测定

一般含有钙、镁盐类的水称为硬水，水硬度是指溶于水中的钙、镁等盐类的总量。通常分为碳酸盐硬度(钙、镁的碳酸氢盐和碳酸盐)和非碳酸盐硬度(钙、镁的硫酸盐、氯化物等)。也可分为暂时硬度和永久硬度。前者是指水经煮沸时，水中重碳酸盐分解形成碳酸盐而沉淀所去除的硬度，但由于钙、镁的碳酸盐并不完全沉淀，故暂时硬度往往小于碳酸盐硬度；后者是指水煮沸后不能除去的硬度。总硬度是指钙盐和镁盐的总量，钙、镁硬度是分指两者的含量。水的硬度是水质控制的一个重要指标。各国表示硬度的单位不同。我国通常以 $CaCO_3$ 的质量浓度 ρ 表示硬度，单位为 mg/L。也有用 $CaCO_3$ 的物质的量浓度来表示，单位为 mmol/L。国家规定饮用水硬度以 $CaCO_3$ 计，不能超过 450 mg/L。

测定水的硬度时，通常在两个等份试样中进行。一份测定 Ca^{2+}、Mg^{2+} 含量，另一份测定 Ca^{2+}，由两者之差即可求出 Mg^{2+} 的量。测定 Ca^{2+}、Mg^{2+} 总量时，在 pH=10 的氨性缓冲溶液中，以 EBT 为指示剂，用 EDTA 滴定至酒红色变为纯蓝色；测定 Ca^{2+} 时，调

节 pH＝12，使 Mg^{2+} 形成 $Mg(OH)_2$ 沉淀，用钙指示剂作指示剂，用 EDTA 滴定至红色变为纯蓝色。

2. 盐卤水中 SO_4^{2-} 的测定

盐卤水是电解制备烧碱的原料。卤水中 SO_4^{2-} 的测定原理是在微酸性溶液中，加入一定量的 $BaCl_2$-$MgCl_2$ 混合溶液，使 SO_4^{2-} 形成 $BaSO_4$ 沉淀。然后调节至 pH＝10，以 EBT 为指示剂，用 EDTA 滴定至酒红色变为纯蓝色，设滴定体积为 V，滴定的是 Mg^{2+} 和剩余的 Ba^{2+}。另取同样体积的 $BaCl_2$-$MgCl_2$ 混合溶液，用同样的步骤做空白试验，设滴定体积为 V_0，显然两者之差 V_0-V 即与 SO_4^{2-} 反应的 Ba^{2+} 的量。

3. 硅酸盐物料中三氧化二铁、氧化铝、氧化钙和氧化镁的测定

硅酸盐在地壳中占75％以上，天然的硅酸盐矿物有石英、云母、滑石、长石、白云石等。水泥、玻璃、陶瓷制品、砖、瓦等则为人造硅酸盐。黄土、黏土、砂土等土壤主要成分也是硅酸盐。硅酸盐的组成除 SiO_2 外，主要有 Fe_2O_3、Al_2O_3、CaO 和 MgO 等，这些组分通常都可采用 EDTA 配位滴定法来测定。试样经预处理制成试液后，在 pH＝2～2.5 时，以磺基水杨酸作指示剂，用 EDTA 标准溶液直接滴定 Fe^{3+}。在滴定 Fe^{3+} 后的溶液中，加过量的 EDTA 并调整 pH 值在 4～5，以 PAN 作指示剂，在热溶液中用 $CuSO_4$ 标准溶液回滴过量的 EDTA 以测定 Al^{3+} 的含量。另取一份试液，加三乙醇胺，在 pH＝10 时，以 KB 作指示剂，用 EDTA 标准溶液滴定 CaO 和 MgO 总量。再取等量试液加三乙醇胺，以 KOH 溶液调 pH＞12.5，使 Mg 形成 $Mg(OH)_2$ 沉淀，仍用 KB 作指示剂，EDTA 标准溶液直接滴定得 CaO 量，并用差减法计算 MgO 的含量，本方法现在仍广泛使用。测定中使用的 KB 指示剂是由酸性铬蓝 K 和萘酚绿 B 混合配制的。

思考题

1. 用 EDTA 滴定 Ca^{2+}、Mg^{2+} 时，为什么要加氨性缓冲溶液？

2. 测定水样硬度时，为何测定和标定标准溶液的条件一致？最好采用何种基准物质标定 EDTA 标准溶液？标定时采用铬黑 T 指示剂应注意什么问题？

任务 5.5　EDTA 标准溶液的制备

在配位滴定中，最常用的标准溶液是 EDTA 标准溶液。

5.5.1　EDTA 标准溶液的配制

实验室一般使用 EDTA 的二钠盐($Na_2H_2Y \cdot 2H_2O$)采用间接法配制。

1. 配制方法

常用的 EDTA 标准溶液的浓度为 0.01～0.05 mol/L。配制时，称取一定量的 EDTA ($Na_2H_2Y \cdot 2H_2O$)，用适量去离子水溶解(必要时可加热)，溶解后稀释到所需体积，并充分混匀，转移到试剂瓶中待标定。

EDTA 二钠盐溶液的 pH 值正常值为 4.8，市售试剂如果不纯，pH 值常低于 2，有时 pH<4。当室温较低时易析出难溶于水的乙二胺四乙酸，使溶液变浑浊，并且溶液的浓度也发生变化。因此配制溶液时可用 pH 试纸检查，若溶液 pH 值较低，可加几滴 0.1 mol/L NaOH 溶液，使溶液 pH 值为 5～6.5，直至溶液变清为止。

2. 去离子水的质量

在配位滴定中，使用的去离子水质量是否符合要求十分重要。若配制溶液的去离子水中含有 Al^{3+}、Fe^{3+}、Cu^{2+} 等，会使指示剂封闭，影响终点观察；若去离子水中含有 Ca^{2+}、Mg^{2+}、Pb^{2+} 等，在滴定中会消耗一定量的 EDTA，对结果产生影响。因此，在配位滴定中必须对所用的去离子水进行质量检查。

3. EDTA 标准溶液的贮存

配置好的 EDTA 溶液应贮存在聚乙烯塑料瓶或硬质玻璃瓶中。若贮存在软质玻璃瓶中，EDTA 会不断溶解玻璃瓶中的 Ca^{2+}、Mg^{2+} 等离子，形成配合物，使其浓度不断降低。

5.5.2 EDTA 标准溶液的标定

用于标定 EDTA 溶液的基准试剂很多，如纯金属 Zn、Bi、Ni、Pb 等，要求其纯度在 99.99%以上。金属表面如有氧化膜，应先用酸洗去，再用水或乙醇洗涤，并在 105 ℃烘干数分钟再称量。金属氧化物及其盐也可以作为基准试剂，如 ZnO、$ZnSO_4$、Bi_2O_3、MgO、$CaCO_3$、$MgSO_4 \cdot 7H_2O$ 等。

为了使测定结果有较好的准确度，同时做空白试验，而且标定的条件与测定的条件应尽量相同。在可能的情况下，最好选用被测元素的纯金属或化合物为基准物质。

思考题

1. 在用锌标准溶液滴定 EDTA 调节溶液酸度时，为什么加氨水时要逐滴加入，且边加边摇动锥形瓶？

2. 配位滴定法对去离子水质量的要求较高，不能含有 Fe^{3+}、Al^{3+}、Cu^{2+}、Mg^{2+} 等离子，为什么？

项目实施

水样总硬度的测定

[项目准备]

1. 主要仪器

电子分析天平(精度 0.000 1 g)、50 mL 酸式滴定管、25 mL 移液管、250 mL 容量瓶、刻度吸量管、锥形瓶、烧杯、量筒等。

2. 相关试剂

(1)乙二胺四乙酸二钠盐：分析纯。

(2)$CaCO_3$ 基准物：110 ℃烘箱中干燥至恒重。

(3)氧化锌基准物：800～1 000 ℃灼烧至恒重。

(4)HCl(1+1)。

(5)三乙醇胺(1+1)。

(6)氨-氯化铵缓冲溶液(pH=10)：5.4 g NH_4Cl 溶于少量水中，加入 35 mL 浓氨水，用水稀释至 100 mL。

(7)铬黑 T 指示剂：0.25 g 固体铬黑 T，2.5 g 盐酸羟胺，以 50 mL 无水乙醇溶解。

(8)甲基红指示液(1 g/L)：0.1 g 甲基红溶于 60 mL 乙醇中，用水稀释到 100 mL。

(9)待测水样。

3. 标准溶液的配制

(1)c(EDTA)=0.01 mol/L EDTA 溶液。在台秤上称取乙二胺四乙酸二钠 1.9 g，溶解于 300 mL 温水中，冷却后，转移至 500 mL 细口瓶中，稀释至 500 mL，若浑浊，则应过滤，混匀备用。

(2)$c(Zn^{2+})$=0.01 mol/L 锌标准溶液。准确称取在 800～1 000 ℃灼烧(需 20 min 以上)过的 ZnO 基准物 0.3 g(精确至 0.000 1 g)于 100 mL 烧杯中，用少量水润湿，然后逐滴加入 6 mol/L HCl，边加边搅至完全溶解为止，然后，定量转移入 250 mL 容量瓶中，稀释至刻度并摇匀备用。

$$c(Zn^{2+})=\frac{m(ZnO)}{M(ZnO)\times 250.0\times 10^{-3}}$$

式中　$c(Zn^{2+})$——标准溶液的浓度(mol/L)；

$m(ZnO)$——基准物 ZnO 的质量(g)；

$M(ZnO)$——ZnO 的摩尔质量，为 81.38 g/mol。

(3)$c(Ca^{2+})$=0.01 mol/L 钙标准溶液。准确称取 $CaCO_3$ 基准物 0.25 g(精确至 0.000 1 g)置于 100 mL 烧杯中，用少量水先润湿，盖上表面皿，滴加 1+1 盐酸使 $CaCO_3$ 完全溶解，用少量水洗表面皿和烧杯壁，再加入约 50 mL 蒸馏水，煮沸，保持微沸 30 s 左右以赶走 CO_2，冷却后加入 1 滴甲基红指示剂，用 3 mol/L 的氨水调节到淡黄色(红色刚好褪去)，将溶液定量转入 250 mL 容量瓶中稀释到刻度，摇匀。

$$c(Ca^{2+})=\frac{m(CaCO_3)}{M(CaCO_3)\times 250.0\times 10^{-3}}$$

式中　$c(Ca^{2+})$——Ca^{2+} 标准溶液的浓度(mol/L)；

$m(CaCO_3)$——基准物 $CaCO_3$ 的质量(g)；

$M(CaCO_3)$——$CaCO_3$ 的摩尔质量 100.09 g/mol。

[工作流程]

1. 实验步骤

(1)0.01 mol/L EDTA 溶液的标定。

①用锌标准溶液标定 EDTA 溶液。移取 25.00 mL 锌标准溶液于 250 mL 锥形瓶中，加约 25 mL 蒸馏水，滴加(1+1)氨水至刚出现浑浊，此时 pH 约为 8，然后加入 5 mL NH_3-NH_4C1 缓冲溶液，加入铬黑 T 指示液 2～3 滴，用 EDTA 溶液滴定至溶液由酒红色刚变成纯蓝色即为终点，记录所用 EDTA 体积 V(EDTA)。同时做空白试验，计算 EDTA 标准溶液的浓度。

②用钙标准溶液标定 EDTA 溶液。移取 25.00 mL Ca^{2+} 标准溶液于锥形瓶中，加 25 mL 蒸馏水，加入 5 mL pH=10 的缓冲溶液，加入铬黑 T 指示液 2～3 滴，用 EDTA 溶液滴定至由紫红色刚变为纯蓝色即终点，记录所用 EDTA 体积 V(EDTA)。同时做空白试验，计算 EDTA 标准溶液的浓度。

(2)自来水总硬度的测定。移取水样 100.0 mL 于 250 mL 锥形瓶中，加入 3 mL 三乙醇胺(若水样中含有重金属离子，则加入 1 mL 2%Na_2S 溶液掩蔽)，5 mL NH_3-NH_4Cl 缓冲溶液，2～3 滴铬黑 T 指示液，用 EDTA 标准溶液滴定至溶液由紫红色变为纯蓝色即为终点，记录所用 EDTA 体积 V(EDTA)。注意接近终点时应慢滴多摇。同时做空白试验，计算水的总硬度，以 mg/L($CaCO_3$)表示分析结果。

2. 数据记录

(1)EDTA 标准溶液标定数据记录见表 5-8。

表 5-8　EDTA 标准溶液标定数据记录

项目 \ 次数	1	2	3	备用
$c(Zn^{2+})$ 或 $c(Ca^{2+})/(mol \cdot L^{-1})$				
锌(或钙)标准溶液体积/mL				
空白所消耗的 EDTA 体积 V_0/mL				
滴定标准溶液时消耗的 EDTA 体积 V_{EDTA}/mL				
EDTA 标准溶液浓度 $c(EDTA)/(mol \cdot L^{-1})$				
EDTA 溶液的平均浓度/$(mol \cdot L^{-1})$				
相对平均偏差/%				

(2)自来水总硬度测定数据记录见表 5-9。

表 5-9　自来水总硬度测定数据记录

项目 \ 次数	1	2	3	备用
自来水/mL				
$c(EDTA)/(mol \cdot L^{-1})$				
空白所消耗的 EDTA 体积 V_0/mL				
滴定自来水时消耗的 EDTA 体积 V_{EDTA}/mL				

续表

项目 \ 次数	1	2	3	备用
$\rho(CaCO_3)/(mg \cdot L^{-1})$				
$\rho(CaCO_3)$平均值$/(mg \cdot L^{-1})$				
相对平均偏差/%				

3. 数据处理及结果计算

(1)EDTA 溶液的浓度按以下公式计算：

$$c(\text{EDTA})=\frac{cV}{V(\text{EDTA})-V_0}$$

式中 $c(\text{EDTA})$——EDTA 溶液的浓度(mol/L)；

c——锌或钙标准溶液的浓度(mol/L)；

V——锌或钙标准溶液的体积(mL)；

$V(\text{EDTA})$——滴定时消耗的 EDTA 标准溶液的体积(mL)；

V_0——滴定空白时消耗的 EDTA 标准溶液的体积(mL)。

(2)总硬度按以下公式计算：

$$\rho(CaCO_3)(mg/L)=\frac{c(\text{EDTA})\times(V_{\text{EDTA}}-V_0)\times M(CaCO_3)}{V_{自来水}}$$

式中 $c(\text{EDTA})$——EDTA 标准溶液浓度(mol/L)；

V_{EDTA}——测定总硬度时消耗 EDTA 标准溶液的体积(mL)；

V_0——滴定空白时消耗的 EDTA 标准溶液的体积(mL)。

$M(CaCO_3)$——$CaCO_3$ 摩尔质量，100.09 g/mol；

$V_{自来水}$——自来水样体积(L)。

4. 注意事项

(1)在配位滴定中加入金属指示剂的量是否合适对终点观察十分重要，应在实践中细心体会。

(2)配位滴定法对去离子水质量的要求较高，不能含有 Fe^{3+}、Al^{3+}、Cu^{2+}、Mg^{2+} 等离子。

(3)在用锌标准溶液滴定 EDTA，调节溶液酸度时，加氨水要逐滴加入，且边加边摇动锥形瓶，防止滴加氨水过量。

(4)铬黑 T 与 Mg^{2+} 显色灵敏度高，与 Ca^{2+} 显色灵敏度低，当水样中 Ca^{2+} 含量高而 Mg^{2+} 很低时，得到不敏锐的终点，可采用 K-B 混合指示剂。

(5)水样中含铁量超过 10 mg/mL 时用三乙醇胺掩蔽有困难，需用蒸馏水将水样稀释到 Fe^{3+} 不超过 10 mg/mL 即可。

项目评价

水样总硬度的测定评价指标见表 5-10。

表 5-10　水样总硬度的测定评价指标

序号	评价类型	配分	评价指标	分值	扣分	得分
1	职业能力	70	正确使用天平称量基准物 ZnO(或 $CaCO_3$)，称量范围不超过±10%	5		
			正确配制 Zn^{2+}(或 Ca^{2+})的标准溶液	5		
			正确使用滴定管，正确控制滴定速度	15		
			正确使用移液管移取溶液	5		
			终点颜色控制正确	5		
			正确记录、处理数据，合理评价分析结果	10		
			结果相对平均偏差 ≤0.10%不扣分；>0.10%扣 5 分； >0.30%扣 10 分；>0.50%扣 15 分； >0.80%扣 20 分；>1.0%扣 25 分	25		
2	职业素养	10	坚持按时出勤，遵守纪律	2		
			按要求穿戴实验服、口罩、手套、护目镜	2		
			协作互助，解决问题	2		
			按照标准规范操作	2		
			合理出具报告	2		
3	劳动素养	10	认真填写仪器使用记录	2		
			玻璃器皿洗涤干净，无器皿损坏	4		
			操作台面摆放整洁、有序	4		
4	思政素养	10	如实记录数据，不弄虚作假，具有良好的职业习惯	2		
			涉及盐酸、EDTA、铬黑 T、钙指示剂、氨-氯化铵缓冲溶液等试剂，取用要规范； 涉及电炉，注意用电安全，要有自我安全防范意识	4		
			节约试剂和实验室资源，严禁将化学试剂直接倒入环境； 废纸和废液分类收集、处理，具有环保意识	4		
5	合计	100				

拓展任务

铅、铋混合液中铅、铋含量的连续测定

[任务描述]

Bi^{3+}和Pb^{2+}均能与EDTA形成稳定的1∶1配合物，lg$K$分别为27.94和18.04。满足混合离子分步滴定的条件，故可利用控制pH值分别进行滴定。

[任务目标]

(1)巩固配位滴定法的基本理论知识、基本操作技能。

(2)掌握EDTA标准溶液的配制及标定方法。

(3)通过铅铋合金中Bi、Pb连续滴定，培养学生正确选择分析方法、设计分析方案的能力。

(4)培养学生正确记录与处理实训项目结果数据。

[任务准备]

1. 明确方法原理

BiY与PbY两者的稳定常数相差很大，故可利用控制pH值分别进行滴定。通常在pH≈1时滴定Bi^{3+}，pH=5～6时滴定Pb^{2+}。在pH≈1时，以二甲酚橙作指示剂，Bi^{3+}与二甲酚橙形成紫红色配合物(Pb^{2+}在此条件下不与指示剂作用)，用EDTA滴定至溶液突变为亮黄色即Bi^{3+}的终点。在此溶液中加入六亚甲基四胺，调节溶液的pH值为5～6，此时Pb^{2+}与二甲酚橙形成紫红色配合物，用EDTA滴定至溶液再变为亮黄色即Pb^{2+}的终点。

2. 主要仪器

电子分析天平(精度0.000 1 g)、50 mL酸式滴定管、25 mL移液管、刻度吸量管等。

3. 相关试剂

(1)Bi^{3+}、Pb^{2+}混合待测溶液(各约0.01 mol/L，用氢氧化钠溶液和硝酸溶液调节溶液pH=1)。

(2)0.01 mol/L EDTA标准溶液(已知准确浓度)。

(3)2%二甲酚橙的水溶液。

(4)20%六亚甲基四胺溶液。

[任务实施]

1. Bi^{3+}和Pb^{2+}的含量测定

(1)Bi^{3+}的测定。用移液管移取25.00 mL Bi^{3+}、Pb^{2+}混合溶液置于250 mL锥形瓶中，此时pH=1，加二甲酚橙指示剂1～2滴，用EDTA标准溶液滴定至溶液由紫红色变为亮黄色，记下消耗的EDTA标准溶液的体积V_1(mL)。

(2)Pb^{2+}的测定。在滴定Bi^{3+}的溶液中，滴加20%的六亚甲基四胺溶液至呈稳定的紫红色后，再过量5 mL，此时溶液的pH值为5～6，继续用EDTA标准溶液滴定至由紫红色变为亮黄色即Pb^{2+}的终点，记下消耗的EDTA的体积V_2(mL)。

分别计算Bi^{3+}和Pb^{2+}的含量(以g/L表示)。

2. 数据记录

铅、铋混合溶液的连续测定数据记录见表5-11。

表5-11　铅、铋混合溶液的连续测定数据记录

次数 项目	1	2	3	备用
铅、铋混合溶液/mL				
c(EDTA)/(mol·L^{-1})				
滴定时消耗EDTA的体积V_1/mL				
ρ(Bi)/(g·L^{-1})				
ρ(Bi)平均值/(g·L^{-1})				
相对平均偏差/%				
滴定时消耗EDTA的体积V_2/mL				
ρ(Pb)/(g·L^{-1})				
ρ(Pb)平均值/(g·L^{-1})				
相对平均偏差/%				

3. 数据处理及结果计算

铅、铋含量计算公式：

$$\rho(\mathrm{Bi})=\frac{c(\mathrm{EDTA})\times V_1\times M(\mathrm{Bi})}{V}$$

$$\rho(\mathrm{Pb})=\frac{c(\mathrm{EDTA})\times V_2\times M(\mathrm{Pb})}{V}$$

式中　ρ(Bi)——混合溶液中铋含量(g/L)；

ρ(Pb)——混合液中铅含量(g/L)；

c(EDTA)——EDTA标准溶液浓度(mol/L)；

$M(Bi)$——铋的摩尔质量(g/mol)；

$M(Pb)$——铅的摩尔质量(g/mol)。

V——Bi^{3+}、Pb^{2+}混合溶液的体积(mL)；

V_1——滴定铋时消耗 EDTA 标准溶液的体积(mL)；

V_2——滴定铅时消耗 EDTA 标准溶液的体积(mL)。

4. 注意事项

(1)滴定Bi^{3+}时，若酸度过低，则Bi^{3+}将水解，产生白色浑浊。

(2)滴定至近终点时，滴定速度要慢，并充分摇动溶液，以免滴过终点。

阅读材料

许伐辰巴赫与配位滴定

配位滴定已有 100 多年的历史。最早的配位滴定是 V. Liebig 推荐的 Ag^+ 与 CN^- 的配位反应，用于测定银或氰化物。

1942—1943 年，Brintyinger 及 Pteiffer 研究了一些氨羧配位剂与一些金属离子的配合物的性质；1945 年瑞士化学家许伐辰巴赫(G. Schwayzenbach)与其同事以物理化学观点对氨三乙酸和乙二胺四乙酸以及它们的配合物进行了广泛的研究，测定了它们的离解常数和它们的金属配合物以后，才确定了利用它们的配合物进行滴定分析的可靠的理论基础。同年，许伐辰巴赫等在瑞士化学学会中作了一篇题为《酸、碱及配合物》的报告，第一次用氨羧配位剂作滴定剂测定了 Ca^{2+} 和 Mg^{2+}，引起了分析化学家们很大的兴趣。1946—1948 年许伐辰巴赫和贝德曼(Biedeymonn)相继发现紫脲酸铵和铬黑 T 可作为滴定钙和镁的指示剂，并提出金属指示剂的概念。此后，有许多分析工作者从事研究工作，创立现代理论滴定分析的一个分支——配位滴定。

习题

一、单项选择题

1. EDTA 与金属离子配位时，1 分子的 EDTA 可提供的配位原子数是(　　)。

   A. 2　　B. 4　　C. 6　　D. 8

2. 以 EDTA 作为滴定剂时，下列叙述中错误的是(　　)。

   A. 在酸度高的溶液中，可能形成酸式配合物 MHY

   B. 在碱度高的溶液中，可能形成碱式配合物 MOHY

   C. 不论形成酸式配合物还是碱式配合物，均有利于配位滴定反应

   D. 不论溶液 pH 值的大小，在任何情况下只形成 MY 一种形式的配合物

3. 下列叙述中结论错误的是(　　)。

   A. EDTA 的酸效应使配合物的稳定性降低

   B. 金属离子的水解效应使配合物的稳定性降低

   C. 辅助配位效应使配合物的稳定性降低

   D. 各种副反应均使配合物的稳定性降低

4. EDTA 的酸效应曲线正确的是(　　)。

A. Y(H)-pH 曲线　B. $\lg\alpha_{Y(H)}$)-pH 曲线　C. $\lg K'_{MY}$-pH 曲线　D. pM-pH 曲线

5. 在 pH 为 10.0 的氨性溶液中，已知 $\lg K_{ZnY}=16.5$，$\alpha_{Zn(NH_3)}=10^{4.7}$，$\lg\alpha_{Y(H)}=0.5$，则在此条件下 $\lg K'_{ZnY}$ 为(　　)。

A. 8.9　　B. 11.3　　C. 11.8　　D. 14.3

6. 金属指示剂的僵化现象可以通过(　　)方法消除。

A. 加入掩蔽剂　　B. 将溶液稀释

C. 加入有机溶剂或加热　　D. 冷却

7. EDTA 滴定金属离子时，若仅浓度均增大 10 倍，pM 突跃改变(　　)。

A. 1 个单位　　B. 2 个单位　　C. 10 个单位　　D. 不变化

8. 提高配位滴定的选择性可采用的方法是(　　)。

A. 控制溶液的酸度　　B. 控制溶液的温度

C. 增大滴定剂的浓度　　D. 减小滴定剂的浓度

9. 用 EDTA 直接滴定有色金属离子，终点所呈现的颜色是(　　)。

A. EDTA-金属离子配合物的颜色　　B. 指示剂-金属离子配合物的颜色

C. 游离指示剂的颜色　　D. 上述 A 与 C 的混合颜色

10. 下列表述正确的是(　　)。

A. 铬黑 T 指示剂只适用于酸性溶液

B. 铬黑 T 指示剂适用于弱碱性溶液

C. 二甲酚橙指示剂只适合 pH>6 时使用

D. 二甲酚橙既适用于酸性，也适用于弱碱性溶液

11. 用 EDTA 滴定 Mg^{2+} 时，采用铬黑 T 为指示剂，溶液中少量 Fe^{3+} 存在将导致(　　)。

A. 在化学计量点前指示剂即开始游离出来，使终点提前

B. 使 EDTA 与指示剂作用缓慢，终点延长

C. 终点颜色变化不明显，无法确定终点

D. 与指示剂形成沉淀，使其失去作用

12. EDTA 配位滴定中 Fe^{3+}、Al^{3+} 对铬黑 T 有(　　)。

A. 封闭作用　　B. 僵化作用　　C. 沉淀作用　　D. 氧化作用

二、多项选择题

1. 关于 EDTA，下列说法正确的是(　　)。

A. EDTA 是乙二胺四乙酸的简称

B. 分析工作中一般用乙二胺四乙酸二钠盐

C. EDTA 与钙离子以 1∶2 的关系配合

D. EDTA 与金属离子配合形成螯合物

2. 在 EDTA 配位滴定中，下列有关酸效应系数的叙述中，错误的是(　　)。

A. 酸效应系数越大，配合物的稳定性越大

B. 酸效应系数越小，配合物的稳定性越大

C. pH 值越大，酸效应系数越大

D. pH 值越大，酸效应系数越小

3. 下列说法中正确的是(　　)。

A. 酸效应使配合物的稳定性降低　　B. 共存离子使配合物的稳定性降低

C. 配位效应使配合物的稳定性降低　　D. 各种副反应均使配合物稳定性降低

4. 在 EDTA 滴定中，下列(　　)能降低配合物 MY 的稳定性。

A. M 的水解效应　　B. EDTA 的酸效应

C. M 的其他配位效应　　D. pH 的缓冲效应

5. 配位滴定中，金属指示剂封闭现象消除方法是(　　)。

A. 返滴定法　　B. 加有机溶剂　　C. 加强电解质　　D. 加掩蔽剂

三、判断题

1.(　　)金属指示剂是指示金属离子浓度变化的指示剂。

2.(　　)只要金属离子能与 EDTA 形成配合物，都能用 EDTA 直接滴定。

3.(　　)指示剂封闭现象消除的方法是掩蔽干扰离子。

4.(　　)酸效应曲线的作用就是查找各种金属离子所需的滴定最低酸度。

5.(　　)滴定某金属离子有一允许的最高酸度，溶液的 pH 值再增大就不能准确滴定该金属离子。

6.(　　)用 EDTA 进行配位滴定时，被滴定的金属离子(M)浓度增大，$\lg K_{MY}$ 也增大，滴定突跃将变大。

7.(　　)直接配位测定自来水的硬度，定量依据是 $n(M)=n(EDTA)$。M 为 Ca^{2+}、Mg^{2+}。

8.(　　)配位滴定过程中为防止金属离子水解，溶液 pH 值越低越好。

9.(　　)EDTA 的酸效应系数随溶液的 pH 值变化而变化。pH 值越小，酸效应越大，对配位滴定有利。

10.(　　)用 EDTA 测定 Ca^{2+}、Mg^{2+} 总量时，以铬黑 T 作为指示剂应控制 pH=12。

四、计算题

1. 用 EDTA 标准溶液滴定试样中的 Ca^{2+}、Mg^{2+}、Zn^{2+} 时的最小 pH 值是多少？实际分析中应控制 pH 值在多大？

2. 为什么以 EDTA 滴定 Mg^{2+} 时，通常在 pH=10 而不是在 pH=5 的溶液中进行；但滴定 Zn^{2+} 时，则可以在 pH=5 的溶液中进行？

3. 准确称取 $ZnCl_2$ 样品 0.240 0 g，溶于水后，在 pH=6 时，以二甲酚橙为指示剂，用 0.010 00 mol/L 的 EDTA 标准溶液滴定，用去 20.48 mL，求试样中 $ZnCl_2$ 的质量分数。($ZnCl_2$ 分子量 136.3)

4. 取水样 100.0 mL，以铬黑 T 为指示剂，在 pH=10 时，用 0.010 16 mol/L EDTA 溶液滴定，消耗 15.28 mL。另取 100.0 mL 水样，加 NaOH 调溶液 pH=12，使 Mg^{2+} 生成 $Mg(OH)_2$ 沉淀，滴定时消耗 EDTA 标准溶液 10.43 mL 滴定至钙指示剂变色为终点。分别求出水样中 Ca^{2+} 和 Mg^{2+} 的含量(以 mg/L 表示)。(镁原子量为 24.30，钙原子量为 40.08)

项目 5　水样总硬度的测定习题答案

模块4　氧化还原滴定法

氧化还原滴定法是以氧化还原反应为基础的滴定分析方法。氧化还原滴定法应用广泛，选择适当的氧化剂或还原剂，滴定试液中具有还原性或氧化性的待测组分，也可间接测定能与氧化剂或还原剂定量反应的物质，测定对象可以是无机物，也可以是有机物。

学习目标

知识目标

1. 初步认识氧化还原滴定法，理解氧化还原滴定相关的概念；
2. 了解影响氧化还原反应速率的因素；
3. 理解氧化还原滴定过程中电极电位和离子浓度变化规律；
4. 了解氧化还原滴定法终点的确定方法；
5. 了解氧化还原滴定预处理所用试剂和使用方法；
6. 掌握高锰酸钾法、重铬酸钾法以及碘量法的原理、滴定条件和应用范围。

技能目标

1. 能正确配制高锰酸钾标准溶液、重铬酸钾标准溶液以及硫代硫酸钠标准溶液；
2. 能正确选择合适的氧化还原滴定方法测定水质高锰酸盐指数、未知试样中铁含量、水中溶解氧等。

素质目标

1. 按照标准规范操作，不弄虚作假，具有良好的职业习惯；
2. 具备安全意识、环保意识及团队合作意识。

项目6 水质高锰酸盐指数的测定

项目导入

当今社会，随着工业化进程的日益加速以及人口的增长，水资源的安全问题也日渐突出。水质监测是保障水资源安全的重要手段，其中，高锰酸盐指数在水资源管理中具有重要的应用价值。在我国“十四五”生态环境监测规划、农村环境保护和重点流域水污染防治专项规划中，高锰酸盐指数是衡量水质污染程度的重要综合指标之一。监测和分析水质高锰酸盐指数的变化，可帮助评估水源的污染程度、水处理过程效果以及追踪水体污染源的位置等，为水资源管理提供重要的数据支持，从而保护水体的安全和健康。

项目分析

本项目主要是通过对氧化还原滴定法中的高锰酸钾法的学习和探讨，学会高锰酸钾标准溶液的配制标定，掌握高锰酸钾法对水质高锰酸盐指数的测定及其他方面的应用。

具体要求如下：

(1)能进行高锰酸钾标准溶液的正确配制；

(2)掌握高锰酸钾标准溶液的标定方法及条件控制；

(3)能进行水质高锰酸盐指数的测定(酸性高锰酸钾法)；

(4)能合理设计工业过氧化氢含量的测定方案。

项目导图

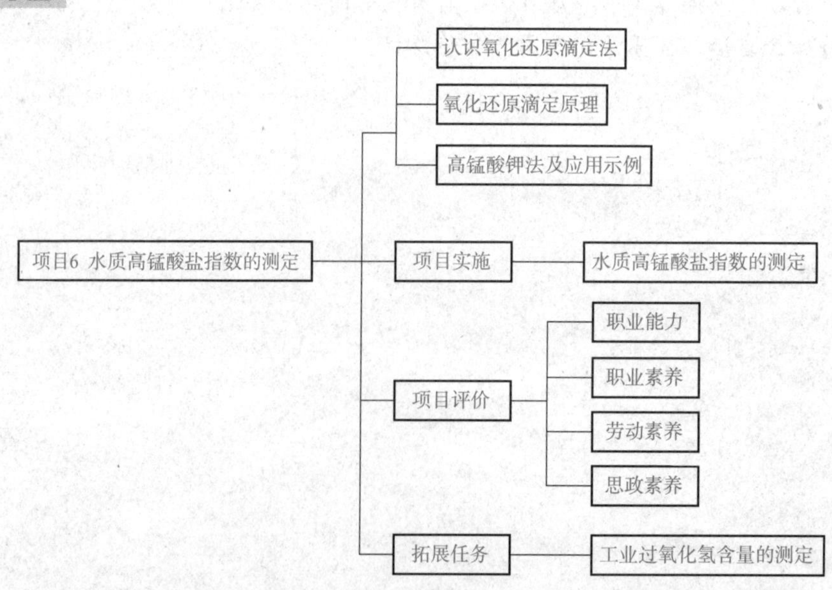

任务 6.1　认识氧化还原滴定法

氧化还原滴定法是以氧化还原反应为基础的滴定分析方法。氧化还原反应是基于电子的转移的反应，反应机理较复杂，反应往往是分步进行的，一般反应速率较慢。另外，在氧化还原反应中除主反应外，还经常可能发生各种副反应，或因反应条件不同而产物不同。因此在氧化还原滴定中应注意控制适当的反应条件，使它符合滴定分析的基本要求。

氧化还原滴定法以氧化剂或还原剂作为标准溶液，据此氧化还原滴定法分为高锰酸钾法、重铬酸钾法、碘量法、铈量法及溴酸钾法等。

6.1.1　标准电极电位和条件电极电位

在氧化还原反应中，氧化剂和还原剂的强弱，可以用有关电对的电极电位(简称电位)来衡量。电对的电位越高，其氧化态的氧化能力越强；电位越低，其还原态的还原能力越强。氧化剂可以氧化电位比它低的还原剂，还原剂可以还原电位比它高的氧化剂。氧化还原电对的电位可用能斯特方程求得。

例如，对于可逆电对 Ox/Red 的半反应：

$$\mathrm{Ox}+ne \rightleftharpoons \mathrm{Red}$$

电对电极电位的能斯特方程为

$$\varphi_{\mathrm{Ox/Red}}=\varphi^{\circ}_{\mathrm{Ox/Red}}+\frac{RT}{nF}\ln\frac{\alpha_{\mathrm{Ox}}}{\alpha_{\mathrm{Red}}} \tag{6-1}$$

式中　$\varphi^{\circ}_{\mathrm{Ox/Red}}$——电对的标准电极电位(V)；

R——气体常数，8.314 J/(K·mol)；

T——绝对温度(K)；

n——反应中电子转移数；

F——法拉第常数，96 487 c/mol。

当温度为 298 K(25 ℃)，将各常数代入式(6-1)，并将自然对数换成常用对数，即得

$$\varphi_{\mathrm{Ox/Red}}=\varphi^{\circ}_{\mathrm{Ox/Red}}+\frac{0.059}{n}\lg\frac{\alpha_{\mathrm{Ox}}}{\alpha_{\mathrm{Red}}} \tag{6-2}$$

式中，α_{Ox}、α_{Red}是氧化型和还原型物质的活度(活度是离子参与化学反应的有效浓度)。电对的电极电位与存在于溶液中的氧化态和还原态的活度有关。在一定温度下(通常为 25 ℃)，参与电极反应的物质处于标准状态，即参加反应的离子或分子的活度都等于 1 mol/L，如有气体参加反应，则其分压为 1.01×10^{5} Pa 时的电极电位为标准电极电位。$\varphi^{\circ}_{\mathrm{Ox/Red}}$仅随温度变化而变化。常见电对的标准电极电位值参见附录 4。

在实际应用中，通常知道的是氧化型与还原型的浓度，而不是其活度。为了简化起见，常常以浓度代替活度进行计算。当溶液中离子强度较大或有副反应发生时，以浓度代替活度计算电对的电极电位误差较大，应校正上述各因素的影响。

（1）当溶液的离子强度较大时，必须引入活度系数校正。

$$\alpha_{Ox}=\gamma_{Ox}[Ox]；\alpha_{Red}=\gamma_{Red}[Red]$$

（2）当氧化型、还原型发生某些副反应（如酸效应、沉淀反应、配位效应等）时会影响电极电位，必须引入副反应系数 α_{Ox}、α_{Red} 校正副反应的影响。

$$\alpha_{Ox}=\frac{c_{Ox}}{[Ox]}；\alpha_{Red}=\frac{c_{Red}}{[Red]}$$

将上述关系代入能斯特方程，得

$$\varphi_{Ox/Red}=\varphi^{\circ}_{Ox/Red}+\frac{0.059}{n}\lg\frac{\gamma_{Ox}\alpha_{Red}c_{Ox}}{\gamma_{Red}\alpha_{Ox}c_{Red}} \tag{6-3}$$

当离子强度较大时，活度系数不易求，当副反应很多时，求副反应系数也很麻烦，式(6-3)改写为

$$\varphi_{Ox/Red}=\varphi^{\circ}_{Ox/Red}+\frac{0.059}{n}\lg\frac{\gamma_{Ox}\alpha_{Red}}{\gamma_{Red}\alpha_{Ox}}+\frac{0.059}{n}\lg\frac{c_{Ox}}{c_{Red}} \tag{6-4}$$

α 和 γ 在一定条件下为一固定值，可以并入常数项，当 $c_{Ox}=c_{Red}=1$ mol/L 时，令：

$$\varphi^{\circ\prime}_{Ox/Red}=\varphi^{\circ}_{Ox/Red}+\frac{0.059}{n}\lg\frac{\gamma_{Ox}\alpha_{Red}}{\gamma_{Red}\alpha_{Ox}}$$

则有

$$\varphi_{Ox/Red}=\varphi^{\circ\prime}_{Ox/Red}+0.059\lg\frac{c_{Ox}}{c_{Red}} \tag{6-5}$$

式中 $\varphi^{\circ\prime}_{Ox/Red}$ 称为条件电极电位，它表示在一定介质条件下，氧化型和还原型的总浓度均为 1 mol/L 或总浓度的比值为 1 时，校正了溶液中离子强度及各种副反应影响后的实际电位。条件电极电位的大小可以说明在外界因素影响下，氧化还原电对的实际氧化还原能力。使用条件电极电位较使用标准电极电位能更正确地判断氧化还原反应的方向和反应完成的程度。

各种条件下的条件电极电位均由实验测定，附录 5 列出了一些氧化还原电对的条件电极电位，实际工作中，若无相同条件下电极电位，可采用条件相近的条件电极电位数据。

【例 6-1】 1 mol/L HCl 溶液中 $c_{Ce^{4+}}=1.00\times10^{-2}$ mol/L，$c_{Ce^{3+}}=1.00\times10^{-3}$ mol/L，求 $\varphi_{Ce^{4+}/Ce^{3+}}$。

解： 查表，得在 1 mol/L HCl 介质中 $\varphi^{\circ\prime}_{Ce^{4+}/Ce^{3+}}=1.28$ V

$$\varphi_{Ce^{4+}/Ce^{3+}}=\varphi^{\circ\prime}_{Ce^{4+}/Ce^{3+}}+0.059\lg\frac{c_{Ce^{4+}}}{c_{Ce^{3+}}}=1.34\ \text{V}$$

6.1.2 氧化还原反应进行的程度

能发生氧化还原反应的物质很多，但不是所有的氧化还原反应都能用于滴定分析。滴定分析要求氧化还原反应能定量完成，完成得越彻底越好。氧化还原反应的完全程度可以用它的平衡常数 K 来衡量。

对于氧化还原反应：　$n_2Ox_1+n_1Red_2=n_2Red_1+n_1Ox_2$

两电对的电极电位分别为

$$\varphi_1=\varphi^{\circ\prime}_1+\frac{0.059}{n_1}\lg\frac{[Ox_1]}{[Red_1]}\quad \varphi_2=\varphi^{\circ\prime}_2+\frac{0.059}{n_2}\lg\frac{[Ox_2]}{[Red_2]}$$

反应达平衡时：$\varphi_1=\varphi_2$

$$\varphi^{\circ\prime}_1+\frac{0.059}{n_1}\lg\frac{[Ox_1]}{[Red_1]}=\varphi^{\circ\prime}_2+\frac{0.059}{n_2}\lg\frac{[Ox_2]}{[Red_2]} \tag{6-6}$$

整理后得
$$\varphi^{\circ\prime}_1-\varphi^{\circ\prime}_2=\frac{0.059}{n_1n_2}\lg\frac{[Ox_2]^{n_1}[Red_1]^{n_2}}{[Red_2]^{n_1}[Ox_1]^{n_2}}=\frac{0.059}{n_1n_2}\lg K' \tag{6-7}$$

式中 K'为反应的条件平衡常数。设 $n_1n_2=n$(n 是两个半反应电子得失数的最小公倍数)，则

$$\lg K'=\frac{n(\varphi^{\circ\prime}_1-\varphi^{\circ\prime}_2)}{0.059} \tag{6-8}$$

可见，两电对的条件电极电位相差越大，K'值越大，反应进行越完全。

对于滴定反应，反应完全程度应达到99.9%以上，则对于对称电对参与的氧化还原反应：

$$n_2Ox_1+n_1Red_2 \rightleftharpoons n_2Red_1+n_1Ox_2 \quad (n_1、n_2 \text{ 互质})$$

$$\lg K'=\lg\frac{[Red_1]^{n_2}[Ox_2]^{n_1}}{[Ox_1]^{n_2}[Red_2]^{n_1}}\geqslant\lg(10^{3n_1}\times10^{3n_2})$$

即 $\lg K'\geqslant3(n_1+n_2)$，反应才能进行完全。

根据式(6-8)，反应要进行完全，两电对的条件电位差需满足：

$$\Delta\varphi^{\circ\prime}=\frac{0.059}{n_1n_2}\lg K'\geqslant3(n_1+n_2)\frac{0.059}{n_1n_2} \tag{6-9}$$

如：当 $n_1=1$，$n_2=1$ 时，$Ox_1+Red_2=Red_1+Ox_2$，两电对的条件电极电位之差需满足以下条件：

$\Delta\varphi^{\circ\prime}=\frac{0.059}{1}\times6=0.35(V)$，反应才能进行完全。

可见氧化还原反应的电子转移数不同时，反应进行完全时反应平衡常数的要求不同，两电对的条件电极电位之差的要求也不同。一般，只要两电对的条件电极电位之差 $\Delta\varphi^{\circ\prime}\geqslant$ 0.4 V，该氧化还原反应都能进行完全。

【例 6-2】 在 1 mol/L H_2SO_4 溶液中，用 $Ce(SO_4)_2$ 滴定 Fe^{2+} 时，$Ce^{4+}+Fe^{2+}=Ce^{3+}+Fe^{3+}$。计算反应的平衡常数，并判断反应能否定量进行？

解： 查表 $\varphi^{\circ\prime}_{Ce^{4+}/Ce^{3+}}=1.45$ V，$\varphi^{\circ\prime}_{Fe^{3+}/Fe^{2+}}=0.68$ V

由式(6-8)得 $\lg K'=\frac{(1.45-0.68)}{0.059}=13.05>3(1+1)=6$

说明该反应进行得非常完全。

在氧化还原反应中，根据氧化还原电对的标准电极电位或条件电位，可以判断反应进行的方向和程度。但这仅仅说明氧化还原反应的可能性，并不能说明反应进行的速率。原因是反应平衡常数的计算依据是反应的始态和终态，而反应的最初状态和终止状态不能表示反应进行的实际情况。因为氧化还原反应往往是分步进行的，不同的氧化还原反应具有不同的反应历程，只要有一步反应慢，就制约了整个反应速率，因此，仅从平衡常数来判断反应的可能性是不够的，要从反应速率来考虑反应的现实性，只有反应速率快的氧化还原反应才能用于滴定分析。

6.1.3 影响氧化还原反应速率的因素

对于氧化还原反应除要从平衡观点来了解反应的可能性外，还应考虑反应的速率，以

判断用于滴定分析的可行性。

影响氧化还原反应速率的因素主要有以下几个方面。

1. 反应物浓度

在氧化还原反应中，由于反应机理比较复杂，所以不能从总的氧化还原反应方程式来判断反应物浓度对反应速率的影响程度。但一般来说，反应物的浓度越大，反应的速率越快。例如，在酸性溶液中，一定量的 $K_2Cr_2O_7$ 和 KI 反应：

$$Cr_2O_7^{2-}+6I^-+14H^+ \Longrightarrow 2Cr^{3+}+3I_2+7H_2O$$

增大 KI 的浓度或提高溶液的酸度，都可以使反应速率加快。采用 KI 的用量是理论量的 3～5 倍，提高酸度至约 0.4 mol/L，反应约 5 min 即进行完全。

2. 温度

对于多数反应，升高温度可提高反应速率，通常温度每升高 10 ℃，反应速率可提高 2～3 倍，如用草酸标定高锰酸钾溶液

$$2MnO_4^-+5C_2O_4^{2-}+16H^+ \Longrightarrow 2Mn^{2+}+10CO_2\uparrow+8H_2O$$

在室温下，反应速率缓慢。如果将溶液加热，反应速率便大为加快。因此用 $KMnO_4$ 滴定 $H_2C_2O_4$ 时，通常将溶液加热至 75～ 85 ℃。

应该注意，不是在所有的情况下都允许用升高溶液温度的办法来加快反应速率。有些物质(如 I_2)具有挥发性，如将溶液加热，则会引起挥发损失；有些物质(如 Sn^{2+}、Fe^{2+} 等)很容易被空气中的氧所氧化，如将溶液加热，就会促进它们的氧化，从而引起误差。

3. 催化剂

催化剂对反应速率影响很大，是提高反应速率行之有效的方法，如高锰酸钾与草酸的反应，反应即使在强酸溶液中加热至 80 ℃，但在滴定的开始阶段，反应仍相当慢，滴入 1 滴高锰酸钾溶液很难褪色，若在滴定前加入少许 Mn^{2+} 作催化剂，反应则加速。当然，此反应中，Mn^{2+} 是反应的产物，即使不加入，一旦反应发生，生成的 Mn^{2+} 就会起催化作用，使反应速率加快，这种由反应产物起催化作用的现象叫作自动催化作用。

4. 诱导作用

有些氧化还原反应在通常情况下并不发生或进行缓慢，但在另一反应进行时会促进这一反应的发生，例如，$KMnO_4$ 氧化 Cl^- 的速率很慢，但是，当溶液中同时存在 Fe^{2+} 时，$KMnO_4$ 与 Fe^{2+} 的反应可以加速 $KMnO_4$ 与 Cl^- 的反应。这种由于一个反应的发生，促进另一个反应进行的现象，称为诱导作用。

$$MnO_4^-+5Fe^{2+}+8H^+ \rightarrow Mn^{2+}+5Fe^{3+}+4H_2O \quad \text{(诱导反应)}$$

$$2MnO_4^-+10Cl^-+16H^+ \rightarrow 2Mn^{2+}+5Cl_2+8H_2O \quad \text{(受诱反应)}$$

其中 MnO_4^- 称为作用体，Fe^{2+} 称为诱导体，Cl^- 称为受诱体。Cl^- 消耗了 MnO_4^-，给测定带来误差，因此，如果要在 HCl 介质中用 $KMnO_4$ 法测定 Fe^{2+}，应在溶液中加 $MnSO_4$-H_3PO_4-H_2SO_4 混合溶液，可防止 Cl^- 对 MnO_4^- 的还原作用，以获得正确的滴定结果。

由于氧化还原反应机理较复杂，采用何种措施来加快反应速率，需要综合考虑各种因素。

思考题

1. 为什么使用条件电极电位比标准电极电位更合适？

2. 氧化还原反应进行的程度取决于什么？

3. 影响氧化还原反应速率的主要因素有哪些？

任务6.2 氧化还原滴定原理

在氧化还原滴定过程中，随着滴定剂的加入，反应物和产物的浓度不断地改变，使有关电对的电极电位也随之发生变化，这种电极电位的变化情况也可以用滴定曲线表示，滴定过程中各点的电位可通过实验测定，也可根据能斯特公式计算。尤其是滴定电位突跃范围及化学计量点的电位是确定氧化还原滴定终点的依据。

6.2.1 氧化还原滴定曲线

现以在1 mol/L H_2SO_4 介质、0.100 0 mol/L $Ce(SO_4)_2$ 滴定20.00 mL 0.100 0 mol/L $FeSO_4$ 溶液为例。滴定反应为

$$Ce^{4+}+Fe^{2+}=Ce^{3+}+Fe^{3+}$$

1. 滴定开始至化学计量点前

溶液中存在两个电对：Fe^{3+}/Fe^{2+} 和 Ce^{4+}/Ce^{3+}，滴定过程中任一点达到平衡时，两电对的电位相等，原则上任选一电对均能计算，但由于此阶段 Ce^{4+} 的浓度不易求得，加入的 Ce^{4+} 绝大多数还原成 Ce^{3+}，故采用 Fe^{3+}/Fe^{2+} 电对来计算这个阶段的电位。

$$\varphi_{Fe^{3+}/Fe^{2+}}=\varphi^{\circ\prime}_{Fe^{3+}/Fe^{2+}}+\frac{0.059}{1}\lg\frac{c_{Fe^{3+}}}{c_{Fe^{2+}}}$$

例如，当滴入 $Ce(SO_4)_2$ 19.98 mL(−0.1%相对误差)时，

$$\varphi_{Fe^{3+}/Fe^{2+}}=0.68+\frac{0.059}{1}\lg\frac{99.9\%}{0.1\%}=0.86(V)$$

2. 化学计量点时

化学计量点时 Ce^{4+} 和 Fe^{2+} 都定量地转变为 Ce^{3+} 和 Fe^{3+}，Ce^{3+} 和 Fe^{3+} 的量是知道的，但溶液中仅因平衡关系才存在极少量未反应的 Ce^{4+} 和 Fe^{2+}，浓度不能直接知道，所以不能采用某一个电对来计算电极电位，应联立两电对的能斯特公式求得，对于对称电对参与的氧化还原反应：

$$n_2Ox_1+n_1Red_2\rightleftharpoons n_2Red_1+n_1Ox_2 \quad (n_1、n_2\text{ 互质})$$

化学计量点的电极电位：

$$\varphi_{SP}=\frac{n_1\varphi^{\circ\prime}_1+n_2\varphi^{\circ\prime}_2}{n_1+n_2} \tag{6-10}$$

有不对称电对参与的氧化还原反应，化学计量点时的电极电位还与平衡时物质的浓度有关。

故反应 $Ce^{4+}+Fe^{2+}=Ce^{3+}+Fe^{3+}$，化学计量点的电极电位为

$$\varphi_{SP}=\frac{1.44+0.68}{1+1}=1.06(V)$$

3. 化学计量点后

计量点后 Fe^{2+} 绝大多数被氧化为 Fe^{3+}，Fe^{2+} 浓度不易求得，而 Ce^{4+} 过量部分是已知

的，采用Ce^{4+}/Ce^{3+}电对求此阶段的电位更为方便。

例如，当滴入$Ce(SO_4)_2$ 20.02 mL(+0.1%相对误差)时，

$$\varphi_{Ce^{4+}/Ce^{3+}}=1.44+\frac{0.059}{1}\lg\frac{0.1\%}{100\%}=1.26(V)$$

计算出各滴定点的电位值列于表 6-1，并绘成滴定曲线，如图 6-1 所示。

从图 6-1 看出，随着$Ce(SO_4)_2$标准溶液的加入，溶液中电对的电极电位逐渐增加，从计量点前Fe^{2+}剩余 0.1%到计量点后Ce^{3+}过量 0.1%，电极电位值由 0.86 V 突增到 1.26 V，这个变化范围称为Ce^{4+}滴定Fe^{2+}的电位突跃范围，了解电位突跃范围是选择氧化还原指示剂的依据。在电位突跃以后，随着标准溶液的加入，电极电位的变化趋于一个常数。化学计量点附近的电位突跃范围与氧化剂和还原剂两电对的电子转移数和条件电极电位之差有关，两电对的条件电极电位差值越大，滴定电位突跃范围越大，反之就较短。

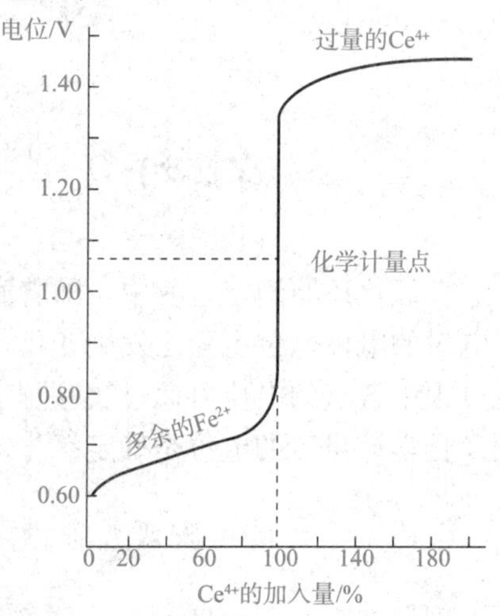

图 6-1　0.100 0 mol/L $Ce(SO_4)_2$ 溶液滴定 20.00 mL 0.100 0 mol/L $FeSO_4$ 溶液滴定曲线(1 mol/L H_2SO_4)

表 6-1　1 mol/L H_2SO_4 中，用 0.100 0 mol/L $Ce(SO_4)_2$ 溶液滴定 20.00 mL 0.100 0 mol/L $FeSO_4$ 溶液

加入Ce^{4+}溶液体积 V/mL	Ce^{4+}溶液的加入百分率/%	电位φ/V
1.00	5.0	0.60
2.00	10.0	0.62
4.00	20.0	0.64
8.00	40.0	0.67
10.00	50.0	0.68
12.00	60.0	0.69
18.00	90.0	0.74
19.80	99.0	0.80
19.98	99.9	0.86 滴定突跃
20.00	100.0	1.06
20.02	100.1	1.26
22.00	110.0	1.38
30.00	150.0	1.42
40.00	200.0	1.44

6.2.2　氧化还原滴定指示剂

氧化还原滴定中常用的指示剂有以下几种类型。

1. 自身指示剂

有些滴定剂本身有很深的颜色，而其滴定产物无色或颜色很浅，这样滴定时可以不另外加入指示剂而利用滴定剂本身的颜色指示滴定终点，称为自身指示剂。

如用高锰酸钾滴定无色或浅色的还原性物质时，只要过量的高锰酸钾达到 2×10^{-6} mol/L，溶液就呈淡粉红色，30 s 不褪色为终点。

2. 显色指示剂

显色指示剂也称为专属指示剂。有些物质本身不具有氧化还原性，但能与滴定剂或被测物作用产生很深的特殊颜色，因而可指示滴定终点。例如淀粉遇碘生成蓝色的吸附化合物，反应灵敏(碘的浓度可小至 5×10^{-6} mol/L)，当 I_2 被还原为 I^- 时，蓝色消失，以蓝色的出现或消失指示终点。

3. 氧化还原指示剂

氧化还原指示剂本身是具有氧化还原性质的复杂的有机化合物，其氧化型和还原型具有不同的颜色，在滴定中因被氧化或还原而发生颜色变化从而指示滴定终点。

指示剂的氧化还原半反应为：$\mathrm{In(Ox)}+ne \rightleftharpoons \mathrm{In(Red)}$

$$\varphi_{\mathrm{In}}=\varphi^{\circ\prime}_{\mathrm{In}}+\frac{0.059}{n}\lg\frac{[\mathrm{In_{Ox}}]}{[\mathrm{In_{Red}}]}$$

式中 In(Ox)和 In(Red)分别代表具有不同颜色的指示剂的氧化型和还原型。随着滴定的进行，溶液中氧化还原电对的电位值发生变化，指示剂的氧化型与还原型浓度的比值也逐渐变化，因而溶液的颜色也发生变化。浓度比值从 1/10 变到 10 时，对应的电位变化范围即指示剂的变色范围：

$$\varphi^{\circ\prime}_{\mathrm{In}}\pm\frac{0.059}{n}$$

当氧化型和还原型浓度比值为 1 时，指示剂呈现氧化型和还原型的过渡颜色，称为指示剂的理论变色点，此时被滴定溶液的电位值为 $\varphi^{\circ\prime}_{\mathrm{In}}$。

指示剂选择原则：指示剂的变色范围处于或部分处于滴定的突跃范围内。因为氧化还原指示剂变色范围比较小，故常直接用指示剂的条件电极电位来估量，使指示剂的条件电极电位 $\varphi^{\circ\prime}_{\mathrm{In}}$ 落在滴定突跃范围之内，并尽量与反应的化学计量点电位值一致。

常用的氧化还原指示剂见表 6-2。

表 6-2　常用的氧化还原指示剂

指示剂	颜色变化		$\varphi^{\circ\prime}_{\mathrm{In}}$/V ($[H^+]=1$ mol/L)	配制方法
	氧化型	还原型		
亚甲基蓝	蓝	无色	+0.52	0.5 g/L 水溶液
二苯胺	紫	无色	+0.76	1 g 溶于 100 mL 20 g/L 的 H_2SO_4 中
二苯胺磺酸钠	紫红	无色	+0.85	0.5 g 指示剂和 2 g Na_2CO_3 加水稀释至 100 mL
邻苯氨基苯甲酸	紫红	无色	+0.89	0.107 g 指示剂溶于 20 mL 50 g/L Na_2CO_3 中，用水稀释至 100 mL
邻二氮菲亚铁	浅蓝	红	+1.06	1.485 g 邻二氮菲及 0.695 g $FeSO_4\cdot7H_2O$ 溶于 100 mL 水中

例如在 1.0 mol/L H_2SO_4 介质中，用 Ce^{4+} 滴定 Fe^{2+}，前面已计算出滴定计量点前后 0.1%电位突跃范围是 0.86～1.26 V，显然选择邻二氮菲亚铁或邻苯氨基苯甲酸做指示剂是合适的。

思考题

1. 氧化还原滴定曲线突跃范围的大小与哪些因素有关系？
2. 氧化还原反应化学计量点的位置与氧化剂和还原剂的电子转移数有什么关系？
3. 氧化还原滴定指示剂有哪些？举例说明。

任务 6.3　高锰酸钾法及应用示例

6.3.1　方法原理

高锰酸钾法是以 $KMnO_4$ 作滴定剂的氧化还原滴定法。高锰酸钾是一种强氧化剂，它的氧化能力及其还原产物与溶液的酸度有关。

在强酸性溶液中，$KMnO_4$ 被还原为 Mn^{2+}：

$$MnO_4^- + 8H^+ + 5e = Mn^{2+} + 4H_2O \qquad \varphi^\circ = 1.51\ V$$

在弱酸性、中性或弱碱性溶液中，$KMnO_4$ 被还原为 MnO_2：

$$MnO_4^- + 2H_2O + 3e = MnO_2 \downarrow + 4OH^- \qquad \varphi^\circ = 0.59\ V$$

在强碱性溶液中，$KMnO_4$ 被还原为 MnO_4^{2-}：

$$MnO_4^- + e = MnO_4^{2-} \qquad \varphi^\circ = 0.56\ V$$

在强酸性溶液中，此高锰酸钾的氧化能力强，因此高锰酸钾法通常在较强的酸性溶液中进行。滴定时使用 H_2SO_4 控制酸度，酸度为 0.5～1 mol/L，避免使用 HNO_3(具有氧化性)和 HCl(具有还原性)。但高锰酸钾氧化有机物时在碱性条件下的反应速率比在酸性条件下更快，因此用高锰酸钾测定有机物一般在浓度大于 2 mol/L 的氢氧化钠溶液中进行。

高锰酸钾法的优点是氧化能力强，可以采用直接、间接、返滴定等多种方式，对多种有机物和无机物进行测定，应用非常广泛。另外，$KMnO_4$ 本身呈紫红色，在滴定无色或浅色溶液时可作自身指示剂。其缺点是试剂常含少量杂质，因而标准溶液不够稳定，此外，又由于高锰酸钾的氧化能力强，能和许多还原性物质作用，所以滴定的选择性较差。

6.3.2　高锰酸钾标准溶液

1. 高锰酸钾标准溶液的配制

市售高锰酸钾常含有 MnO_2 及其他杂质。蒸馏水中也常含有微量的还原性物质，高锰酸钾会与之逐渐作用被还原。因此，高锰酸钾标准溶液采用间接法配制。

例如，欲配制 $c\left(\frac{1}{5}KMnO_4\right) = 0.10$ mol/L 的标准溶液 1 L。称取分析纯高锰酸钾 3.2 g

溶于 1.2 L 水中，加热至沸，保持微沸，至体积减少到约 1 L，使溶液中可能存在的还原性物质完全氧化。冷却后置暗处放置过夜，用 G-3 玻璃砂芯漏斗过滤二氧化锰沉淀后，滤液贮于棕色试剂瓶中暗处避光保存，贴好标签。

2. 高锰酸钾标准溶液的标定

标定高锰酸钾标准溶液的基准物质有很多，$H_2C_2O_4 \cdot 2H_2O$、As_2O_3、$Na_2C_2O_4$ 等，其中草酸钠最常用，因其易提纯，不含结晶水，性质稳定，在 105～110 ℃下烘干约 2 h，冷却后就可以使用。

草酸钠标定高锰酸钾反应如下：

$$2MnO_4^- + 5C_2O_4^{2-} + 16H^+ = 2Mn^{2+} + 10CO_2\uparrow + 8H_2O$$

为了使滴定反应定量且迅速，应注意以下反应条件：

(1)温度。室温下此反应速度极慢，常将溶液加热至 75～85 ℃进行滴定，但不能超过 90 ℃，否则部分草酸会分解，使标定结果偏高。滴定结束时，不应低于 60 ℃。

$$H_2C_2O_4 = H_2O + CO_2\uparrow + CO\uparrow$$

(2)酸度。开始滴定时，一般控制酸度为 0.5～1 mol/L(硫酸介质)。酸度不够，易生成 MnO_2 沉淀；酸度过高，促使 $H_2C_2O_4$ 分解。滴定终点时溶液的酸度为 0.2～0.5 mol/L。

(3)滴定速度。开始反应速度慢，滴定速度也要慢，在前一滴 $KMnO_4$ 红色没有褪去之前，不要滴入第二滴，否则加入的 $KMnO_4$ 来不及与 $C_2O_4^{2-}$ 反应，即在热的酸性溶液中发生分解，使标定结果偏低。

$$4MnO_4^- + 12H^+ = 4Mn^{2+} + 5O_2\uparrow + 6H_2O$$

只有滴入的 $KMnO_4$ 反应生成 Mn^{2+} 作为催化剂时，滴定才可逐渐加快。若在滴定前加入几滴 $MnSO_4$ 作为催化剂，滴定一开始反应速率就快。

(4)指示剂。$KMnO_4$ 可作自身指示剂，当滴定至溶液呈淡粉红色 30 s 不褪色时为终点，放置时间稍长，空气中的还原性气体和灰尘能使微过量的 $KMnO_4$ 还原而褪色。但使用浓度低至 0.002 mol/L $KMnO_4$ 溶液作为滴定剂时，应加入二苯胺磺酸钠或邻二氮菲-亚铁等指示剂来确定终点。

标定好的高锰酸钾溶液在放置一段时间后，如果发现有沉淀出现，应重新过滤后再标定。

6.3.3 高锰酸钾法应用示例

高锰酸钾氧化能力强，不仅可直接滴定许多还原性物质，对于一些具有氧化性的物质以及一些不具有氧化还原性质的物质，改变滴定方式也能进行测定。

1. 过氧化氢含量的测定

过氧化氢俗称双氧水，分析纯过氧化氢质量浓度约为 30%。在稀硫酸介质中，用高锰酸钾标准溶液直接滴定可测得 H_2O_2 含量。室温条件下，开始滴定时，反应速度较慢，若于滴定前加入少量 Mn^{2+} 为催化剂，可加快反应速度。过氧化氢易分解，测定应尽快完成。反应式为

$$2MnO_4^- + 5H_2O_2 + 6H^+ = 2Mn^{2+} + 8H_2O + 5O_2\uparrow$$

过氧化氢不稳定，工业产品中常加入乙酰苯胺等有机物作为稳定剂，也会与高锰酸钾作用导致结果偏高，可改用碘量法或铈量法效果较好。

2. 软锰矿中 MnO_2 含量的测定

软锰矿中二氧化锰不能用高锰酸钾直接滴定，可采用返滴定法。可在磨细的矿样中先加入一定量过量的草酸钠，然后加硫酸并加热：

$$MnO_2+C_2O_4^{2-}+4H^+ = Mn^{2+}+2H_2O+2CO_2\uparrow$$

当样品中看不到棕黑色颗粒时，表示试样已分解完全，用高锰酸钾标准溶液趁热滴定剩余的草酸，由草酸钠的加入量和高锰酸钾溶液消耗量之差求出二氧化锰的含量。

3. 钙含量的测定

Ca^{2+} 不具有氧化还原性，不能用高锰酸钾标准溶液直接滴定，可采用间接滴定法进行测定，先将样品处理成溶液，然后利用 Ca^{2+} 与 $C_2O_4^{2-}$ 生成 CaC_2O_4 沉淀，经过滤、洗涤后，溶于热的稀硫酸中，用 $KMnO_4$ 标准溶液滴定 $H_2C_2O_4$。

采用均相沉淀法沉淀草酸钙较好，先在酸性溶液中加入过量 $(NH_4)_2C_2O_4$，然后滴加稀氨水使 pH 值逐渐升高，$C_2O_4^{2-}$ 的浓度逐渐增大，使 CaC_2O_4 沉淀均匀而缓慢地生成，得纯净粗大的晶粒，控制溶液 pH 值为 3.5～4.5，避免生成 $Ca(OH)C_2O_4$ 和 $Ca(OH)_2$。沉淀完全后，须放置陈化一段时间后，再过滤、洗涤。

同理，凡是能生成难溶草酸盐的 Pb^{2+}、Ba^{2+}、Sr^{2+} 等金属离子都可用类似方法测定。

4. 水样高锰酸盐指数的测定

高锰酸盐指数是反映水体中有机及无机可氧化物质污染的常用指标。定义：在一定条件下，用高锰酸钾氧化水样中的某些有机物及无机还原性物质，由消耗的高锰酸钾量计算相当的氧量，以 O_2 的 mg/L 表示。水样中的亚硝酸盐、亚铁盐、硫化物等还原性的无机物和在此条件下可被氧化的有机物，均可消耗高锰酸钾，因此高锰酸盐指数常作为地表水体受有机污染物和还原性无机物污染程度的综合指标。高锰酸盐指数不能作为理论需氧量或总有机物含量的指标，因为在规定条件下，有机物只能部分被氧化，易挥发的有机物也不包含在测定值之内。其适用于较清洁水样的测定，如地表水、饮用水和生活污水的测定，分为酸性法和碱性法两种。

酸性高锰酸钾法测定水样时，水样中加硫酸呈酸性后，加入一定量过量的 $KMnO_4$ 溶液，并在沸水浴中加热反应 30 min，反应后剩余的 $KMnO_4$ 通过加入过量的草酸钠标准溶液还原，再用 $KMnO_4$ 标准溶液返滴定过量的草酸钠，通过计算求出高锰酸盐指数值。酸性法适用于氯离子含量不超过 300 mg/L 的水样。

高锰酸盐指数是一个相对的条件性指标，其测定结果与溶液的酸度、高锰酸盐浓度、加热温度和时间有关。因此，测定时必须严格遵守操作规程，使测定结果具有可比性。

测定高锰酸盐指数时，水样采集后，应加入硫酸溶液使 $pH<2$，以抑制微生物活动。样品采集后应尽快分析，必要时在 0～5 ℃冷藏保存，并在 48 h 内测定。

当水样中 $Cl^->300$ mg/L 时，在强酸性溶液中，Cl^- 易被高锰酸钾氧化，带来较大误差。为此，可采用碱性高锰酸钾法测定。

思考题

1. 高锰酸钾的氧化能力和还原产物与溶液介质的关系是什么？

2. 用草酸钠作为基准物标定高锰酸钾溶液时，为什么要用硫酸控制溶液的酸性？是否可用盐酸或硝酸酸化溶液？

3. 高锰酸钾法如何指示滴定终点？

4. 高锰酸钾法测定过氧化氢含量时，如果反应速度较慢，可否采用加热溶液的方式提高反应速度？为什么？

项目实施

水质高锰酸盐指数的测定

[项目准备]

1. 主要仪器

电子分析天平(精度 0.000 1 g)、50 mL 酸式滴定管(棕色)、25 mL 移液管、250 mL 容量瓶、刻度吸量管、水浴锅等。

2. 相关试剂

(1)高锰酸钾固体(分析纯)。

(2)草酸钠：基准试剂，105～110 ℃烘干至恒重。

(3)硫酸溶液：1+3。

(4)待测水样。

3. 标准溶液的配制

(1)$c\left(\frac{1}{5}KMnO_4\right)=0.1$ mol/L 高锰酸钾标准贮备液。称取高锰酸钾固体 1.6 g 溶于水中并稀释至 520 mL，加热至沸，保持微沸约 20 min，冷却后暗处放置过夜，用 G-3 玻璃砂芯漏斗过滤，滤液贮于棕色试剂瓶中暗处避光保存，贴好标签。注：过滤高锰酸钾溶液所使用的玻璃砂芯漏斗预先应以同样的高锰酸钾溶液缓缓煮沸 5 min，收集瓶也要用此高锰酸钾溶液洗涤 2～3 次。

(2)$c\left(\frac{1}{5}KMnO_4\right)=0.01$ mol/L 高锰酸钾标准溶液。吸取上述 $c\left(\frac{1}{5}KMnO_4\right)=0.1$ mol/L 高锰酸钾溶液 25 mL 于 250 mL 容量瓶中，用水稀释至刻度，混匀备用。

(3)$c\left(\frac{1}{2}Na_2C_2O_4\right)=0.010\ 00$ mol/L 草酸钠标准溶液。准确称取 0.167 6 g $Na_2C_2O_4$ 基准试剂于烧杯中，加入适量蒸馏水溶解，转移至 250 mL 容量瓶中，用水稀释至刻度，混匀备用。

[工作流程]

1. 实验步骤

(1)吸取混匀水样 100.0 mL(如高锰酸盐指数高于 10 mg/L，则酌情少取，并用水稀释至100.0 mL)于250 mL锥形瓶中，加入5 mL(1+3)硫酸，混匀。加入10.00 mL $c\left(\frac{1}{5}KMnO_4\right)$=0.01 mol/L高锰酸钾溶液，摇匀，将锥形瓶置于沸水浴内30 min。

(2)取下锥形瓶，趁热加入10.00 mL $c\left(\frac{1}{2}Na_2C_2O_4\right)$=0.010 00 mol/L草酸钠溶液摇匀，立即用$c\left(\frac{1}{5}KMnO_4\right)$=0.01 mol/L高锰酸钾溶液滴定至浅粉色并保持30 s不褪色，记录消耗$KMnO_4$体积V_1。

(3)空白试验。用100 mL水代替样品，按步骤(1)和步骤(2)进行测定，记录消耗$KMnO_4$用量V_0。

(4)把上述空白试验滴定后的溶液加热至约80 ℃，然后加入10.00 mL $c\left(\frac{1}{2}Na_2C_2O_4\right)$=0.010 00 mol/L草酸钠溶液，摇匀，再用$c\left(\frac{1}{5}KMnO_4\right)$=0.01 mol/L高锰酸钾溶液滴定至浅粉色并保持30 s不褪色，记录消耗$KMnO_4$体积V_2。

2. 数据记录

高锰酸盐指数测定数据记录见表6-3。

表6-3 高锰酸盐指数测定数据记录

项目 \ 次数	1	2	3	备用
$c\left(\frac{1}{2}Na_2C_2O_4\right)/(mol\cdot L^{-1})$				
空白所消耗的$KMnO_4$体积V_0/mL				
滴定时消耗$KMnO_4$体积V_1/mL				
标定时消耗$KMnO_4$体积V_2/mL				
高锰酸盐指数/O_2(mg·L^{-1})				
高锰酸盐指数平均值/O_2(mg·L^{-1})				
相对平均偏差/%				

3. 数据处理

高锰酸盐指数按以下公式计算

$$高锰酸盐指数(O_2，mg/L)=\frac{\left[(10.00+V_1)\frac{10.00}{V_2}-10.00\right]\times 0.010\,00\times 8}{100.0}\times 1\,000$$

式中 V_1——滴定样品消耗的$KMnO_4$的体积(mL)；

V_2——标定时所消耗的$KMnO_4$的体积(mL)。

4. 注意事项

(1)水样加热氧化后残留的$KMnO_4$为其加入量的1/3～1/2为宜。加热时，如溶液红色褪去，则说明$KMnO_4$的用量不够，须重新取样，经稀释后再测定。

(2)在酸性条件下，草酸钠和高锰酸钾的反应温度应保持在60～80 ℃，因此滴定操作必须趁热进行，若溶液温度过低，则需适当加热。

项目评价

高锰酸盐指数测定评价指标见表 6-4。

表 6-4　高锰酸盐指数测定评价指标

序号	评价类型	配分	评价指标	分值	扣分	得分
1	职业能力	70	正确使用天平称量基准物草酸钠	5		
			正确配制高锰酸钾的标准溶液	2		
			正确配制草酸钠的标准溶液	3		
			正确使用滴定管，正确控制滴定速度	15		
			正确使用水浴锅加热样品溶液	5		
			有半滴的操作，终点颜色控制正确	3		
			正确进行空白试验	2		
			正确记录、处理数据，合理评价分析结果	10		
			结果相对平均偏差 ≤0.10％不扣分；＞0.10％扣 5 分； ＞0.30％扣 10 分；＞0.50％扣 15 分； ＞0.80％扣 20 分；＞1.0％扣 25 分	25		
2	职业素养	10	坚持按时出勤，遵守纪律	2		
			按要求穿戴实验服、口罩、手套、护目镜	2		
			协作互助，解决问题	2		
			按照标准规范操作	2		
			合理出具报告	2		
3	劳动素养	10	认真填写仪器使用记录	2		
			玻璃器皿洗涤干净，无器皿损坏	4		
			操作台面摆放整洁、有序	4		
4	思政素养	10	如实记录数据，不弄虚作假，具有良好的职业习惯	4		
			涉及硫酸、高锰酸钾、草酸钠等试剂，取用要规范，要有自我安全防范意识； 涉及水浴锅的使用，注意用电安全	2		
			节约试剂和实验室资源，严禁将化学试剂直接倒入环境中； 废纸和废液分类收集、处理，具有环保意识	4		
5	合计	100				

拓展任务

工业过氧化氢含量的测定

[任务描述]

过氧化氢纯品为无色透明稠厚液体，工业产品又称其为双氧水，一般为30%或3%的水溶液。由于 H_2O_2 不稳定，常加入乙酰苯胺等作为稳定剂。H_2O_2 既可作为氧化剂又可作为还原剂，H_2O_2 还具有杀菌、消毒、漂白等作用，常用作分析试剂、氧化剂、漂白剂等。H_2O_2 对皮肤有腐蚀性，有微量杂质存在易引起分解爆炸，应在塑料瓶中密封保存。

[任务目标]

(1)巩固高锰酸钾法的基本理论知识、基本操作技能；

(2)进一步了解高锰酸钾法在实际中的应用；

(3)培养正确选择分析方法、设计分析方案的能力。

[任务准备]

1. 明确方法原理

H_2O_2 在酸性溶液中是强氧化剂，但遇 $KMnO_4$ 时表现为还原剂。在酸性溶液中，H_2O_2 很容易被 $KMnO_4$ 氧化，故采用高锰酸钾标准溶液直接滴定可测得 H_2O_2 含量。反应式如下：

$$2MnO_4^- + 5H_2O_2 + 6H^+ = 2Mn^{2+} + 8H_2O + 5O_2\uparrow$$

开始时，反应很慢，待溶液中生成了 Mn^{2+} 后，反应速度加快(自动催化反应)，故能顺利地、定量地完成反应。稍过量的滴定剂(2×10^{-6} mol/L)显示它本身的颜色(自身指示剂)为终点。

2. 主要仪器

电子分析天平(精度0.000 1 g)、50 mL 酸式滴定管(棕色)、25 mL 移液管、250 mL 容量瓶、刻度吸量管等。

3. 相关试剂

(1)草酸钠：基准试剂，105～110 ℃烘干至恒重；

(2)$KMnO_4$ 标准溶液：$c\left(\frac{1}{5}KMnO_4\right)=0.1$ mol/L；

(3)H_2SO_4 溶液：1+3；

(4)30%双氧水样品。

[任务实施]

1. $c\left(\frac{1}{5}KMnO_4\right)$=0.1 mol/L $KMnO_4$ 标准溶液的标定

称取 0.2 g 于 105～110 ℃烘至恒重的基准草酸钠，精确至 0.000 1 g。放入 250 mL 锥形瓶，加 25 mL 水溶解。再加 10 mL 硫酸溶液(1+3)，用配制好的高锰酸钾溶液滴定，近终点时加热至 65 ℃，继续滴定到溶液呈浅粉色保持 30 s 不褪色为终点，记录消耗高锰酸钾标准溶液的体积。

2. 过氧化氢含量测定

移取 2.00 mL 双氧水样品溶液于 250 mL 容量瓶中，用水稀释至标线充分摇匀。

吸取稀释后的待测溶液 25.00 mL 于 250 mL 锥形瓶中，加 50 mL 水，加 10 mL 硫酸溶液(1+3)，用 $c\left(\frac{1}{5}KMnO_4\right)$=0.1 mol/L $KMnO_4$ 标准溶液滴定至溶液呈浅粉色并保持 30 s 不褪色为终点，记录消耗高锰酸钾标准溶液的体积。

3. 数据记录

(1)$KMnO_4$ 标准溶液标定数据记录见表 6-5。

表 6-5　$KMnO_4$ 标准溶液标定数据记录

项目＼次数		1	2	3	备用
基准物称量	$m_{倾样前}$/g				
	$m_{倾样后}$/g				
	$m(Na_2C_2O_4)$/g				
消耗 $KMnO_4$ 标准溶液的体积 V/mL					
$c\left(\frac{1}{5}KMnO_4\right)/(mol \cdot L^{-1})$					
$c\left(\frac{1}{5}KMnO_4\right)$的平均值/$(mol \cdot L^{-1})$					
相对平均偏差/%					

(2)过氧化氢测定数据记录见表 6-6。

表 6-6　过氧化氢测定数据记录

项目＼次数	1	2	3	备用
$c\left(\frac{1}{5}KMnO_4\right)/(mol \cdot L^{-1})$				

续表

次数 项目	1	2	3	备用
$V(H_2O_2)/mL$				
$V(KMnO_4)/mL$				
$\rho(H_2O_2)/(g \cdot L^{-1})$				
$\rho(H_2O_2)$平均值$/(g \cdot L^{-1})$				
相对平均偏差/%				

4. 数据处理及计算结果

(1)高锰酸钾浓度计算公式。

$$c\left(\frac{1}{5}KMnO_4\right)=\frac{m(Na_2C_2O_4)\times 1\ 000}{M\left(\frac{1}{2}Na_2C_2O_4\right)\times V(KMnO_4)}$$

式中 $c\left(\frac{1}{5}KMnO_4\right)$——$KMnO_4$ 标准溶液的浓度(mol/L);

$V(KMnO_4)$——滴定时消耗 $KMnO_4$ 标准溶液的体积(mL);

$m(Na_2C_2O_4)$——基准物 $Na_2C_2O_4$ 的质量(g);

$M\left(\frac{1}{2}Na_2C_2O_4\right)$——$\frac{1}{2}Na_2C_2O_4$ 的摩尔质量(g/mol)。

(2)过氧化氢含量计算公式。

$$\rho(H_2O_2)=\frac{c\left(\frac{1}{5}KMnO_4\right)\times V(KMnO_4)\times M\left(\frac{1}{2}H_2O_2\right)}{V(H_2O_2)\times\frac{25}{250}}$$

式中 $\rho(H_2O_2)$——H_2O_2 的质量浓度(g/L);

$c\left(\frac{1}{5}KMnO_4\right)$——基本单元为$\frac{1}{5}KMnO_4$ 标准溶液的浓度(mol/L);

$V(KMnO_4)$——滴定时消耗 $KMnO_4$ 标准溶液的体积(mL);

$M\left(\frac{1}{2}H_2O_2\right)$——基本单元为$\frac{1}{2}H_2O_2$ 的过氧化氢的摩尔质量(g/mol);

$V(H_2O_2)$——H_2O_2 试样体积(mL)。

5. 注意事项

(1)标定高锰酸钾溶液时，开始滴定时速度要慢，一定要等前一滴 $KMnO_4$ 红色完全褪去，再滴入下一滴。若滴定速度过快，部分 $KMnO_4$ 将来不及与 $Na_2C_2O_4$ 反应而自身分解。

(2)当滴定到稍微过量的 $KMnO_4$ 在溶液中呈浅粉色并保持 30 s 不褪色时为终点。放置时间较长时，空气中还原性物质及尘埃可能落入溶液中使 $KMnO_4$ 缓慢分解而褪色。

(3)测定过氧化氢时，如反应速度慢，不能通过加热溶液来加快反应速度，可在滴定前加入少量硫酸锰催化 H_2O_2 与 $KMnO_4$ 反应。

(4)若工业产品 H_2O_2 中含有稳定剂如乙酰苯胺，也会消耗 $KMnO_4$ 使得测定结果偏高，应采用碘量法或铈量法进行测定。

[相关链接]

《工业过氧化氢》(GB/T 1616—2014)中规定了工业过氧化氢的分析方法。

阅读材料

《"十四五"国家地表水监测及评价方案(试行)》答记者问

为进一步满足"十四五"全国水生态环境保护工作需求，更好支撑"精准治污、科学治污、依法治污"，2020 年 12 月 22 日，生态环境部印发了《"十四五"国家地表水监测及评价方案(试行)》(以下简称《方案》)(环办监测函〔2020〕714 号)，明确"十四五"国家地表水按"9+X"方式进行监测，按"5+X"方式进行评价，该方案进一步完善国家地表水监测及评价方式，优化监测资源配置，充分发挥国家地表水水质自动监测站(以下简称水站)实时、连续监测优势，实现地表水主要污染指标的实时监控和特征指标的精准监测。该方案将于 2021 年 1 月起实施。

问:《方案》中提出的按"9+X"进行监测，按"5+X"进行评价，分别是指什么?

答:"9+X"是指"十四五"国家地表水监测模式，"5+X"是指"十四五"国家地表水评价模式。

"9"为国控水站配置的水温、pH 值、浊度、电导率、溶解氧、氨氮、高锰酸盐指数、总磷、总氮等 9 项基本监测指标；未建水站的国控断面开展人工采测分离监测。

"X"为《地表水环境质量标准》(GB 3838—2002)表 1 基本项目中，除 9 项基本指标外，上一年及当年出现过的超过Ⅲ类标准限值的指标；若断面考核目标为Ⅰ或Ⅱ类，则为超过Ⅰ或Ⅱ类标准限值的指标。特征指标结合水污染防治工作需求动态调整。"X"指标开展人工采测分离监测。

在 9 项基本指标中，水温、电导率和浊度因无相应的标准限值，作为参考指标，不参与水质评价，总氮参与湖库营养状况评价。水质评价方式为"5+X"，即 pH 值、溶解氧、氨氮、高锰酸盐指数、总磷和"X"特征指标。

问:"十四五"国家地表水"9+X"监测模式具有什么优点?

答:"十四五"国家地表水"9+X"监测模式具有以下优点:

一是具有更好的代表性、科学性，能更好地满足水污染防治工作需求。国家地表水环境监测网监测结果表明，2019 年 1 940 个国家地表水考核断面中有 484 个断面出现超标，其中 5 项基本指标超标断面占总超标断面的 73.3%；"X"指标超标断面共 129 个，占 26.7%；2020 年上半年 1 940 个国家地表水考核断面中有 385 个断面超标，其中 5 项基本指标超标断面占 61.8%，"X"指标超标断面共 147 个，占 38.2%，"X"指标主要为化学需氧量、氟化物、五日生化需氧量、石油类和挥发酚等。"9+X"方式涵盖了我国地表水主要污染指标。

二是具有更好的经济性、可行性，对特征指标实施精准监测，进一步优化了监测资源配置。"十四五"建有水站的断面，开展 9 项基本指标实时、自动监测，充分发挥水站的作用和优势；未建水站的断面开展人工9项基本指标监测；“X”特征指标开展人工监测。与按《地表水环境质量标准》(GB 3838—2002)表1中24项全指标监测相比，对于9项基本指标以外的长期未检出或已稳定达标的指标，不再每月开展人工监测。

“十四五”国控断面“9+X”方式能大大降低监测成本，减轻基层监测人员工作负荷，具有更好的经济性和可行性，更加客观反映地方政府水污染防治成效，有效支撑精准治污、科学治污、依法治污。

来源：生态环境部

习题

一、单项选择题

1. 一般认为，当两电对条件电极电位之差大于(　　)V时，氧化还原反应就能定量完成。

A. 0.1　　B. 0.2

C. 0.4　　D. 0.5

2. 在酸性介质中，用 $KMnO_4$ 溶液滴定草酸钠时，滴定速度(　　)。

A. 像酸碱滴定那样快速　　B. 始终缓慢

C. 开始快然后慢　　D. 开始慢中间逐渐加快最后慢

3. $KMnO_4$ 在强酸性溶液中与还原剂作用生成(　　)。

A. Mn^{2+}　　B. MnO_4^{2-}

C. MnO_2　　D. MnO_4^-

4. 用 $Na_2C_2O_4$ 标定高锰酸钾溶液，刚开始时褪色较慢，但之后褪色变快的原因是(　　)。

A. 温度过低　　B. 反应进行后，温度升高

C. Mn^{2+} 催化作用　　D. 高锰酸钾浓度变小

5. 电极电位对判断氧化还原反应的性质很有用，但它不能判断(　　)。

A. 氧化还原反应的完全程度　　B. 氧化还原反应速率

C. 氧化还原反应的方向　　D. 氧化还原能力的大小

二、多项选择题

1. 在酸性介质中，以 $KMnO_4$ 溶液滴定草酸盐时，对滴定速度的要求错误的是(　　)。

A. 滴定开始时速度快

B. 开始时缓慢进行，中间逐渐加快，最后又要慢下来

C. 开始时快，以后逐渐缓慢

D. 始终缓慢进行

2. 关于影响氧化还原反应速率的因素，下列说法正确的是(　　)。

A. 不同性质的氧化剂反应速率可能相差很大

B. 一般情况下，增加反应物的浓度就能加快反应速度

C. 所有的氧化还原反应都可通过加热的方法加快反应速率

D. 催化剂的使用是提高反应速率的有效方法

3. $KMnO_4$ 法中不宜使用的酸是(　　)。

A. HCl　　B. HNO_3　　C. HAc　　D. $H_2C_2O_4$

4. 以下关于氧化还原滴定中的指示剂叙述正确的是(　　)。

A. 能与氧化剂或还原剂产生特殊颜色的试剂称为氧化还原指示剂

B. 专属指示剂本身可以发生颜色的变化，它随溶液电位的不同而改变颜色

C. 以 $K_2Cr_2O_7$ 滴定 Fe^{2+}，采用二苯胺磺酸钠作为指示剂，滴定终点是出现紫红色

D. 在高锰酸钾法中一般无须外加指示剂

三、判断题

1.(　　)在配制高锰酸钾溶液的过程中，有过滤操作这是为了除去沉淀物。

2.(　　)用基准物 $Na_2C_2O_4$ 标定 $KMnO_4$ 溶液时，使用的指示剂是自身指示剂。

3.(　　)溶液酸度越高，$KMnO_4$ 氧化能力越强，与 $Na_2C_2O_4$ 反应越完全，因此用基准物 $Na_2C_2O_4$ 标定 $KMnO_4$ 溶液时，溶液酸度越高越好。

4.(　　)用基准试剂草酸钠标定 $KMnO_4$ 溶液时，需将溶液加热至 75～85 ℃进行滴定。若超过此温度，会使测定结果偏低。

5.(　　)$KMnO_4$ 溶液不稳定的原因是还原性杂质和自身分解的作用。

四、计算题

1. 称取基物 $Na_2C_2O_4$ 0. 200 2 g，溶解后用 $KMnO_4$ 溶液滴定到终点用去 26. 87 mL，求高锰酸钾溶液浓度 $c\left(\frac{1}{5}KMnO_4\right)$。

2. 已知 1 mL $KMnO_4$ 相当于 0. 012 61 g $H_2C_2O_4 \cdot 2H_2O$，取市售双氧水 3. 00 mL 稀释定容至 250. 0 mL，从中取出 20. 00 mL 试液，需用上述 $KMnO_4$ 溶液 21. 18 mL 滴定至终点。计算每 100. 0 mL 市售双氧水所含 H_2O_2 的质量。

项目 6　水质高锰酸盐指数的测定习题答案

项目7　铁矿石全铁量的测定

项目导入

钢铁行业是我国经济的支柱性产业，而铁矿石是用来提炼钢铁的重要原材料之一，其质量直接影响钢铁生产的成本和效益。铁矿石的检验标准根据品种和用途的不同，主要指标包括铁含量、硅含量、铝含量、钙含量等，其中铁含量是最重要的指标。

项目分析

本项目主要通过对氧化还原滴定法中的重铬酸钾法的学习和探讨，了解氧化还原滴定预处理所用的试剂和使用方法，掌握铁矿石中铁含量的测定以及重铬酸钾法其他方面的应用。

具体要求如下：

(1)能进行重铬酸钾标准溶液的正确配制；

(2)能进行铁矿石铁含量的测定(无汞测铁法)；

(3)能合理设计 COD_{Cr} 的测定方案。

项目导图

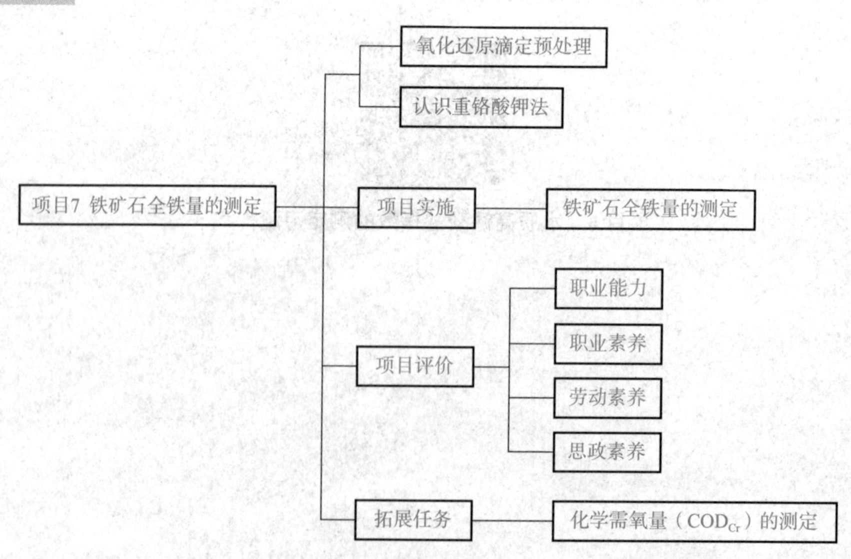

任务7.1 氧化还原滴定预处理

7.1.1 进行氧化还原滴定预处理的必要性

在进行氧化还原滴定之前，经常需要进行预处理，使待测组分处于合适滴定的价态，然后以氧化剂或还原剂的标准溶液滴定。例如测定铁矿石中总铁量时，试样溶解后，一般先用 $SnCl_2$ 将其中的 Fe^{3+} 还原为 Fe^{2+}，然后用 $K_2Cr_2O_7$ 标准溶液滴定，测得总铁量。这种在滴定前将待测组分转变为一定价态的步骤，称为氧化还原滴定的预处理。例如，欲测定试样中 Mn^{2+} 或 Cr^{3+} 的含量。$\varphi^\circ_{Cr_2O_7^{2-}/Cr^{3+}}=1.33\ V$，$\varphi^\circ_{MnO_4^-/Mn^{2+}}=1.51\ V$，由于电位比上述电位高的只有 $(NH_4)_2S_2O_8$ 等少数强氧化剂，而 $(NH_4)_2S_2O_8$ 稳定性差，反应速度又慢，不能做滴定剂，若将它作为预氧化剂，将 Mn^{2+}、Cr^{3+} 氧化成 MnO_4^-、$Cr_2O_7^{2-}$，就可以用还原剂标准溶液(如 Fe^{2+})直接滴定。又如，Sn^{4+} 的测定，要找一个强还原剂来直接滴定它很困难，也需进行预处理，将 Sn^{4+} 预还原成 Sn^{2+}，就可选用合适的氧化剂(如碘溶液)来滴定。

7.1.2 预氧化剂或还原剂的选择

预处理时所用的氧化剂或还原剂应满足下列条件：

(1)必须将待测组分定量地氧化或还原为指定的形态或价态；

(2)预氧化或还原反应速率快；

(3)预氧化或还原反应具有良好的选择性，避免其他组分的干扰。

例如钛铁矿中铁的测定，若采用金属锌为预还原剂，矿石中的 Fe^{3+} 和 Ti^{4+} 都被还原，用 $K_2Cr_2O_7$ 标准溶液滴定 Fe^{2+} 时，就会将 Ti^{3+} 同时滴定，造成较大的误差。此时，若选用 $SnCl_2$ 为预还原剂，则仅能使 Fe^{3+} 还原为 Fe^{2+}，这就提高了反应的选择性。

(4)过量的预氧化剂或预还原剂应易于除去。由于预处理时所用的预氧化剂或预还原剂都是过量的，预处理完毕后，过量的预处理剂必须除去，否则将干扰后续的滴定反应，除去的方法有以下几种：

①加热分解。如 $(NH_4)_2S_2O_8$、H_2O_2、Cl_2 等易分解或易挥发的物质可通过加热煮沸分解除去。

②过滤分离。在 HNO_3 溶液中，$NaBiO_3$ 可将 Mn^{2+} 氧化为 MnO_4^-，$NaBiO_3$ 微溶于水，过量的 $NaBiO_3$ 可过滤分离除去。

③利用化学反应消除。例如用 $HgCl_2$ 除去过量的 $SnCl_2$，其反应为

$$SnCl_2+2HgCl_2 \xlongequal{} SnCl_4+Hg_2Cl_2\downarrow$$

常用的预氧化剂或预还原剂列于表 7-1、表 7-2 中。

表 7-1　常用预氧化剂

氧化剂	反应条件	主要应用	除去方法
$(NH_4)_2S_2O_8$	酸性(Ag^+做催化剂)	$Mn^{2+}\rightarrow MnO_4^-$ $Cr^{3+}\rightarrow Cr_2O_7{}^{2-}$ $Ce^{3+}\rightarrow Ce^{4+}$ $VO^{2+}\rightarrow VO_2{}^+$	煮沸分解
$NaBiO_3$	HNO_3 介质 H_2SO_4 介质	$Mn^{2+}\rightarrow MnO_4^-$ $Ce^{3+}\rightarrow Ce^{4+}$ $Cr^{3+}\rightarrow Cr_2O_7{}^{2-}$	$NaBiO_3$ 微溶于水，过量时可过滤除去
H_2O_2	碱性介质	$Cr^{3+}\rightarrow CrO_4^{2-}$ $Co^{2+}\rightarrow Co^{3+}$	煮沸分解，加入少量 Ni^{2+} 或 I^- 作催化剂可加速 H_2O_2 的分解
Cl_2、Br_2	酸性或中性	$I^-\rightarrow IO_3^-$	煮沸或通空气流
$KMnO_4$	酸性(Cr^{3+} 存在下) 碱性 氟化物、磷酸或焦磷酸盐存在	$VO^{2+}\rightarrow VO_3^-$ $Cr^{3+}\rightarrow CrO_4^{2-}$ $Ce^{3+}\rightarrow Ce^{4+}$	加 NO_2^- 除去
$HClO_4$	热、浓	$Cr^{3+}\rightarrow Cr_2O_7^{2-}$ $VO^{2+}\rightarrow VO_3^-$ $I^-\rightarrow IO_3^-$	迅速冷却，加水稀释
KIO_4	在酸性介质中加热	$Mn^{2+}\rightarrow MnO_4^-$ $Ce^{3+}\rightarrow Ce^{4+}$ $Cr^{3+}\rightarrow Cr_2O_7^{2-}$ $VO^{2+}\rightarrow VO^{3+}$	比色法测微量锰时不必除去过量的 KIO_4； 加入 Hg^{2+}，与过量的 KIO_4 生成 $Hg(IO_4)_2$ 沉淀，过滤除去

表 7-2　常用预还原剂

还原剂	反应条件	主要应用	除去方法
SO_2	酸性	$Fe^{3+}\rightarrow Fe^{2+}$ $AsO_4^{3-}\rightarrow AsO_3{}^{3-}$ $Sb^{5+}\rightarrow Sb^{3+}$ $V^{5+}\rightarrow V^{4+}$ $Cu^{2+}\rightarrow Cu^+$	煮沸或通 CO_2 气流
$SnCl_2$	酸性加热	$Fe^{3+}\rightarrow Fe^{2+}$ As(Ⅴ)→As(Ⅲ) Mo(Ⅵ)→Mo(Ⅴ)	加 $HgCl_2$ 氧化
$TiCl_3$	酸性	$Fe^{3+}\rightarrow Fe^{2+}$	加水稀释，少量 $TiCl_3$ 被水中溶解氧氧化
Zn、Al	酸性	$Fe^{3+}\rightarrow Fe^{2+}$ $Ti^{4+}\rightarrow Ti^{3+}$	过滤或加酸溶解

续表

还原剂	反应条件	主要应用	除去方法
锌汞齐还原柱	酸性	$Fe^{3+} \rightarrow Fe^{2+}$ $Ti^{4+} \rightarrow Ti^{3+}$ $VO_2^{-} \rightarrow VO_2^{2-}$ $Cr^{3+} \rightarrow Cr^{2+}$	
H_2S	强酸性	$Fe^{3+} \rightarrow Fe^{2+}$ $Ce^{4+} \rightarrow Ce^{3+}$ $MnO_4^{-} \rightarrow Mn^{2+}$ $Cr_2O_7^{2-} \rightarrow Cr^{3+}$	煮沸

思考题

1. 氧化还原滴定前，为什么需要预处理？
2. 预处理所用氧化剂或还原剂应具备哪些条件？

任务 7.2 认识重铬酸钾法

7.2.1 方法原理

重铬酸钾（$K_2Cr_2O_7$）是一种较强的氧化剂，在酸性介质中与还原剂作用时被还原为 Cr^{3+}：

$$Cr_2O_7^{2-} + 14H^+ + 6e \longrightarrow 2Cr^{3+} + 7H_2O \qquad \varphi^{\circ}_{Cr_2O_7^{2-}/Cr^{3+}} = 1.33\ V$$

酸性溶液中，重铬酸钾的标准电位比高锰酸钾的标准电位低些，其氧化能力较高锰酸钾稍弱，应用范围不如高锰酸钾法广泛，但它有以下几个特点：

(1)易提纯，在 120 ℃干燥至恒重后，可直接配制标准溶液。

(2)$K_2Cr_2O_7$ 溶液稳定，长期密闭保存其浓度不变。

(3)室温下 $K_2Cr_2O_7$ 不与 Cl^- 作用，故可在 HCl 溶液中滴定。但当 HCl 浓度较大或将溶液煮沸时，$K_2Cr_2O_7$ 也能部分地被 Cl^- 还原。

(4)$K_2Cr_2O_7$ 不能作为自身指示剂，需采用氧化还原指示剂指示滴定终点，常用二苯胺磺酸钠或邻苯氨基苯甲酸指示剂。

(5)六价铬是致癌物，废水污染环境，应加以处理，这是最大的缺点。

7.2.2 应用示例

1. 铁矿石中全铁的测定

重铬酸钾法是测定铁矿石中全铁量的标准方法。根据预氧化还原方法的不同，有

$SnCl_2$-$HgCl_2$ 法和 $SnCl_2$-$TiCl_3$ 法(无汞测定法)。

(1)$SnCl_2$-$HgCl_2$ 法。试样用浓 HCl 加热分解，先用 $SnCl_2$ 在热浓 HCl 中将 Fe^{3+} 还原为 Fe^{2+}，冷却后用 $HgCl_2$ 氧化过量的 $SnCl_2$，再加水稀释，并加入硫酸-磷酸混合酸和二苯胺磺酸钠指示剂，立即用 $K_2Cr_2O_7$ 标准溶液滴至溶液由浅绿色(Cr^{3+})变为蓝紫色。

用盐酸溶解铁矿石：$Fe_2O_3+6HCl \longrightarrow 2FeCl_3+3H_2O$

预还原：

$$2Fe^{3+}+Sn^{2+} \longrightarrow 2Fe^{2+}+Sn^{4+}$$

$$SnCl_2(\text{剩余})+2HgCl_2 \longrightarrow SnCl_4+Hg_2Cl_2\downarrow$$

滴定反应：

$$6Fe^{2+}+Cr_2O_7^{2-}+14H^+ \longrightarrow 2Cr^{3+}+6Fe^{3+}+7H_2O$$

滴定中加入硫酸-磷酸混合酸的作用：硫酸用来保证足够的酸度；磷酸与滴定过程中生成的 Fe^{3+} 作用，生成$[Fe(HPO_4)_2]^-$(无色)络离子，消除 Fe^{3+} 的黄色，有利于观察终点，并降低了铁电对的电极电位，使滴定突跃增大，这样二苯磺酸钠变色点的电位落在滴定的电位突跃范围之内。

$SnCl_2$-$HgCl_2$ 法是测铁的经典方法，简便、快速、准确，但汞有毒，环境污染严重。

(2)$SnCl_2$-$TiCl_3$ 联合还原剂测定法(无汞测定法)。试样用 HCl 加热溶解后，在热溶液中，先用 $SnCl_2$ 把大部分 Fe^{3+} 还原为 Fe^{2+}，然后以钨酸钠作指示剂，用 $TiCl_3$ 还原剩余的 Fe^{3+}，当过量 1 滴 $TiCl_3$ 溶液使钨酸钠还原为蓝色五价钨的化合物(俗称钨蓝)，使溶液呈蓝色并保持 30 s 不褪色即可。

$$Fe^{3+}+Ti^{3+}+H_2O \longrightarrow Fe^{2+}+TiO^{2+}+2H^+$$

加水稀释后，以 Cu^{2+} 为催化剂，稍过量的 Ti^{3+} 被水中溶解氧氧化为 Ti^{4+}：

$$4Ti^{3+}+2H_2O+O_2 \longrightarrow 4TiO^{2+}+4H^+$$

钨蓝也被氧化，蓝色褪去，或直接滴加重铬酸钾溶液至蓝色褪去，预还原步骤完成，此时应立即用重铬酸钾标准溶液滴定，以免空气中氧气氧化 Fe^{2+} 而引起误差。以二苯胺磺酸钠作指示剂，为不使终点提前，须在硫磷混合酸介质中进行。

2. 工业废水、污水化学需氧量 COD_{Cr} 的测定——重铬酸盐法

化学需氧量 COD_{Cr} 是指在强酸并加热的条件下，用重铬酸钾作为氧化剂处理水样时所消耗氧化剂的量，以氧的 mg/L 表示。化学需氧量反映了水中受还原性物质污染的程度。水中还原性物质包括有机物、亚硝酸盐、亚铁盐、硫化物等。水体被有机物污染是相当普遍的，因此化学需氧量常作为有机物相对含量的指标之一，但只能反映能被氧化的有机物的污染，不能反映多环芳烃、PCB、二噁英类等的污染状况。

《水质 化学需氧量的测定 重铬酸盐法》(HJ 828—2017)测定水样时，在水样中加入已知量的重铬酸钾溶液，并在强酸介质下以银盐做催化剂，经沸腾回流后，以试亚铁灵为指示剂，用硫酸亚铁铵标准溶液滴定水样中未被还原的重铬酸钾，由消耗的重铬酸钾的量计算出消耗氧的质量浓度。

重铬酸钾法测定的化学需氧量是我国控制工业排水水质的主要指标之一。重铬酸钾可将大部分有机物氧化，加入硫酸银做催化剂，直链脂肪族化合物可有 85%～95%被氧化，但对芳香族有机物及一些杂环化合物效果并不大，挥发性直链脂肪族化合物、苯等有机物存在于蒸气相中，不能与氧化剂液体接触，氧化不明显。因此，测定的不是全部有机物。氯离子能被重铬酸盐氧化，并能与硫酸银作用产生沉淀，影响测定结果，故在回流前向水

样中加入硫酸汞，使成为络合物以消除干扰。氯离子含量高于 1 000 mg/L 的样品应先做定量稀释，使含量低至 1 000 mg/L 以下，再行测定。

该方法优点：准确可靠。

其缺点：

(1)该方法耗时太多；

(2)回流设备占用较大空间，使批量测定有困难；

(3)分析费用较高(银盐耗量大)；

(4)实验二次污染严重(铬、汞)。

3. 利用 $Cr_2O_7^{2-}$—Fe^{2+} 反应测定其他物质

$Cr_2O_7^{2-}$ 与 Fe^{2+} 的反应可逆性强，速度快，计量关系好，无副反应发生，指示剂变色明显。此反应不仅用于测铁，还可利用它间接地测定多种物质。

(1)测定氧化剂。NO_3^-(ClO_3^-)等氧化剂被还原的反应速率较慢，测定时可加入过量的 Fe^{2+} 标准溶液与其反应：

$$3Fe^{2+} + NO_3^- + 4H^+ \xlongequal{} 3Fe^{3+} + NO + 2H_2O$$

待反应完全后，用 $K_2Cr_2O_7$ 标准溶液返滴定剩余的 Fe^{2+}，即可求出 NO_3^- 含量。

(2)测定还原剂。一些强还原剂如 Ti^{3+} 等极不稳定，易被空气中的氧氧化。为使测定准确，可将 Ti^{4+} 流经还原柱后，用盛有 Fe^{3+} 溶液的锥形瓶接收，此时发生如下反应：

$$Ti^{3+} + Fe^{3+} \xlongequal{} Ti^{4+} + Fe^{2+}$$

置换出的 Fe^{2+} 再用 $K_2Cr_2O_7$ 标准溶液滴定。

1. 重铬酸钾法的特点有哪些？
2. 重铬酸钾法测定铁矿石中的全铁时，滴定前为什么要加入 H_2SO_4-H_3PO_4 混酸？

项目实施

铁矿石全铁量的测定

[项目准备]

1. 主要仪器

电子分析天平(精度 0.000 1 g)、50 mL 酸式滴定管、25 mL 移液管、250 mL 容量瓶、电炉等。

2. 相关试剂

(1)铁矿石粉样品。

(2)重铬酸钾：基准试剂、140～150 ℃干燥至恒重。

(3)盐酸溶液：1+1、1+4。

(4)$SnCl_2$ 溶液(10%)：10 g $SnCl_2 \cdot 2H_2O$ 溶于 100 mL 盐酸(1+1)中(临用前配制)。

(5)$TiCl_3$ 溶液(15 g/L)：10 mL$TiCl_3$ 试剂溶液，用盐酸(1+4)稀释至 100 mL，存放于棕色试剂瓶中(临用前配制)。

(6)Na_2WO_4 溶液(10%)：10 g Na_2WO_4 溶于 95 mL 水中，加 5 mL 磷酸，混匀，存放于棕色试剂瓶中。

(7)硫、磷混酸溶液：在搅拌下将 100 mL 浓硫酸缓慢加入 250 mL 水中冷却后加入 150 mL 磷酸，混匀。

(8)二苯胺磺酸钠指示液(2 g/L)：0.5 g 二苯胺磺酸钠，溶于 100 mL 水中，加入 2 滴浓硫酸，混匀，存放于棕色试剂瓶中。

3. 标准溶液的配制

$K_2Cr_2O_7$ 标准溶液：准确称取 1.4 g $K_2Cr_2O_7$ 基准试剂(精确至 0.000 1 g)于小烧杯中，加水溶解，定量转移至 250 mL 容量瓶中，加水稀释至刻度，摇匀。

[工作流程]

1. 实验步骤

准确称取铁矿石粉 0.2～0.3 g 于 250 mL 锥形瓶中，用少量水润湿后，加入 10 mL 浓 HCl，盖上表面皿，在通风橱中缓慢加热使试样溶解(残渣为接近白色的 SiO_2)，此时溶液为橙黄色。用少量水吹洗表面皿及烧杯壁，加热近沸。趁热滴加 $SnCl_2$ 溶液至溶液呈浅黄色，加水约 100 mL，然后加钨酸钠指示液 10 滴，用三氯化钛溶液还原至溶液呈蓝色，再滴加稀重铬酸钾溶液至蓝色刚好消失。冷却至室温，立即加 30 mL 硫磷混酸和 15 滴二苯胺磺酸钠指示液，用重铬酸钾标准溶液滴定至溶液刚呈紫色时为终点，记录消耗重铬酸钾标准溶液的体积。

2. 数据记录

铁含量测定数据记录见表 7-3。

表 7-3 未知试样中铁含量测定数据记录

项目 \ 次数	1	2	3	备用
$m(K_2Cr_2O_7)$/g				
$c\left(\frac{1}{6}K_2Cr_2O_7\right)$/(mol·L^{-1})				
m(样品)/g				
消耗重铬酸钾标准溶液的体积 V/mL				
未知试样铁含量 w/%				
未知试样铁含量 w 的平均值/%				
相对平均偏差/%				

3. 数据处理

(1)重铬酸钾标准溶液浓度计算公式：

$$c\left(\frac{1}{6}K_2Cr_2O_7\right)=\frac{m(K_2Cr_2O_7)}{M\left(\frac{1}{6}K_2Cr_2O_7\right)\times 250.0\times 10^{-3}}$$

式中 $c\left(\frac{1}{6}K_2Cr_2O_7\right)$——铬酸钾标准溶液浓度(mol/L)；

$m(K_2Cr_2O_7)$——基准试剂重铬酸钾的质量(g)；

$M\left(\frac{1}{6}K_2Cr_2O_7\right)$——$\frac{1}{6}K_2Cr_2O_7$ 的摩尔质量(g/mol)。

(2)未知试样中铁含量计算公式：

$$w(Fe)=\frac{c\left(\frac{1}{6}K_2Cr_2O_7\right)\times V(K_2Cr_2O_7)\times M(Fe)\times 10^{-3}}{m(样品)}\times 100\%$$

式中 $w(Fe)$——铁矿石中铁的百分含量%；

$V(K_2Cr_2O_7)$——滴定时消耗重铬酸钾标准溶液的体积(mL)；

m(铁矿石)——铁矿石样品的质量(g)；

$M(Fe)$——Fe 的摩尔质量(g/mol)。

4. 注意事项

(1)加入 $SnCl_2$ 不能过量，否则使测定结果偏高。如不慎过量，可滴加 2%$KMnO_4$ 溶液使试液呈浅黄色。

(2)Fe^{2+} 在磷酸介质中易被氧化，必须在“钨蓝”褪色后 1 min 内立即滴定，否则测定结果偏低。

项目评价

铁矿石全铁量的测定评价指标见表 7-4。

表 7-4　铁矿石全铁量测定评价指标

序号	评价类型	配分	评价指标	分值	扣分	得分
1	职业能力	70	正确使用天平称量基准物和样品，称量范围±10%	5		
			在通风橱中正确溶解铁矿石，制备 Fe^{3+} 的待测试液	2		
			正确使用容量瓶配制重铬酸钾的标准溶液	3		
			Fe^{3+} 待测试液的预处理过程正确	5		
			正确使用滴定管，正确控制滴定速度	10		
			正确使用移液管	5		
			有半滴的操作，终点颜色控制正确	5		
			正确记录、处理数据，合理评价分析结果	10		

续表

序号	评价类型	配分	评价指标	分值	扣分	得分
1	职业能力	70	结果相对平均偏差 ≤0.10%不扣分；>0.10%扣5分； >0.30%扣10分；>0.50%扣15分； >0.80%扣20分；>1.0%扣25分	25		
2	职业素养	10	坚持按时出勤，遵守纪律	2		
			按要求穿戴实验服、口罩、手套、护目镜	2		
			协作互助，解决问题	2		
			按照标准规范操作	2		
			合理出具报告	2		
3	劳动素养	10	认真填写仪器使用记录	2		
			玻璃器皿洗涤干净，无器皿损坏	4		
			操作台面摆放整洁、有序	4		
4	思政素养	10	如实记录数据，不弄虚作假，具有良好的职业习惯	2		
			涉及盐酸、硫酸、磷酸、钨酸钠、重铬酸钾、氯化亚锡等试剂，取用要规范； 样品的溶解要在通风橱中进行，要有自我安全防范意识； 涉及电炉的使用，注意用电安全	4		
			节约试剂和实验室资源，严禁将化学试剂直接倒入环境中； 废纸和废液分类收集处理，重铬酸钾剧毒，单独收集处理，具有环保意识	4		
5	合计	100				

拓展任务

化学需氧量(COD_{Cr})的测定

[任务描述]

化学需氧量(COD_{Cr})是衡量水质被污染程度的重要指标。它是指在一定的条件下，以重铬酸钾为强氧化剂处理水样时所消耗的氧化剂的量。水中的还原性物质包括各种有机物以及亚硝酸盐、硫化物、亚铁盐等还原性的无机物，但主要为有机物。因此，化学需氧量(COD_{Cr})往往又作为衡量水中有机物质含量多少的指标。在河流污染和工业废水性质的研究以及废水处理厂的运行管理中，化学需氧量(COD_{Cr})是一个重要的指标，也是我国实施排放总量控制的指标之一。

[任务目标]

(1)巩固重铬酸钾法的基本理论知识、基本操作技能。

(2)进一步了解重铬酸钾法在实际中的应用。

(3)培养正确选择分析方法、设计分析方案的能力。

[任务准备]

1. 明确方法原理

水样与过量重铬酸钾在硫酸介质中及硫酸银催化下，有 Cl^- 的干扰加硫酸汞消除，回流加热 2 h，冷却后以试亚铁灵为指示剂用硫酸亚铁铵标准溶液回滴剩余的重铬酸钾，当溶液由黄色经蓝绿色到刚好变为红褐色为终点，同时做空白试验，分别记录消耗硫酸亚铁铵标准溶液的体积，通过计算得出水样的化学需氧量。

2. 主要仪器

电子分析天平(精度 0.000 1 g)、50 mL 酸式滴定管、25 mL 移液管、250 mL 容量瓶、球形冷凝管、刻度吸量管、磨口锥形瓶、电炉等。

3. 相关试剂

(1)浓硫酸(H_2SO_4)。

(2)硫酸银-硫酸溶液：称取 10 g 硫酸银，加到 1 L 浓硫酸中，放置 1～2 天使之溶解，并混匀，使用前小心摇匀。

(3)试亚铁灵指示剂：称取 1.5 g 邻菲罗啉，0.7 g 硫酸亚铁($FeSO_4 \cdot 7H_2O$)溶于水，稀释至 100 mL，贮存于棕色试剂瓶中。

(4)待测水样。

4. 标准溶液配制

(1)$c\left(\frac{1}{6}K_2Cr_2O_7\right)=0.025\ 00$ mol/L 重铬酸钾标准溶液。称取 0.122 6 g(±0.000 1 g)的 $K_2Cr_2O_7$ 基准物质，加入少量蒸馏水溶解后，转移入 100 mL 容量瓶中稀释、定容、摇匀。

(2)$c[(NH_4)_2Fe(SO_4)_2 \cdot 6H_2O]=0.005$ moL/L 硫酸亚铁铵标准溶液。称取 1.0 g 硫酸亚铁铵$[(NH_4)_2Fe(SO_4)_2 \cdot 6H_2O]$溶于蒸馏水中，加入 10 mL 浓硫酸，待溶液冷却后，稀释至 500 mL。

[任务实施]

1. $c[(NH_4)_2Fe(SO_4)_2 \cdot 6H_2O]=0.005$ moL/L 硫酸亚铁铵标准溶液的标定

移取 5.00 mL 重铬酸钾标准溶液于锥形瓶中，用水稀释至约 50 mL，缓缓加入 15 mL

浓硫酸，混匀，冷却后加入3滴试亚铁灵指示剂，用硫酸亚铁铵溶液滴定，溶液的颜色由黄色经蓝绿色至刚转变为红褐色为终点，记录消耗的硫酸亚铁铵标准溶液的体积。

2. 样品测定

移取10.00 mL水样于磨口锥形瓶中，加入5.00 mL重铬酸钾标准溶液和几颗玻璃珠，摇匀。将锥形瓶连接到回流装置冷凝管下端，从冷凝管上端慢慢加入15 mL硫酸银-硫酸溶液，加热回流2 h。

回流并冷却后，自冷凝管上端加入45 mL水冲洗冷凝管，取下锥形瓶。溶液冷却至室温后，加入3滴试亚铁灵指示剂，用硫酸亚铁铵溶液滴定，溶液的颜色由黄色经蓝绿色至刚转变为红褐色为终点，记录消耗的硫酸亚铁铵标准溶液的体积。

按样品测定相同的步骤，以10.00 mL蒸馏水代替水样进行空白试验，记录空白滴定时消耗硫酸亚铁铵标准溶液的体积V_0。

3. 数据记录

(1)硫酸亚铁铵标准溶液的标定数据记录见表7-5。

表7-5　硫酸亚铁铵标准溶液的标定数据记录

项目	1	2	3	备用
$c\left(\frac{1}{6}K_2Cr_2O_7\right)/(moL \cdot L^{-1})$				
$V(K_2Cr_2O_7)/mL$				
标定时消耗硫酸亚铁铵体积V/mL				
$c[(NH_4)_2Fe(SO_4)_2 \cdot 6H_2O]/(moL \cdot L^{-1})$				
$c[(NH_4)_2Fe(SO_4)_2 \cdot 6H_2O]$的平均值$/(moL \cdot L^{-1})$				
相对平均偏差/%				

(2)化学需氧量COD_{Cr}测定数据记录见表7-6。

表7-6　化学需氧量COD_{Cr}测定数据记录

项目	1	2	3	备用
$V_{水样}/mL$				
$c\left(\frac{1}{6}K_2Cr_2O_7\right)/(moL \cdot L^{-1})$				
$V(K_2Cr_2O_7)/mL$				
$c[(NH_4)_2Fe(SO_4)_2 \cdot 6H_2O]/(moL \cdot L^{-1})$				
空白消耗硫酸亚铁铵体积V_0/mL				
滴定时消耗硫酸亚铁铵体积V/mL				
化学需氧量(COD)/(O_2，$mg \cdot L^{-1}$)				
化学需氧量(COD)平均值/(O_2，$mg \cdot L^{-1}$)				
相对平均偏差/%				

4. 数据处理及计算结果

(1)硫酸亚铁铵标准溶液的标定计算公式。

$$c(Fe^{2+})=\frac{5.00\times 0.025\ 00}{V}$$

式中 $c(Fe^{2+})$——硫酸亚铁铵的浓度(mol/L);

V——滴定时消耗硫酸亚铁铵标准溶液的体积(mL)。

(2)化学需氧量 COD_{Cr} 计算公式。

$$COD(O_2,\ mg/L)=\frac{c(Fe^{2+})\times(V_0-V)\times 8}{V_{水样}}\times 1\ 000$$

式中 $c(Fe^{2+})$——硫酸亚铁铵标准溶液的浓度(moL/L);

V_0——空白试验所消耗的硫酸亚铁铵标准溶液的体积(mL);

V——滴定水样所消耗的硫酸亚铁铵标准溶液的体积(mL);

8——以 $\frac{1}{4}O_2$ 为基本单元时 O_2 的摩尔质量(g/mol);

$V_{水样}$——水样的体积(mL)。

5. 注意事项

(1)用 $c(1/6K_2Cr_2O_7)=0.25$ mol/L 重铬酸钾溶液可测定大于 50 mg/L 的 COD 值,未经稀释水样的测定上限是 700 mg/L,用 $c(1/6K_2Cr_2O_7)=0.025$ mol/L 重铬酸钾溶液可测定 5~50 mg/L 的 COD 值,但低于 10 mg/L 时测量准确度较差。

(2)可用邻苯二甲酸氢钾标准溶液检查试剂的质量和操作技术,每克邻苯二甲酸氢钾的理论 COD_{Cr} 为 1.176 g,故溶解 0.425 1 g 邻苯二甲酸氢钾于水中,定量转入 1 000 mL 容量瓶中,用水稀释至标线,得到 500 mg/L 的 COD_{Cr} 标准溶液,用时新配。

(3)水样加热回流后,溶液中重铬酸钾剩余量应是加入量的 1/5~4/5 为宜。

(4)每次实验时,应对硫酸亚铁铵标准溶液进行标定,室温高时尤其应注意其浓度的变化。

(5)样品溶液浓度低时,取样体积可适当增加,同时其他试剂量也应按比例增加。

[相关链接]

《水质 化学需氧量的测定 重铬酸钾法》(HJ 828—2017)中规定了水质化学需氧量的测定方法——重铬酸钾法。

阅读材料

环境优先污染物

有毒化学污染物的监测和控制无疑是环境监测的重点。世界上已知的化学品有 700 万种之多,而进入环境的化学物质已达 10 万种。因此,不论从人力、物力、财力还是从化学毒物的危害程度和出现频率的实际情况而言,某一实验室不可能对每种化学品都进行监测、实行控制,而只能有重点、有针对性地对部分污染物进行监测和控制。这就必须确定一个筛选原则,对众多有毒污染物进行分级排序,从中筛选出潜在危害性大、在环境中出现频率高的污染物作为监测和控制的对象。这一筛选过程就是数学上的优先过程，经过优先选择的污染物称为环境优先污染物，简称优先污染物(priority pollutants)。对优先污染物进行的监测称为优先监测。

早期人们控制污染的对象主要是一些进入环境数量大(或浓度高)、毒性强的物质，如重金属等，其毒性多以急性毒性反映，且数据容易获得。有机污染物由于种类多、含量低、分析水平有限，故以综合指标COD、BOD、TOC等来反映。但随着生产和科学技术的发展，人们逐渐认识到一批有毒污染物(其中绝大部分是有机物)，可在极低的浓度下在生物体内积累，对人体健康和环境造成严重的甚至不可逆的影响。许多痕量有毒有机物对综合指标COD、BOD、TOC等影响甚小，但对环境的危害很大，此时，综合指标已不能反映有机污染状况。这些就是需要优先控制的污染物，它们具有如下特点：难以降解，在环境中有一定残留水平，出现频率较高，具有生物积累性，具有致癌、致畸、致突变(“三致”)性质、毒性较大，以及目前已有检测方法的一类物质。

美国是最早开展优先监测的国家。早在20世纪70年代中期，就在《清洁水法案》中明确规定了129种优先污染物，它一方面要求排放优先污染物的工厂采用最佳可利用技术(BAT)，控制点源污染排放。另一方面制定环境质量标准，对各水域实施优先监测。其后又提出了43种空气优先污染物名单。

苏联卫生部于1975年公布了水体中有害物质的最大允许浓度，其中无机物73种，后又补充了30种，共103种；有机物378种，后又补充了118种，共496种。实施10年后，又补充了65种有机物，合计达664种之多。在1975年公布的工作环境空气和居民区大气中有害物质最大允许浓度中，无机物及其混合物达266种，有机物达856种，合计达1 122种之多。

欧洲共同体(现为欧洲联盟)在1975年提出的《关于水质的排放标准》的技术报告，列出了所谓“黑名单”和“灰名单”。

“中国环境优先监测研究”也已完成，提出了“中国环境优先污染物黑名单”，包括14个化学类别共68种有毒化学物质，其中有机物占58种。

来源：中国标准物质网

习题

一、单项选择题

1. 关于重铬酸钾法下列说法不正确的是(　　)。

A. $K_2Cr_2O_7$ 可作为自身指示剂

B. $K_2Cr_2O_7$ 易制得纯品，可用直接法配制成标准溶液

C. 反应中 $Cr_2O_7^{2-}$ 被还原为 Cr^{3+}，基本单元为 $1/6\ K_2Cr_2O_7$

D. $K_2Cr_2O_7$ 有毒，使用时要注意废液的处理，以免污染环境

2. 重铬酸钾基准试剂在使用前应在(　　)℃灼烧至恒重。

A. 250～270　　B. 800

C. 140～150　　D. 270～300

3. 重铬酸钾法测定铁时，加入硫酸的作用主要是(　　)。

A. 降低 Fe^{3+} 浓度　　B. 增加酸度

C. 防止沉淀　　D. 变色明显

4. 在含有少量 Sn^{2+} 离子 $FeSO_4$ 溶液中，用 $K_2Cr_2O_7$ 法滴定 Fe^{2+}，应先消除 Sn^{2+} 的干扰，宜采用(　　)。

A. 控制酸度法　　B. 配位掩蔽法

C. 离子交换法　　D. 氧化还原掩蔽法

5. 重铬酸钾测铁，现已采用 $SnCl_2$-$TiCl_3$ 还原 Fe^{3+} 为 Fe^{2+}，稍过量的 $TiCl_3$ 用下列方法指示(　　)。

A. Ti^{3+} 的紫色　　B. Fe^{3+} 的黄色

C. Na_2WO_4 还原为钨蓝　　D. 四价钛的沉淀

二、多项选择题

1. 重铬酸钾滴定法测铁时，加入 H_3PO_4 的作用，正确的是(　　)。

A. 防止沉淀

B. 提高酸度

C. 降低 Fe^{3+}/Fe^{2+} 电位，使突跃范围增大

D. 变色明显

2. 下列说法不正确的是(　　)。

A. 电对的电位越低，其氧化型的氧化能力越强

B. 电对的电位越高，其氧化型的氧化能力越强

C. 电对的电位越高，其还原型的还原能力越强

D. 氧化剂可以氧化电位比它高的还原剂

3. 以下关于氧化还原滴定中的指示剂的叙述正确的是(　　)。

A. 能与氧化剂或还原剂产生特殊颜色的试剂称为自身指示剂

B. 氧化还原指示剂本身可以发生颜色的变化，它随溶液电位的不同而改变颜色

C. 以 $K_2Cr_2O_7$ 滴定 Fe^{2+}，采用二苯胺磺酸钠为指示剂，滴定终点是紫红色褪去

D. 邻二氮菲-亚铁盐指示剂的还原型是红色，氧化型是浅蓝色

4. 关于重铬酸钾法，下列说法正确的是(　　)。

A. 反应中 $Cr_2O_7^{2-}$ 被还原为 Cr^{3+}，基本单元为 $1/6K_2Cr_2O_7$

B. $K_2Cr_2O_7$ 易制得纯品，可用直接法配制成标准溶液

C. $K_2Cr_2O_7$ 可作为自身指示剂($Cr_2O_7{}^{2-}$ 橙色，Cr^{3+} 绿色)

D. 常温下，反应可在盐酸介质中进行，Cl^- 无干扰

三、判断题

1. (　　)在酸性介质中，$K_2Cr_2O_7$ 是比 $KMnO_4$ 更强的一种氧化剂。

2. (　　)$K_2Cr_2O_7$ 标准溶液可以直接配制，而且配制好的 $K_2Cr_2O_7$ 标准溶液可长期保存在密闭容器中。

3. (　　)重铬酸钾法测定铁矿石中铁含量时，加入磷酸的主要目的是加快反应速度。

4. (　　)用于 $K_2Cr_2O_7$ 法中的酸性介质只能是硫酸，而不能用盐酸。

5. (　　)用重铬酸钾测定铁矿石中含铁量时，需外加氧化还原指示剂。

四、计算题

1. 如何配制 $c\left(\frac{1}{6}K_2Cr_2O_7\right)$=0.025 00 mol/L 的重铬酸钾溶液 250.0 mL?

2. 用 $K_2Cr_2O_7$ 标准溶液测定 1.000 g 试样中的铁。试问 1.000 L $K_2Cr_2O_7$ 标准溶液中应含有多克 $K_2Cr_2O_7$ 时，才能使滴定管读到的体积(单位 mL)恰好等于试样铁的质量分数(%)。

项目7　铁矿石全铁量的测定习题答案

项目8　水中溶解氧的测定

项目导入

2006年2月和3月，素有“华北明珠”美誉的华北地区最大淡水湖泊——白洋淀，相继发生大面积死鱼事件。调查结果显示，水体污染较重，水中溶解氧过低造成鱼类窒息是死鱼事件的主要原因。

溶解氧是指溶解于水中的分子态氧，是鱼类及水生生物赖以生存的基础。当水体被污染时，会导致溶解氧含量降低。水中溶解氧含量的多少，不仅关系到鱼的摄食、成长与生存，还影响生态系统的平衡稳定，因此溶解氧也是衡量水质好坏的重要指标之一。

项目分析

本项目的主要任务是通过对氧化还原滴定法中碘量法的学习和探讨，掌握碘量法对水中溶解氧的测定及其他方面的应用。

具体要求如下：

(1)掌握硫代硫酸钠准溶液的配制方法；

(2)掌握硫代硫酸钠准溶液的标定方法及条件控制；

(3)能进行水中溶解氧的测定(间接碘量法)；

(4)能合理设计维生素C片中抗坏血酸含量的测定方案。

项目导图

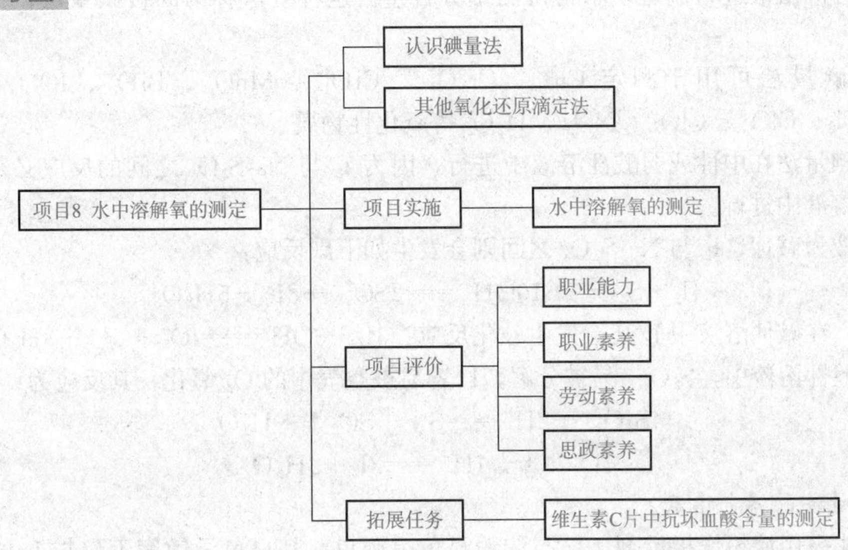

任务 8.1 认识碘量法

8.1.1 方法原理

碘量法是基于 I_2 的氧化性及 I^- 的还原性所建立起来的氧化还原滴定法。

由于 I_2 在水中的溶解度很小(298 K 时为 0.001 2 mol/L)，且 I_2 易挥发，常把 I_2 溶于过量 KI 溶液中，以 I_3^- 形式存在，既减少 I_2 的挥发性，也增加了 I_2 的溶解度。

$$I^- + I_2 = I_3^-$$

为方便和明确化学计量关系，一般仍简写为 I_2，其半反应式为

$$I_2 + 2e = 2I^- \qquad \varphi^\circ_{I_2/I^-} = 0.545\ V$$

I_2 是较弱的氧化剂，能与较强的还原剂作用，而 I^- 是中等强度的还原剂，可与许多氧化剂作用。因此碘量法可分为直接碘量法和间接碘量法两种。

1. 直接碘量法

电极电位比 $\varphi^\circ_{I_2/I^-}$ 小的还原性物质，可以直接用 I_2 的标准溶液滴定，这种方法称为直接碘量法，又称碘滴定法。

直接碘量法可以测定 S^{2-}、$S_2O_3^{2-}$、SO_3^{2-}、As_2O_3、维生素 C、Sn^{2+}、SbO_3^{3-} 等强还原性物质。直接碘量法只能在中性或弱酸性溶液中进行，因为当溶液 pH>8 时，部分 I_2 发生歧化反应。

$$3I_2 + 6OH^- = IO_3^- + 5I^- + 3H_2O$$

2. 间接碘量法

电极电位比 $\varphi^\circ_{I_2/I^-}$ 大的氧化性物质，在一定条件下用 KI 还原，定量析出的 I_2 可用 $Na_2S_2O_3$ 标准溶液进行滴定，求得待测组分含量。这种方法称为间接碘量法，又称滴定碘法。

间接碘量法可用于测定 Cu^{2+}、$Cr_2O_7^{2-}$、CrO_4^{2-}、MnO_4^-、BrO_3^-、IO_3^-、AsO_4^{3-}、SbO_4^{3-}、Cl_2、ClO^-、ClO_3^-、NO_2^-、H_2O_2 等氧化性物质。

间接碘量法在中性或弱酸性溶液中进行，因为 I_2 与 $Na_2S_2O_3$ 之间的反应必须在中性或弱酸性溶液中进行。

若溶液为碱性，I_2 与 $Na_2S_2O_3$ 之间则会发生如下副反应：

$$4I_2 + S_2O_3^{2-} + 10OH^- = 2SO_4^{2-} + 8I^- + 5H_2O$$

另外，在碱性溶液中 I_2 还会发生歧化反应：$3I_2 + 6OH^- = IO_3^- + 5I^- + 3H_2O$

在强酸性溶液中，$S_2O_3^{2-}$ 易被分解，I^- 容易被空气中的 O_2 氧化，其反应为

$$S_2O_3^{2-} + 2H^+ = S\downarrow + SO_2\uparrow + H_2O$$

$$4I^- + O_2 + 4H^+ = 2I_2 + 2H_2O$$

3. 碘量法的终点指示

碘量法采用淀粉作指示剂，I_2 与淀粉显色呈蓝色，其显色灵敏度不仅与 I_2 的浓度有

关，还与淀粉的性质、溶液的温度、反应介质及加入时间等条件有关。在使用淀粉指示剂指示终点时要注意以下几点：

(1)所用的淀粉必须是可溶性淀粉。

(2)I_2 与淀粉显色的蓝色在热溶液中会消失，因此，不能在热溶液中进行滴定。

(3)在 I^- 存在时，I_2 与淀粉在中性、弱酸性溶液中显色灵敏度很高，I_2 浓度达到 5×10^{-6} mol/L 时即显蓝色。淀粉指示剂的用量为 2～5 mL(5 g/L 的淀粉指示液)。当 pH<2 时，淀粉水解成糊精，与 I_2 作用显红色；当 pH>9 时，I_2 转变 IO^-，与淀粉不显色。

(4)直接碘量法用淀粉溶液指示终点时，应在滴定开始时加入，终点时溶液由无色突变为蓝色。间接碘量法用淀粉溶液指示终点时，应在滴至近终点时(用 $Na_2S_2O_3$ 标准溶液滴定至 I_2 的黄色很浅时)加入淀粉指示剂，继续用 $Na_2S_2O_3$ 标准溶液滴定至蓝色刚褪去。若指示剂加得过早，则由于淀粉胶粒包裹较多的 I_2，会使这部分 I_2 不易与 $Na_2S_2O_3$ 立即作用，以致滴定终点不敏锐。

4. 碘量法的误差来源和防止措施

碘量法的误差源于两个方面，I_2 易挥发和 I^- 易被空气中的 O_2 氧化。

为防止 I_2 的挥发可加入过量的 KI(一般比理论量多 2～3 倍)，使 I_2 变成 I_3^-，增大 I_2 的溶解度，降低 I_2 的挥发性；在室温下进行滴定；析出碘的反应在碘量瓶中避光进行，析出碘后及时滴定；滴定时不要剧烈摇动溶液，滴定速度稍快。

为了防止 I^- 被空气中的 O_2 氧化，溶液酸度不宜过高；光照及 Cu^{2+}、NO_2^- 等能催化 I^- 被空气中的 O_2 氧化，应将析出 I_2 的碘量瓶置于暗处并预先除去干扰离子。

8.1.2 碘量法标准溶液

1. 碘标准溶液的制备

市售碘不纯，用升华法可得到纯碘，用它可直接配成标准溶液，但由于碘的挥发性及对电子分析天平的腐蚀性，一般将市售碘配制成近似浓度的溶液，然后标定。

由于 I_2 难溶于水，易溶于 KI 溶液，故配制时应将 I_2 及 KI 一起置于研钵中，加少量水研磨，使碘全部溶解，再用水稀释，并贮存于棕色试剂瓶中避光保存，避免碘液与橡皮等有机物接触，也要防止见光、受热，否则浓度会发生改变。

I_2 溶液可用三氧化二砷(As_2O_3，俗称砒霜，剧毒)做基准物来标定，砒霜难溶于水，可用氢氧化钠溶液溶解，再用稀硫酸中和，然后加入碳酸氢钠保持溶液的 pH 约为 8，采用淀粉指示剂，用待标定的碘溶液滴定。

$$As_2O_3 + 6OH^- = 2AsO_3^{3-} + 3H_2O$$

$$AsO_3^{3-} + I_2 + H_2O = AsO_4^{3-} + 2I^- + 2H^+$$

AsO_3^{3-} 与 I_2 的反应是可逆的，加入碳酸氢钠保持溶液的 pH 值约为 8，反应能定量向右进行。在酸性溶液中，则 AsO_4^{3-} 氧化 I^- 而析出 I_2。

由于 As_2O_3 为剧毒物，碘溶液的浓度一般常用标定好的硫代硫酸钠标准溶液来标定。

2. 硫代硫酸钠标准溶液的制备

市售硫代硫酸钠($Na_2S_2O_3 \cdot 5H_2O$)常含少量 S、Na_2CO_3、Na_2SO_4、Na_2SO_3、NaCl 等杂质，容易风化潮解，需采用间接法配制标准溶液。

配制好的 $Na_2S_2O_3$ 溶液不稳定，易分解。这是由于在水中的 CO_2、空气中的 O_2、微生物等作用下，$Na_2S_2O_3$ 发生如下反应：

$$S_2O_3^{2-}+CO_2+H_2O = S\downarrow+HSO_3^-+HCO_3^-$$

$$2S_2O_3^{2-}+O_2 = 2S\downarrow+2SO_4^{2-}$$

$$S_2O_3^{2-}\xrightarrow{\text{微生物}}S\downarrow+SO_3^{2-}$$

此外，水中微量的 Cu^{2+} 或 Fe^{3+} 等杂质能促使 $Na_2S_2O_3$ 溶液分解，因此，配制硫代硫酸钠标准溶液时应使用新煮沸(除 CO_2、O_2，杀菌)并冷却了的蒸馏水，并加入少量碳酸钠使溶液呈弱碱性，以抑制细菌生长。配好的溶液置于棕色瓶中以防光照分解，暗处放置两周后标定其浓度，如发现有浑浊(S 沉淀)，应重配或过滤后再标定。

标定硫代硫酸钠溶液可用重铬酸钾、溴酸钾、碘酸钾等基准物质，常用重铬酸钾，价低易纯制。例如准确称取一定量重铬酸钾基准物质与过量 KI 在酸性溶液中反应，然后用待标定的硫代硫酸钠溶液滴定析出的 I_2。

标定反应如下：

$$Cr_2O_7^{2-}+6I^-+14H^+ = 2Cr^{3+}+3I_2+7H_2O$$

$$2S_2O_3^{2-}+I_2 = S_4O_6^{2-}+2I^-$$

为防止 I^- 被空气中的 O_2 氧化，基准物质与 KI 反应时，酸度应控制为 0.2～0.4 mol/L，且加入 KI 的量是理论量的 5 倍，以加大反应速率及减小 I_2 的挥发。

8.1.3 碘量法应用示例

1. 维生素 C 含量的测定

维生素 C 又叫抗坏血酸，其分子式($C_6H_8O_6$)中的烯二醇具有还原性，能被定量地氧化为二酮基：

$$C_6H_8O_6+I_2 = C_6H_6O_6+2HI$$

维生素 C 的还原能力很强，在空气中极易被氧化，在碱性条件下尤甚，测定时应加入 HAc 使溶液呈弱碱性，以减少维生素 C 的副反应。

维生素 C 含量的测定方法：准确称取含维生素 C 的试样，溶解在新煮沸且冷却的蒸馏水中，加 HAc 使其呈弱酸性，加淀粉指示剂，立即用 I_2 标准溶液滴定至终点(呈现稳定的浅蓝色)。

2. 间接碘量法测铜盐

间接碘量法测铜盐是基于 Cu^{2+} 与过量的 KI 反应定量地析出 I_2，然后用 $Na_2S_2O_3$ 标准溶液滴定，反应式如下：

$$2Cu^{2+}+4I^- = 2CuI\downarrow+I_2\text{(控制 pH}=3\sim4)$$

$$2S_2O_3^{2-}+I_2 = S_4O_6^{2-}+2I^-$$

由于 CuI 沉淀表面会强烈吸附 I_2，从而导致测定结果偏低。为此测定时常加入 KSCN，使 CuI 转化成溶解度更小的 CuSCN 沉淀，以减小对 I_2 的吸附，提高测定的准确度。

$$CuI+KSCN = CuSCN\downarrow+I^-$$

KSCN 应在近终点时加入，否则 SCN^- 也会还原 I_2，使结果偏低。

3. 水中溶解氧测定(DO)

溶解于水中的分子态氧称为溶解氧，它是水生生物主要的生存条件之一。天然水中溶解氧的含量与大气压力、空气中氧的分压和水温、水层的深度及含盐量等因素密切相关。清洁的地面水溶解氧量一般接近饱和值(8～14 mg/L)。当有大量藻类繁殖时，溶解氧可能过饱和。

水体受有机、无机还原性物质污染时，会使溶解氧的量降低。当大气中的氧来不及补充时，水中溶解氧的量逐渐减少，以至趋近于零。此时厌氧菌迅速繁殖，使水中有机物质发生厌氧腐败分解，导致水质恶化。因此水样中溶解氧的含量是衡量水体污染的一个重要指标。

碘量法测定溶解氧的原理：往水样中加入硫酸锰及碱性碘化钾(NaOH+KI)溶液，生成白色沉淀 $Mn(OH)_2$，沉淀不稳定，水中溶解氧会将其氧化成棕色高价锰的沉淀，加入硫酸后，沉淀溶解析出定量的碘，析出的 I_2 用硫代硫酸钠标准溶液滴定，以淀粉为指示剂，终点为蓝色消失。反应式：

$$Mn^{2+}+2OH^{-}=\!=\!=Mn(OH)_2\downarrow(\text{白色})$$

$$2Mn(OH)_2+O_2=\!=\!=2MnO(OH)_2\downarrow(\text{棕色})$$

$$MnO(OH)_2+2I^{-}+4H^{+}=\!=\!=Mn^{2+}+I_2+3H_2O$$

$$I_2+2S_2O_3^{2-}=\!=\!=2I^{-}+S_4O_6^{2-}$$

思考题

1. 碘量法的主要误差来源有哪些？为什么碘量法不适宜在高酸度或高碱度下进行？

2. 碘量法终点的颜色变化以及淀粉指示剂应在何时加入(分直接碘量法和间接碘量法讨论)？

3. 在配制 I_2 溶液时，加入 KI 的作用是什么？配制硫代硫酸钠标准溶液应注意什么？

任务 8.2 其他氧化还原滴定法

8.2.1 溴酸钾法

$KBrO_3$ 在酸性溶液中是一种强氧化剂，其氧化还原半反应式为

$$BrO_3^{-}+6H^{+}+6e=\!=\!=Br^{-}+3H_2O \qquad \varphi^{\circ}_{BrO_3^{-}/Br^{-}}=1.44\ V$$

$KBrO_3$ 容易从水溶液中重结晶而提纯，在 130 ℃烘干后，就可以直接称量配制成 $KBrO_3$ 标准溶液。在酸性溶液中可直接滴定一些还原性的物质，如 As(Ⅲ)、Sb(Ⅲ)、Sn^{2+}、联氨(N_2H_4)等。

由于 $KBrO_3$ 本身与还原剂反应速度较慢，实际上常在 $KBrO_3$ 的标准溶液中，加入过量的 KBr 并将溶液酸化，发生如下反应：

$$BrO_3^- + 5Br^- + 6H^+ \xlongequal{\quad} 3Br_2 + 3H_2O$$

定量析出的 Br_2 与待测还原性物质反应，反应达到化学计量点后，稍过量的 Br_2 使指示剂(如甲基橙或甲基红)变色，从而指示终点。

溴酸钾法常与碘量法配合使用，即在酸性溶液中加入一定量且过量的 $KBrO_3$-KBr 标准溶液，与被测物反应完全后，过量的 Br_2 与加入的 KI 反应析出 I_2，再以淀粉为指示剂，用 $Na_2S_2O_3$ 标准溶液滴定。

$$Br_2(\text{过量}) + 2I^- \xlongequal{\quad} 2Br^- + I_2$$

$$I_2 + 2S_2O_3^{2-} \xlongequal{\quad} 2I^- + S_4O_6^{2-}$$

这种间接溴酸钾法在有机分析中应用较多，例如苯酚的测定就是利用苯酚与溴的反应。

$$3Br_2 + C_6H_5OH \xrightleftharpoons{\text{取代}} C_6H_2Br_3OH + 3HBr$$

待反应完全后，使剩余的溴与过量的 KI 作用，析出相当量的 I_2，然后用 $Na_2S_2O_3$ 标准溶液滴定。用加入的 $KBrO_3$-KBr 标准溶液的量减去剩余量即可计算试样中苯酚的含量。

8.2.2 铈量法

硫酸高铈 $Ce(SO_4)_2$ 在酸性溶液中是一种强氧化剂，其半反应式为

$$Ce^{4+} + e \xlongequal{\quad} Ce^{3+} \qquad \varphi^{\circ}_{Ce^{4+}\,Ce^{3+}} = 1.61\ V$$

Ce^{4+}/Ce^{3+} 电对的电极电位与酸性介质的种类和浓度有关。由于 Ce^{4+} 在 $HClO_4$ 中不形成配合物，因此在 $HClO_4$ 介质中，Ce^{4+}/Ce^{3+} 的电极电位最高，应用也较多。

Ce^{4+} 标准溶液一般都用硫酸铈铵[$Ce(SO_4)_2 \cdot 2(NH_4)_2SO_4 \cdot 2H_2O$]或硝酸铈铵[$Ce(NO_3)_4 \cdot 2NH_4NO_3$]直接称量配制而成。由于它们容易提纯，不必另行标定，但是 Ce^{4+} 极易水解，在配制 Ce^{4+} 溶液和滴定时，都应在强酸溶液中进行，$Ce(SO_4)_2$ 虽呈黄色，但显色不够灵敏，常用邻二氮菲-亚铁作指示剂。

$Ce(SO_4)_2$ 的氧化性与 $KMnO_4$ 差不多，凡是 $KMnO_4$ 能测定的物质绝大多数能用铈量法测定。与高锰酸钾法相比，铈量法还具有如下优点：

(1)可直接配制标准溶液，$Ce(SO_4)_2$ 标准溶液很稳定，放置较长时间或加热煮沸皆不易分解；

(2)Ce^{4+} 的还原反应是单电子反应，没有中间产物形成，反应简单，副反应少。有机物存在时，Ce^{4+} 滴定 Fe^{2+} 仍可得到良好结果；

(3)可以在 HCl 介质中直接用 Ce^{4+} 滴定还原性物质；

(4)铈盐无毒。

铈盐价格较高，因此在实际工作中应用不多。

项目实施

水中溶解氧的测定

[项目准备]

1. 主要仪器

电子分析天平(精度 0.000 1 g)、50 mL 酸式滴定管(棕色)、25 mL 移液管、250 mL 容量瓶、刻度吸量管、碘量瓶、溶解氧瓶等。

2. 相关试剂

(1)硫代硫酸钠固体。

(2)重铬酸钾：基准试剂，140～150 ℃烘干至恒重。

(3)碘化钾固体。

(4)碱性碘化钾溶液。

(5)$MnSO_4$ 溶液。

(6)浓硫酸。

(7)硫酸溶液：1+5。

(8)淀粉指示液：5 g/L，0.5 g 可溶性淀粉放入小烧杯，加水 10 mL 使其成糊状，在搅拌下倒入 90 mL 沸水，微沸 2 min，冷却后转移至 100 mL 试剂瓶。

(9)待测水样。

3. 标准溶液的配制

(1)$c(Na_2S_2O_3)=0.01$ mol/L 硫代硫酸钠标准溶液。称取 26 g $Na_2S_2O_3\cdot 5H_2O$ 溶于新煮沸且冷却的蒸馏水中，并稀释至 1 000 mL，放置两周后过滤。其浓度 $c(Na_2S_2O_3)=0.1$ mol/L。

取 25.00 mL 上述 0.1 mol/L 的 $Na_2S_2O_3$ 溶液至 250 mL 容量瓶中，稀释、定容、摇匀。

(2)$c\left(\frac{1}{6}K_2Cr_2O_7\right)=0.025\ 00$ mol/L 重铬酸钾标准溶液。准确称取 0.122 6 g $K_2Cr_2O_7$ 基准物于小烧杯中，加入少量水溶解后，定量转入 100 mL 容量瓶中，稀释、定容、摇匀。

[工作流程]

1. 实验步骤

(1)$c(Na_2S_2O_3)=0.01$ mol/L $Na_2S_2O_3$ 标准溶液的标定。在 250 mL 碘量瓶中加入 1 g KI 及 50 mL 水，再加入 10.00 mL $c\left(\frac{1}{6}K_2Cr_2O_7\right)=0.025\ 00$ mol/L 重铬酸钾标准溶液，5 mL H_2SO_4(1+5)溶液，盖上碘量瓶的盖子，摇匀，瓶口水封，于暗处静置 5 min，取

出，用 $Na_2S_2O_3$ 溶液滴定，滴定至淡黄色后，加入约 1 mL 的淀粉指示液，继续滴定至蓝色刚好褪去，记录消耗 $Na_2S_2O_3$ 标准溶液的体积，同时做空白试验。

(2)溶解氧的测定。

①地表水样的采集。水样采集后，用虹吸法转移到溶解氧瓶内，并使水样从瓶口流出 10 s 左右。

②溶解氧的固定。取样之后，将刻度吸量管插入液面下，依次加入 1 mL 硫酸锰和 2 mL 碱性碘化钾溶液，盖好瓶塞，勿使瓶内有气泡产生，颠倒混合约 15 次，静置，待沉淀降到一半时，再颠倒混合几次，静置。

③游离碘。确保所形成的沉淀已沉降至溶解氧瓶下三分之一。轻轻打开瓶塞，立即用刻度吸量管从液面下加 2 mL 浓硫酸，小心盖好瓶塞，颠倒混合摇匀至沉淀全部溶解。然后放置暗处 5 min。

④滴定。移取 100.0 mL 上述溶液于 250 mL 锥形瓶中，用标定好的硫代硫酸钠溶液滴定至溶液呈淡黄色，加入 1 mL 淀粉溶液，继续滴定至恰好使蓝色褪去，记录消耗 $Na_2S_2O_3$ 标准溶液的体积。

2. 数据记录

(1) $Na_2S_2O_3$ 标准溶液标定数据记录见表 8-1。

表 8-1　$Na_2S_2O_3$ 标准溶液标定数据记录

次数 / 项目	1	2	3	备用
$c\left(\frac{1}{6}K_2Cr_2O_7\right)/(mol\cdot L^{-1})$				
消耗 $Na_2S_2O_3$ 标准溶液的体积 V/mL				
空白试验消耗 $Na_2S_2O_3$ 标准溶液的体积 V_0/mL				
$c(Na_2S_2O_3)/(mol\cdot L^{-1})$				
$c(Na_2S_2O_3)$的平均值$/(mol\cdot L^{-1})$				
相对平均偏差/%				

(2)溶解氧测定数据记录见表 8-2。

表 8-2　溶解氧测定数据记录

采样时水温：　℃

采样时气压：　mmHg　　　　DO 饱和值/(O_2，$mg\cdot L^{-1}$)：

次数 / 项目	1	2	备用
水样/mL			
$c(Na_2S_2O_3)/(mol\cdot L^{-1})$			

续表

次数 / 项目	1	2	备用
滴定时消耗 $Na_2S_2O_3$ 的体积 V_1/mL			
DO/(O_2，$mg \cdot L^{-1}$)			
DO 平均值/(O_2，$mg \cdot L^{-1}$)			
相对平均偏差/%			
DO 饱和度/%			

3 数据处理

(1)硫代硫酸钠标准溶液的浓度按以下公式计算：

$$c(Na_2S_2O_3)=\frac{c\left(\frac{1}{6}K_2Cr_2O_7\right)\times V(K_2Cr_2O_7)}{V(Na_2S_2O_3)-V_0}$$

式中 $c(Na_2S_2O_3)$——$Na_2S_2O_3$ 标准溶液的浓度(mol/L)；

$V(Na_2S_2O_3)$——滴定时消耗 $Na_2S_2O_3$ 标准溶液的体积(mL)；

V_0——空白试验滴定时消耗 $Na_2S_2O_3$ 标准溶液的体积(mL)；

$V(K_2Cr_2O_7)$——移取 $K_2Cr_2O_7$ 标准溶液的体积(mL)；

$c(1/6K_2Cr_2O_7)$——$1/6K_2Cr_2O_7$ 的浓度(mol/L)。

(2)水中溶解氧按以下公式计算：

$$DO(mg/L)=\frac{c(Na_2S_2O_3)\times V(Na_2S_2O_3)\times M\left(\frac{1}{4}O_2\right)\times 10^{-3}\times 10^{3}}{V_{样品}\times 10^{-3}}$$

式中 $c(Na_2S_2O_3)$——$Na_2S_2O_3$ 标准溶液的浓度(mol/L)；

$V(Na_2S_2O_3)$——滴定时消耗 $Na_2S_2O_3$ 标准溶液的体积(mL)；

$M\left(\frac{1}{4}O_2\right)$——$\frac{1}{4}O_2$ 的摩尔质量(g/moL)；

V(样品)——滴定时样品的体积(mL)。

4. 注意事项

(1)用 $Na_2S_2O_3$ 滴定生成 I_2 时，应保持溶液呈中性或弱酸性，故常在滴定前用水稀释，以降低酸度。用基准物 $K_2Cr_2O_7$ 标定时，通过稀释，还可以减少 Cr^{3+} 的绿色对终点的影响。

(2)滴定至终点后，经过 5～10 min 后，溶液出现蓝色，这是由于空气氧化 I^- 引起的，属正常现象，不影响标定结果。若滴定至终点后，溶液很快变蓝色，可能是由于酸度不足或放置时间不够使 $K_2Cr_2O_7$ 与 KI 的反应未完全，此时应弃去重做。

(3)溶解氧水样中不能有气泡产生，否则会带来误差。

(4)溶解氧的测定过程中所加试剂要求从液面以下加入，避免溶解氧浓度发生变化。

项目评价

水中溶解氧的测定评价指标见表 8-3。

表 8-3　水中溶解氧测定评价指标

序号	评价类型	配分	评价指标	分值	扣分	得分
1	职业能力	70	正确使用天平称量基准物重铬酸钾	3		
			正确使用容量瓶配制重铬酸钾的标准溶液	2		
			正确配制硫代硫酸钠的溶液	3		
			正确采用虹吸法采集溶解氧的水样	2		
			正确制备溶解氧的样品	2		
			正确使用滴定管，正确控制滴定速度	15		
			正确使用移液管	3		
			正确使用淀粉指示剂，终点颜色控制正确	5		
			正确记录、处理数据，合理评价分析结果	10		
			结果相对平均偏差 ≤0.10%不扣分；＞0.10%扣 5 分； ＞0.30%扣 10 分；＞0.50%扣 15 分； ＞0.80%扣 20 分；＞1.0%扣 25 分	25		
2	职业素养	10	坚持按时出勤，遵守纪律	2		
			按要求穿戴实验服、口罩、手套、护目镜	2		
			协作互助，解决问题	2		
			按照标准规范操作	2		
			合理出具报告	2		
3	劳动素养	10	认真填写仪器使用记录	2		
			玻璃器皿洗涤干净，无器皿损坏	4		
			操作台面摆放整洁、有序	4		
4	思政素养	10	如实记录数据，不弄虚作假，具有良好的职业习惯	4		
			涉及硫酸、重铬酸钾、硫酸锰、硫代硫酸钠、碘化钾等试剂，取用要规范，要有自我安全防范意识	2		
			节约试剂和实验室资源，严禁将化学试剂直接倒入环境中； 废纸和废液分类收集处理，重铬酸钾有剧毒，单独收集处理，具有环保意识	4		
5	合计	100				

拓展任务

维生素C片中抗坏血酸含量的测定

[任务描述]

维生素C是一种有机化合物，又名抗坏血酸，简称VC，分子式为$C_6H_8O_6$。维生素C通常是片状，有时是针状的单斜晶体，参与机体复杂的代谢过程，能促进生长和增强对疾病的抵抗力，可用作营养增补剂、抗氧化剂，也可用作小麦粉改良剂。维生素C可用作分析试剂，如还原剂、掩蔽剂等。维生素C无臭，味酸，易溶于水，微溶于乙醇，水溶液呈酸性，有显著的还原性，尤其在碱性溶液中更容易被氧化，在弱酸条件下较稳定。

[任务目标]

(1)巩固碘量钾法的基本理论知识、基本操作技能；

(2)进一步了解碘量法在实际中的应用；

(3)培养正确选择分析方法、设计分析方案的能力。

[任务准备]

1. 明确方法原理

维生素C分子式($C_6H_8O_6$)中的烯二醇具有还原性，能被I_2氧化为二酮基，故可采用直接碘量法测定其含量。

$$C_6H_8O_6+I_2 = C_6H_6O_6+2HI$$

维生素C的还原能力很强，在空气中极易被氧化，在碱性条件下尤甚，测定时应加入HAc使溶液呈弱酸性，以减少维生素C的副反应。

2. 主要仪器

电子分析天平(精度0.000 1 g)、50 mL酸式滴定管(棕色)、25 mL移液管、250 mL容量瓶等。

3. 相关试剂

(1)维生素C试样。

(2)2 mol/L醋酸溶液：冰醋酸60 mL，用蒸馏水稀释至500 mL。

(3)淀粉指示剂(5 g/L)。

4. 标准溶液

(1)硫代硫酸钠的标准溶液：$c(Na_2S_2O_3)=0.1$ mol/L(已标定出准确浓度)。

(2)I_2的标准溶液：$c\left(\frac{1}{2}I_2\right)=0.1$ mol/L，称取6.5 g I_2和20 g KI于小烧杯中，加少

量水，研磨或搅拌至 I_2 完全溶解(KI 可分 4～5 次加入，每次加水 5～10 mL)，转入 500 mL 棕色试剂瓶中，加水稀释至 500 mL，摇匀，待标定。

[任务实施]

1. $c\left(\frac{1}{2}I_2\right)=0.1$ mol/L 碘标准溶液的标定

准确移取已知准确浓度的硫代硫酸钠标准溶液 25.00 mL 于 250 mL 的碘量瓶中，加水 150 mL，加入淀粉指示剂 3 mL，用待标定的碘的标准溶液滴定至溶液呈蓝色为终点，记录消耗碘标准溶液的体积。

2. 维生素 C 片中抗坏血酸含量的测定

准确称取维生素 C 样品(事先研成细粉)0.2 g 置于 250 mL 锥形瓶中，加入 100 mL 新煮沸且冷却的蒸馏水，加入 10 mL HAc 溶液，轻轻摇动使之溶解，加淀粉指示剂 2 mL，立即用碘的标准溶液滴定至溶液刚好呈蓝色 30 s 内不褪色为终点，记录消耗的碘标准溶液的体积。

3. 数据记录

(1)碘标准溶液标定数据记录见表 8-4。

表 8-4　碘标准溶液标定数据记录

项目 \ 次数	1	2	3	备用
$c(Na_2S_2O_3)/(mol \cdot L^{-1})$				
消耗碘标准溶液的体积 V/mL				
$c\left(\frac{1}{2}I_2\right)/(mol \cdot L^{-1})$				
$c\left(\frac{1}{2}I_2\right)$的平均值/$(mol \cdot L^{-1})$				
相对平均偏差/%				

(2)维生素 C 片中抗坏血酸含量测定数据记录见表 8-5。

表 8-5　维生素 C 片中抗坏血酸含量测定数据记录

项目 \ 次数	1	2	3	备用
碘标准溶液浓度 $c\left(\frac{1}{2}I_2\right)/(mol \cdot L^{-1})$				
m(样品)倾样前/g				
m(样品)倾样后/g				
m(样品)/g				
消耗碘标准溶液的体积 V/mL				
w(VC)/%				
w(VC)平均值/%				
相对平均偏差/%				

4. 数据处理及计算结果

(1)碘标准溶液浓度计算公式：

$$c\left(\frac{1}{2}I_2\right)=\frac{c(Na_2S_2O_3)\times 25.00}{V}$$

式中 $c(Na_2S_2O_3)$——$Na_2S_2O_3$ 标准溶液的浓度(mol/L)；

V——滴定消耗碘标准溶液的体积(mL)。

(2)维生素 C 中抗坏血酸含量测定计算公式：

$$w(VC)=\frac{c\left(\frac{1}{2}I_2\right)\times V(I_2)\times 10^{-3}\times M\left(\frac{1}{2}VC\right)}{m(样品)}\times 100\%$$

式中 $w(VC)$——试样中维生素 C 的质量分数(%)；

$c\left(\frac{1}{2}I_2\right)$——碘标准溶液浓度(mol/L)；

V——滴定样品所用的碘标准溶液体积(mL)；

$M\left(\frac{1}{2}VC\right)$——$\frac{1}{2}$VC 的摩尔质量(g/moL)；

m(样品)——称取维生素 C 样品的质量(g)。

[相关链接]

《化学试剂 L(+)-抗坏血酸》(GB/T 15347—2015)中规定了化学试剂抗坏血酸的分析方法，《食品添加剂 维生素 C(抗坏血酸)》(GB 14754—2010)中规定了食品添加剂维生素 C(抗坏血酸)的分析方法，均采用直接碘量法。《饮料通用分析方法》(GB/T 12143—2008)中规定了果蔬汁饮料中 L-抗坏血酸的测定方法，采用乙醚萃取法。

阅读材料

著名的八大公害事件

公害事件是指因环境污染造成的在一段时间内人群大量发病和死亡事件。20 世纪 30 年代至 60 年代，发生了八起震惊世界的公害事件。

1. 比利时马斯河谷烟雾事件

1936 年 12 月，比利时马斯河工业区。该工业区处于狭窄的盆地中，大量的炼焦、炼钢、硫酸等企业排放大量烟气且碰上气候变化，形成一层厚厚烟雾“棉被”覆盖在整个马斯河谷工业区的上空，工厂排出的有害气体在近地层积累，无法扩散，致几千人呼吸道发病，最后 60 余人死亡，数千人患病。

2. 美国多诺拉镇烟雾事件

1948 年 10 月 26 日至 31 日，美国宾夕法尼亚州多诺拉镇。该镇处于马蹄形河湾峪，10 月最后一个星期大部分地区受逆温控制，加上后期持续有雾，使大气污染物在近地层积累，造成 5 910 人患病，17 人死亡。

3. 伦敦烟雾事件

1952 年 12 月 5 日至 8 日，英国伦敦市。大量工厂生产和居民燃煤取暖排出的废气在近地面积累，造成4 000多人死亡，事故后又因事故得病而死亡8 000多人。这是20世纪世界上最大的由燃煤引发的城市烟雾事件。

4. 美国洛杉矶光化学烟雾事件

20世纪40年代初期，美国洛杉矶市。同样是污染物在近地面积累，但污染源是当时洛杉矶的250万多辆汽车排放的机动车尾气，尾气中氢化合物、氮氧化物、一氧化碳等在光照作用下形成以臭氧为主的光化学烟雾。烟雾致人五官发病、头疼、胸闷，汽车、飞机安全运行受威胁，交通事故增加，据不完全统计，该事件造成2 000多人死亡。

5. 日本水俣病事件

1953年至1956年，日本水俣市。日本熊本县水俣市含甲基汞的工业废水污染水体，使水中鱼中毒，人食用鱼后发病。据日本1972年公布，日本前后发生三次水俣病，患者计900人，其中死亡60人。

6. 日本富山骨痛病事件

1955年至1972年，日本富山县。锌、铅冶炼厂等排放的含镉废水污染了神通川水体，两岸居民利用河水灌溉农田，使稻米和饮用水含镉。造成30多人死亡，280余人患病。

7. 日本四日市气喘病事件

1961年，日本四日市。1955年以来，该市石油冶炼和工业燃油产生的废气，严重污染城市空气。重金属微粒与二氧化硫形成硫酸烟雾，1961年，当地居民哮喘病发作。1972年，当地居民在该市共确认受害人2 000余人，死亡10多人。

8. 日本米糠油事件

1963年，日本北九州市、爱知县一带。日本九州大牟田市一家粮食加工食用油工厂生产米糠油过程中，由于多氯联苯生产管理不善，混入米糠油中，食用后致人中毒(这个事件应该是食品安全事件)。造成5 000余人患病，16人死亡。

习题

一、单项选择题

1. 下列不是标定硫代硫酸钠标准溶液的基准物的是(　　)。

A. 升华碘　　B. KIO_3

C. $K_2Cr_2O_7$　　D. $KBrO_3$

2. 配制I_2标准溶液时，是将I_2溶解在(　　)中。

A. 水　　B. KI溶液

C. HCl溶液　　D. KOH溶液

3. 在间接碘法测定中，下列操作正确的是(　　)。

A. 边滴定边快速摇动

B. 加入过量KI，并在室温和避免阳光直射的条件下滴定

C. 在70～80 ℃恒温条件下滴定

D. 滴定一开始就加入淀粉指示剂

4. 溶解氧的测定采用(　　)。

A. 高锰酸钾法　　B. 重铬酸钾法　　C. 直接碘量法　　D. 间接碘量法

5. 在碘量法中，淀粉是专属指示剂，当溶液呈蓝色时，这是(　　)。

A. 碘的颜色　　B. 游离碘与淀粉生成物的颜色

C. I^-的颜色　　D. I^-与淀粉生成物的颜色

二、多项选择题

1. 用间接碘量法进行定量分析时，应注意的问题为(　　)。

A. 在碘量瓶中进行　　B. 淀粉指示剂应在滴定开始前加入

C. 应避免阳光直射　　D. 在加热的条件下进行

2. 在 $Na_2S_2O_3$ 标准溶液的标定过程中，下列操作错误的是(　　)。

A. 边滴定边剧烈摇动

B. 加入过量 KI，并在室温和避免阳光直射的条件下滴定

C. 在 75～85 ℃恒温条件下滴定

D. 滴定速度要恒定

3. 能用碘量法直接测定的物质是(　　)。

A. SO_2　　B. 维生素 C　　C. Cu^{2+}　　D. H_2O_2

4. 碘量法中使用碘量瓶的目的是(　　)。

A. 防止碘的挥发　　B. 防止溶液与空气的接触

C. 提高测定的灵敏度　　D. 防止溶液溅出

5. 在碘量法中为了减少 I_2 的挥发，常采用的措施有(　　)。

A. 使用碘量瓶

B. 溶液酸度控制在 pH>8

C. 适当加热增加 I_2 的溶解度，减少挥发

D. 加入过量 KI

三、判断题

1.(　　)配制 I_2 溶液时要加入 KI。

2.(　　)配制好的 $Na_2S_2O_3$ 标准溶液应立即用基准物标定。

3.(　　)碘量法有直接碘量法和间接碘量法两种，指示剂均为淀粉溶液，指示剂加入的时间均为滴定至溶液呈淡黄色时加入。

4.(　　)I_2 是较弱的氧化剂，可直接滴定一些较强的还原性物质，如维生素 C、S^{2-}等。

5.(　　)$Na_2S_2O_3$ 标准溶液可以用 $K_2Cr_2O_7$ 直接标定。

四、计算题

1. 为了检查试剂 $FeCl_3 \cdot 6H_2O$ 的质量，称取该试样 0.500 0 g 溶于水中，加 HCl 溶液3 mL 和 KI 2 g，析出的 I_2 用 0.100 0 mol/L $Na_2S_2O_3$ 标准溶液滴定，至终点时消耗 $Na_2S_2O_3$ 标准溶液 18.17 mL，计算该试剂 $FeCl_3 \cdot 6H_2O$ 的含量。

$$2Fe^{3+} + 2I^- = I_2 + 2Fe^{2+}$$

$$I_2 + 2Na_2S_2O_3 = 2NaI + Na_2S_4O_6$$

2. 某河流污染普查，若测定时，取样 100.0 mL，间接碘量法测定溶解氧时消耗 0.010 00 mol/L $Na_2S_2O_3$ 标准溶液 10.00 mL，计算该水样的 DO(O_2，mg/L)。

项目8　水中溶解氧的测定习题答案

模块5　沉淀滴定法

沉淀滴定法是以沉淀反应为基础的一种滴定分析方法。由于能用于滴定分析的沉淀反应必须具备一定的条件，在实际中应用较多的沉淀滴定法主要是银量法。

学习目标

知识目标

1. 初步认识沉淀滴定法，理解沉淀滴定相关的概念；
2. 对沉淀溶解平衡有初步认识，了解影响沉淀溶解平衡的因素；
3. 了解沉淀滴定法对沉淀反应的要求及银量法的概念；
4. 掌握莫尔法、佛尔哈德法和法扬司法的原理和滴定条件；
5. 理解分步沉淀、沉淀转化对测定结果的影响。

技能目标

1. 能正确配制硝酸银标准溶液、硫氰化钾标准溶液以及氯化钠标准溶液；
2. 能正确选择沉淀滴定方法测定水中氯离子含量、酱油中 NaCl 含量等实际试样。

素质目标

1. 按照标准规范操作，不弄虚作假，具有良好的职业习惯；
2. 具备安全意识、环保意识及团队合作意识。

项目9　水质氯含量的测定

项目导入

氯含量的分析广泛应用于水质监测领域，有助于评估水质的安全及水质的污染程度。在工业废水和生活污水中氯化物含量一直较高，如不加治理直接排入江河，会破坏水体的自然生态平衡，使水质恶化，导致渔业生产、水产养殖和淡水资源的破坏(试验证明，氯化物含量为2～6 g/L时，鱼种、虾苗易死亡)，严重时还会污染地下水和饮用水源。饮用水中含有少量氯化物通常是无毒性的，当饮用水中的氯化物含量超过250 mg/L时，人对水的咸味开始有味觉，饮用水中氯化物含量为250～500 mg/L时，对人体正常生理活动没有影响，大于500 mg/L时，对胃液分泌、水代谢有影响，从而诱发各种疾病甚至癌症。因此，氯离子含量的分析在环境监测和水质监测中有重要作用。

项目分析

本项目的主要任务是通过对沉淀滴定法中银量法的学习和探讨，掌握银量法对样品中卤素离子含量的测定及其他方面的应用。

具体要求如下：

(1)能进行硝酸银标准溶液的配制和标定；

(2)能进行 NH_4SCN 标准溶液的配制和标定；

(3)能进行水中氯离子含量的测定；

(4)能进行酱油中 NaCl 含量的测定(佛尔哈德法)。

项目导图

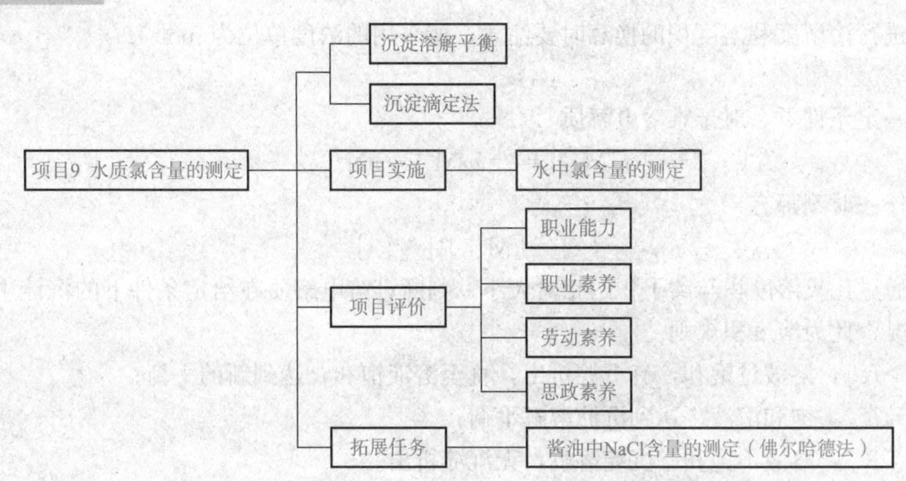

任务 9.1 沉淀溶解平衡

9.1.1 溶度积与溶解度

1. 溶度积

在一定条件下，难溶强电解质溶于水形成饱和溶液时，在溶液中达到沉淀溶解平衡状态(动态平衡)，各离子浓度保持不变(或一定)，其离子浓度幂的乘积为一个常数，这个常数称为溶度积常数，简称溶度积(也称沉淀溶解平衡常数)，用 K_{sp}表示。

$$M_mN_n \rightleftharpoons mM^{n+} + nN^{m-}$$

$$K_{sp} = [M^{n+}]^m[N^{m-}]^n\text{(适用于饱和溶液)}$$

注意：①K_{sp}与难溶物质的本性以及温度等有关；

②一般，对同种类型的沉淀，K_{sp}越小，溶解度越小。不是同种类型的沉淀，不能根据 K_{sp}比较溶解度大小。

2. 溶解度

溶度积和溶解度都反映了难溶电解质溶解能力的大小。溶度积是只与温度有关的一个常数，而溶解度除与温度有关外，还与溶液中离子浓度大小有关。若不考虑离子强度的影响，对 M_mN_n 型难溶物质，若溶解度为 S(mol/L)，在其饱和溶液中：

$$M_mN_n(s) \rightleftharpoons mM^{n+}(aq) + nN^{m-}(aq)$$

$$mS \qquad\qquad nS$$

$$[M^{n+}]^m[N^{m-}]^n = (mS)^m(nS)^n = K_{sp}$$

对于 MN 型(如 AgCl)或 M_2N 型(如 Ag_2CrO_4)难溶物质，可推出其溶解度和溶度积的关系为

$$S = \sqrt{K_{sp(MN)}} \text{ 或 } S = \sqrt[3]{\frac{K_{sp(M_2N)}}{4}}$$

在进行溶解度和溶度积的换算时要注意，所采用的浓度单位为 mol/L。

3. 溶度积规则

在一定条件下，对于难溶电解质

$$M_mN_n \rightleftharpoons mM^{n+} + nN^{m-}$$

在任一时刻都有

$$Q_c = [M^{n+}]^m[N^{m-}]^n$$

可通过比较溶度积与离子积的相对大小，判断难溶电解质在给定条件下的沉淀生成或溶解情况，此为溶度积规则。

$Q_c > K_{sp}$，溶液过饱和，有沉淀析出，直至溶液饱和，达到新的平衡；

$Q_c = K_{sp}$，饱和溶液，达到沉淀溶解平衡；

$Q_c < K_{sp}$，溶液不饱和，沉淀溶解，无沉淀析出。

【例 9-1】 25 ℃时，AgCl 的 K_{sp} 为 1.56×10^{-10}，AgBr 的 K_{sp} 为 5.0×10^{-13}，Ag_2CrO_4 的 K_{sp} 为 9.0×10^{-12}，求 AgCl、AgBr 和 Ag_2CrO_4 的溶解度。

解： 因 AgCl 与 AgBr 均为 MN 型、Ag_2CrO_4 为 M_2N 型，故 AgCl 的溶解度为 1.25×10^{-5} mol/L，AgBr 的溶解度为 7.07×10^{-7} mol/L，Ag_2CrO_4 的溶解度 1.31×10^{-4} mol/L。

通过以上计算可以得出以下结论：溶度积大的难溶电解质其溶解度不一定也大，这与其类型有关，只有同种类型的可以比较，不同类型的需要计算才可以得到准确的结果。

9.1.2 影响沉淀溶解度的因素

在沉淀滴定法中，沉淀的溶解度应尽可能小，沉淀的溶解损失需小于 0.1 mg。影响沉淀溶解度的因素有很多，如同离子效应、盐效应、酸效应、配位效应等，此外，温度、介质、沉淀结构、颗粒大小等对沉淀的溶解度也有影响。

1. 同离子效应

组成沉淀晶体的离子称为构晶离子。沉淀反应达到平衡后，向溶液中加入适当过量的含某一构晶离子的试剂或溶液，使沉淀的溶解度减小的现象称为同离子效应。例如，在 $BaSO_4$ 的饱和溶液中加入适当过量的 $BaCl_2$，由于 Ba^{2+} 浓度增大，平衡将向生成 $BaSO_4$ 沉淀的方向移动，即降低了 $BaSO_4$ 的溶解度。

在实际工作中，通常利用同离子效应，即加大沉淀剂的用量，使待测组分沉淀完全。但沉淀剂的用量过多，可能引起盐效应、酸效应或配位效应，反而使沉淀的溶解度增大。

在烘干或灼烧时易挥发除去的沉淀剂，一般可过量 50%～100%，不易除去的沉淀剂，只宜过量 10%～30%。

2. 盐效应

沉淀的溶解度随着溶液中易溶强电解质浓度的增大而增大的现象，称为盐效应。

严格地说，在难溶电解质的饱和溶液中，温度一定时，各离子活度幂的乘积为一常数，称为活度积。例如难溶电解质 MA 溶解于水中达到沉淀溶解平衡时：

$$K^{\circ}_{sp}=a_{M^{n+}}\times a_{A^{n-}} \tag{9-1}$$

由于在单纯的难溶电解质的饱和溶液中，离子强度极低，可忽略离子强度的影响，此时，一般活度积作为溶度积使用。

同离子效应与盐效应对沉淀溶解度的影响恰恰相反，因此进行沉淀时应首先避免无关强电解质的存在，沉淀剂的过量程度也不可太大；如果沉淀的溶解度本身很小，一般来说，可以不考虑盐效应。

3. 酸效应

溶液酸度对难溶化合物溶解度的影响，称为酸效应。

以二元弱酸 H_2A 的微溶化合物 MA 为例

$$MA(固)\rightleftharpoons M^{2+}+A^{2-}$$

$$A^{2-}+H^{+}\rightleftharpoons HA^{-} \qquad HA^{-}+H^{+}\rightleftharpoons H_2A$$

由于酸效应使沉淀溶解平衡向右移动，沉淀的溶解度增大。弱酸盐的溶解度受酸度的影响比较明显，且组成盐的对应酸越弱，影响越大。故在形成弱酸盐沉淀时，如 CaC_2O_4、$MgNH_4PO_4$ 等，应根据沉淀的性质控制适当的酸度。

一些难溶性酸沉淀(如硅酸、钨酸等)，因易溶于碱，应在强酸性溶液中进行沉淀。

若形成强酸盐沉淀(如 AgCl)，溶液的酸度对沉淀的溶解度影响不大。

4. 配位效应

进行沉淀反应时，当溶液中存在能与构晶离子生成可溶性配合物的配位剂 L 时，则沉淀的溶解度增大，称为配位效应。配位剂主要来自两方面，一是沉淀剂本身就是配位剂；二是加入的其他配位剂。

$$MA(固) \rightleftharpoons M^+ + A^-$$

$$M^+ + L \rightleftharpoons ML \cdots\cdots ML_n$$

沉淀的溶度积越大，存在的配位剂浓度越大，形成的配合物越稳定，配位效应对沉淀溶解度的影响越显著。因此在进行沉淀时，应避免能与构晶离子形成配合物的配位剂存在。

总之，同离子效应是降低沉淀溶解度的有利因素，在进行沉淀时，常常适当过量沉淀剂利用同离子效应以达到沉淀完全的目的。对于弱酸盐沉淀，还应考虑酸效应的影响，控制好沉淀时的酸度；当沉淀剂本身是配位剂时，应考虑配位效应，严格控制沉淀剂的用量，才能达到沉淀完全的目的。

思考题

1. 溶度积大，溶解度一定大吗？请解释原因。
2. 比较同离子效应、盐效应、酸效应、配位效应对溶解度的影响。

任务 9.2 沉淀滴定法

9.2.1 概述

沉淀滴定法是以沉淀反应为基础的一种滴定分析方法。能用于滴定分析的沉淀反应必须满足下列几点要求：

(1)沉淀反应速率快，并按一定的化学计量关系进行；

(2)生成的沉淀应组成恒定，溶解度小；

(3)有确定滴定终点的简单方法；

(4)沉淀的吸附现象应不妨碍滴定终点的确定。

能完全满足这些要求的沉淀反应数量很少，目前沉淀滴定法应用较多的是生成难溶银盐的沉淀反应。

9.2.2 银量法

利用生成难溶银盐反应进行沉淀滴定的方法称为银量法。用银量法可测定 Cl^-、Br^-、I^-、SCN^- 和 Ag^+ 等离子及含卤素的有机化合物。

根据确定终点所用指示剂的不同，按创立者的名字命名，银量法可分为三种：莫尔法、佛尔哈德法、法扬司法。

1. 莫尔法

莫尔法是以 K_2CrO_4 作指示剂，在中性或弱碱性溶液中生成砖红色的铬酸银沉淀来指示滴定终点的银量法。

(1)指示剂的作用原理。以测定 Cl^- 为例，中性或弱碱性溶液中加入适量的 K_2CrO_4 作指示剂，以 $AgNO_3$ 标准溶液滴定，由于 AgCl 的溶解度较 Ag_2CrO_4 小，因此，在用 $AgNO_3$ 溶液滴定过程中，AgCl 首先沉淀，当 AgCl 定量沉淀后，稍过量的滴定剂与指示剂反应，生成砖红色的 Ag_2CrO_4 沉淀，以指示终点。

$$Cl^- + Ag^+ \xlongequal{} AgCl\downarrow (白色)$$

$$CrO_4^{2-} + 2Ag^+ \xlongequal{} Ag_2CrO_4\downarrow (砖红色)$$

罐头、蜜饯中食盐含量的测定常用此法。

(2)滴定条件。

①溶液的酸度。莫尔法应在中性或弱碱性溶液中进行(pH=6.5～10.5)。

铬酸的解离常数为 3.2×10^{-7}，酸性较弱，当溶液中 H^+ 浓度较大时，CrO_4^{2-} 结合 H^+，Ag_2CrO_4 溶解度增大，甚至不产生沉淀，引起正误差，故滴定不能在酸性溶液中进行。

$$CrO_4^{2-} + 2H^+ \rightleftharpoons 2HCrO_4^- \rightleftharpoons Cr_2O_7^{2-} + H_2O$$

若溶液酸性太强，则可用硼砂或碳酸氢钠中和。

但如果碱性太强，则有棕黑色氧化银沉淀析出，$2Ag^+ + 2OH^- \xlongequal{} Ag_2O\downarrow + H_2O$。溶液碱性强，可用稀硝酸中和。

试液中若有铵盐存在，较大时，则会有 NH_3 生成，会形成银氨配离子而使 AgCl 及 Ag_2CrO_4 的溶解度增大，实验证明，当$[NH_4^+]<0.05$ mol/L 时，控制溶液的 pH 值在 6.5～7.2 范围内滴定可得到满意的结果。铵盐含量高时，则仅仅通过控制溶液酸度已不能消除其影响，此时须在滴定前将大量铵盐除去。

②指示剂用量。指示剂 K_2CrO_4 浓度要合适。K_2CrO_4 浓度过高，终点出现过早且溶液黄色较深，影响终点观察；K_2CrO_4 浓度过低，终点出现推迟。

实践证明，指示剂的浓度为$[CrO_4^{2-}]=5.0\times10^{-3}$ mol/L 是确定滴定终点的适宜浓度，即在终点体积为 50～100 mL 的滴定溶液中加入 1～2 mL 5% K_2CrO_4 溶液。

③滴定时应剧烈摇动溶液，及时释放被 AgCl 或 AgBr 沉淀吸附的 Cl^- 或 Br^-，防止终点提前。AgBr 沉淀吸附 Br^- 比 AgCl 沉淀吸附 Cl^- 更强烈，故滴定 Br^- 时比滴定 Cl^- 时更要注意在滴定过程中剧烈摇动锥形瓶，使被吸附的 Br^- 释放出来，否则终点过早出现，误差较大。

(3)干扰情况。莫尔法的选择性比较差，凡能与 Ag^+ 生成沉淀的阴离子如 S^{2-}、CO_3^{2-}、PO_4^{3-}、SO_3^{2-}、$C_2O_4^{2-}$、AsO_4^{3-} 等，能与 CrO_4^{2-} 离子生成沉淀的阳离子如 Ba^{2+}、Pb^{2+}、Hg^{2+} 等，能与 Ag^+ 或 Cl^- 配位的物质均干扰测定；易水解离子在中性弱碱性条件下水解，也会干扰；大量的 Cu^{2+}、Co^{2+}、Ni^{2+} 等有色离子的存在，对终点颜色的观察有影响。

(4)应用范围。莫尔法可直接测定 Cl^- 或 Br^-，当两者共存时，滴定的是它们的总量。莫尔法不宜测定 I^- 及 SCN^-，因为生成的 AgI、AgSCN 沉淀表面会强烈吸附 I^- 和 SCN^-

使终点提前，误差较大。莫尔法不适合用 NaCl 标准溶液直接滴定 Ag^+，因为银试液中一旦加入 K_2CrO_4 指示剂，就会形成较多的 Ag_2CrO_4 沉淀，而滴定过程中 Ag_2CrO_4 转化为 AgCl 的速率缓慢，滴定终点难以确定，如果要用此法测定银，则可以采用返滴定法进行。

2. 佛尔哈德法

佛尔哈德法是在酸性介质中以铁铵矾$[NH_4Fe(SO_4)_2 \cdot 12H_2O]$为指示剂的银量法。根据滴定方式的不同，佛尔哈德法分为直接滴定法和返滴定法两种。

(1)直接滴定法测定 Ag^+。在含 Ag^+ 的酸性(HNO_3)试液中，以铁铵矾作指示剂，用 NH_4SCN 或 KSCN 标准溶液直接滴定 Ag^+，当 AgSCN 定量沉淀后，稍过量的 SCN^- 便与 Fe^{3+} 生成红色的配离子 $FeSCN^{2+}$ 指示终点。

$$Ag^+ + SCN^- = AgSCN\downarrow \text{(白色)}$$

$$Fe^{3+} + SCN^- = FeSCN^{2+} \text{(红色)}$$

实验证明 $FeSCN^{2+}$ 的最低可见浓度为 6.0×10^{-6} mol/L，通常指示剂的浓度控制为终点时，$[Fe^{3+}]=0.015$ mol/L，指示剂浓度高时，Fe^{3+} 的颜色将干扰终点观察。由于指示剂 Fe^{3+} 易水解，滴定必须在酸性溶液中进行，通常在 0.3～1 mol/L HNO_3 介质中进行滴定，Fe^{3+} 以 $Fe(H_2O)_6^{3+}$ 存在，颜色较浅，如果酸度较低，Fe^{3+} 发生水解，以羟基化合物或多羟基化合物的形式存在，呈棕色，影响终点观察，如果酸度更低，甚至产生 $Fe(OH)_3$ 沉淀。

在酸性溶液中进行滴定是佛尔哈德法的最大优点，一些在中性或弱碱性介质中能与 Ag^+ 产生沉淀的阴离子都不干扰滴定，选择性较高。但强氧化剂可将 SCN^- 氧化；氮的低价氧化物与 SCN^- 能形成红色化合物，可能引起终点的错误判断；铜盐、汞盐都能与 SCN^- 生成沉淀，均干扰测定，必须预先除去。

滴定过程充分摇动试液，使被 AgSCN 沉淀吸附的 Ag^+ 释放出来，避免终点提前。

(2)返滴定法测卤素离子及 SCN^-。佛尔哈德法测定含卤素离子(Cl^-、Br^-、I^-)和 SCN^- 的溶液时，应采用返滴定法，在酸性(HNO_3 介质)待测溶液中，先加入一定量过量的 $AgNO_3$ 标准溶液，使生成银盐沉淀，然后以铁铵矾为指示剂，用 NH_4SCN 标准溶液返滴定剩余的 Ag^+，当出现 $FeSCN^{2+}$ 的红色溶液时，即终点。

$$X^- + Ag^+\text{(过量)} = AgX\downarrow$$

$$Ag^+\text{(剩余)} + SCN^- = AgSCN\downarrow \text{(白色)}$$

$$Fe^{3+} + SCN^- = FeSCN^{2+} \text{(红色)}$$

用佛尔哈德法测定 Cl^- 时，当滴定达到终点时，经摇动后溶液的红色褪去，使终点难以确定。这是因为 AgCl 的溶解度大于 AgSCN 的溶解度，使得在化学计量点后，加入的 NH_4SCN 将与 AgCl 发生沉淀转化：

$$AgCl + SCN^- = AgSCN\downarrow + Cl^-$$

由于上述沉淀转化反应的发生，降低了溶液中 SCN^- 的浓度，使已生成的 $FeSCN^{2+}$ 发生离解，溶液的红色消失。为了得到持久的红色，必然要多消耗一些 NH_4SCN 标准溶液，造成较大的误差，要避免这个误差，就要阻止 AgCl 转化为 AgSCN，通常有两种方法可避免沉淀转化反应的发生：

①生成 AgCl 后将沉淀滤去。产生 AgCl 沉淀后，将溶液煮沸，使 AgCl 凝聚，以减少 AgCl 沉淀对 Ag^+ 的吸附，用稀硝酸充分洗涤沉淀，合并滤液，然后用 NH_4SCN 标准溶液

滴定滤液中 Ag^+，此法操作麻烦。

②产生 AgCl 沉淀后，加入某些有机试剂，如 1～2 mL 硝基苯(有毒)，或 1，2-二氯乙烷或邻苯二甲酸二丁酯，用力摇动，使 AgCl 沉淀表面覆盖上一层有机溶剂，将沉淀与溶液隔开，这样，沉淀转化作用就不能进行了，此法较简便。

返滴定法测 Br^-、I^- 及 SCN^- 时，不会发生沉淀转化反应，滴定终点十分明显，因为 AgBr、AgI 的溶解度均比 AgSCN 小，故不需过滤沉淀或加有机溶剂，但在测定碘离子时，铁铵矾指示剂必须在加入过量的 $AgNO_3$ 标准溶液后才能加入，否则 Fe^{3+} 将氧化 I^- 成 I_2，影响分析结果的准确度：

$$2I^- + 2Fe^{3+} \xlongequal{} I_2 + 2Fe^{2+}$$

有机卤化物经适当处理后，使有机卤素变为卤离子后，可采用佛尔哈德返滴定法测定。

3. 法扬司法

用吸附指示剂确定滴定终点的银量法，称为法扬司法。

(1)吸附指示剂的作用原理。吸附指示剂一般是有机染料，在溶液中可离解为具有一定颜色的阴(阳)离子，此阴(阳)离子容易被带相反电荷的胶体沉淀吸附，吸附后指示剂结构改变，从而引起颜色的改变，指示滴定终点。

例如用 $AgNO_3$ 标准溶液滴定 Cl^- 时，可用荧光黄作指示剂，荧光黄是一种有机弱酸(用 HFI 表示)，在溶液中解离为黄绿色的阴离子，在化学计量点前，溶液中剩余 Cl^-，生成的 AgCl 优先吸附 Cl^- 而带负电荷，荧光黄阴离子受排斥而不被吸附，溶液呈黄绿色，化学计量点后，$AgNO_3$ 溶液微过量时，AgCl 沉淀胶粒因吸附 Ag^+ 而带正电荷，从而吸附荧光黄阴离子，使沉淀表面呈粉红色，从而指示滴定终点。

$$HFI \rightleftharpoons H^+ + FI^-（黄绿色）$$

Cl^- 过量时：　　$(AgCl)\cdot Cl^-$ 排斥 FI^-（黄绿色）

Ag^+ 过量时：$(AgCl)\cdot Ag^+ + FI^-$（黄绿色）$\rightleftharpoons (AgCl)\cdot Ag^+FI^-$（粉红色）

(2)使用吸附指示剂的注意事项。为使终点变色明显，使用吸附指示剂应注意以下几点：

①保持沉淀呈胶体状态。由于吸附指示剂颜色变化是沉淀的表面吸附作用引起的，因此应该使沉淀表面具有较强的吸附能力，这就要求沉淀的颗粒小，尽量使沉淀的比表面积大，要防止胶体沉淀的凝聚，为此，通常加入糊精、淀粉等保护胶体，以利于对指示剂的吸附，变色敏锐。

此法不宜测太稀溶液，否则沉淀量少，终点不明显，测 Cl^- 时，其浓度要求在 0.005 mol/L 以上，测 Br^-、I^- 及 SCN^- 时灵敏度稍高，0.001 mol/L 仍可准确滴定。被测试液较浓时，滴定前将溶液适当稀释。

②控制溶液的酸度。常用的吸附指示剂大多是有机弱酸，起指示剂作用的是它们的阴离子。若指示剂主要以分子状态存在，则难以被卤化银沉淀吸附。酸度的控制与吸附指示剂的离解常数有关，离解常数大，酸度可以大一些。例如荧光黄的 $pK_a=7$，适用于在 pH 为 7～10 的条件下进行滴定，此时，荧光黄可离解出较多的 FI^- 离子，若 pH 小于 7，则主要以 HFI 存在，而 HFI 难以被沉淀吸附，故无法指示终点。曙红的 $pK_a=2$，适用于在 pH=2～10 的条件下进行滴定。

③避免强光照射。卤化银沉淀对光敏感，易分解析出银，使沉淀转变为灰黑色，影响

终点观察。

④选择吸附性能适当的指示剂。通常要求卤化银沉淀对指示剂离子的吸附能力略小于对待测离子的吸附能力，否则指示剂将在化学计量点前变色。

卤化银沉淀对卤化物和几种吸附指示剂的吸附能力的次序如下：

$$I^- > SCN^- > Br^- > \text{曙红} > Cl^- > \text{荧光黄}$$

故滴定 Cl^- 时，选择荧光黄，而不能选曙红作指示剂。测定 Br^-、I^- 及 SCN^- 常用曙红作指示剂。但是指示剂离子被沉淀吸附的能力也不能太弱，否则过了化学计量点迟迟不被吸附，终点出现太晚，误差大，所以滴定 Br^-、I^-、SCN^- 时不选荧光黄做指示剂。常用吸附指示剂见表 9-1。

表 9-1　常用吸附指示剂及其应用

指示剂	被测离子	滴定剂	滴定条件	颜色变化
荧光黄	Cl^-	$AgNO_3$	pH＝7～10	黄绿→粉红
二氯荧光黄	Cl^-	$AgNO_3$	pH＝4～10	黄绿→红
曙红	Br^-、I^-、SCN^-	$AgNO_3$	pH＝2～10	橙黄→红紫
溴酚蓝	生物碱盐类	$AgNO_3$	弱酸性	黄绿→灰紫
甲基紫	Ag^+	NaCl	酸性溶液	黄红→红紫

(3)应用范围。法扬司法可测定 Cl^-、Br^-、I^-、SCN^-、Ag^+ 及生物碱盐类(如盐酸麻黄碱)等，此法简便，终点也明显，较为准确，但反应条件较为严格，要注意溶液的酸度，浓度及胶体的保护等。

9.2.3　银量法应用示例及计算

1. 应用示例

(1)水中氯离子含量的测定(莫尔法)。在中性至弱碱性范围(pH＝6.5～10.5)内以铬酸钾为指示剂用硝酸银滴定氯化物时，由于氯化银的溶解度小于铬酸银的溶解度，氯离子首先被完全沉淀出来后，然后铬酸根以铬酸银的形式被沉淀，产生砖红色指示滴定终点到达。该沉淀滴定的反应如下：

$$Ag^+ + Cl^- \rightarrow \underset{\text{白色}}{AgCl\downarrow} \quad K_{sp}=1.8\times10^{-10}$$

$$2Ag^+ + CrO_4^{2-} \rightarrow \underset{\text{砖红色}}{Ag_2CrO_4\downarrow} \quad K_{sp}=2.0\times10^{-12}$$

(2)酱油中 NaCl 含量的测定(佛尔哈德法)。在 0.1～1 mol/L 的 HNO_3 介质中，加入过量的 $AgNO_3$ 标准溶液，加铁铵矾指示剂，用 NH_4SCN 标准溶液返滴定过量的 $AgNO_3$ 至出现$[Fe(SCN)]^{2+}$红色指示终点。

$$Cl^- + Ag^+ \rightarrow AgCl\downarrow$$

$$Ag^+ + SCN^- \rightarrow AgSCN\downarrow$$

$$Fe^{3+} + SCN^- \rightarrow [Fe(SCN)]^{2+}$$

2. 沉淀滴定结果计算

沉淀滴定计算较简单，直接以相关化学反应的计量关系进行计算。

【例 9-2】 称取基准物 NaCl 0.752 6 g，定容于 250 mL 容量瓶中，摇匀。移取 25.00 mL，加入 40.00 mL $AgNO_3$ 溶液，滴定剩余的 $AgNO_3$ 时，用去 18.25 mL NH_4SCN 溶液。直接滴定 40.00 mL $AgNO_3$ 溶液时，需要 42.60 mL NH_4SCN 溶液。求 $AgNO_3$ 溶液和 NH_4SCN 溶液的浓度。

解： 依题意，本题第一步是佛尔哈德法的返滴定法：

$$c_{AgNO_3}\times 0.040\ 00-\frac{0.752\ 6}{58.44}\times\frac{25}{250}=c_{NH_4SCN}\times 0.018\ 25$$

第二步是佛尔哈德法的直接滴定法：

$$c_{AgNO_3}\times 0.040\ 00=c_{NH_4SCN}\times 0.042\ 60$$

得

$$c_{AgNO_3}=0.056\ 33\ \text{mol/L}$$

$$c_{NH_4SCN}=0.052\ 89\ \text{mol/L}$$

【例 9-3】 溶解 0.500 0 g 不纯的 $SrCl_2$ 试样，其中除 Cl^- 外，不含其他能与 Ag^+ 产生沉淀的物质，溶解后，加入纯 $AgNO_3$ 固体 1.784 g，过量 $AgNO_3$ 用 0.280 0 mol/L 的 KSCN 标准溶液滴定，耗去 25.50 mL，求试样中 $SrCl_2$ 的含量。

解： 本题是采用佛尔哈德法的返滴定法测 Cl^-：

$$w_{SrCl_2}=\frac{\frac{1}{2}\times\left[\frac{m_{AgNO_3}}{M_{AgNO_3}}-(cV)_{KSCN}\right]\times M_{SrCl_2}}{m_{样}}\times 100\%$$

$$=\frac{\frac{1}{2}\times\left[\frac{1.784}{169.9}-0.280\ 0\times 0.025\ 50\right]\times 158.5}{0.500\ 0}\times 100\%$$

$$=53.26\%$$

思考题

1. 比较莫尔法、佛尔哈德法和法扬司法的优缺点。
2. 说明在法扬司法中，选择吸附指示剂的原则。

项目实施

水质氯含量的测定

[项目准备]

1. 主要仪器

电子分析天平(精度 0.000 1 g)、50 mL 酸式滴定管(棕色)、25 mL 移液管、250 mL 容量瓶、刻度吸量管等。

2. 相关试剂

(1)NaCl 基准物(500～600 ℃灼烧至恒重)。

(2)$AgNO_3$ 固体(分析纯)。

(3)K_2CrO_4 指示剂(50 g/L)。

(4)酚酞指示剂。

(5)2 mol/L 稀硫酸。

(6)1 mol/L 氢氧化钠。

(7)待测水样。

3. 标准溶液的配制

(1)NaCl 标准溶液配制。准确称取 0.20 g(精确至 0.000 1 g)NaCl 于小烧杯中，溶解后定量转入 250 mL 容量瓶中，加水稀释至标线，计算氯化钠溶液的准确浓度。

(2)0.01 mol/L $AgNO_3$ 溶液的配制。称取 0.9 g 固体 $AgNO_3$ 于烧杯中，用不含 Cl^- 离子的蒸馏水溶解，转移至棕色试剂瓶中，稀释至 500 mL，摇匀，置于暗处保存。

[工作流程]

1. 实验步骤

(1)0.01 mol/L $AgNO_3$ 溶液的标定。移取 25.00 mL 氯化钠标准溶液于锥形瓶中，加入 25 mL 水和 1 mL 铬酸钾指示剂，在不断摇动下用硝酸银溶液滴定至砖红色沉淀刚刚出现，记录消耗硝酸银标准溶液的体积，同时做空白试验。

(2)水中氯离子含量的测定。用移液管吸取 50.00 mL 水样或经过预处理的水样(若氯化物含量高，可取适量水样用蒸馏水稀释至 50 mL)于锥形瓶中。另取一锥形瓶加入 50 mL 蒸馏水做空白试验。

如水样的 pH 值在 6.5～10.5 范围内，可直接滴定。超出此范围的水样应以酚酞作指示剂，用稀硫酸或氢氧化钠的溶液调节至红色刚刚褪去。

加入 1 mL 铬酸钾溶液，用硝酸银标准溶液滴定至砖红色沉淀刚刚出现即滴定终点，记录消耗硝酸银标准溶液的体积，同时做空白试验。

2. 数据记录

(1)硝酸银标准溶液的配制与标定数据记录见表 9-2。

表 9-2　硝酸银标准溶液的配制与标定数据记录

次数 项目	1	2	3	备用
$m(NaCl)/g$				
$c(NaCl)/(mol \cdot L^{-1})$				
移取氯化钠标准溶液的体积 $V(NaCl)/mL$				
消耗硝酸银溶液的体积 $V(AgNO_3)/mL$				
空白消耗硝酸银标准溶液的体积 $V_0(AgNO_3)/mL$				

续表

项目 \ 次数	1	2	3	备用
$c(AgNO_3)/(mol \cdot L^{-1})$				
$c(AgNO_3)$平均浓度值$/(mol \cdot L^{-1})$				
相对平均偏差/%				

(2)水中氯离子含量的测定数据记录见表 9-3。

表 9-3　水中氯离子含量的测定数据记录

项目 \ 次数	1	2	3	备用
硝酸银标准溶液的浓度 $c(AgNO_3)/(mol \cdot L^{-1})$				
水样的体积 V/mL				
空白消耗硝酸银标准溶液的体积 $V_1(AgNO_3)$/mL				
水样消耗硝酸银标准溶液的体积 $V_2(AgNO_3)$/mL				
$\rho(Cl)/(mg \cdot L^{-1})$				
$\rho(Cl)$平均值$/(mg \cdot L^{-1})$				
相对平均偏差/%				

3. 数据处理及结果计算

(1)硝酸银溶液的浓度按以下公式计算：

$$c(AgNO_3)=\frac{c(NaCl)\times V(NaCl)}{V(AgNO_3)-V_0}$$

式中　$c(AgNO_3)$——硝酸银溶液的浓度(mol/L)；

$c(NaCl)$——氯化钠标准溶液的浓度(mol/L)；

$V(NaCl)$——标定时移取的氯化钠标准溶液的体积(mL)；

$V(AgNO_3)$——标定时消耗硝酸银溶液的体积(mL)；

V_0——空白试验消耗硝酸银溶液的体积(mL)。

(2)水中氯化物含量(以 Cl 计，mg/L)按以下公式计算：

$$\rho(Cl)=\frac{(V_2-V_1)\times c(AgNO_3)\times 35.45\times 1\,000}{V}$$

式中　$\rho(Cl)$——水样氯的质量浓度(mg/L)；

$V_1(AgNO_3)$——空白消耗硝酸银标准溶液的体积(mL)；

$V_2(AgNO_3)$——水样消耗硝酸银标准溶液的体积(mL)；

$c(AgNO_3)$——硝酸银标准溶液的浓度(mol/L)；

$M(Cl)$——Cl 的摩尔质量，35.45 g/mol；

V——水样的体积(mL)。

4. 注意事项

(1)$AgNO_3$ 试剂及其溶液具有腐蚀性，破坏皮肤组织，注意切勿接触皮肤及衣服。

(2)配制 $AgNO_3$ 标准溶液的蒸馏水应无 Cl^-，否则配成的 $AgNO_3$ 溶液会出现浑浊，不能使用。

(3)实验完毕后，盛装 $AgNO_3$ 溶液的滴定管应先用蒸馏水洗涤 2～3 次后，再用自来水洗涤，以免 AgCl 沉淀残留于滴定管内壁。

(4)由于 AgCl 沉淀显著地吸附 Cl^-，导致 Ag_2CrO_4 沉淀过早出现，因此滴定时必须充分摇动，使被吸附的 Cl^- 释放出来，以获得准确的结果。

(5)本方法的适用范围。本方法适用于天然水中氯化物的测定，也适用于经过适当稀释的高矿化度水(如咸水、海水等)以及经过预处理除去干扰物的生活污水或工业废水；适用的氯化物(以 Cl 计)浓度范围为 10～500 mg/L，高于此范围的水样经稀释后可以扩大其测定范围。溴化物、碘化物和氰化物能与氯化物一起被滴定，正磷酸盐及聚磷酸盐分别超过 250 mg/L 及 25 mg/L 时有干扰，铁含量超过 10 mg/L 时终点不明显。

(6)干扰的消除。如水样浑浊及带有颜色，则取 150 mL 或取适量水样稀释至 150 mL 置于 250 mL 锥形瓶中，加入 2 mL 氢氧化铝悬浮液，振荡过滤，弃去初滤液 20 mL。用干的洁净锥形瓶接取滤液备用。

如果有机物含量高或色度高，可用马弗炉灰化法预先处理水样，取适量废水样于瓷蒸发皿中，调节 pH 值至 8～9，置水浴上蒸干，然后放入马弗炉中在 600 ℃下灼烧 1 h，取出，冷却后加 10 mL 蒸馏水，移入 250 mL 锥形瓶中并用蒸馏水清洗蒸发皿 3 次，洗液一并转入锥形瓶中，调节 pH 值至 7 左右，稀释至 50 mL。

由有机质产生的较轻色度，可以加入 0.01 mol/L 高锰酸钾 2 mL 煮沸，再滴加乙醇以除去多余的高锰酸钾至水样褪色，过滤，滤液贮于锥形瓶中备用。

如果水样中含有硫化物、亚硫酸盐或硫代硫酸盐，则加氢氧化钠溶液将水样调至中性或弱碱性，加入 1 mL 30%过氧化氢，摇匀 1 min 后加热至 70～80 ℃以除去过量的过氧化氢。

(7)K_2CrO_4 指示剂的用量。若 K_2CrO_4 指示剂浓度过高，则终点将过早出现，且因溶液颜色过深而影响终点的观察；若 K_2CrO_4 指示剂浓度过低，则终点将出现过迟，造成较大误差。一般控制 K_2CrO_4 指示剂浓度为 5.0×10^{-3} mol/L。

项目评价

水质氯含量的测定评价指标见表 9-4。

表 9-4 水质氯含量的测定评价指标

序号	评价类型	配分	评价指标	分值	扣分	得分
1	职业能力	70	正确使用天平称量基准物氯化钠，称量范围不超过±10%	5		
			正确配制硝酸银的标准溶液	2		
			正确使用容量瓶配制氯化钠的标准溶液	3		
			正确使用滴定管，正确控制滴定速度	15		

续表

序号	评价类型	配分	评价指标	分值	扣分	得分
1	职业能力	70	正确使用移液管	3		
			正确进行空白试验	2		
			正确记录、处理数据，合理评价水质氯含量的测定分析结果	15		
			结果相对平均偏差 ≤0.10%不扣分；>0.10%扣5分； >0.30%扣10分；>0.50%扣15分； >0.80%扣20分；>1.0%扣25分	25		
2	职业素养	10	坚持按时出勤，遵守纪律	2		
			按要求穿戴实验服、口罩、手套、护目镜	2		
			协作互助，解决问题	2		
			按照标准规范操作	2		
			正确记录、处理原始数据，合理评价分析结果，合理出具报告	2		
3	劳动素养	10	认真填写仪器使用记录	2		
			玻璃器皿洗涤干净，无器皿损坏	4		
			操作台面摆放整洁、有序	4		
4	思政素养	10	如实记录数据，不弄虚作假，具有良好的职业习惯	4		
			硝酸银试剂见光易分解，取用、保存要规范，具有工匠精神	2		
			节约试剂和实验室资源，铬酸钾有毒，注意废液分类收集、处理，具有环保意识	4		
5	合计		100			

拓展任务

酱油中 NaCl 含量的测定(佛尔哈德法)

[任务描述]

酱油中氯化钠的含量一般为18%～20%，太低(低于15%)起不到调味作用，且容易变质。如果太高，则味变苦，不鲜，感官指标不佳，影响产品的质量。酱油中 NaCl 含量可以采用佛尔哈德法测定。

[任务目标]

(1)巩固沉淀滴定法的基本理论知识、基本操作技能。

(2)掌握 $AgNO_3$ 和 NH_4SCN 标准溶液的配制及标定。

(3)通过佛尔哈德法测定酱油中 NaCl 含量，培养学生正确选择分析方法、设计分析方案的能力。

(4)培养学生正确记录与处理实训数据的能力。

[任务准备]

1. 明确方法原理

在 0.1～1 mol/L 的 HNO_3 介质中，加入过量的 $AgNO_3$ 标准溶液，加铁铵矾指示剂，用 NH_4SCN 标准溶液返滴定过量的 $AgNO_3$ 至出现$[Fe(SCN)]^{2+}$红色指示终点。

$$Cl^- + Ag^+ \rightarrow AgCl\downarrow$$

$$Ag^+ + SCN^- \rightarrow AgSCN\downarrow$$

$$Fe^{3+} + SCN^- \rightarrow [Fe(SCN)]^{2+}$$

2. 主要仪器

电子分析天平(精度 0.000 1 g)、50 mL 酸式滴定管(棕色)、25 mL 移液管、250 mL 容量瓶、刻度吸量管等。

3. 相关试剂

(1)0.02 mol/L $AgNO_3$ 标准溶液。

(2)0.02 mol/L NH_4SCN 标准溶液。

(3)NaCl 基准物：500～600 ℃灼烧至恒重。

(4)HNO_3 溶液：1＋3。

(5)50 g/L K_2CrO_4 指示剂。

(6)80 g/L 铁铵矾指示液：称取 8 g 硫酸高铁铵，溶解于少许水中，滴加浓硝酸至溶液近乎无色，用水稀释至 100 mL。

(7)待测样品。

[任务实施]

1. NaCl 标准溶液的配制

准确称取 0.25～0.30 g 基准物氯化钠于小烧杯中，用水溶解后定量转移到 250 mL 的容量瓶中，加水稀释定容，摇匀，计算氯化钠标准溶液的准确浓度。

2. $c(AgNO_3)=0.02$ mol/L 标准溶液的标定

吸取 25.00 mL 氯化钠标准溶液置于锥形瓶中，加水 25 mL，加入 1 mL 铬酸钾指示剂，在不断摇动下用硝酸银溶液滴定至砖红色沉淀刚刚出现，记录消耗的 $AgNO_3$ 标准溶液体积，并做空白试验。

3. $c(NH_4SCN)$＝0.02 mol/L 标准溶液的标定

用滴定管准确量取 30～35 mL 0.1 mol/L $AgNO_3$ 标准溶液置于锥形瓶中，加水 70 mL，1 mL 铁铵矾指示剂和 10 mL(1＋3)的硝酸溶液，用配好的 NH_4SCN 标准溶液滴定，终点前摇动溶液至完全清亮后，继续滴定至溶液呈浅红色保持 30 s 不褪为终点。记录消耗的 NH_4SCN 标准溶液体积，并做空白试验。

4. NaCl 含量的测定

准确称取酱油样品 5.00 g，定量移入 250 mL 容量瓶中，加蒸馏水稀释至刻度，摇匀。准确移取酱油样品稀释溶液 10.00 mL 置于 250 mL 锥形瓶中，加水 50 mL，加 6 mol/L HNO_3 15 mL 及 0.02 mol/L $AgNO_3$ 标准溶液 25.00 mL，再加邻苯二甲酸二丁酯 5 mL，用力振荡摇匀。待 AgCl 沉淀凝聚后，加入铁铵矾指示剂 5 mL，用 0.02 mol/L NH_4SCN 标准溶液滴定至血红色终点。记录消耗的 NH_4SCN 标准溶液体积。

5. 数据记录

(1)$AgNO_3$ 标准溶液标定数据记录见表 9-5。

表 9-5　$AgNO_3$ 标准溶液标定数据记录

项目＼次数	1	2	3	备用
m(氯化钠)/g				
$c(NaCl)/(mol \cdot L^{-1})$				
$V(NaCl)$/mL				
$V(AgNO_3)$/mL				
$V_0(AgNO_3)$/mL				
$c(AgNO_3)/(mol \cdot L^{-1})$				
$c(AgNO_3)$平均值/$(mol \cdot L^{-1})$				
相对平均偏差/%				

(2)NH_4SCN 标准溶液标定数据记录见表 9-6。

表 9-6　NH_4SCN 标准溶液标定数据记录

项目＼次数	1	2	3	备用
$c(AgNO_3)/(mol \cdot L^{-1})$				
V/mL				
$V_1(NH_4SCN)$/mL				
$V_0(NH_4SCN)$/mL				
$c(NH_4SCN)/(mol \cdot L^{-1})$				
$c(NH_4SCN)$平均值/$(mol \cdot L^{-1})$				
相对平均偏差/%				

(3)NaCl 含量测定数据记录见表 9-7。

表 9-7　NaCl 含量测定数据记录

项目＼次数	1	2	3	备用
$c(AgNO_3)/(mol \cdot L^{-1})$				
$c(NH_4SCN)/(mol \cdot L^{-1})$				
m(酱油样品)/g				
$V(NH_4SCN)$/mL				
$w(NaCl)$/%				
$w(NaCl)$平均值/%				
相对平均偏差/%				

6. 数据处理及计算结果

(1)$AgNO_3$ 标准溶液浓度计算公式。

$$c(AgNO_3)=\frac{c(NaCl)V(NaCl)}{V(AgNO_3)-V_0}$$

式中　$c(AgNO_3)$——硝酸银溶液的浓度(mol/L)；

$c(NaCl)$——氯化钠标准溶液的浓度(mol/L)；

$V(NaCl)$——标定时移取的氯化钠标准溶液的体积(mL)；

$V(AgNO_3)$——标定时消耗硝酸银溶液的体积(mL)；

V_0——标定时做空白试验消耗的硝酸银溶液的体积(mL)。

(2)NH_4SCN 标准溶液浓度计算公式。

$$c(NH_4SCN)=\frac{c(AgNO_3)V(AgNO_3)}{V(NH_4SCN)-V_0}$$

式中　$c(NH_4SCN)$——NH_4SCN 标准溶液的浓度(mol/L)；

$c(AgNO_3)$——硝酸银溶液的浓度(mol/L)；

$V(AgNO_3)$——移取硝酸银溶液的体积(mL)；

$V(NH_4SCN)$——滴定时消耗的 NH_4SCN 标准溶液的体积(mL)；

V_0——标定时做空白试验消耗的 NH_4SCN 溶液的体积(mL)。

(3)酱油中 NaCl 含量计算公式。

$$w(NaCl)=\frac{[c(AgNO_3)V(AgNO_3)-c(NH_4SCN)V(NH_4SCN)]}{m\times\frac{10}{250}}\times 0.058\,45\times 100\%$$

式中　$w(NaCl)$——NaCl 的质量分数(%)；

$V(AgNO_3)$——测定试样时加入 $AgNO_3$ 标准溶液的体积(mL)；

$V(NH_4SCN)$——测定试样时滴定消耗的 NH_4SCN 标准溶液的体积(mL)；

0.058 45——NaCl 毫摩尔质量(g/mmol)；

$c(AgNO_3)$——$AgNO_3$ 标准溶液的浓度(mol/L)。

7. 注意事项

(1)操作过程应避免阳光直接照射。

(2)$AgNO_3$ 试剂及其溶液具有腐蚀性，破坏皮肤组织，注意切勿接触皮肤及衣服。

(3)配制 $AgNO_3$ 标准溶液的蒸馏水应无 Cl^-，否则配成的 $AgNO_3$ 溶液会出现浑浊，不能使用。

(4)实验完毕后，盛装 $AgNO_3$ 溶液的滴定管应先用蒸馏水洗涤 2～3 次后，再用自来水洗涤，以免 AgCl 沉淀残留于滴定管内壁。

(5)由于 AgCl 沉淀显著地吸附 Cl^-，导致 Ag_2CrO_4 沉淀过早出现，因此滴定时必须充分摇动，使被吸附的 Cl^- 释放出来，以获得准确的结果。

(6)用 NH_4SCN 滴定溶液中的 Ag^+ 时，生成的 AgSCN 沉淀吸附 Ag^+，使 Ag^+ 浓度降低，以致红色的出现略早于化学计量点。因此，滴定时需要剧烈摇动使被吸附的 Ag^+ 释放出来。

[相关链接]

《食品安全国家标准 食品中氯化物的测定》(GB 5009.44—2016)规定了食品中氯化钠的测定方法，《酿造酱油》(GB/T 18186—2000)规定了酿造酱油中氯化钠的测定方法。

阅读材料

莫尔法中指示剂用量的影响

莫尔法中指示剂的用量对于终点指示有较大的影响，CrO_4^{2-} 浓度过高或过低，Ag_2CrO_4 沉淀的析出就会过早或过晚，就会产生一定的终点误差。因此要求 Ag_2CrO_4 沉淀应该恰好在滴定反应的化学计量点时出现，化学计量点式：

$$[Ag^+]=[Cl^-]=\sqrt{K_{sp,agCl}}=\sqrt{3.2\times10^{-10}}=1.8\times10^{-5}(mol\cdot L^{-1})$$

若此时刚好出现 Ag_2CrO_4 砖红色沉淀以指示滴定终点，则溶液中 CrO_4^{2-} 的浓度应为

$$[CrO_4^{2-}]=\frac{K_{sp,Ag_2CrO_4}}{[Ag^+]^2}=\frac{5.0\times10^{-12}}{3.2\times10^{-10}}=1.5\times10^{-2}(mol\cdot L^{-1})$$

此浓度的 K_2CrO_4 溶液的黄色较深，不易判断 Ag_2CrO_4 砖红色的出现。为了能明显地观察到终点，指示剂的浓度应略低一些为好。实验证明，指示剂的浓度为$[CrO_4^{2-}]=5.0\times10^{-3}\ mol\cdot L^{-1}$是确定滴定终点的适宜浓度，即在终点体积为 50～100 mL 的滴定溶液中加入 1～2 mL 5%K_2CrO_4 溶液。由于实际加入的 K_2CrO_4 浓度比理论用量小，因此要能生成 Ag_2CrO_4 沉淀，必须多消耗一些 $AgNO_3$ 标准溶液，终点将在化学计量点之后出现。当滴定物浓度均为 0.10 $mol\cdot L^{-1}$时，终点误差仅为 0.06%，不影响分析结果的准确度。但如果用 0.010 $mol\cdot L^{-1}$的 $AgNO_3$ 标准溶液滴定 0.010 $mol\cdot L^{-1}$的 Cl^{-1}溶液时，则终点误差可达 0.6%，超出滴定分析所允许的误差范围。此时需校正指示剂的空白值，方法如下：取和测定样品中生成 AgCl 沉淀量大致相当的白色“惰性”沉淀(如不含 Cl^- 的 $CaCO_3$)以形成与实际测定相似的实验背景，加入相当于终点体积的蒸馏水及相同量的 K_2CrO_4 指示剂，然后滴加 $AgNO_3$ 标准溶液滴定至与测定样品时相同的终点颜色，读取所用 $AgNO_3$ 标准溶液的体积即空白值，计算时要从样品消耗 $AgNO_3$ 标准溶液的体积中扣除空白值。

习题

一、单项选择题

1. 用莫尔法中测定水样中Cl^-的含量，如果水样中有$NH_3 \cdot H_2O$存在，则需控制pH值为6.5～7.2，这是为了(　　)。

A. 增加AgCl的溶解度　　B. 防止Ag_2O沉淀发生

C. 抑制配位反应发生　　D. 增强配合物的稳定性

2. 莫尔法测定Cl^-含量时，要求介质的pH值在6.5～10范围内，若酸度过高，则(　　)。

A. AgCl沉淀不完全　　B. Ag_2CrO_4沉淀不易形成

C. AgCl沉淀易胶溶　　D. AgCl吸附Cl^-增强

3. 莫尔法测定Cl^-含量时，要求介质的pH值在6.5～10.0范围内，若pH值过高，则(　　)。

A. AgCl沉淀溶解　　B. Ag_2CrO_4沉淀减少

C. AgCl沉淀完全　　D. 形成Ag_2O沉淀

4. 用佛尔哈德法测定Cl^-离子时，采用的指示剂是(　　)。

A. 铁铵矾　　B. 铬酸钾

C. 甲基橙　　D. 荧光黄

5. 以某吸附指示剂($pK_a=4.0$)作银量法的指示剂，测定的pH值应控制为(　　)。

A. $pH<4.0$　　B. $pH>4.0$

C. $pH>10.0$　　D. $4<pH<10.0$

6. 以下银量法测定需采用返滴定方式的是(　　)。

A. 莫尔法测Cl^-　　B. 佛尔哈德法测Cl^-

C. 吸附指示剂法测Cl^-　　D. 佛尔哈德法测Ag^+

7. 下列说法正确的是(　　)。

A. 莫尔法能测定Cl^-、I^-、Ag^+

B. 佛尔哈德法能测定的离子有Cl^-、Br^-、I^-、SCN^-、Ag^+

C. 佛尔哈德法只能测定的离子有Cl^-、Br^-、I^-、SCN^-

D. 沉淀滴定中吸附指示剂的选择，要求沉淀胶体微粒对指示剂的吸附能力应略大于对待测离子的吸附能力

8. 佛尔哈德法测定时，防止测定结果偏低的措施是(　　)。

A. 使反应在酸性中进行　　B. 避免$AgNO_3$加入过量

C. 加入硝基苯　　D. 适当增加指示剂的用量

9. 下列各沉淀反应，不属于银量法的是(　　)。

A. $Ag^+ + Cl^- = AgCl\downarrow$　　B. $Ag^+ + I^- = AgI\downarrow$

C. $Ag^+ + SCN^- = AgSCN\downarrow$　　D. $2Ag^+ + S^{2-} = Ag_2S\downarrow$

10. 用佛尔哈德法测定下列试样的纯度时，引入误差的比例最大的是(　　)。

A. NaCl　　B. NaBr　　C. NaI　　D. NaSCN

二、多项选择题

1. 下列试剂中，可作为银量法指示剂的有(　　)。

A. 铬酸钾　　B. 铁铵钒　　C. 硫氰酸铵　　D. 荧光黄

2. 佛尔哈德法测定I^-含量时，下面步骤正确的是(　　)。

A. 在HNO_3介质中进行，酸度控制为0.1～1 mol/L

B. 加入铁铵矾指示剂后，加入定量过量的$AgNO_3$标准溶液

C. 用NH_4SCN标准溶液滴定过量的Ag^+

D. 至溶液成红色时，停止滴定，根据消耗标准溶液的体积进行计算

3. 用莫尔法测定溶液中Cl^-含量，下列说法正确的是(　　)。

A. 标准溶液是$AgNO_3$溶液

B. 指示剂为铬酸钾

C. AgCl的溶解度比Ag_2CrO_4的溶解度小，因而终点时Ag_2CrO_4沉淀(砖红色)转变为AgCl沉淀(白色)

D. $n(Cl^-)=n(Ag^+)$

4. 莫尔法主要用于测定(　　)。

A. Cl^-　　B. Br^-　　C. I^-　　D. Na^+

5. 应用莫尔法滴定时酸度条件是(　　)。

A. 酸性　　B. 弱酸性　　C. 中性　　D. 弱碱性

三、判断题

1.(　　)莫尔法测定Cl^{-1}含量，应在中性或碱性的溶液中进行。

2.(　　)分析纯的NaCl试剂，如不做任何处理，用来标定$AgNO_3$溶液的浓度，结果会偏高。

3.(　　)硝酸银标准溶液应装在棕色碱式滴定管中进行滴定。

4.(　　)用氯化钠基准试剂标定$AgNO_3$溶液浓度时，若溶液酸度过大，对标定结果没有影响。

5.(　　)用法扬司法测定Cl^-含量时，以二氯荧光黄($K_a=1.0\times10^{-4}$)为指示剂，溶液的pH值应大于4，小于10。

6.(　　)法扬司法中，采用荧光黄作指示剂可测定高含量的氯化物。

7.(　　)吸附指示剂是利用指示剂与胶体沉淀表面的吸附作用，引起结构变化，导致指示剂的颜色发生变化的。

8.(　　)在法扬司法中，为了使沉淀具有较强的吸附能力，通常加入适量的糊精或淀粉使沉淀处于胶体状态。

9.(　　)佛尔哈德法是以铬酸钾为指示剂的一种银量法。

10.(　　)佛尔哈德法通常在0.1～1 mol/L的HNO_3溶液中进行。

11.(　　)佛尔哈德法是以NH_4SCN为标准溶液、铁铵矾为指示剂，在稀硝酸溶液中进行滴定。

12.(　　)用佛尔哈德法测定Ag^+，滴定时必须剧烈摇动。用返滴定法测定Cl^-时，也应该剧烈摇动。

四、计算题

1. 在含有等浓度的Cl^-和I^-的溶液中，逐滴加入$AgNO_3$溶液，哪一种离子先沉淀?第二种离子开始沉淀时，I^-与Cl^-的浓度比为多少?

2. 将30.00 mL $AgNO_3$溶液作用于0.135 7 g NaCl，过量的银离子需用2.50 mL NH_4SCN溶液滴定至终点。预先知道滴定20.00 mL $AgNO_3$溶液需要19.85 mL NH_4SCN溶液。试计算:

(1)$AgNO_3$溶液的浓度;(2)NH_4SCN溶液的浓度。

3. 取含Cl^-某废水样100.0 mL，加入20.00 mL 0.112 0 mol/L $AgNO_3$溶液，然后用0.116 0 mol/L NH_4SCN溶液滴定过量的$AgNO_3$溶液，用去10.00 mL，求该水样中Cl^-的含量(以mg/L表示)。

4. 将0.115 9 mol/L $AgNO_3$溶液50.00 mL加入含有氯化物试样0.254 6 g的溶液中，然后用20.16 mL 0.103 3 mol/L NH_4SCN溶液滴定过量的$AgNO_3$，计算试样中氯的质量分数。

5. 称取含砷农药0.204 5 g溶于HNO_3中，转化为H_3AsO_4，调至中性，沉淀为Ag_3AsO_4，沉淀经过滤洗涤后溶于HNO_3，以Fe^{3+}为指示剂滴定，消耗0.152 3 mol/L NH_4SCN标准溶液26.85 mL，计算农药中As_2O_3的质量分数。

项目9　水质氯含量的测定习题答案

模块6　重量分析法

重量分析法也叫称量分析法，是采用物理或化学的方法把被测组分与试样中的其他组分分离，转化为一定的称量形式，称量其质量，从而计算出待测组分含量的分析方法。根据分离被测组分所用的方法不同，重量分析法可分为沉淀法、汽化法、萃取法和电解法，应用较多的是沉淀法，可用于测定硫酸盐、二氧化硅、残渣、灰分、P、S等物质的含量。

学习目标

知识目标

1. 初步认识重量分析法，理解重量分析法相关的概念；
2. 理解沉淀的形成、类型及沉淀条件；
3. 掌握沉淀剂的选择原则及用量；
4. 掌握重量分析法对沉淀和称量形式的要求；
5. 理解重量分析法测硫酸根离子的方法原理、沉淀剂选择与沉淀条件选择；
6. 理解换算因数的意义并计算。

技能目标

1. 能正确选择沉淀硫酸根离子的沉淀剂与沉淀条件；
2. 能正确选择重量分析法测定硫酸根离子的含量；
3. 能正确进行数据处理与结果表达。

素质目标

1. 按照标准规范操作，诚实守信，具有良好的职业习惯；
2. 具备安全意识、环保意识及团队合作意识。

项目10 水中硫酸根离子的测定

项目导入

硫酸根离子是一种常见的阴离子，也是许多化学反应和分析方法中重要的参与物质。准确测量硫酸根离子的浓度对于环境监测、水质分析、工业生产等领域具有重要意义。常用的硫酸根离子测定方法有重量法、电导法和光度法。其中重量法是测定硫酸根离子最典型的方法，该方法基于硫酸根离子与钡离子反应生成沉淀的特性，通过称量沉淀物的质量来确定硫酸根离子的浓度。该法具有准确度高、操作便利、试剂与仪器使用少、药剂成本低的特点，故使用广泛。

项目分析

本项目的主要任务是通过对重量分析法中沉淀法的学习和探讨，掌握沉淀法测定硫酸根离子含量的方法及其他方面的应用。

具体要求如下：

(1)选择适当的沉淀剂及适宜的晶形沉淀条件；

(2)能进行沉淀的过滤、洗涤和灼烧；

(3)掌握沉淀的称量技术；

(4)能正确处理数据。

项目导图

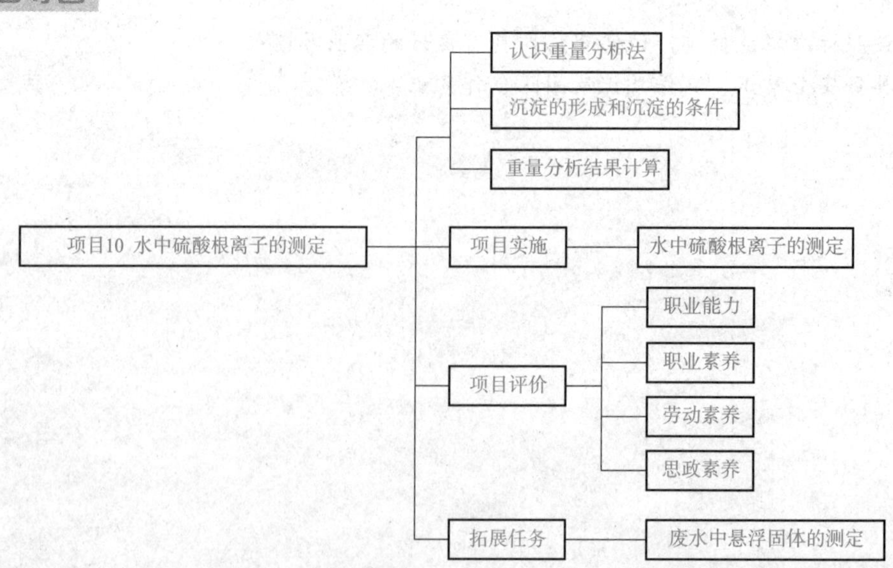

任务 10.1 认识重量分析法

重量分析法是以称量质量的方法测得待测组分或它的难溶化合物的质量，计算出待测组分在试样中的含量的方法。

10.1.1 重量分析法的分类及特点

1. 重量分析法的分类

按照分离方法的不同，重量分析法可分为以下几种：

(1)沉淀法。将被测组分以难溶化合物的形式沉淀出来而分离，经过滤、洗涤、烘干或灼烧，使之转化为称量形式，称量其质量，计算被测组分含量。沉淀法是重量分析法中的重要方法，也是本节主要叙述的方法。

例如，用沉淀重量法测定水样中 SO_4^{2-} 含量时，在热的稀盐酸溶液中，在不断搅拌下缓缓滴加沉淀剂 $BaCl_2$ 稀溶液，陈化后，得到较粗颗粒的 $BaSO_4$ 沉淀。经过滤、洗涤、碳化、灰化、灼烧后称量 $BaSO_4$ 质量，计算出水样中 SO_4^{2-} 含量。

(2)汽化法。通过加热或其他方法使试样中的待测组分挥发逸出而分离。然后根据试样所减轻的质量，计算被测组分含量，或者用吸收剂吸收待测组分，然后根据吸收剂质量的增加来计算该组分的含量。

如试样中水分的测定，一般在 105～110 ℃烘箱内干燥 2 h，使水分挥发逸出，然后置于干燥器中冷却至室温称量，试样减轻的质量，即所含水分的质量。

(3)电解法。利用电解的方法，使待测金属离子在电极上还原析出而分离。电解完成以后，取出电极称量，根据电极增加的质量求待测组分的含量。

2. 重量分析法的特点

重量分析法是经典的化学分析法，全部数据通过直接称量得到，不需要与基准物质或标准试样相比较，也不需要从容量器皿中引入数据，对于高含量组分的测定，重量分析法比较准确，一般测定的相对误差不大于 0.1%。

重量分析法的缺点是操作烦琐、费时，不适于快速分析，灵敏度低，不适用于低含量组分分析。

10.1.2 沉淀形式与称量形式

沉淀重量分析的一般操作程序：试样经过适当步骤分解后，制备成试液，用适当的沉淀剂把被测组分从试液中沉淀下来，所得的沉淀称为“沉淀形”，沉淀经过滤、洗涤、烘干或灼烧转化为“称量形”，然后称量至恒重，即前后两次称量质量之差小于或等于 0.2 mg。沉淀形式与称量形式有时是相同的，有时是不相同的。例如：

被测组分　　沉淀形　　　　　　称量形

$$Ba^{2+} \xrightarrow{H_2SO_4} BaSO_4\downarrow \xrightarrow{\text{过滤 洗涤 灼烧}} BaSO_4\downarrow \xrightarrow{\text{称量、计算}} w_{Ba}$$

$$Fe^{3+}\xrightarrow{NH_3\cdot H_2O}Fe(OH)_3\downarrow\xrightarrow{过滤\ 洗涤\ 灼烧}Fe_2O_3\downarrow\xrightarrow{称量、计算}w_{Fe}$$

为获得准确的结果，沉淀形和称量形在沉淀重量分析中起着不同的作用，所以有着不同的要求。

1. 对沉淀形的要求

(1)沉淀的溶解度必须很小，以保证被测组分沉淀完全及减少洗涤沉淀时的溶解损失。根据重量分析的误差要求，沉淀溶解损失的量不应超过电子分析天平称量的精度，即 0.1 mg。

(2)沉淀的形态要好。对于晶形沉淀，希望获得尽可能大的晶体；对于无定形沉淀，应注意控制沉淀条件，以改善沉淀的性质，便于沉淀的过滤和洗涤。

(3)沉淀要力求纯净，减少杂质的沾污。

(4)沉淀应易于转化为称量形式。

2. 对称量形的要求

(1)称量形的组成必须与化学式完全相符，这是定量的基础。

(2)称量形需性质稳定。在称量过程中不易受空气中水分、二氧化碳和氧气等的影响，不会分解。

(3)称量形的摩尔质量尽可能大，而其中被测组分所占的比例应小些，这样可以减小称量误差，提高分析的准确性。

10.1.3 重量分析法的基本操作

重量分析法的基本操作包括样品的溶解、沉淀、过滤、洗涤、烘干和灼烧等步骤。

1. 样品的溶解

溶解或分解试样的方法取决于试样以及待测组分的性质，应确保待测组分全部溶解。在溶解过程中，将溶剂沿杯壁加入，边加入边搅拌，直至样品完全溶解，待测组分不得损失(包括氧化还原)，加入的试剂不干扰以后的分析。溶样时若有气体产生，则应先加少量水润湿样品，盖好表面皿，再由烧杯嘴与表面皿间的狭缝滴加溶液，待气泡消失后，再用玻璃棒搅拌溶解，然后用洗瓶吹洗表面皿和烧杯内壁。

2. 试样的沉淀

重量分析法对沉淀的要求是尽可能完全和纯净，为了达到这个要求，应按照沉淀的不同类型选择不同的沉淀条件，如加入试剂的次序、加入试剂的量和浓度，试剂加入速度，沉淀时溶液的体积、温度、沉淀陈化的时间等。必须按规定的操作手续进行，否则会产生严重的误差。

3. 过滤和洗涤

过滤的目的是将沉淀从母液中分离出来，使其与过量的沉淀剂、共存组分或其他杂质分开，并通过洗涤获得纯净的沉淀。结晶型沉淀，可选用慢速定量滤纸；胶状沉淀，可选用快速定量滤纸；粗晶型沉淀，可选中速滤纸过滤。对于需要灼烧的沉淀，常用滤纸过滤。对只需经过烘干即可称量的沉淀，则往往使用古氏坩埚过滤。过滤和洗涤必须一次完成，不能间断，整个操作过程中沉淀不得损失。滤纸的安放与折叠如图 10-1 所示。

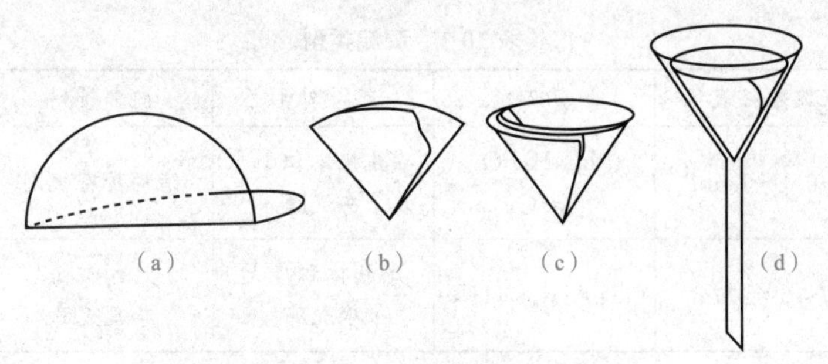

图 10-1　滤纸的安放与折叠

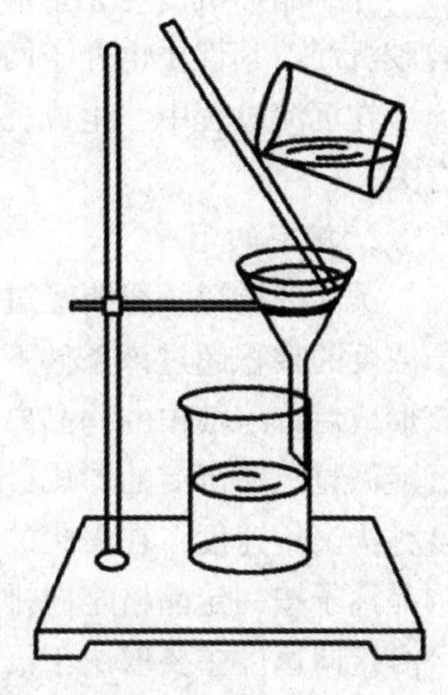

图 10-2　倾注法过滤

把折叠好的滤纸放入漏斗，三层的一边应对应漏斗出口短的一边。用食指按紧，用洗瓶吹入水流将滤纸潮湿，轻按压滤纸边缘使锥体上部与漏斗密合，但下部留用缝隙，加水至滤纸边缘，此时空隙应全部被水充溢，形成水柱放在漏斗架上备用。

过滤时，玻璃棒的下端轻触三层滤纸处，用玻璃棒引流倾注液体(图 10-2)，使液体沿着玻璃棒缓缓流入过滤器，注入液体的液面要低于滤纸的边缘，防止滤液从漏斗和滤纸之间流下去，影响过滤质量。

4. 烘干与灼烧

烘干可以除去沉淀中的水分和挥发性物质，同时使沉淀组成达到恒定。烘干的温度和时间随着沉淀不同而异，灼烧可除去沉淀的水分和挥发物质，还可以将初始生成的沉淀在高温下转化为恒定的沉淀。灼烧温度一般在 800 ℃以上。以滤纸过滤的沉淀，常置于瓷坩埚中进行烘干和灼烧。若沉淀需加氢氟酸处理，则应改用铂坩埚。使用玻璃砂芯坩埚过滤的沉淀应在电烘箱里烘干。

5. 称重，恒重

称得沉淀质量即可计算分析结果，不论沉淀是烘干还是灼烧，其最后称重必须达到恒重。即沉淀反复烘干或灼烧经冷却称重，直至两次称量的质量差不大于 0.2 mg。

思考题

1. 重量分析法的优缺点是什么？
2. 重量分析法中对称量形式有什么要求？

任务 10.2　沉淀的形成和沉淀的条件

10.2.1　沉淀的形成

1. 沉淀的类型与特点

沉淀按其物理性质不同，可粗略地分为晶形沉淀和无定形沉淀两大类，见表 10-1。

表 10-1 沉淀类型

沉淀类型	沉淀颗粒直径	示例	沉淀外形	内部排列	形成原因
晶形沉淀	$\phi 0.1 \sim 1\ \mu m$	$MgNH_4PO_4$ $BaSO_4$	晶状体积小易沉降	结构紧密规则	定向速度大于聚集速度
无定形沉淀	$\phi < 0.02\ \mu m$	$Fe(OH)_3 \cdot xH_2O$	絮状体积庞大难沉降	结构疏松杂乱无章	聚集速度大于定向速度

介于晶形沉淀与无定形沉淀之间，颗粒直径为 0.02～0.1 μm 的沉淀(如 AgCl)称为凝乳胶沉淀，其性质也介于两者之间。

在沉淀过程中，生成沉淀的类型不仅取决于沉淀本身的性质，而且与形成沉淀的条件有关。

2. 沉淀的形成

沉淀的形成一般要经过晶核形成和长大两个过程，将沉淀剂加入试液，当形成沉淀离子浓度的乘积超过该条件下沉淀的溶度积时，离子通过相互的碰撞聚集成微小的晶核，晶核形成后，溶液中的构晶离子不断向晶核表面扩散，并沉积在晶核上，晶核就逐渐长大成沉淀微粒。在沉淀的形成过程中，构晶离子先聚集成晶核，再进一步聚集成沉淀微粒的速度称为聚集速度；在聚集的同时，构晶离子又具有按一定的晶格排列形成大晶粒的倾向，构晶离子按一定晶格定向排列的速度称为定向速度。

定向速度主要取决于沉淀物质的本性，一般来说，极性越强的化合物定向速度越大，另外，组成结构简单的化合物定向速度大。

聚集速度主要取决于沉淀时的反应条件。

聚集速度的经验公式如下(冯·韦曼经验公式)：

$$v = k\frac{Q-S}{S} \tag{10-1}$$

式中 v——聚集速度；

Q——加入沉淀剂瞬间生成沉淀物质的浓度；

S——沉淀的溶解度；

k——比例系数，与沉淀性质、温度、溶液中存在的其他物质等因素有关。

在形成沉淀时，如果聚集速度大，而定向速度小，则离子很快地聚积，但来不及进行晶格排列，则得到无定形沉淀；反之，如果定向速度大于聚集速度，离子较慢地聚集，使之有足够的时间进行晶格排列，则得到晶形沉淀。例如：$BaSO_4$ 在稀溶液中形成细晶形沉淀，而在浓溶液、乙醇介质中形成疏松的凝乳状沉淀。高价金属离子的氢氧化物，如 $Fe(OH)_3$、$Al(OH)_3$ 等，由于含有大量水分子，阻碍离子的定向排列，一般形成无定形沉淀。硫化物的溶解度更小，则其聚集速度很大，定向速度相对较小，则二价金属离子的硫化物大多数是无定形或胶状沉淀。

10.2.2 影响沉淀纯度的因素

在重量分析法中要求获得的沉淀是纯净的，但是沉淀从溶液中析出时总会或多或少地夹杂溶液中的其他组分。因此必须了解影响沉淀纯净的各种因素，找出减少沉淀沾污的方法，以获得符合重量分析法要求的沉淀。

影响沉淀纯净的主要因素有共沉淀现象和后沉淀现象。

1. 共沉淀

在进行沉淀反应时，溶液中某些可溶性杂质混杂在沉淀中一起析出，这种现象称为共沉淀。例如，用沉淀剂 $BaCl_2$ 沉淀 SO_4^{2-} 时，如试液中有 Fe^{3+}，则由于共沉淀，在得到的 $BaSO_4$ 沉淀中常含有 $Fe_2(SO_4)_3$，因而沉淀经过过滤、洗涤、灼烧后不呈 $BaSO_4$ 的纯白色，而略带灼烧后的 Fe_2O_3 的棕色。因共沉淀而使沉淀沾污，这是重量分析法中最主要的误差来源之一。产生共沉淀的原因是表面吸附、形成混晶、吸留和包藏等，其中主要的是表面吸附。

(1)表面吸附：表面吸附是在沉淀的表面吸附了杂质。产生这种现象的原因，是晶体表面上离子电荷的不完全等衡引起的。

表面吸附是有选择性的，选择吸附的规律如下：

①第一吸附层的吸附规律：

a. 构晶离子优先吸附，例如：AgCl 沉淀易吸附 Ag^+ 或 Cl^-。

b. 与构晶离子大小相近，电荷相同的离子易被吸附。

②第二吸附层的吸附规律：

a. 高价态离子易吸附，如 Fe^{3+} 比 Fe^{2+} 容易被吸附。

b. 与构晶离子生成难溶化合物或离解度较小的化合物的离子也容易吸附。如沉淀 SO_4^{2-} 时，选用 $BaCl_2$ 做沉淀剂，而不用 $Ba(NO_3)_2$。

显然，沉淀颗粒越小，其表面积越大，吸附杂质的量越多；溶液中杂质离子的浓度越大，价态越高，越易被吸附。吸附作用为放热过程，升高溶液温度，吸附杂质的量减少。

洗涤沉淀是减少表面吸附的有效方法之一。

(2)形成混晶：当杂质离子的半径与沉淀的构晶离子的半径相似并能形成相同的晶体结构时，它们很容易形成混晶，例如，Pb^{2+}、Ba^{2+} 电荷相同，半径相近，因此，Pb^{2+} 能取代 $BaSO_4$ 晶体中的 Ba^{2+} 而形成混晶，使沉淀受到严重的污染。减少或消除混晶的最好方法是将这些杂质预先分离除去。

(3)吸留和包藏：吸留是被吸附的杂质机械地嵌入沉淀。包藏常指母液机械地包裹在沉淀中。产生这些现象的原因，是沉淀剂加入太快，沉淀迅速长大，沉淀表面吸附的杂质离子来不及离开就被随后生成的沉淀覆盖，使杂质离子或母液陷入沉淀内部，这些杂质是不能用洗涤沉淀的方法除去的，因此，在进行沉淀时，要注意沉淀剂浓度不能太大，沉淀剂加入的速度不要太快。

吸留和包藏在沉淀内的杂质只能通过沉淀陈化或重结晶的方法予以减少。

从带入杂质方面来看，共沉淀现象对分析测定是不利的，但可利用这一现象来富集分离溶液中的某些微量成分。

2. 后沉淀

在沉淀过程结束后，当沉淀与母液一起放置时，溶液中某些杂质离子可能慢慢地沉积到原沉淀上，放置的时间越长，杂质析出的量越多，这种现象称为后沉淀，温度升高，后沉淀现象更严重。

沉淀类型相同的离子容易发生后沉淀现象。如 ZnS 沉淀能在 CuS 表面上析出；CaC_2O_4 沉淀表面有 MgC_2O_4 沉淀析出。

要避免或减少后沉淀的产生，主要是缩短沉淀与母液共置陈化的时间。

10.2.3 沉淀的条件

在沉淀重量分析中，要求沉淀完全、纯净、易于过滤和洗涤，因此对不同类型的沉淀应选择好沉淀条件。

1. 晶形沉淀的沉淀条件

晶形沉淀是以减小溶液的相对过饱和度为目的。

(1)稀。沉淀作用应在适当稀的溶液中进行，降低溶液的相对过饱和度，减小聚集速度，有利于形成晶形沉淀；降低杂质的浓度，减少共沉淀。但溶液也不宜过稀，以免引起沉淀的溶解损失。

(2)热。沉淀作用在热溶液中进行，使沉淀的溶解度略有增加，降低相对过饱和度，减小聚集速度，有利于形成晶形沉淀；增大构晶离子的扩散速度，有利于晶体成长；升高温度，有利于减少表面吸附现象。为了防止沉淀在热溶液中的溶解损失，可待沉淀完毕后，将溶液冷却后再过滤。

(3)慢搅。在不断地搅拌下，缓慢地加入沉淀剂，防止局部过浓而产生大量小晶粒。

(4)陈化。陈化是指沉淀完成后，让初生成的沉淀与母液一起放置一段时间，使小晶粒溶解，大晶粒进一步长大的过程。在陈化过程晶粒变大的同时，可使沉淀变得更纯净。同时，陈化还可使初生成的沉淀结构发生改变，由亚稳定型结构转变为稳定型结构，可降低沉淀的溶解度。加热和搅拌可以缩短陈化时间。

2. 无定形沉淀的沉淀条件

无定形沉淀以设法破坏胶体、防止胶溶、加速沉淀微粒的凝聚为目的。

(1)浓。沉淀作用应当在较浓的溶液中进行，加入沉淀剂要不断搅拌并适当快一些，可减少水化程度，有利于沉淀凝聚。在沉淀反应完毕后，应立即加入热水适当稀释、充分搅拌，使吸附在沉淀表面上的大量杂质解吸，减少杂质的吸附。

(2)热。沉淀作用应在热溶液中进行，可减少水化程度，有利于沉淀凝聚，防止胶溶，并可减少杂质吸附。

(3)沉淀时加入大量强电解质(如 NH_4NO_3)或某些能引起沉淀微粒凝聚的胶体，可中和胶体微粒的电荷，减少水合程度，有利于胶体微粒的凝聚。

(4)趁热过滤和洗涤，不需陈化。沉淀完毕后，趁热过滤和洗涤，可减少杂质吸附。此时，陈化不仅不能改善沉淀的形状，反而使沉淀更趋粘结，杂质难以洗净。洗涤无定形沉淀常采用热的强电解质(如 NH_4NO_3、NH_4Cl 等)的稀溶液作洗涤液，防止沉淀重新变为胶体，难以滤和洗涤。

3. 沉淀剂的类型和选择

重量法使用的沉淀剂可分为有机沉淀剂和无机沉淀剂两大类。使用无机沉淀剂进行沉淀分离，其分离效果和选择性一般不如有机沉淀剂，但分离费用低。

有机沉淀剂通常与金属离子形成螯合物沉淀和离子缔合物沉淀。

例如，8-羟基喹啉与 Al^{3+} 形成螯合物的沉淀反应：

生成的8-羟基喹啉铝螯合物分子不带电荷，吸附杂质少，分子中具有较大的疏水基团，因而在水中的溶解度($k_{sp}=1.0\times10^{-29}$)很小，沉淀比较完全。

形成离子缔合物的沉淀：例如，四苯硼酸钠与 K^{+} 沉淀反应：

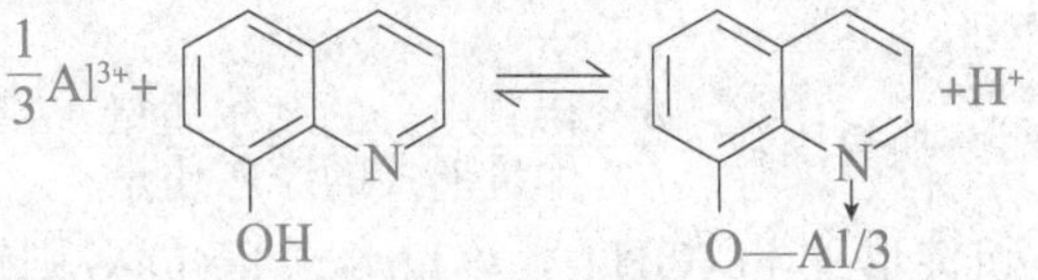

$\frac{1}{3}Al^{3+}$ + (N, OH) $\rightleftharpoons$ (N, O—Al/3) $+H^{+}$

$$B(C_6H_5)_4^- + K^+ \longrightarrow KB(C_6H_5)_4\downarrow$$

根据沉淀形和称量形的要求，选择沉淀剂时应考虑以下几点：

(1)沉淀剂选择性好。所选用的沉淀剂在反应条件下只能和待测组分生成沉淀，而与试液中的其他组分不起作用。例如沉淀锆离子时，选用在盐酸溶液中与锆有特效反应的苦杏仁酸作为沉淀剂，即使有钛、铁、钡、铝、铬等十几种离子存在，也不发生干扰。

(2)选用的沉淀剂与待测离子生成的沉淀溶解度最小。例如，生成的难溶钡化合物有 $BaCO_3$、$BaCrO_4$、BaC_2O_4 和 $BaSO_4$，根据溶解度可知 $BaSO_4$ 溶解度最小，因此以 $BaSO_4$ 的形式沉淀 Ba^{2+} 比其他难溶化合物好。

(3)尽可能选用易挥发或经灼烧易除去的沉淀剂。这样沉淀中带有的沉淀剂即便未洗净，也可通过烘干或灼烧除去。一些铵盐和有机沉淀剂都能满足这项要求。

(4)选用溶解度较大的沉淀剂。用此类沉淀剂可以减少沉淀对沉淀剂的吸附作用。例如，沉淀 SO_4^{2-} 时，选用 $BaCl_2$ 作沉淀剂，而不选用 $Ba(NO_3)_2$。这是因为 $Ba(NO_3)_2$ 的溶解度比 $BaCl_2$ 的溶解度小，$BaSO_4$ 吸附 $Ba(NO_3)_2$ 比吸附 $BaCl_2$ 严重。

思考题

1. 在含有固体 AgCl 的饱和溶液中，分别加入下列物质，对 AgCl 的溶解度有什么影响？并解释之。

(1)盐酸　　(2)$AgNO_3$　(3)KNO_3　(4)氨水

2. 若1 L溶液中含有 Ag^{+}、Pb^{2+}、Hg^{2+} 都是100 mg，要使它们都沉淀为氯化物，问它们的沉淀次序是怎样的？各自需要的最低[Cl^-]是多少？当最后一种沉淀析出时，另外残存的两种离子浓度是多少？

3. 陈化的作用是什么？如何缩短陈化时间？

任务 10.3　重量分析结果计算

10.3.1　重量分析中的换算因数

许多情况下，称量形式与待测组分不一致，而测定结果往往以待测组分在试样中的质量分数表示，这就需要将称得的称量形式的质量换算成待测组分的质量，为此称量形式的质量应乘以一个因数，这个因数称为换算因数，用 F 表示。

F 是被测组分与称量形式摩尔质量的比值，其分子分母中待测元素的物质的量应相等，换算因数公式中的 a、b 是使分子、分母中所含待测元素的原子数目相等而需要乘以的适当系数。

$$换算因数=\frac{a\times 待测组分的摩尔质量}{b\times 称量形式的摩尔质量} \tag{10-2}$$

如：待测组分 Fe，沉淀形式 $Fe(OH)_3$，称量形式 Fe_2O_3，则换算因数 $=2M(Fe)/M(Fe_2O_3)$。

求出换算换算因数后，乘上称量形的质量，就是待测组分的质量。

10.3.2 结果计算示例

【例 10-1】 称取含磷矿石 0.453 0 g，溶解后以 $MgNH_4PO_4$ 形式沉淀，灼烧后得到 $Mg_2P_2O_7$ 0.282 5 g，计算试样中 P 以及 P_2O_5 的质量分数。

解：
$$w_P=\frac{m(Mg_2P_2O_7)\times\frac{2M(P)}{M(Mg_2P_2O_7)}}{m_{样}}\times 100\%=\frac{0.2825\times\frac{2\times 30.97}{222.6}}{0.4530}\times 100\%$$
$$=17.35\%$$

$$w_{P_2O_5}=\frac{m(Mg_2P_2O_7)\times\frac{M(P_2O_5)}{M(Mg_2P_2O_7)}}{m_s}\times 100\%=\frac{0.2825\times\frac{141.9}{222.6}}{0.4530}\times 100\%=39.75\%$$

【例 10-2】 已知某煤样中含 S 量约为 3%，今采用 $BaSO_4$ 重量分析法测定其中 S 的含量，应称取煤样多少克？

解： $BaSO_4$ 为晶形沉淀，得到沉淀的质量一般控制为 0.3～0.5 g，设灼烧后得到 $BaSO_4$ 为 0.4 g，则

$$\frac{0.4\times\frac{M(S)}{M(BaSO_4)}}{m_{样}}\times 100\%=3\%$$

$$m_{样}=\frac{0.4\times\frac{32.06}{233.4}}{3\%}=1.8(g)$$

思考题

1. 为什么称量形的摩尔质量大，引入的相对误差就较小？

2. 有纯的 CaO 和 BaO 的混合物 2.212 g，转化为混合硫酸盐后重 5.023 g，计算原混合物中 CaO 和 BaO 的质量分数。

项目实施

水中硫酸根离子的测定

[项目准备]

1. 主要仪器

电子分析天平(精度 0.000 1 g)、9 cm 的定量滤纸、长颈漏斗、25 mL 的坩埚、表面皿、干燥器、电炉、马弗炉等。

2. 相关试剂

(1)硫酸钠样品($Na_2SO_4 \cdot 10H_2O$);

(2)稀盐酸：6 mol/L；

(3)$BaCl_2$ 溶液：0.1 mol/L；

(4)$AgNO_3$ 溶液：0.1 mol/L。

[工作流程]

1. 实验步骤

(1)样品的称取与溶解。准确称取 Na_2SO_4 样品约 0.4 g(或其他可溶性硫酸盐，含硫量约 90 mg)，置于 400 mL 烧杯中，加 25 mL 蒸馏水使其溶解，稀释至 200 mL。

(2)沉淀的制备。

①在上述溶液中加 1 mL 稀 HCl，盖上表面皿，置于电炉石棉网上，加热至近沸。取 $BaCl_2$ 溶液 30～35 mL 于小烧杯中，加热至近沸，然后用滴管将热 $BaCl_2$ 溶液逐滴加入样品溶液，同时不断搅拌溶液。当 $BaCl_2$ 溶液即将加完时，静置，于 $BaSO_4$ 上清液中加入 1～2 滴 $BaCl_2$ 溶液，观察是否有白色浑浊出现，用以检验沉淀是否已完全。盖上表面皿，置于电炉(或水浴)上，在搅拌下继续加热，陈化约半小时，然后冷却至室温。

②沉淀的过滤和洗涤。将上清液用倾注法倒入漏斗的滤纸上，用一洁净烧杯收集滤液(检查有无沉淀穿滤现象。若有，则应重新换滤纸)。用少量热蒸馏水洗涤沉淀 3～4 次(每次加入热水 10～15 mL)，然后将沉淀小心地转移至滤纸上。用洗瓶吹洗烧杯内壁，洗涤液并入漏斗中，并用撕下的滤纸角擦拭玻璃棒和烧杯内壁，将滤纸角放入漏斗中，再用少量蒸馏水洗涤滤纸上的沉淀(约 10 次)，至滤液不显 Cl^- 反应为止(用 $AgNO_3$ 溶液检查)。

(3)沉淀的干燥和灼烧。取下滤纸，将沉淀包好，置于已恒重的坩埚中，先用小火烘干碳化，再用大火灼烧至滤纸灰化。然后将坩埚转入马弗炉中，在 800～850 ℃灼烧约

30 min。取出坩埚，待红热退去，置于干燥器中，冷却 30 min 后称量。再重复灼烧 20 min，冷却，取出，称量，直至恒重。

取平行操作 3 份的数据，根据 $BaSO_4$ 质量计算 Na_2SO_4 的百分含量。

2. 数据记录

硫酸根离子测定数据记录见表 10-2。

表 10-2 硫酸根离子测定数据记录

<table>
<tr><td colspan="3">平行次数
项目</td><td>1 瓶</td><td>2 瓶</td><td>3 瓶</td></tr>
<tr><td rowspan="3">空坩埚质量 m_0/g</td><td rowspan="3">恒重
次数</td><td>第 1 次</td><td></td><td></td><td></td></tr>
<tr><td>第 2 次</td><td></td><td></td><td></td></tr>
<tr><td>第 3 次</td><td></td><td></td><td></td></tr>
<tr><td colspan="3">空坩埚恒重质量 m_0/g</td><td></td><td></td><td></td></tr>
<tr><td colspan="3">样品质量 m_s/g</td><td></td><td></td><td></td></tr>
<tr><td rowspan="3">灼烧后恒重质量
(坩埚＋$BaSO_4$)m_1/g</td><td rowspan="3">恒重次数</td><td>第 1 次</td><td></td><td></td><td></td></tr>
<tr><td>第 2 次</td><td></td><td></td><td></td></tr>
<tr><td>第 3 次</td><td></td><td></td><td></td></tr>
<tr><td colspan="3">灼烧后恒重(坩埚＋$BaSO_4$)m_1/g</td><td></td><td></td><td></td></tr>
<tr><td colspan="3">Na_2SO_4 含量 w/%</td><td></td><td></td><td></td></tr>
<tr><td colspan="3">Na_2SO_4 含量平均值/%</td><td colspan="3"></td></tr>
<tr><td colspan="3">相对平均偏差/%</td><td colspan="3"></td></tr>
<tr><td colspan="6">* 备注：恒重指两次灼烧后灼烧物质量之差≤0.2 mg。恒重质量以符合要求的最后一次灼烧后称量的质量为准</td></tr>
</table>

3. 数据处理及结果计算

Na_2SO_4 的百分含量按下式计算：

$$w=\frac{m_1-m_0}{m_S}\times F\times 100\%$$

式中 w——Na_2SO_4 的百分含量(%)；

m_1——坩埚＋$BaSO_4$ 质量(g)；

m_0——坩埚质量(g)；

m_S——样品质量(mL)；

F——换算因子 0.608 6[$M(Na_2SO_4)/M(BaSO_4)=142.04/233.39$]。

4. 注意事项

(1)实验前，应预习和本实验有关的基本操作相关内容。

(2)溶液加热近沸，但不应煮沸，防止溶液溅失。

(3)$BaSO_4$ 沉淀的灼烧温度应控制在 800～850 ℃，否则，$BaSO_4$ 将与碳作用而被还原。

(4)检查滤液中的Cl^-时，用小表面皿收集10～15滴滤液，加2滴$AgNO_3$溶液，观察是否出现浑浊，若有浑浊，则需继续洗涤。

(5)操作注意。

①本实验是获得晶形沉淀的实验，遵循稀、热、慢、搅、陈的操作要点。

②沉淀洗涤利用同离子效应，溶剂少量多次洗涤。

③干燥、灰化、灼烧等操作均涉及，正确掌握操作要点，尤其是马弗炉的使用。

④灼烧时至恒重，采用干燥器冷却和保存。

项目评价

水中硫酸根离子的测定评价指标见表10-3。

表10-3　水中硫酸根离子的测定评价指标

序号	评价类型	配分	评价指标	分值	扣分	得分
1	职业能力	70	正确使用天平称量、正确判断恒重	10		
			能正确完成沉淀的制备(沉淀剂选择及加入、加热、检验沉淀完全、陈化)	10		
			正确过滤(一贴二低三靠)，正确检验Cl^-，洗涤干净	10		
			正确干燥，正确判断炭化、灰化，正确干燥与灼烧，灼烧至恒重	10		
			正确记录、处理数据，测定报告完整规范	10		
			结果相对平均偏差 ≤0.30%不扣分；＞0.30%扣5分； ＞0.50%扣10分；＞0.80%扣15分； ＞0.10%扣20分	20		
2	职业素养	10	坚持按时出勤，遵守纪律	2		
			按要求穿戴实验服、口罩、手套、护目镜	2		
			协作互助，解决问题	2		
			按照标准规范操作，实验完毕器皿收拾规范整洁	2		
			正确记录、处理原始数据，合理评价分析结果	2		
3	劳动素养	10	实验完毕器皿收拾规范整洁，认真填写仪器使用记录	2		
			玻璃器皿洗涤干净，无器皿损坏	4		
			操作台面摆放整洁、有序	4		

续表

序号	评价类型	配分	评价指标	分值	扣分	得分
4	思政素养	10	如实记录数据，不弄虚作假，具有良好的职业习惯	4		
			溶液加热、干燥、灼烧中，安全操作，具有自我安全防范意识	4		
			节约试剂和实验室资源，废纸和废液分类收集、处理，具有环保意识	2		
5	合计	100				

拓展任务

废水中悬浮固体的测定

[任务描述]

水中的固体是指在一定的温度下将水样蒸发至干时所残余的那部分物质，因此也曾被称为蒸发残渣。根据溶解性的不同可分为溶解固体和悬浮固体，一般将能通过 0.45 μm 或更小孔径滤纸或滤膜的那部分固体称作溶解固体，而不能通过的称作悬浮固体。

水中固体的测定有着重要的环境意义。若环境水体中的悬浮固体含量过高，则不仅影响景观，还会造成淤积，同时也是水体受到污染的一个标志。溶解性固体含量过高同样不利于水功能的发挥，如溶解性矿物质含量过高，既不适于饮用，也不适于灌溉，某些工业用水(如印染、纺织)也不能使用含盐量高的水。在废水处理过程中，固体含量尤其是悬浮固体含量是重要的设计参数。

[任务目标]

(1)巩固重量分析法的基本理论知识、基本操作技能。
(2)进一步了解重量分析法在实际中的应用。
(3)培养学生正确选择分析方法、设计分析方案的能力。

[任务准备]

1. 明确方法原理

悬浮固体是指水样通过孔径为 0.45 μm 的滤膜，截留在滤膜上并于 103～105 ℃烘干至恒重的物质。因此测定的方法是将水样通过规定的滤料后，烘干固体残留物及滤料，将所称质量减去滤料质量，即悬浮固体，又叫总不可滤残渣。

采样所用聚乙烯瓶或硬质玻璃瓶要用洗涤剂洗净。依次用自来水和蒸馏水冲洗干净。在采样之前，用即将采集的水样清洗3次。然后，采集具有代表性的水样500～1 000 mL，盖严瓶塞。漂浮或浸没的不均匀固体物质不属于悬浮物质，应从水样中除去。

采集的水样应尽快分析测定。如需放置，应贮存在4 ℃冷藏箱中，但最长不得超过七天。不能加入任何保护剂，以防破坏物质在固、液间的分配平衡。

2. 主要仪器

全玻璃微孔滤膜过滤器、GN-CA滤膜(孔径为0.45 μm、直径为60 mm)、吸滤瓶、真空泵、无齿扁嘴镊子等。

3. 相关试剂

待测废水样。

[任务实施]

1. 滤膜准备

用无齿扁嘴镊子夹取微孔滤膜放于事先恒重的称量瓶里，移入烘箱中于103～105 ℃烘干半小时后取出置于干燥器内冷却至室温，称其质量。反复烘干、冷却、称量，直至两次称量差≤0.2 mg。将恒重的微孔滤膜正确地放在滤膜过滤器的滤膜托盘上，加盖配套的漏斗，并用夹子固定好。以蒸馏水湿润滤膜，并不断吸滤。

2. 测定

先量取充分混合均匀的试样100 mL抽吸过滤，使水分全部通过滤膜。再以每次10 mL蒸馏水连续洗涤3次，继续吸滤以除去痕量水分。停止吸滤后，仔细取出载有悬浮物的滤膜放在原恒重的称量瓶里，移入烘箱中于103～105 ℃下烘干1 h后移入干燥器中，使冷却到室温，称其质量。反复烘干、冷却、称量，直至两次称量的差≤0.2 mg为止。

注：滤膜上截留过多的悬浮物可能夹带过多的水分，除延长干燥时间外，还可能造成过滤困难，遇此情况，可酌情少取试样。滤膜上悬浮物过少，则会增大称量误差，影响测定精度，必要时，可增大试样的体积。一般以5～100 mg悬浮物量作为量取试样体积的实用范围。

3. 数据记录

废水中悬浮固体的测定数据记录见表10-4。

表10-4 废水中悬浮固体的测定数据记录

项目 \ 平行次数			1号瓶	2号瓶	3号瓶
称量瓶重 m_0/g	恒重次数	第1次			
		第2次			
		第3次			

续表

项目 \ 平行次数			1号瓶	2号瓶	3号瓶
称量瓶恒重质量 m_0/g					
称量瓶+滤膜质量 m_1/g					
干燥后恒重质量（称量瓶+滤膜+固体悬浮物）m_2/g	恒重次数	第1次			
		第2次			
		第3次			
水样的体积 V/mL					
悬浮固体含量 ρ/(mg·L^{-1})					
平均含量/(mg·L^{-1})					
相对平均偏差/%					

4. 数据处理及计算结果

悬浮物含量 ρ(mg/L)按下式计算：

$$\rho=\frac{(m_2-m_1)\times10^6}{V}$$

式中　ρ——水中悬浮物浓度(mg/L)；

m_1——滤膜+称量瓶质量(g)；

m_2——悬浮物+滤膜+称量瓶质量(g)；

V——试样体积(mL)。

5. 注意事项

(1)树叶、木棒、水草等杂质应先从水中除去。

(2)废水黏度高时，可加2～4倍蒸馏水稀释，振荡均匀，待沉淀物下降后再过滤。

(3)也可采用石棉坩埚进行过滤。

(4)采用干燥法获得恒重悬浮物，需要反复称量确定恒重，恒重的温度不可过高或过低，避免样品分解或者干燥不彻底。

[相关链接]

《水质 悬浮物的测定 重量法》(GB 11901—1989)规定废水中悬浮固体的测定方法。

阅读材料

重量分析法在水分测定中的应用

含水率通常是指固体、液体或气体物质中含水的百分率。附着在物质表面的水分称为附着水、自由水或湿性水分，在某种物理状态(如压力、温度、压强等条件)下，附着在物质中的水分被称为吸收水或平衡状态的水分含量。结合于化学物质本身或物质里面的水称为结晶水，当水分是结晶水或化学水时称为水合物。

重量分析法测定水分原理：通过蒸发水分而得到含水率的方法。即在温度高于或等于水的汽化温度的情况下对固体或液体样品加热一段时间，使水分蒸发掉，样品质量减少至稳定在某一个值不变。根据不同样品的特性，样品可能高温分解或气化。这就暗示可能汽化的物质不一定是水。通过选取适当的样品重量和加热温度以及加热时间，能够得出一个近似真实水分含量的含水率数值。

水分测定仪采用热解重量原理设计，是一种新型快速水分检测仪器。水分测定仪在测量样品质量的同时，红外加热单元和水分蒸发通道快速干燥样品，在干燥过程中，水分仪持续测量并即时显示样品丢失的水分含量(%)，干燥程序完成后，测定的水分含量值被锁定显示。与烘箱加热法相比，红外加热可以短时间内达到最大加热功率，在高温下样品快速被干燥，其检测结果与国标烘箱法具有良好的一致性，具有可替代性，且检测效率远远高于烘箱法。一般样品只需几分钟即可完成测定。该仪器操作简单，测试准确，显示部分采用红色数码管，示值清晰可见，分别可显示水分值，样品初值、终值、测定时间，温度初值、终值等数据，并具有与计算机、打印机连接功能。水分仪可广泛应用于一切需要快速测定水分的行业，如医药、粮食、饲料、种子、菜籽、脱水蔬菜、烟草、化工、茶叶、食品、肉类以及纺织、农林、造纸、橡胶、塑胶、纺织等行业中的实验室与生产过程中。

来源：分析测试百科网

习题

一、单项选择题

1. 沉淀的类型与定向速度有关，定向速度的大小主要相关因素是(　　)。

A. 离子大小　　B. 物质的极性

C. 溶液浓度　　D. 相对过饱和度

2. 根据被测组分与其他组分分离方法的不同，不属于重量分析法的是(　　)。

A. 汽化法　　B. 沉淀法　　C. 滴定法　　D. 电解法

3. 不属于对沉淀形式的要求的是(　　)。

A. 溶解度小　　B. 易于过滤

C. 化学组成恒定　　D. 纯净

4. 有利于得到纯净沉淀的方法是(　　)。

A. 再沉淀　　B. 共沉淀

C. 后沉淀　　D. 减小沉淀颗粒

5. 重量法测定试样中的钙含量时，将钙沉淀为草酸钙，在 1 100 ℃灼烧后称量，则钙的换算因数为(　　)。

A. $\frac{M(Ca)}{M(CaO)}$　　B. $\frac{M(CaC_2O_4)}{M(Ca)}$　　C. $\frac{M(Ca)}{M(CaC_2O_4)}$　　D. $\frac{M(Ca)}{M(CaCO_3)}$

6. 在重量分析中，若待测物质中含的杂质与待测物的离子半径相近，则在沉淀过程中往往形成(　　)。

A. 表面吸附　　B. 吸留与包藏　　C. 混晶　　D. 后沉淀

7. 在重量分析中对无定形沉淀洗涤时，洗涤液应选择(　　)。

A. 冷水　　B. 热的电解质稀溶液

C. 沉淀剂稀溶液　　D. 有机溶剂

8. 在沉淀重量法中，称量形的摩尔质量越大，将使(　　)。

A. 沉淀易于过滤洗涤　　B. 沉淀纯净

C. 沉淀的溶解度减小　　D. 测定结果准确度高

二、多项选择题

1. 用 $BaSO_4$ 重量法测定 Ba^{2+} 含量，若结果偏低，则原因不可能是(　　)。

A. 沉淀中含有 Fe^{3+} 等杂质　　B. 沉淀中包藏了 $BaCl_2$

C. 沉淀剂 H_2SO_4 在灼烧时挥发　　D. 沉淀灼烧的时间不足

2. 若 $BaCl_2$ 中含有 NaCl、KCl、$CaCl_2$ 等杂质，用 H_2SO_4 沉淀 Ba^{2+} 时，不易被生成的 $BaSO_4$ 吸附的离子有(　　)。

A. H^+　　B. K^+　　C. Na^+　　D. Ca^{2+}

3. 下列说法中是无定形沉淀条件的是(　　)。

A. 沉淀可在浓溶液中进行　　B. 沉淀应在不断搅拌下进行

C. 沉淀在热溶液中进行　　D. 在沉淀后放置陈化

三、判断题

1.(　　)重量分析法是化学分析法中的一种。

2.(　　)升高温度可减少沉淀表面吸附。

3.(　　)降低相对过饱和度有利于获得晶形沉淀。

4.(　　)陈化有利于纯化沉淀。

5.(　　)采用均相沉淀法中不再需要沉淀剂。

6.(　　)沉淀的形成一般要经过晶核的形成和晶核长大两个过程。

7.(　　)当沉淀(构晶)离子浓度的乘积超过该条件下沉淀的溶度积时，离子通过相互碰撞聚集形成微小的晶核。

8.(　　)聚集速度主要取决于沉淀物质的本性，定向速度主要由沉淀时的条件决定。

9.(　　)定向速度大于聚集速度形成晶形沉淀。

10.(　　)当一种难溶物沉淀从溶液中析出时，溶液中的某些可溶性杂质会被沉淀带下来而混杂于沉淀中的现象叫后沉淀。

11.(　　)共沉淀是由于沉淀速度的差异，在已形成的沉淀上形成第二种不溶物质，这种情况大多发生在特定组分形成的过饱和溶液中。

12.(　　)在重量分析中，称量形式和沉淀形式可以相同，也可以不同。

四、计算题

1. 计算下列换算因数

测定物	称量物
(1)FeO	Fe_2O_3
(2)Ni	丁二酮肟镍[$Ni(C_4H_8N_2O_2)_2$]
(3)Al_2O_3	$Al(C_9H_6ON)_3$

2. 黄铁矿中硫的质量分数约为36 %，用重量法测定硫，欲得0.80 g左右的 $BaSO_4$ 沉

淀，应称取黄铁矿质量为多少克？

3. 有纯的 CaO 和 BaO 的混合物 2.212 g，转化为混合硫酸盐后质量为 5.023 g，计算原混合物中 CaO 和 BaO 的质量分数。

4. 称取磁铁矿试样 0.250 0 g，经溶解后将 Fe^{3+} 沉淀为 $Fe(OH)_3$，最后经灼烧为 Fe_2O_3，称得质量为 0.245 0 g，求试样中 Fe 和 Fe_3O_4 的质量分数。

5. 称取磷肥样品 0.513 5 g，经处理得到 0.118 1 g $Mg_2P_2O_7$，计算样品中用 P_2O_5 和 P 分别表示的质量分数。

6. 灼烧过的 $BaSO_4$ 沉淀质量为 0.501 3 g，其中含有少量 BaS，用 H_2SO_4 润湿，蒸发除去过量 H_2SO_4 后再灼烧得纯 $BaSO_4$，称得沉淀质量为 0.502 1 g。求 $BaSO_4$ 沉淀中 BaS 的质量分数。

项目 10　水中硫酸根离子的测定习题答案

模块7 光学分析法

光学分析法是基于物质对光的吸收或激发后光的发射所建立起来的一类方法，比如紫外-可见吸光光度法、红外及拉曼光谱法、原子发射与原子吸收光谱法、原子和分子荧光光谱法、核磁共振波谱法、质谱法等。本模块主要讲述环境监测中常用的紫外-可见吸光光度法、原子发射与原子吸收光谱法。

学习目标

知识目标

1. 理解紫外-可见分光光度法以及原子吸收光谱法的测定原理；
2. 理解朗伯-比尔定律；理解原子吸收与元素浓度的定量关系；
3. 了解可见分光光度计以及原子吸收分光光度计的组成，掌握仪器的操作；
4. 能进行测量条件的选择；
5. 掌握分析过程中操作条件的选择、定性分析与定量分析方法；

技能目标

1. 能正确使用紫外-可见分光光度计，正确使用原子吸收分光光度计；
2. 能进行测量条件的选择；
3. 能正确配制标准溶液系列，正确选择显色剂与显色条件，正确显色；
4. 能正确绘制吸收曲线与标准曲线；
5. 能用吸光光度法、原子吸收法对试样中待测元素进行定量分析。

素质目标

1. 按照标准规范操作，诚实守信，具有良好的职业习惯；
2. 控制误差，做到精益求精；
3. 具备安全意识、环保意识及团队合作意识。

项目 11　水中微量铁的测定

项目导入

铁是人体营养的必需元素，适量的铁摄入可以促进血红蛋白的合成，提高机体免疫力，预防贫血等疾病。人体中铁含量过高或过低都可能对人健康造成不良影响。铁可以用来评价水质污染情况，废水中铁的污染来源主要是选矿、冶炼、炼铁、机械加工、工业电镀、酸洗废水等，自然水体中铁的来源包括自然来源、工业排放、农业排放、市政排放、自来水管道等。因此在评价水质污染情况时，需要对水中铁含量进行监测和控制。

在实际应用中，常用的测定铁的方法包括滴定法、吸光光度法、荧光分析法、原子吸收光谱法等。不同方法的选择应根据样品的性质和测定要求决定。原子吸收法操作简单、快速，结果的精密度、准确度好，适用于环境水样和废水样的分析；邻菲啰啉光度法灵敏、可靠，适用于清洁环境水样和轻度污染水的分析；污染严重、含铁量高的废水可用 EDTA 络合滴定法，避免高倍数稀释操作引起的误差。本项目阐述了针对水中微量铁含量的测定方法。

项目分析

本项目的主要任务是通过对吸光光度法的学习和探讨，掌握水中微量铁的测定及运用。具体要求如下：

(1)掌握分光光度计的使用；

(2)能进行比色皿配套性的检验及溶液吸收曲线的绘制；

(3)能进行标准溶液的配制；

(4)能进行吸光度的测定；

(5)掌握标准曲线绘制与数据处理方法。

项目导图

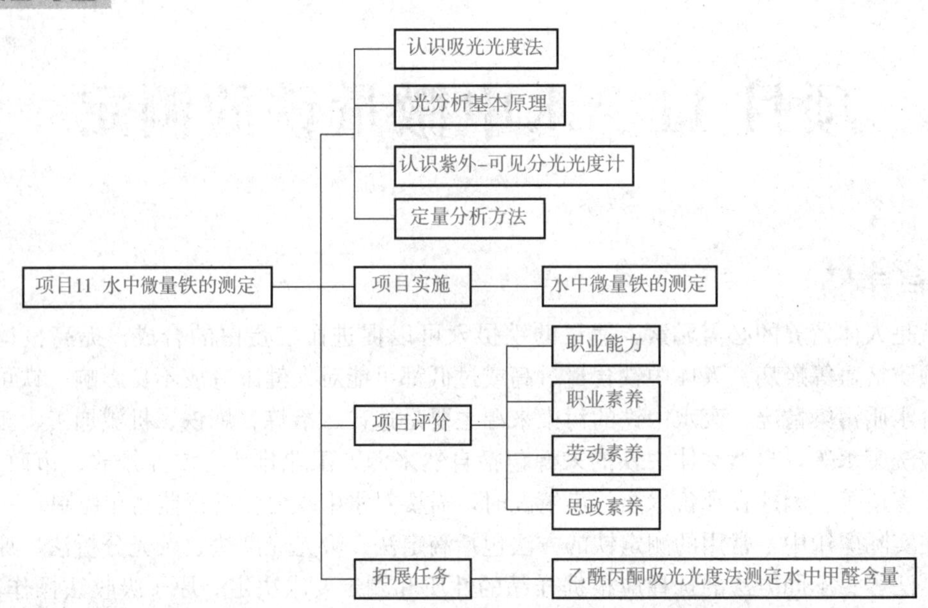
项目11 水中微量铁的测定
认识吸光光度法
光分析基本原理
认识紫外-可见分光光度计
定量分析方法
项目实施
水中微量铁的测定
项目评价
职业能力
职业素养
劳动素养
思政素养
拓展任务
乙酰丙酮吸光光度法测定水中甲醛含量

任务 11.1　认识吸光光度法

吸光光度法是根据物质分子对紫外线及可见光谱区的吸收特性和吸收程度，对物质进行定性和定量分析的一种吸收光谱法。在化学和各学科的研究工作中，吸光光度法一直是十分重要的手段。各种无机物和有机物的组成、结构的研究，各种化学、物理、物理化学常数的测定，各种反应的作用机理的确定，均可采用吸光光度法。

11.1.1　吸光光度法概述

吸光光度是比较有色溶液对某一波长的光的吸收情况，借助分光光度计来测量一系列标准溶液的吸光度，绘制标准曲线，然后根据被测试液的吸光度，从标准曲线上求得被测物质的浓度或含量。在生产和科学研究中，广泛地应用吸光光度法作为常规的分析方法。例如，对于矿物、合金、各种工农业原料和成品的微量成分的分析，在医药、合成橡胶、人造纤维、石油、化工以及环境保护中的废气、废水、废渣等有机物、无机物的定性和定量分析，均广泛地应用吸光光度法。

11.1.2　吸光光度法的分类

吸光光度法可根据所用仪器不同、波长范围不同进行分类：

(1)根据所用仪器的不同分为目视比色法、光电比色法和分光光度法。

(2)根据所吸收的波长范围不同，分为紫外分光光度法(波长 200～400 nm)、可见分光光度法(400～780 nm)、红外光谱法(780～2 500 nm)。

11.1.3　吸光光度法的特点

吸光光度法所测量的是物质对光的吸收程度，它属于仪器分析法，与化学分析法相比，其主要有以下特点：

(1)灵敏度高。化学分析法适用于测量试样中的常量组分，对于含量小于1%的微量组分不适用。吸光光度法用于含量在 10^{-3}%～1%的微量组分的测定，甚至可测定低至 10^{-5}%～10^{-4}%的痕量组分。

(2)仪器设备简单，操作简便、快速。将试样处理成溶液后，一般只需经历显色和比色两个步骤即可得到分析结果，操作简便。如采用灵敏度高、选择件好的显色剂和掩蔽剂，则一般不经分离即可直接进行测定，几分钟内即可得出结果。

(3)准确度较高。一般吸光光度法的相对误差为 2%～5%，若使用精密仪器，则误差可降至 1%～2%，完全能够满足微量组分的测定要求。

(4)应用广泛。绝大多数的无机物和大多数有机物可用此法测量，不仅用于定量分析，也可用于某些有机物的定性分析，还可用于某些物理化学常数及配合物组成的测定。

吸光光度法被称作现代分析化学的常规武器。

思考题

1. 比较目视比色法和吸光光度法各有什么特点?
2. 吸光光度法与化学分析法各有什么特点?

任务 11.2 光分析基本原理

11.2.1 物质对光的选择性吸收

1. 光的基本性质

光是一种电磁波。根据波长或频率排列，得到表 11-1 所示的电磁波谱图。

表 11-1 电磁波谱范围

波谱名称	波长范围	分析方法
γ射线	0.005～0.17 nm	中子活化分析，莫斯鲍尔谱法
X射线	0.1～10 nm	X射线光谱法
远紫外	10～200 nm	真空紫外光谱法
近紫外	200～380 nm	紫外光谱法
可见光	380～780 nm	比色法，可见吸光光度法(光度法)
近红外	0.75～2.5 μm	红外光谱法
中红外	2.5～50 μm	红外光谱法
远红外	50～1 000 μm	红外光谱法
微波	1～1 000 mm	微波光谱法
无线电波	1～1 000 m	核磁共振光谱法

电磁波谱的波长范围很宽，其中范围较窄的一段可见光谱区在分析化学中获得了最为广泛的应用，为本任务讨论的对象。所谓可见光，是指人的眼睛所能感觉到的波长范围为 360～ 780 nm 的电磁波。一束阳光(白光)通过棱镜后色散成红、橙、黄、绿、青、蓝、紫等颜色的光，它们具有不同的波长范围，如图 11-1 所示。单一波长的光称为单色光，由不同波长组成的光称为复合光。进一步的研究表明，图 11-1 中处于直线关系的两种单色光按一定的强度比例混合就可形成白光，它们称为互补色光，这种

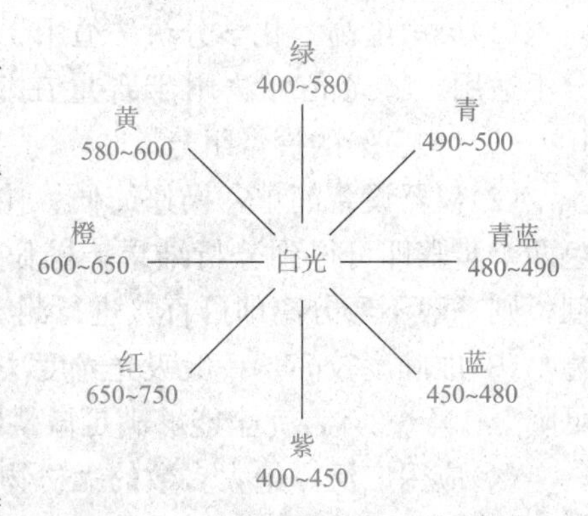

图 11-1 光的互补色示意(λ/nm)

现象称为光的互补。阳光、白炽灯光等白光便是由一对对互补色光按一定强度比例混合而成的。

2. 物质对光的选择性吸收

物质呈现的颜色与它所吸收光的颜色(波长)有一定的关系。例如，当白光通过 $CuSO_4$ 溶液时，$CuSO_4$ 选择性地吸收了部分黄色光，于是 $CuSO_4$ 溶液就呈现出蓝色。由于透射光中其他颜色的光仍然两两互补为白光，因此物质呈现出的颜色恰恰是它所吸收光的互补色，它们之间的关系仍如图 11-1 所示。又如，$KMnO_4$ 溶液呈紫红色，则说明它选择性地吸收了白光中的绿色光。若物质对白光中所有颜色的光全部吸收，它就呈现黑色；若反射所有颜色的光则呈现白色；若透过所有颜色的光，则为无色。

物质之所以具有不同的颜色，这是它对不同波长的可见光选择吸收的结果。溶液颜色的深浅，取决于溶液吸收光的量的多少，即取决于吸光物质浓度的高低。如 $CuSO_4$ 溶液的浓度越高，黄色光的吸收就越多，表现为透过的蓝色光越强，溶液的蓝色也越深。

以上粗略地用各种色光的选择吸收来说明物质呈现的颜色。如果测量某种物质对不同波长单色光的吸收程度，以波长为横坐标、吸光度为纵坐标作图，可得一条吸收光谱曲线，它能更清楚地描述物质对光的吸收情况。图 11-2 所示是 $KMnO_4$ 溶液的光吸收曲线。从图中可以看出，在可见光范围内，$KMnO_4$ 溶液对波长 525 nm 附近绿色光的吸收最强。光吸收程度最大处的波长叫作最大吸收波长，用 λ_{max} 表示，例如 $KMnO_4$ 溶液的最大吸收波长为 $\lambda_{max}=525$ nm。浓度不同时，光吸收曲线形状相同，最大吸收波长不变，只是相应的吸光度大小不同。显然，在 λ_{max} 处，测量吸光度的灵敏度最高，此吸收曲线是吸光光度法选择测量波长的依据。如果没有其他干扰，一般都是选择 λ_{max} 为测量波长。

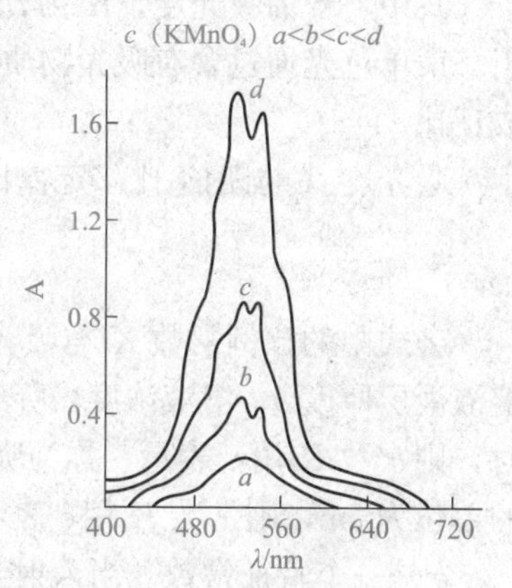

图 11-2 $KMnO_4$ 溶液的光吸收曲线

11.2.2 光吸收基本定律

1. 朗伯-比尔定律原理

当一束平行单色光通过任何均匀、非色散的固体、液体或气体介质时，一部分被吸收，一部分透过介质，一部分被器皿的表面反射。如图 11-3 所示，设入射光强度为 I_0，吸收光强度为 I_a，透过光强度为 I_t，反射光强度为 I_r，则

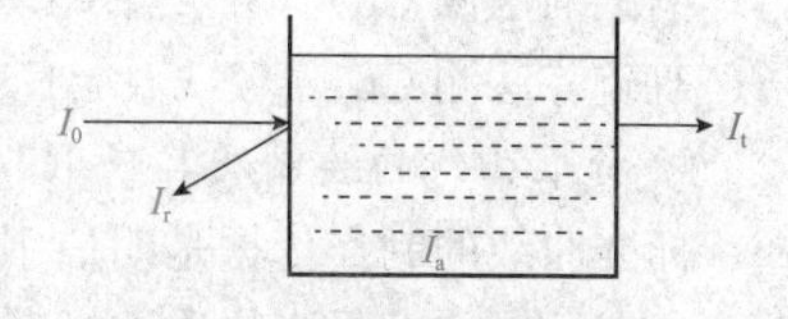

图 11-3 光通过溶液的情况

$$I_0=I_a+I_t+I_r$$

在吸光光度分析法中，通常将试液和空白溶液置于同样质料和厚度的吸收池中，然后让强度为 I_0 的单色光分别通过这两个吸收池，再测量其透过光的强度。

此时反射光的影响可以互相抵消，故上式可简化为

$$I_0=I_a+I_t \tag{11-1}$$

透过光强度 I_t 与入射光强度 I_0 之比称为透射光比或透射比，用 T 表示：

$$T=\frac{I_t}{I_0} \tag{11-2}$$

溶液的透射比越大，表示它对光的吸收越小；相反，透射比越小，表示它对光的吸收越大。

实践证明，溶液对光的吸收程度与溶液浓度、液层厚度及入射光波长等因素有关。如果保持入射光波长和光强恒定，则溶液对光的吸收程度只与溶液浓度和液层厚度有关。朗伯(Lamber J H)和比尔(Beer A)分别于1760年和1852年研究了光的吸收与溶液液层的厚度及溶液的浓度的定量关系，而成为光的吸收定律，两者合称为朗伯-比尔定律。

当一束强度为 I_0 的平行单色光垂直照射到长度为 b 的液层、浓度为 c 的溶液时，由于溶液中吸光质点(分子或离子)的吸收，通过溶液后光的强度减弱为 I_t，则

$$A=\lg\frac{I_0}{I_t}=Kbc \tag{11-3}$$

式中，A 为吸光度，K 为比例常数。此式是朗伯-比尔定律的数学表达式。它表示：当一束单色光通过含有吸光物质的溶液后，溶液的吸光度与吸光物质的浓度及液层的厚度成正比。

吸光度 A 与朗伯-比尔定律比较，可得到 A 与 T 之间的关系

$$A=\lg\frac{I_0}{I_t}=\lg\frac{1}{T}=Kbc \tag{11-4}$$

公式中的比例常数 K 与吸光物质的性质、入射光波长及温度等因素有关。其数值随溶液液层厚度 b、溶液浓度 c 所选用的单位不同而异。当 c 的单位为g/L、b 的单位为cm时，则常数 K 用 α 表示，称为吸光系数，其单位是L/(g·cm)；若 c 的单位为mol/L，b 的单位为cm，则常数 K 用 ε 表示，称为摩尔吸光系数，单位是L/(mol·cm)。

ε 是一个特征常数。当入射光的强度、波长及温度恒定时，为一个定值。它可以反映有色物质溶液的吸光能力和进行光度测定的灵敏程度。

一般情况下，ε 越大，灵敏度越高：$\varepsilon<10^4$ 为低灵敏度；$\varepsilon=10^4\sim10^5$ 为中等灵敏度；$\varepsilon>10^5$ 为高灵敏度。

对同一种待测物质，不同的方法具有不同的 ε，表明具有不同的灵敏度。

例如，分光光度法测铜

铜试剂法测Cu　　$\varepsilon_{426}=1.28\times10^4$ L/(mol·cm)

双硫腙法测Cu　　$\varepsilon_{495}=1.58\times10^5$ L/(mol·cm)

2. 标准曲线的绘制及其应用

标准曲线的制作依据是朗伯-比尔定律 $A=\varepsilon bc$。在绘制时，首先在一定条件下配制一系列具有不同浓度吸光物质的标准溶液，然后在确定的波长和光程等条件下，绘制 A-c(吸光度-浓度)曲线，从而得到一条通过原点的直线，即标准曲线。

当需要对某未知液的浓度 c_x 进行定量测定时，只需在相同条件下测得未知液的吸光度 A_x，就可由 $c_x=A_x/\varepsilon b$ 计算得出或直接在标准曲线上查得 c_x，如图11-4所示。在实际操作中，应注意调整 c_x 的大小，使其对应的 A_x 处于标准曲线的范围之内。

3. 偏离朗伯-比尔定律的原因

在测吸收溶液时，若吸收池的厚度一定，则 A 与 c 应为线性关系，得一直线。但在实际工作中，尽管固定了吸收池的厚度，测得的 A-c 线却常常偏离直线位置，如图11-4的虚

线所示。而且随溶液浓度增大，偏离现象更严重。引起偏离朗伯-比尔定律的主要原因有以下几个方面：

(1)非单色光引起的偏离。严格来说，朗伯-比尔定律只对一定波长的单色光才成立。但在实际测量中，都是采用一定波长范围的光，在这种情况下，A 与 c 不呈直线关系，因而导致了朗伯-比尔定律的偏离。

(2)由于溶液本身的化学因素引起的偏离。溶液中吸光质点发生电离、缔合、形成新的化合物或发生氧化还原等化学变化，改变了吸光质点的波度，破坏了线性关系。应控制反应和测量条件(酸度、浓度、介质等)。

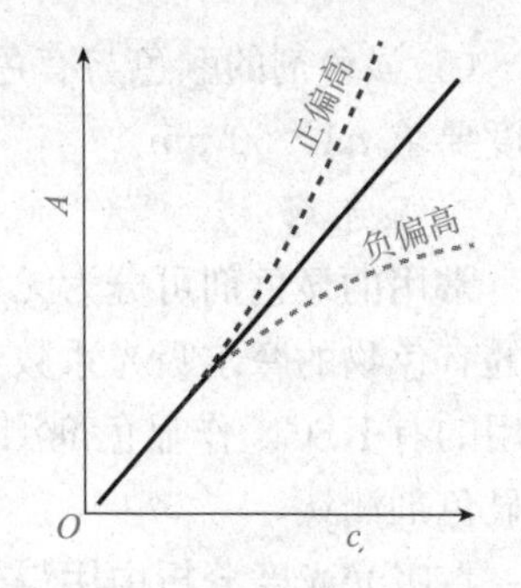

图 11-4　朗伯-比尔定律的偏离

(3)介质不均匀性引起的偏离。如果介质不均匀，呈胶体、乳浊液或悬浮物存在，则入射光通过这种溶液时会发生折射、散射或反射而使光改变方向，透过光的强度因此而减弱，吸光度增加。

为了提高测量的准确度，除提高仪器的单色性外，还应控制化学操作条件。

11.2.3　显色与测量条件的选择

测定某种物质时，如果待测物质本身有较深的颜色，就可以直接进行测定。当待测离子无色或只有很浅颜色时，需要选择适当的试剂与被测离子反应生成有色化合物再进行测定，这是吸光光度法测定无机离子最常用的方法，将无色或浅色的无机离子转变为有色离子或配合物的反应称为显色反应，所用的试剂称为显色剂。

1. 显色反应的选择

显色反应主要有配位反应和氧化还原反应，其中以配位反应应用最广泛。同一种物质可以与多种显色剂反应，生成各种不同的有色物质。在分析中，选择哪一种较为适宜，应考虑以下因素：

(1)灵敏度高。光度法一般用于微量组分的测定，因此，应选择灵敏度高的显色反应，应选择生成有色物质的 ε 较大的反应。例如，表 11-2 中，Ti^{4+} 与二安替比林甲烷、过氧化氢的反应，显色剂二安替比林甲烷对 Ti^{4+} 灵敏度较高。

表 11-2　Ti^{4+} 与不同显色剂的反应

待测物质	显色剂	有色物质	$\varepsilon_\lambda = 400/(L \cdot mol^{-1} \cdot cm^{-1})$
Ti^{4+}	二安替比林甲烷	TiR_3^+	1.8×10^4
	过氧化氢	$[TiO(H_2O_2)]^{2+}$	7.2×10^2

(2)选择性好。选择性好是指显色剂仅与被测组分或少数几个组分发生反应，在实际工作中，常常选用干扰较少或干扰容易消除的显色剂来显色。

(3)有色化合物的稳定性要高。有色化合物的稳定常数越大，显色剂与被测组分结合得越稳定，比色测定的准确度就越高，并且还可避免或减少样品中其他离子的干扰。

(4)有色化合物的组成要恒定。用于比色测定的配合物最好具有一定的组成，若组成发生变化，就容易引起溶液颜色的改变。

(5)显色剂的颜色与有色化合物的颜色差别要大。两种有色物最大吸收波长之差即对比度要求 $\Delta\lambda > 60$ nm。

2. 显色剂

常用的显色剂可分为无机显色剂和有机显色剂两类。由于无机显色剂的选择性差、生成的有色物的摩尔吸光系数小、灵敏度低等，使得真正具有实用价值的无机显色剂不多。常用的有 KSCN 作显色剂测铁、钼、钨和铌；钼做显色剂测酸铵、磷、硅、钒；过氧化氢作显色剂测钛。

在吸光光度分析中用得较多的是有机显色剂。有机显色剂有如下优点：

(1)大多数有机显色剂本身也是有色化合物，它能与待测离子反应生成稳定的螯合物；

(2)具有鲜明的颜色，ε 都很大(一般可达到 10^4 以上)，因此测定的灵敏度很高；

(3)选择性好；

(4)有些有色配合物易溶于有机溶剂，可进行萃取光度分析，提高了测定的灵敏度和选择性。

表 11-3 列出了几种常用显色剂。

表 11-3　几种常用显色剂

试剂	测定离子	λ_{max}/nm	反应条件
硫氰酸盐	Fe^{3+}	480	0.1～0.8 mol/L HNO_3
钼酸盐	Si(Ⅳ)	670～820	0.15～0.3 mol/L H_2SO_4
过氧化氢	Ti(Ⅳ)	420	1～2 mol/L H_2SO_4
邻二氮菲	Fe^{2+}	512	pH=2.0～9.0
磺基水杨酸	Fe^{3+}	520	pH=2.0～3.0
二苯硫腙	Pb^{2+}	520	pH=8.0～10.0，CCl_4 萃取
丁二肟	Ni^{2+}	470	pH=11～12
铬天青(CAS)	Al^{3+}	545	pH=4.7～6.0

3. 显色条件的选择

一种离子能否灵敏、准确地用比色分析，除主要与显色剂本身的性质有关外，控制好显色反应的条件也十分重要。影响显色反应的因素主要有溶液的酸度、显色剂的用量、显色时间、显色温度、溶剂的影响等，必须加以控制和选择。

(1)溶液的酸度。酸度对显色反应的影响很大，因为溶液酸度直接影响金属离子、显色剂的存在形式和有色化合物的组成、稳定性等。

①不同 pH 值下，许多显色反应的历程不同，生成化合物的颜色不同。

例如，Fe^{3+} 与磺基水杨酸作用，在不同 pH 值下，能形成多种化合物，现以 $(S\cdot sal)_2^-$ 代表磺基水杨酸阴离子。

pH=1.8～2.5 时，$Fe(S\cdot sal)^+$ 紫红色

pH=4～8 时，　$Fe(S\cdot sal)_2^-$ 橙色

pH=8～11.5 时，$Fe(sal)_3^{3-}$ 黄色

$$pH \geqslant 12 \text{ 时}, \qquad Fe(OH)_3 \downarrow$$

由此可见，必须控制溶液的 pH 值在一定范围内，才能获得组成恒定的有色配合物，得到正确的测定结果。

②显色剂的弱酸性。显色反应用的显色剂不少是有机弱酸，显然，溶液酸度的变化将影响显色剂的平衡浓度，并影响显色反应的完全程度。

例如，金属离子 M^+ 与显色剂 HR 作用，生成有色络合物 MR。

$$M^+ + HR \rightleftharpoons MR + H^+$$

被测离子　显色剂　有色配合物

可见，溶液的酸度太高，平衡向左移动，倾向于生成显色剂分子，将对显色反应不利。

③金属离子的水解作用。如果酸度太低，则会引起金属离子(被测离子)的水解，生成氢氧化物沉淀，平衡向左移动，同样倾向于生成显色剂分子。

例如，当 $pH \geqslant 12$ 时，Fe^{3+} 与磺基水杨酸作用，生成棕红色的 $Fe(OH)_3$ 沉淀，Fe^{3+} 浓度明显减少。

$$Fe(S \cdot sal)_3^{3-} + 3OH^- \rightarrow Fe(OH)_3 \downarrow + 3(S \cdot sal)^{2-}$$

如何确定合适的 pH 值范围？固定待测组分及显色剂的浓度改变的仅仅是溶液的 pH 值，绘制出 A-pH 值关系曲线(图 11-5)，选择曲线变化平坦处所对应的 pH 值范围。

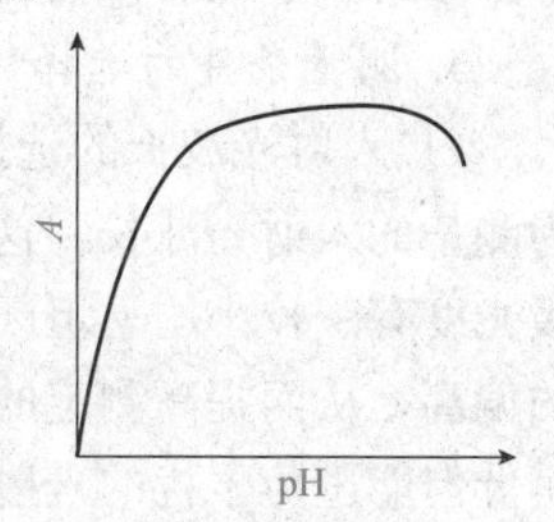

图 11-5　A-pH 关系曲线

(2)显色剂的用量。从平衡考虑，加入过量显色剂，可增加反应的完全性，但是有些显色剂本身有色或者与共存离子生成另一种有色物质，对测定不利。可见，显色剂用量不是越多越好，一定要适宜，要适当过量。

确定显色剂用量一般通过实验方法。配制数份浓度相等的同一溶液，依次分别加入不同量的同一显色剂，然后分别测定其吸光度值，作吸光度 A 和显色剂 c_R 的关系曲线如图 11-6 所示。选择随着 c_R 不断增加，A 几乎不变的位置，即选择曲线变化平坦处的 c_R。

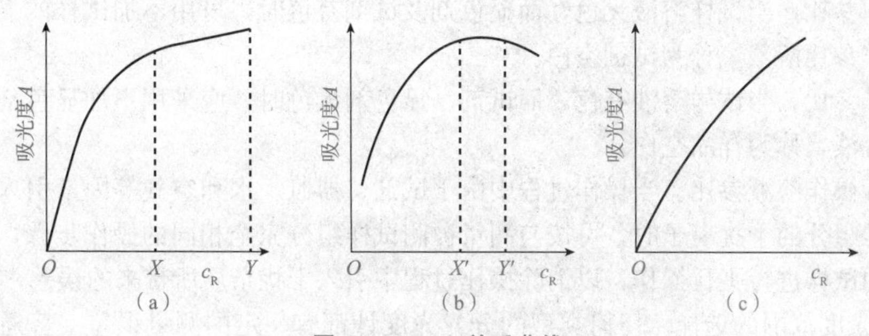

图 11-6　A-c_R 关系曲线

(3)显色温度。不同的显色反应对温度的要求不同。大多数显色反应是在常温下进行的，但有些反应必须在较高温度下才能进行或进行得比较快。例如，Fe^{3+} 和邻二氮菲的显色反应在常温下就可完成，而硅钼蓝法测微量硅时，应先加热，使之生成硅钼黄，然后将硅钼黄还原为硅钼蓝，再用分光光度法测定。有的有色物质加热时容易分解，例如

$Fe(SCN)_3$，加热时褪色很快。因此对不同的反应，应通过实验找出各自适宜的显色温度范围。由于温度对光的吸收及颜色的深浅都有影响，因此在绘制标准曲线和进行样品测定时应该使溶液温度保持一致。

(4)显色时间。时间对显色反应的影响需从以下两个方面综合考虑。一方面要保证足够的时间使显色反应进行完全，对于反应速率较小的显色反应，显色时间需长一些；另一方面，测定必须在有色配合物稳定的时间内完成。对于较不稳定的有色配合物，应在显色反应已完成且吸光度下降之前尽快测定。确定适宜的显色时间同样需通过实验作出显色温度下的吸光度-时间关系曲线，在该曲线的吸光度较大且恒定的平坦区域所对应的时间范围内完成测定是最适宜的。

(5)溶剂。由于溶质与溶剂分子的相互作用对-紫外可见吸收光谱有影响，因此在选择显色反应条件的同时，需选择合适的溶剂。水作为溶剂方便且无毒，因此一般尽量采用水相测定。如果水相测定不能满足测定要求(如灵敏度差、干扰无法消除等)，则应考虑使用有机溶剂。如 $[Co(SCN)_4]^{2-}$ 在水溶液中大部分解离，加入等体积的丙酮后，因水的介电常数减小而降低了配合物的解离度，溶液显示配合物的天蓝色，可用于钴的测定。对于大多数不溶于水的有机物的测定，常使用脂肪烃、甲醇、乙醇和乙醚等有机溶剂。

4. 测量条件的选择

(1)入射光波长的选择。入射光波长选择的依据是吸收曲线，一般以最大吸收波长 λ_{max} 为测量的入射光波长。这是因为在此波长处 ε 最大，测定的灵敏度最高，而且在此波长处吸光度有一较小的平坦区，能够减少或消除由于单色光的不纯而引起的对朗伯-比尔定律的偏离，从而提高测定的准确度。但若在 λ_{max} 处有共存离子的干扰，则应考虑选择灵敏度稍低但能避免干扰的入射光波长。

(2)参比溶液的选择。选择参比溶液的原则：使试液的吸光度真正反应待测组分的浓度。根据待测组分的性质，选择合适的参比溶液，尽可能抵消各种共存有色物质的干扰，使测得的吸光度真正反映待测组分的浓度。常用的参比溶液有以下几种。

①溶剂参比。如果仅待测物与显色剂反应的产物有色，而试剂与待测物均无色，可用纯溶剂作参比溶液，称为溶剂空白。

②试剂参比。当试样溶液无色，而显色剂及试剂有色时，可用不加试样的显色剂和试剂的溶液作参比溶液，称为试剂空白。

③试样参比。当试样溶液有色，而试剂、显色剂无色时，应采用不加显色剂的样品溶液作参比溶液，称为样品空白。

④平行操作溶液参比。当操作过程中由于试剂、器皿、水和空气等因素引入了一定量的被测试样组分的干扰离子时，可按与测量被测试样组分完全相同的操作步骤，用不加入被测组分的试样进行平行操作，以消除操作过程中引入干扰杂质所带来的误差。

(3)吸光度范围的选择。任何类型的分光光度计都有一定的测量误差。普通分光光度计主要的仪器测量误差是透射比的读数误差。光度计的读数标尺上透射比 T 的刻度是均匀的，故透射比的读数误差 ΔT(绝对误差)与 T 本身的大小无关，对于一台给定的仪器，它基本上是常数，一般为 0.002～0.01，仅与仪器自身的精度有关。但光度分析的目的是通过 T 测得溶液的浓度 c，由读数误差 ΔT 引起的被测组分浓度测量的相对误差用 $\Delta c/c$ 表示(其中 Δc 为浓度的绝对误差)。由于 T 与浓度 c 不是线性关系，故不同浓度时的仪器读数

误差 ΔT 引起的测量误差 $\Delta c/c$ 不同。

$$A=-\lg T=-0.434\ln T$$

微分

$$\mathrm{d}A=-0.434\frac{\mathrm{d}T}{T}$$

$$\frac{\mathrm{d}A}{A}=\frac{\mathrm{d}T}{T\ln T}$$

又由朗伯-比尔定律

$$A=\varepsilon bc$$

则浓度 c 的测量相对误差为

$$E_{\mathrm{r}}=\frac{\mathrm{d}c}{c}\times 100\%=\frac{\mathrm{d}A}{A}\times 100\%=\frac{\mathrm{d}T}{T\ln T}\times 100\%$$

如果 T 的测量绝对误差 $\mathrm{d}T=\Delta T=\pm 0.01$，则

$$E_{\mathrm{r}}=\frac{\Delta T}{T\ln T}\times 100\%=\pm\frac{1}{T\ln T}\%$$

由上式可计算不同 T 时的相对误差绝对值 $|E_{\mathrm{r}}|$，根据计算结果作 $|E_{\mathrm{r}}|$-T 曲线图，如图 11-7 所示。从图中可看出，透射比很小或很大时，浓度测量误差都较大，只有在透射比为 15%～65%，或使吸光度 A 为 0.2～0.8 时，才能保证测量的相对误差较小。当吸光度 $A=0.434$(或透射比 T 为 36.8%)时，测量的相对误差最小。可通过控制溶液的浓度或选择不同厚度的吸收池来达到目的。

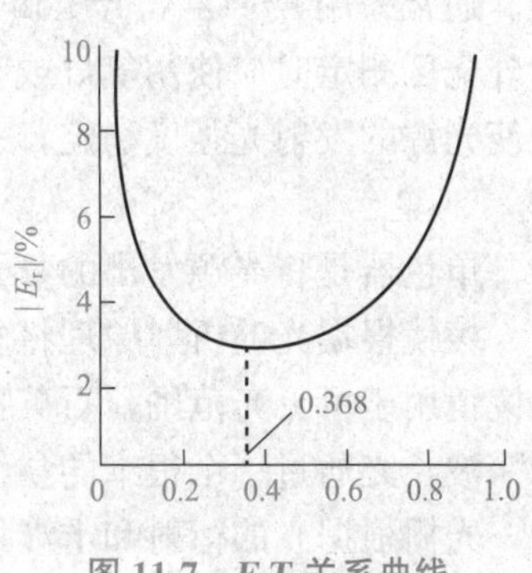

图 11-7　E-T 关系曲线

思考题

1. 什么叫单色光、互补色光？
2. 什么是朗伯-比尔定律？吸光度、透射比和待测溶液的浓度之间有什么直接关系？
3. 常见的参比溶液有哪几类？

任务 11.3　认识紫外-可见分光光度计

分光光度计是一种分析测量光谱的仪器，按照波长及应用领域的不同可以分为可见光分光光度计、紫外分光光度计、红外分光光度计、荧光分光光度计、原子吸收分光光度计。

11.3.1　分光光度计的基本组成

各种光分光光度计基本构造都相同，外观如图 11-8 所示，结构如图 11-9 所示，主要由光源、单色器、吸收池、检测器和数据处理系统构成。

分光光度计的使用

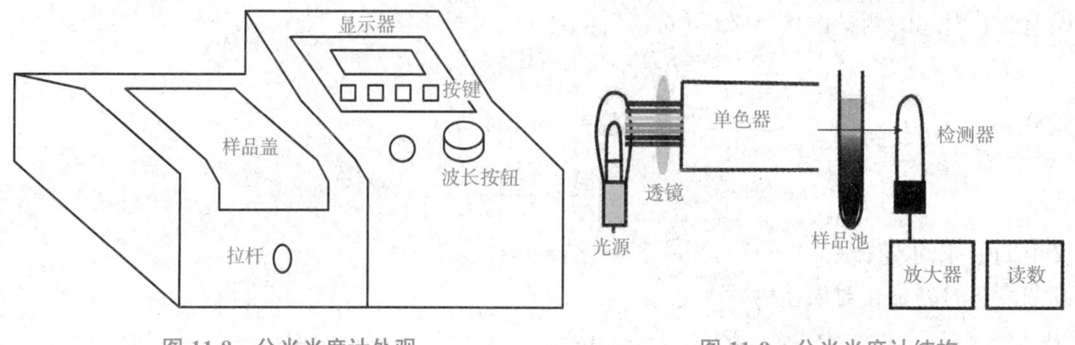

图 11-8　分光光度计外观　　　　图 11-9　分光光度计结构

1. 光源

在仪器工作的波长范围内，光源提供具有足够发射强度、稳定且波长连续变化的复合光。通常采用 6～12 V 低压碘钨灯做光源，其发射的复合光波长为 350～800 nm。当在近紫外光区测定时应使用氢灯或氘灯作光源，它们能发射出波长 185～375 nm 范围的光。为了使光源的发射光强度稳定，一般采用稳压器严格控制灯电源电压。

2. 单色器

单色器是将光源发出的复合光分解为单色光的装置，通常为棱镜或光栅。

棱镜根据光的折射原理将复合光色散为不同波长的单色光，它由玻璃或石英制成。玻璃棱镜用于可见光范围，石英棱镜则在紫外线和可见光范围均可使用。经棱镜色散得到的所需波长光通过一个很窄的狭缝照射到吸收池上。

光栅根据光的衍射和干涉原理将复合光色散为不同波长的单色光，然后让所需波长的光通过狭缝照射到吸收池上。同棱镜相比，光栅作为色散元件更为优越，具有如下优点：适用波长范围广；色散不随波长改变；同样大小的色散元件，光栅具有较好的色散和分辨能力。

3. 吸收池

吸收池也称比色皿，一般为长方体，其底及两侧为磨面，另两面为透光面，是用于盛放试液的容器，由无色透明、耐腐蚀、化学性质相同、厚度相同的玻璃或石英制成。在可见光区测量吸光度时使用玻璃吸收池，紫外线区则用石英吸收池。比色皿按光程划分，常用的有 1 cm、2 cm、3 cm、5 cm 等，使用时根据需要选择。同一规格的比色皿彼此之间的透射比误差应小于 0.5%。为消除吸收池体、溶液中其他组分和溶剂对光反射和吸收所带来的误差，光度测量中要使用参比溶液。参比溶液和待测溶液应置于尽量一致的吸收池中。

使用时比色皿需保持光洁，透光面不受污染或磨损，使用时应注意以下几点：

(1)拿取比色皿时，只能用手指接触两侧的毛玻璃，避免接触光学面。同时注意轻拿轻放，防止外力对比色皿的影响，产生应力后破损。

(2)凡含有腐蚀玻璃的物质的溶液，不得长期盛放在比色皿中。

(3)不能将比色皿放在火焰或电炉上进行加热或放在干燥箱内烘烤。

(4)当发现比色皿里面被污染后，应用无水乙醇清洗，并及时擦拭干净。

(5)不得将比色皿的透光面与硬物或脏物接触。盛装溶液时，高度为比色皿的 2/3 处即可，光学面如有残液，可先用滤纸轻轻吸附，然后用镜头纸或丝绸擦拭。

4. 检测器及数据处理装置

检测器的作用是将所接收到的光经光电效应转换成电流信号进行测量，故又称光电转换器，分为光电管和光电倍增管。

光电管是一个真空或充有少量惰性气体的二极管。光电倍增管是由光电管改进而成的，管中有若干个称为倍增极的附加电极。光电倍增管的灵敏度比光电管高 200 多倍，适用波长范围为 160～700 nm。光电倍增管在现代的分光光度计中被广泛采用。

11.3.2 紫外-可见分光光度计的类型及特点

紫外-可见分光光度计是一种光学仪器，型号很多，按其光学系统可分为单光束分光光度计、双光束分光光度计和双波长分光光度计三种类型。

1. 单光束分光光度计

从光源触发，经过单色器分光得到一束平行单色光，从进入吸收池到照在检测器上，始终为一束光。图 11-10 所示为其工作原理。

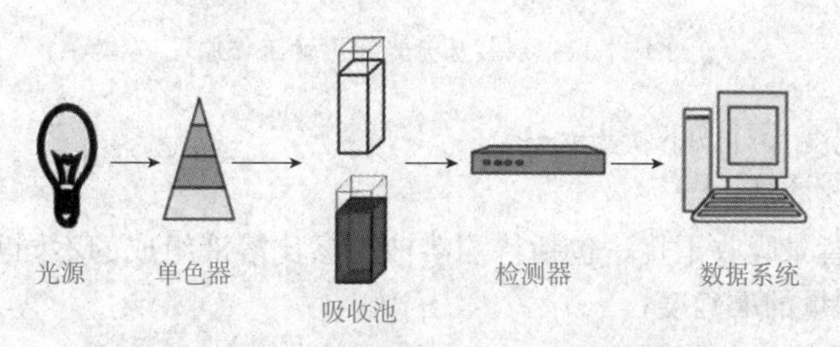

图 11-10 单光束分光光度计工作原理

单光束分光仪器有以下四大特点：

(1)价格较低且产品操作简单；

(2)任一波长的光均要用参比溶液调 $T=100\%$后，再测量样品；

(3)不能进行吸收光谱的自动扫描；

(4)光源不稳定性影响测量准确度。

2. 双光束分光光度计

双光束分光光度计工作原理如图 11-11 所示。

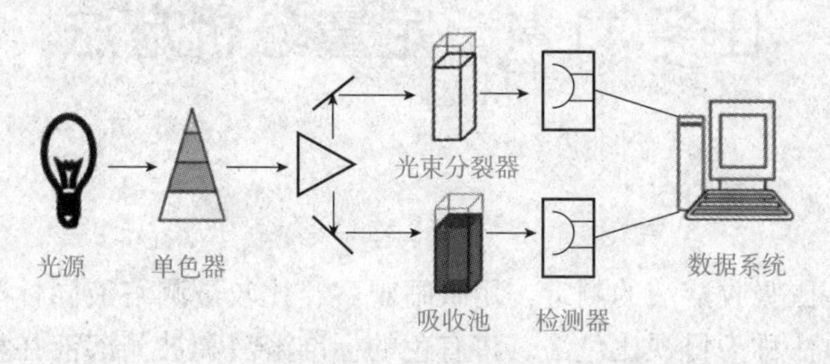

图 11-11 双光束分光光度计工作原理

从光源中发出的光经单色器分光后被切光器分成两束强度相等的单色光：一束通过参比溶液；一束通过被测溶液。光度计能自动比较两束光的强度，此比值即被测液的透射比，经对数交换将它转换为吸光度并作为波长的函数记录下来，主要有以下几个优点：

(1)不需要更换吸收池，而且测量方便；

(2)补偿了光源不稳定性的影响；

(3)实现了快速自动吸收光谱扫描；

(4)在一定程度上消除试液的背景干扰，提高分析的灵敏度。

3. 双波长分光光度计

同一光源发出的光被分成两束，分别经过两个单色器，得到两束不同波长的单色光，利用切光器使两束光以一定频率照射到同一吸收池，然后经过光电倍增管和电子控制系统，由显示器显示出两个波长处的吸收光度差值。具体的原理如图 11-12 所示。

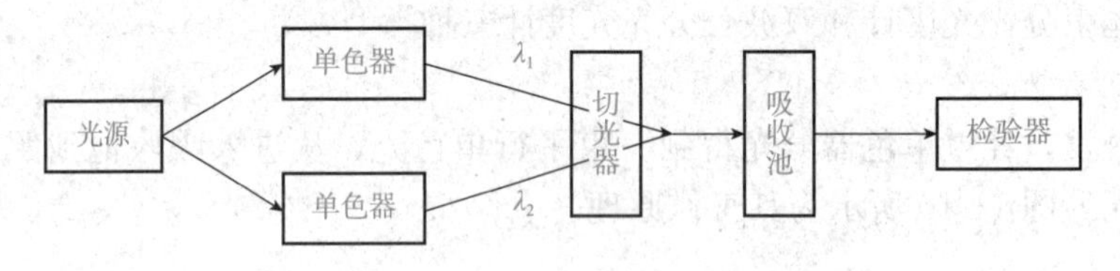

图 11-12　双波长分光光度计工作原理

双波长分光光度计有以下特点：

(1)不需要参比溶液；

(2)可以消除背景吸收干扰，包括待测溶液与参比溶液组成的不同及吸收池厚度差异的影响，提高了测量的准确度；

(3)适合多组分混合物、浑浊试样的定量分析；

(4)价格比较高。

思考题

1. 分光光度计的使用程序是什么？
2. 比色皿使用的注意事项有哪些？

任务 11.4　定量分析方法

11.4.1　目视比色法

对于可见光范围吸收溶液的测定，用眼睛观察、比较被测溶液同标准溶液颜色深浅以确定物质含量的方法称为目视比色法。将有色的标准溶液和被测溶液在相同条件下对颜色进行比较，当溶液液层厚度相同、颜色深度一样时，两者的浓度相等。其利用的是自然光比较吸收光的互补色。

该法的优点是仪器简单、操作简便、灵敏度高，适用于大批试样的分析。因为在复合光-白光下进行测定，某些显色反应不符合朗伯-比尔定律时，但可用该法进行测定。

其主要缺点是准确度不高，不可分辨多组分，标准系列不能久存，需要测定时临时配制。为了弥补上述缺点，常采用某些比较稳定的有色物质来配制标准溶液，如用重铬酸钾、硫酸钴等。也可以用有色玻璃、有色纸片等来代替标准色阶，但与实际溶液相比，误差较大(±5%～±20%)。

目视比色法应注意选一套玻璃质料相同、形状大小相同的比色管在比色时使用。

11.4.2 分光光度法

被测试样溶液中只含一种组分，或者混合物溶液中被测组分的吸收峰与共存物质的吸收峰无重叠，均视为单一组分试样。在这些情况下，一般可选择被测组分的最大吸收波长λ_{max}处进行测定。若被测组分有若干个吸收峰，则应选择吸光度随波长变化较小的波长进行测定。

单组分的定量分析方法有标准曲线法、标准对照法等。

1. 标准曲线法

标准曲线反映标准物质的物理或化学属性和仪器响应值之间的函数关系的曲线。标准曲线法是实际工作中应用最多的一种定量方法。吸光光度法中的标准曲线，是指通过测定一系列已知组分不同浓度的标准物质的吸光度，从而得到该物质溶液吸光度与物质浓度或含量函数关系的曲线。具体做法是配制一系列浓度不同的待测组分的标准溶液，在相同条件下显色后，分别测定吸光度值。以标准溶液浓度为横坐标、吸光度值为纵坐标，绘制如图 11-13 所示的标准曲线。样品测定后，根据样品的吸光度，从标准曲线上查得样品溶液浓度或含量，根据样品稀释倍数从而得到样品中待测物的浓度。

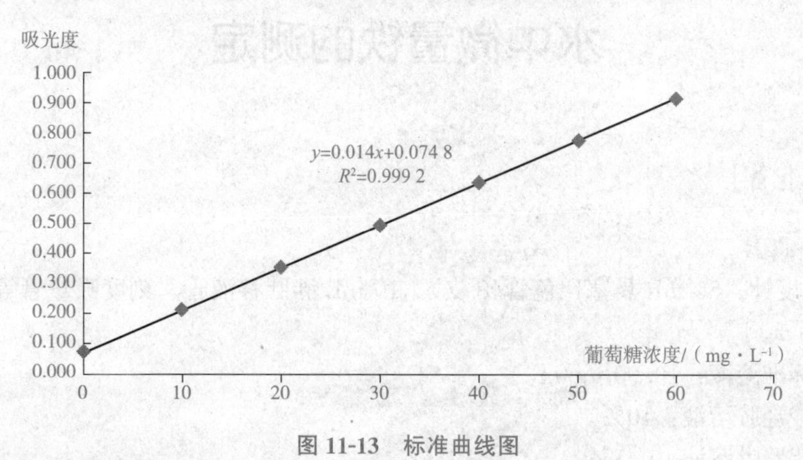

图 11-13 标准曲线图

常见的标准曲线作图法有方格纸作图法和绘图软件作图法。

(1)方格纸作图法。用普通方格纸作图，图纸最好是正方形或长方形，以横轴为浓度、纵轴为吸光度。在适当范围内配制各种不同浓度的标准液，测吸光度，并在方格纸上描绘标准溶液的点，绘制标准曲线，使不在直线上的点尽量均匀地分布在直线的两边。标准曲线绘制完毕后，应在坐标纸上注明实验项目名称、分光光度计型号和编号、波长以及日期、室温。

(2)绘图软件作图法。以 Excel 为例：

①打开 Excel 表格，输入数据，单击“插入”按钮，选择“散点图”；

②将鼠标指针移动到图标有点的地方，右键选择“添加趋势线”；

③勾选显示公式和显示 R 平方式，标准曲线即制作完成。

2. 标准对照法(比较法)

若试样中只有被测组分在 λ_{max} 处有吸收，且符合朗伯-比尔定律，则配制一与待测样品浓度接近的标准溶液，在相同条件下显色，在同一波长处测定吸光度，根据下式可计算出待测样品的浓度。

$$A_{样}=\varepsilon\times b\times c_{样}$$

$$A_{标}=\varepsilon\times b\times c_{标}$$

$$c_{样}=\frac{A_{样}}{A_{标}}\times c_{标} \tag{11-5}$$

思考题

1. 如何绘制标准曲线？

2. 如何使用标准曲线？

项目实施

水中微量铁的测定

[项目准备]

1. 主要仪器

分光光度计、50 mL 具塞比色管(8 支)、10 mL 胖肚移液管、刻度吸量管等。

2. 相关试剂

(1)铁标准溶液：10.00 μg/mL。

(2)盐酸羟胺溶液：10%。

(3)邻菲罗啉溶液：0.1%。

(4)缓冲溶液：40 g 乙酸铵加 50 mL 冰醋酸，用水稀释至 100 mL。

[工作流程]

1. 实验步骤

(1)基本操作学习：分光光度计基本操作，比色皿基本使用。

(2)比色皿配套性的检验：比色皿装蒸馏水，于 440 nm 下测定 T 值，记录数据，$\Delta T\leqslant$ 0.5%即匹配的比色皿。

(3)溶液的配制。取6支50 mL比色管，依次加入0.00、2.00、4.00、6.00、8.00和10.00(mL)铁标准溶液(10.00 μg·mL)，另取2支50 mL比色管分别加入10.00 mL水样。然后在上述8支比色管中加入10%盐酸羟胺1 mL，摇匀。再加入0.1%邻菲罗啉溶液2 mL及缓冲溶液5 mL，加水至标线，摇匀，显色15 min。

(4)测定。

①吸收曲线的测定：在波长430～600 nm处，用10 mm比色皿，以水为参比，每隔10 nm测一次10.00 mL铁标准溶液的吸光度，在最大吸光度附近，每隔5 nm再测一次，记录数据，绘制吸收曲线，找出最大吸收波长。

②在最大吸收波长处，用10 mm比色皿，以蒸馏水为参比，测定铁标准溶液及水样的吸光度。记录测量数据，填写数据表格。

2. 数据记录与曲线绘制

(1)比色皿配套性的检验(表11-4)。

表11-4　比色皿配套性的检验数据

序号	1	2	3	4
$T/\%$	100.0			

结论：

(2)吸收曲线数据(表11-5)。

表11-5　铁吸收曲线数据

λ/nm	430	440	450	460	470	480	490	500	510	520
A										
λ/nm	530	540	550	560	570	580	590	600		
A										

绘制吸收曲线：以波长为横坐标、吸光度为纵坐标，绘制吸收曲线。

(吸收曲线绘制好粘贴于此)

结论：

(3)铁的测定数据。

①铁的测定数据填入表 11-6 中。

表 11-6　水中微量铁的测定数据表

溶液编号	0	1	2	3	4	5	水样 1	水样 2
标准溶液体积/mL							—	—
铁含量/μg							—	—
水样体积/mL	—	—	—	—	—	—		
吸光度 A								
校正吸光度 A'								

②绘制标准曲线：以铁含量(μg)为横坐标、校正吸光度为纵坐标，绘制标准曲线。

(标准曲线绘制好后粘贴于此)

3. 数据处理

(1)计算样品含量。

$$\rho(\mathrm{Fe})=\frac{m}{v}$$

式中　ρ(Fe)——水样中铁的浓度(μg/mL)；

m——样品中铁的质量(μg)；

V——水样的体积(mL)；

(2)计算相对平均偏差。

4. 注意事项

(1)仪器预热后，开始测量前反复调透射比 0%和透射比 100%；

(2)仪器连续使用不应超过 2 h，否则，间歇 0.5 h 后再使用。

(3)比色皿洗涤必须干净，拿取比色皿时，只能用手捏住毛玻璃的两面，装待测液时，应用待测液润洗 2～3 次，保证待测液浓度不变，倒入的溶液应在 2/3～3/4 处而不要太满，放时应将透光面对着光路；

(4)每次改变波长，再次调透射比 0%和透射比 100%；

(5)测量时从低浓度到高浓度进行，这样可减少误差；

(6)实验完后，洗净晾干比色皿并存放于比色皿盒内，不能用碱溶液和强氧化剂洗涤，以免腐蚀玻璃或使比色皿沾接处脱胶。

水中微量铁的测定评价指标见表 11-7。

表 11-7　水中微量铁的测定评价指标

序号	评价类型	配分	评价指标	分值	扣分	得分
1	职业能力	70	正确使用移液管、吸量管移取溶液，所取体积正确	10		
			加入各试剂正确，定容正确，正常显色	10		
			正确使用比色皿，配套性检验正确，$\Delta T \leqslant 0.5\%$	5		
			正确使用分光光度计测定吸光度，每改变波长、溶液，需重调 T 的 0%、100%	10		
			测定波长正确，吸收曲线、标准曲线绘制正确	10		
			结果处理正确，测定报告完整规范	5		
			相对平均偏差≤0.30%，不扣分； 0.30%＜相对平均偏差≤0.50%，扣 5 分； 0.50%＜相对平均偏差≤0.80%，扣 10 分； 0.80%＜相对平均偏差≤1.1%，扣 15 分； 相对平均偏差＞1.1%，扣 20 分	20		
2	职业素养	10	坚持按时出勤，遵守纪律	2		
			按要求穿戴实验服、口罩	2		
			协作互助，解决问题	2		
			按照标准规范操作	2		
			正确记录、处理原始数据，合理评价分析结果，合理出具报告	2		
3	劳动素养	10	实验完毕器皿收拾规范整洁，认真填写仪器使用记录	2		
			玻璃器皿洗涤干净，无器皿损坏	4		
			操作台面摆放整洁、有序	4		

续表

序号	评价类型	配分	评价指标	分值	扣分	得分
4	思政素养	10	如实记录数据，不弄虚作假，具有良好的职业习惯	4		
			标准曲线相关系数不达标，寻找原因，改进不足，控制误差，做到精益求精	4		
			节约试剂和实验室资源，废纸和废液分类收集、处理，具有环保意识	2		
5	合计	100				

拓展任务

乙酰丙酮吸光光度法测定水中甲醛含量

[任务描述]

甲醛，又称蚁醛，是一种有机化合物，化学式是 HCHO 或 CH_2O，分子量为 30.03。其是无色有刺激性气体，对人眼、鼻等有刺激作用。气体相对密度为 1.067(空气为 1)，液体密度 0.815 g/cm(−20 ℃)。熔点−92 ℃，沸点−19.5 ℃。易溶于水和乙醇。水溶液的浓度最高可达 55%，一般是 35%～40%，通常为 37%，称作甲醛水，俗称福尔马林(formalin)，甲醛在其中以水合物或齐聚物的形式存在。

甲醛具有还原性，尤其在碱性溶液中，还原能力更强。能燃烧，蒸气与空气形成爆炸性混合物，爆炸极限 7%～73%(体积)，燃点约 300 ℃。

甲醛的急性中毒表现为对皮肤、黏膜的刺激作用。吸入高浓度甲醛可导致呼吸道激惹症状，打喷嚏、咳嗽并伴鼻和喉咙的烧灼感；此外，还可诱发支气管哮喘、肺炎、肺水肿。经消化道一次性大量摄入甲醛可引起消化道及全身中毒性症状，口腔、咽喉和消化道的腐蚀性烧伤，腹痛，抽搐，死亡等。皮肤接触甲醛可引起过敏性皮炎、色斑、皮肤坏死等病变。经口摄入 10～20 mL 甲醛溶液可致死。长期暴露于甲醛可降低机体的呼吸功能、神经系统的信息整合功能和影响机体的免疫应答，对心血管系统、内分泌系统、消化系统、生殖系统、肾也具有毒性作用。全身症状包括头痛、乏力、食欲缺乏、心悸、失眠、体重减轻及自主神经紊乱等。动物实验也证实上述相关系统的病理改变。

甲醛对眼睛、呼吸道及皮肤有强烈的刺激性。接触甲醛蒸气引起结膜炎、角膜炎、鼻炎、支气管炎等。重点发生喉痉挛、声门水肿、肺炎、肺水肿。对皮肤有原发性刺激和致敏作用，可致皮炎。甲醛浓溶液可引起皮肤凝固性坏死，口服灼伤口腔和消化道，可发生胃肠道穿孔、休克和肝肾损害。长期接触低浓度甲醛可有轻度眼及上呼吸道刺激症状，或皮肤干燥、皲裂。

[任务目标]

(1)巩固吸光光度法的基本理论知识、基本操作技能。

(2)进一步了解吸光光度法在实际中的应用。

(3)培养学生正确选择分析方法、设计分析方案的能力。

[任务准备]

1. 明确方法原理

甲醛在过量铵盐存在下，与乙酰丙酮生成黄色的化合物。该有色物质在 414 nm 波长处有最大吸收。有色物质在 3 h 内吸光度基本不变。化学反应式为

$$H-\overset{\overset{\displaystyle O}{\|}}{C}-H+NH_3+2\left(CH_3-\overset{\overset{\displaystyle O}{\|}}{C}-CH_2-\overset{\overset{\displaystyle O}{\|}}{C}-CH_3\right)\rightarrow$$

$$CH_3-\overset{\overset{\displaystyle O}{\|}}{C}-CH_2-\underset{\displaystyle \overset{\|}{\underset{H\diagup}{C}}}{C}\diagup\overset{H\;\;H}{\underset{}{C}}\diagdown\underset{\displaystyle \overset{\|}{\underset{\diagdown H}{C}}}{C}-CH_2-\overset{\overset{\displaystyle O}{\|}}{C}-CH_3-3H_2O \quad (\text{ring closed by } \underset{\displaystyle \overset{|}{H}}{N})$$

2. 主要仪器

分光光度计、50 mL 具塞比色管(8 支)、10 mL 刻度移液管、10 mL 胖肚移液管、刻度吸量管、水浴锅等。

3. 相关试剂

(1)乙酰丙酮溶液。

(2)甲醛标准贮备液：1.00 mg/mL。

(3)甲醛标准使用液：10.0 μg/mL。

[任务实施]

1. 标准曲线绘制

取 0.00、0.50、1.00、3.00、5.00、8.00(mL)甲醛标准使用液于比色管中，稀释至 25 mL，再各加入 2.50 mL 乙酰丙酮试剂，摇匀，于 60 ℃水浴中加热 15 min，取出冷却。

2. 测定标准系列溶液吸光度

以水为参比，于 414 nm 处，用 10 mm 比色皿测定吸光度。

3. 测定样品吸光度

吸取适量样品于比色管中，稀释至刻度，按以上两步进行显色与测定吸光度。

4. 数据记录

将甲醛的测定数据填入表 11-8 中。

表 11-8　水中甲醛的测定数据

溶液编号	0	1	2	3	4	5	水样 1	水样 2
标准溶液体积/mL							—	—
甲醛含量/μg							—	—
水样体积/mL	—	—	—	—	—	—		
吸光度 A								
校正吸光度 $A-A_0$								

5. 数据处理及计算结果

(1)绘制标准曲线：以校正吸光度为纵坐标、甲醛含量为横坐标，绘制校准曲线。

(2)计算样品含量：

$$\rho(\mathrm{HCHO})=\frac{m}{V}$$

式中　$\rho(\mathrm{HCHO})$——水样中甲醛的浓度(μg/mL)；

m——样品中甲醛的质量(μg)；

V——水样的体积(mL)；

(3)相对平均偏差计算。

6. 注意事项

(1)样品进行适当稀释，使吸光度为 0.2～0.8。

(2)标准系列浓度处于测定范围[0.20～3.20(μg/mL)]之内。

[相关链接]

《水质 甲醛的测定 乙酰丙酮分光光度法》(HJ 601—2011)规定了甲醛的测定方法。

阅读材料

科学家朗伯

朗伯(Johann Heinrich Lambert，1728—1777)是光度学的创始人，物理学家、数学家、天文学家、哲学家。他与欧拉(Leonhard Euler)是同事，与康德(Immanuel Kant)是挚友，一生出版过 150 余部(篇)著作。他学富五车、特立独行，在跨学科研究方面留下以他命名的定律和函数。

朗伯出生于 1728 年 8 月 26 日。他的父亲是一名裁缝，育有五个儿子和两个女儿，生活并不宽裕。尽管如此，12 岁之前，朗伯还是接受过不错的教育，除基础科目外，还学习了法语和拉丁语。12 岁时，因为生活压力，朗伯被迫辍学，然而他并没有放弃，白天帮助父亲打理裁缝生意，晚上坚持自学。15 岁时，为了挣钱贴补家用，朗伯参加了塞普奥斯钢铁厂的面试，凭借一手好字，获得了一份文员的工作。17 岁时，在一名钢铁厂职员的引荐下，朗伯成为《巴塞尔日报》编辑的秘书。至此，他终于有更多的时间可以专注于数学、天文学和哲学的研究。他在信中写道："为了学习哲学的第一性原理，我买了一些书。我努力的第一个目标是使自己变得完美和快乐。我明白，在心灵开悟之前，这个愿望是很难实现的。我学习了克里斯蒂安·沃尔夫的 *On the power of the human mind*、尼古拉斯·马勒布兰奇的 *On the investigation of truth* 和约翰·洛克的 *Essay concerning human understanding*。数学，特别是代数和力学，为我提供了清晰而深刻的实例，用来印证我所学到的规律。正因如此，我在接触其他科学时才能触类旁通，并为人阐释。诚然，我明白自身缺乏言传(师承)，但我正试图用刻苦的学习来弥补这一不足……"

1748 年，在《巴塞尔日报》编辑的推荐下，20 岁的朗伯获得了一份在库尔的伯爵府家庭教师的工作。他的学生是两个 11 岁的男孩，伯爵的孙子和他的表弟。这份工作，朗伯一做就是八年。其间，他获准使用伯爵府的图书馆，这为他的自学提供了极大的便利。这期间，朗伯制作了自己的天文仪器，并深入研究了数学和物理问题。也是在库尔，他第一次受到科学界的关注，入选库尔文学学会和位于巴塞尔的瑞士科学学会。朗伯定期为科学学会观测气象，并发表了人生中第一篇论文，关于热理论，刊载于 1755 年出版的《赫尔维蒂卡学报》(*Acta Helvetica*)。

1759 年，朗伯带着两部著作《光度学》(*Photometria*) 和《宇宙论书简》(*Cosmologische Briefe*)，去了奥格斯堡(Augsburg)，在当地找了一家愿意合作的出版商。1760 年，《光度学》(*Photometria*)面世，朗伯在书中定义了光度学的主要概念，总结了光度学的部分规律，时至今日依然在沿用，对光度学的发展起到了至关重要的作用。

朗伯用少量而又简陋的仪器进行实验，但他的结论造就了以他的名字命名的定律。通过均匀透明的吸收介质时，光线的指数衰减通常被称作"朗伯吸收定律"。

1760 年，欧拉(Euler)推荐朗伯担任圣彼得堡科学院的天文学教授。其间，朗伯被要求按照柏林科学院的思路在慕尼黑组织了一个巴伐利亚科学院，但他与该项目的其他成员发生了争执，并于 1762 年离开了巴伐利亚科学院。与此同时，他在宇宙学方面的重要著作《宇宙论书简》(*Cosmologische Briefe*)面世，他在书中首次科学地提出宇宙是由恒星组成的星系概念。

1761 年，朗伯发表了一篇关于彗星的论文，提出了著名的圆锥曲线焦半径与焦点弦的三角公式，简化了彗星轨道的计算方法。

1766 年，朗伯发表了《平行线理论》(*Theorie der Parallellinien*)。

1774 年，朗伯成为普鲁士天文年鉴的编辑。

1777 年 9 月 25 日，朗伯逝世于柏林。

朗伯逝世后，一些未及发表的论文被陆续整理发表。其中一篇，发表于 1783 年出版的 *vis viva* 中，首次以微分符号表达了牛顿第二运动定律。

来源：百度网

习题

一、单项选择题

1. 符合比尔定律的有色溶液，浓度为 c 时，透射比为 30%，浓度增大一倍时，透射比为(　　)%。

A. 54.8　　B. 9　　C. 15　　D. 60

2. 某学生进行光度分析时，误将参比溶液调至90%而不是100%，在此条件下，测得有色溶液的透射比为35%，则该有色溶液的正确透射比是(　　)%。

A. 32.1　　B. 34.5　　C. 36.0　　D. 38.9

3. 一有色溶液对某波长光的吸收遵守比尔定律，当选用2.0 cm的比色皿时，测得透射比为T，若改用1.0 cm的吸收池，则透射比为(　　)。

A. T^2　　B. $T^{1/2}$　　C. $2T$　　D. $T/2$

4. 符合朗伯-比尔定律的一有色溶液，当有色物质的浓度增加时，最大吸收波长和吸光度分别是(　　)。

A. 不变、增加　　B. 不变、减少　　C. 增加、不变　　D. 减少、不变

5. 以下说法正确的是(　　)。

A. 透射比T与浓度呈直线关系

B. 摩尔吸光系数ε随波长而变

C. 比色法测定MnO_4^-选红色滤光片，是因为MnO_4^-呈红色

D. 玻璃棱镜适于紫外区使用

6. 符合朗伯-比尔定律的一有色溶液，通过1 cm比色皿，测得透射比为80%。若通过5 cm的比色皿，则其透射比为(　　)%。

A. 80.5　　B. 40.0　　C. 32.7　　D. 67.3

7. 符合朗伯-比尔定律的有色溶液，浓度为c时，透射比为T_0，浓度增大一倍时，透射比的对数为(　　)。

A. $T_0/2$　　B. $2T_0$　　C. $(\lg T_0)/2$　　D. $2\lg T_0$

8. 某物质的摩尔吸光系数ε值很大，则表明(　　)。

A. 该物质的浓度很高　　B. 该物质对某波长的光吸收能力很强

C. 测定该物质的灵敏度很高　　D. 测定该物质的准确度高

二、多项选择题

1. 透射比与吸光度的关系是(　　)。

A. $1/T=A$　　B. $\lg(1/T)=A$　　C. $\lg T=A$

D. $T=\lg(1/A)$　　E. $A=-\lg T$

2. 下列表述中错误的是(　　)。

A. 玻璃棱镜适用于紫外光区　　B. 吸光度具有加和性

C. 测定波长一定选用λ_{max}　　D. 吸光度的适用范围为0.2～0.8

3. 有色溶液的摩尔吸光系数ε与下列各因素有关的是(　　)。

A. 比色皿厚度　　B. 有色溶液的浓度　　C. 入射光的波长　　D. 有色溶液的种类

4. 下列表述错误的是(　　)。

A. 吸光率随浓度增加而增大，但最大吸收波长不变

B. 透射光与吸收光互为补色光，黄色和绿色互为补色光

C. 比色法又称分光光度法

D. 在公式$A=\lg(I_0/I)=\varepsilon bc$中，$\varepsilon$为摩尔吸收系数，其数值越大，反应越灵敏

5. 以下说法正确的是(　　)。

A. 摩尔光系数 ε 随浓度增大而增大　　B. 吸光度 A 随浓度增大而增大

C. 透射比 T 随浓度增大而减少　　D. 透射比 T 随比色皿加厚而减少

三、判断题

1.(　　)有两种均符合朗伯-比尔定律的不同有色溶液，测定时若 b、I_0 及溶液浓度均相等，则吸光度相等。

2.(　　)百分透射比与吸光度成正比。

3.(　　)空白溶液又叫参比溶液。

4.(　　)在制作标准曲线时，可能会出现标准曲线上部向下弯曲的情况，这主要是溶液较大时，将偏离朗伯-比尔定律的缘故。

5.(　　)光吸收曲线是用来求出待测溶液浓度的一条标准曲线。

6.(　　)在 722 型分光光度计中，完成光电转换的部件是硒光电池。

7.(　　)吸光系数 α 越大，表示该有色物质的吸收能力越强，显色反应越灵敏。

8.(　　)在进行比色测量时，一般应选择 $A=0.2\sim0.7$ 范围内，因此只需调节比色皿的厚度即可。

9.(　　)依化学平衡理论，显色剂用量越多，对显色反应越有益，即反应速率越快，生成的有色配合物越稳定。

10.(　　)显色反应都是瞬时完成的，如同大多数的酸碱反应。

四、计算题

1. 已知含 Fe^{3+} 浓度为 500 μg/L 的溶液，用 KSCN 显色，在波长 480 nm 处用 2 cm 的吸收池测得吸光度为 0.197，计算 ε。

2. 浓度为 3.0×10^{-4} mol/L 的 $KMnO_4$ 和 $K_2Cr_2O_7$ 溶液，分别在 0.5 mol/L 的 H_2SO_4 和 0.5 mol/L 的 H_3PO_4 介质中，用 1.00 cm 吸收池绘制光吸收曲线如图 11-14 所示。

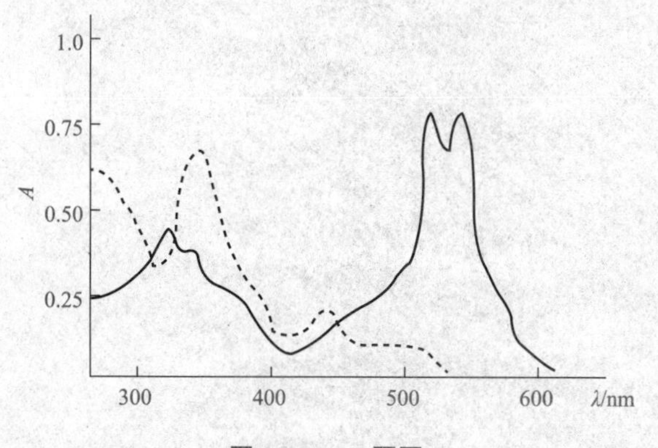

图 11-14　2 题图

根据吸收曲线的形状回答下列问题(实线表示 $KMnO_4$，虚线表示 $K_2Cr_2O_7$)：

(1)已知 $KMnO_4$ 在 λ_{max} 为 520 nm、550 nm 处的吸光度 $A=0.74$，计算对应的 ε。

(2)当改变 $KMnO_4$ 的浓度时，吸收曲线有何变化？为什么？

(3)若在 $KMnO_4$ 和 $K_2Cr_2O_7$ 的混合溶液中测定 $KMnO_4$ 的浓度，则应选择的工作波长是多少？

3. 某溶液遵循光吸收定律，用 2 cm 的比色皿测定得 $T=60\%$，计算：

(1)吸光度为多少？

(2)另一浓度为其 2 倍的溶液，在其他条件不变时，其吸光度为多少？

4. 有一溶液，每毫升含 Fe 为 0.056 mg，吸取此试液 2.0 mL 于 50.0 mL 容量瓶中显色，用 1.0 cm 比色皿于 508 nm 处测得 $A=0.400$，计算吸光系数 a、摩尔吸光系数 ε。

5. 现取某含铁试液 2.00 mL 定容至 100.0 mL。从中吸取 2.00 mL 显色定容至 50.00 mL，用 1 cm 比色皿测得透射比为 39.8%。已知显色配合物的摩尔吸光系数为 1.1×10^4 L/(mol · cm)。求该试液中铁的含量(g/L)。

项目 11　水中微量铁的测定习题答案

项目12　水样中铜的测定

项目导入

铜是人体必需的微量矿物质，对人体的作用比较多，如可以促进血液循环、维持神经系统的正常功能、促进人体的新陈代谢等，适量的铜对人体健康是至关重要的。因此体内铜处于正常含量范围时，对人体通常并无危害。但当大量接触铜元素时，会导致人体摄入的铜超量，从而可能引起铜中毒，危害人体健康。铜中毒时可发生溶血、血红蛋白降低以及脑组织病变等。

项目分析

本项目的主要任务是通过对原子吸收光谱法的学习和探讨，掌握利用原子吸收分光光度计，对试样中待测金属元素进行测定及其他方面的应用。

具体要求如下：

(1)掌握原子吸收分光光度计的使用方法；

(2)能用火焰原子吸收光谱法测定水样中的铜；

(3)能合理设计人发中微量锌元素含量的测定方案。

项目导图

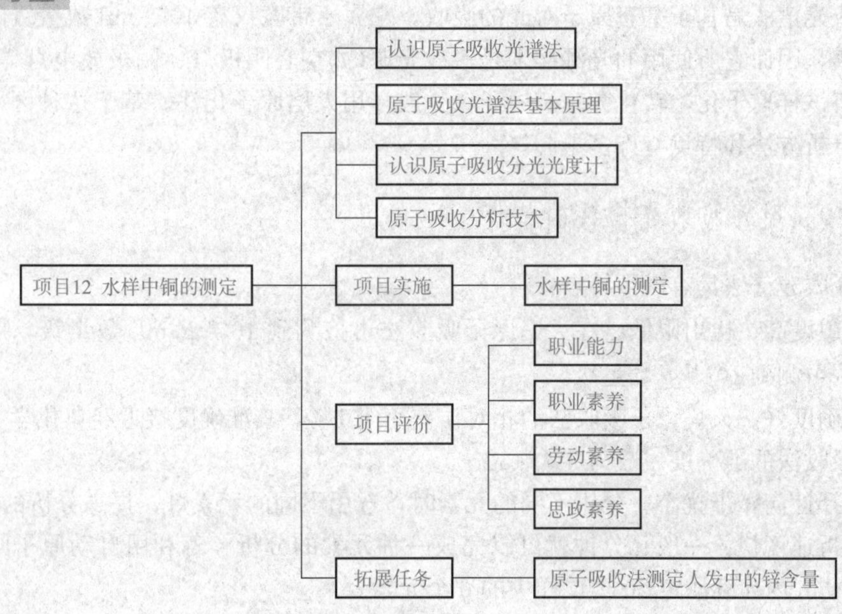

任务 12.1 认识原子吸收光谱法

原子吸收光谱法(AAS)是根据基态原子对特征波长光的吸收程度，测定试样中待测元素含量的分析方法，简称原子吸收分析法。原子吸收光谱法是目前微量和痕量元素分析灵敏且有效的方法之一，广泛应用于各个领域。

12.1.1 原子吸收光谱分析过程

原子吸收光谱分析过程如图 12-1 所示。

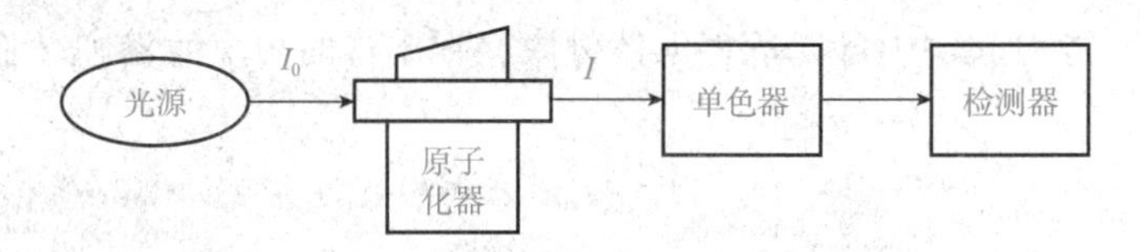

图 12-1 原子吸收光谱分析过程

利用光源发出待测元素的特征光谱辐射，被经过原子化器后的样品蒸气中的待测元素的基态原子吸收，根据待测元素对特征辐射的吸收程度，对元素进行定量分析。

原子吸收分光光度法和紫外-可见光吸光光度法都是基于物质对光的吸收而建立起来的分析方法，属于吸收光谱，因而均遵循光的吸收定律——朗伯-比尔定律。但它们的吸收物质的状态不同，紫外-可见光吸光光度法是基于溶液分子、离子对光的吸收，属于带宽为几个纳米到几十个纳米的宽带分子吸收光谱，因此可以用连续光源(如钨灯、氘灯)。而原子吸收光谱法是基于基态原子对光的吸收，它属于带宽仅有 10^{-3} nm 数量级的窄带原子吸收光谱，因而它所使用的光源必须是锐线光源(如空心阴极灯、阴极放电灯等)，测量时，必须将试样原子化，转化为基态原子，一般多用火焰原子化法。基于这种区别，它们的仪器、分析方法和特点有许多不同。

12.1.2 原子吸收光谱法的特点

原子吸收光谱法具有以下特点：

(1)灵敏度高、检出限低。在火焰原子吸收法可检测到 10^{-9} g/mL 数量级，用无火焰原子吸收法可测到 10^{-13} g 数量级。

(2)准确度好。火焰原子吸收法的相对误差小于 1%，其准确度接近经典化学方法。石墨炉原子吸收法的准确度一般为 3%～5%。

(3)选择性高，干扰小。分析不同的元素时，选用不同的元素灯，提高分析的选择性。

(4)分析速度快。一般几分钟就可以完成一种元素的分析。若利用自动原子吸收光谱仪可在 35 min 内连续测定 50 个试样中的 6 个元素。

(5)应用范围广。可用于 70 余种金属元素和某些非金属元素的定量测定，已在冶金、地质、采矿、石油、轻工、农药、医药、食品及环境监测等方面得到广泛应用。

原子吸收光谱法的不足之处：分析不同元素必须使用不同的元素灯，因此不能同时分析多种元素；而且难熔元素、非金属元素测定困难。

思考题

1. 什么是原子吸收光谱法？
2. 原子吸收分光光度法和分光光度法有何异同点？
3. 原子吸收光谱法具有哪些特点？

任务 12.2 原子吸收光谱法基本原理

12.2.1 共振吸收线

任何元素的原子都由原子核和围绕原子核运动的电子组成。这些电子按其能量的高低分层分布而具有不同能级，因此一个原子可具有多种能态。在正常状态下，原子处于最低能态(最稳定)，称为基态。当基态原子外层电子吸收一定的能量从基态跃迁到能量最低的激发态(称为第一激发态)时，所产生的吸收谱线称为共振吸收线，简称共振线。当它再跃回基态时，则发射出同样频率的辐射，对应的谱线称为共振发射线，也简称共振线。

各种元素的共振线因其原子结构不同而各有特性，这种从基态到第一激发态的跃迁最容易发生，因此，对大多数元素来说，共振线是指元素所有谱线中最灵敏的谱线。原子吸收光谱法就是利用处于基态的待测原子蒸气对从光源发射出的共振发射线的吸收来进行分析的，因此元素的共振线又称分析线。

12.2.2 原子吸收光谱法的定量基础

原子吸收光谱法是基于基态原子对其共振线的吸收而建立的分析方法。从理论上讲，原子的吸收线是绝对单色的，但实际上原子吸收线并非单色的几何线，而是有宽度的，大约 10^{-3} nm，即有一定轮廓。

外界条件及本身的影响造成对原子吸收的微扰，使其吸收线不可能仅仅对应于一条细线，即原子吸收线并不是一条严格的几何线，而是具有一定的宽度、轮廓，即透射光的强度表现为一个类似图 12-2(a)的频率分布，若用原子吸收系数 K_υ 随 υ 变化的关系作图，得到吸收系数轮廓图[图 12-2(b)]，吸收曲线的形状就是谱线轮廓。

从图 12-2(b)可见，当频率为 υ_0 时吸收系数有极大值，称为最大吸收系数或峰值吸收系数，以 K_0 表示。最大吸收系数所对应的频率 υ_0 称为中心频率。最大吸收系数之半($K_0/2$)的频率范围 $\Delta\upsilon$ 称为吸收线的半宽度，约为 0.005 nm。

图 12-2(b)中吸收线下面所包围的整个面积，是原子蒸气所吸收的全部能量，在原子吸收分析中称为积分吸收。但到目前，用仪器还不能准确地测出半宽度如此小的吸收线的

积分吸收值，需采用锐线光源测量谱线峰值吸收办法予以解决。

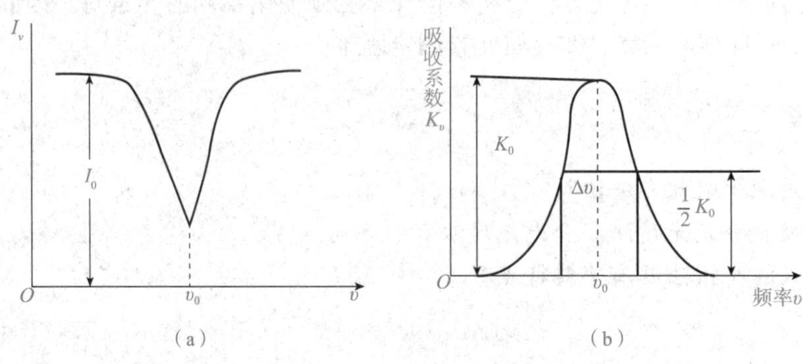

图 12-2　吸收线轮廓

(a) I_v 与 v 的关系；(b)原子吸收线的轮廓

为了测量峰值吸收，必须使光源发射线的中心频率与吸收线的中心频率一致，而且发射线的半宽度(Δv_e)必须比吸收线的半宽度(Δv_a)小得多，如图 12-3 所示。在实际工作中，用一个与待测元素相同的纯金属或纯化合物制成的空心阴极灯来作锐线光源，这样不仅可得到很窄的锐线发射线，又使发射线与吸收线的中心频率一致。

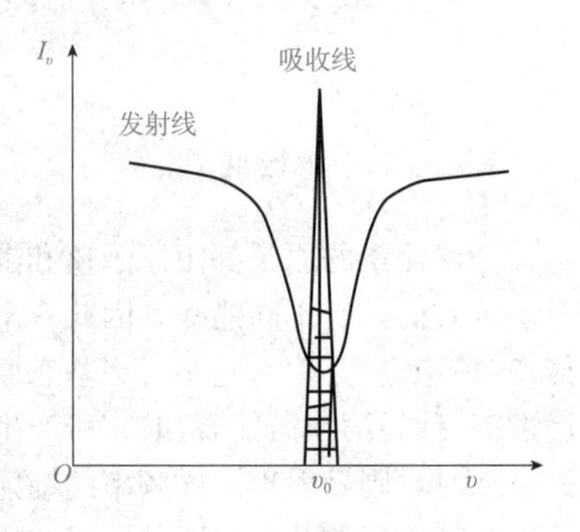

图 12-3　峰值吸收的测量

一般情况下，可以把基态原子数看作吸收辐射的原子的总数。在使用锐线光源的情况下，原子蒸气对入射光的吸收程度和吸光光度法一样，是符合朗伯-比尔定律的。设入射光的强度为 I_0，所透过的原子蒸气的厚度为 b，被原子蒸气吸收后透过光的强度为 I，则吸光度 A 与试样中基态原子数目 N_0 的关系为

$$A=\lg\frac{I_0}{I}=KN_0b \tag{12-1}$$

式(12-1)表示吸光度与待测元素吸收辐射的原子总数成正比。实际分析要求测定的是试样中待测元素的浓度，而此浓度是与待测元素吸收辐射的原子总数成正比的。

在一定浓度范围和一定吸收光程的情况下，吸光度与待测元素的浓度关系可表示为

$$A=K'c \tag{12-2}$$

式(12-2)表明，在一定实验条件下，K'是常数，吸光度(A)与浓度(c)成正比，此即原子吸收分光光度法的定量基础。

在实际工作中，谱线变宽现象会影响测定的准确度。

思考题

1. 原子吸收法的基本原理是什么？
2. 为什么在原子吸收分析时采用峰值吸收而不采用积分吸收？
3. 测量峰值吸收的条件是什么？

任务 12.3 认识原子吸收分光光度计

12.3.1 原子吸收分光光度计的主要部件

原子吸收光谱分析用的仪器称为原子吸收分光光度计或原子吸收光谱仪。原子吸收分光光度计主要由光源、原子化系统、单色器、检测器四部分组成，如图 12-4 所示。

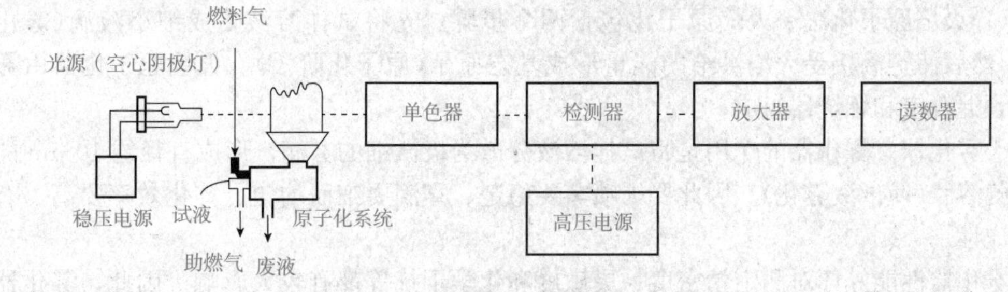

图 12-4 原子吸收分光光度计基本构造

1. 光源

光源的作用是提供待测元素的特征谱线(共振线)，获得较高的灵敏度和准确度。为了保证峰值吸收的测量，要求光源辐射的共振线半宽度明显小于吸收线的半宽度(锐线光源)；共振辐射强度足够大，以保证有足够的信噪比；且稳定性好，背景小。空心阴极灯(HCL)、无极放电灯、蒸气放电灯和激光光源灯等均能满足以上要求，其中应用最广泛的是空心阴极灯。

(1)空心阴极灯构造和原理。空心阴极灯又叫元素灯，其结构如图 12-5 所示，它是由低压气体放电管(Ne、Ar)、一个末端焊有钛丝或钽片的钨棒阳极(作用是吸收有害气体)及由待测元素制成空心圆柱形阴极组成，阴极和阳极密封在一个带有石英窗的玻璃管内，管内充入低压惰性气体。

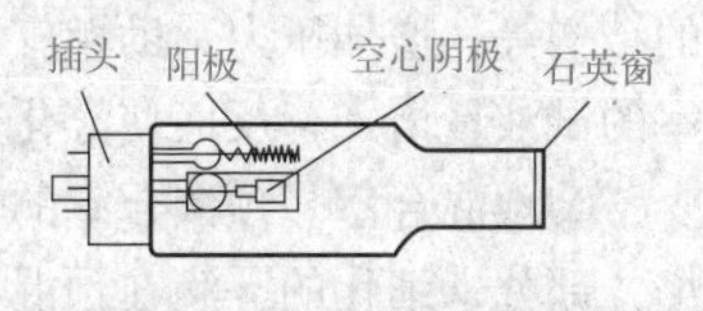

图 12-5 空心阴极灯的结构

当在两电极之间施加适当电压(300～500 V)时，阴极灯开始辉光放电，电子将从空心阴极内壁射向阳极，与充入的惰性气体碰撞而使之电离，产生正电荷，其在电场作用下，向阴极内壁猛烈轰击，使阴极表面的金属原子溅射出来，溅射出来的金属原子再与电子、惰性气体原子及离子发生碰撞而被激发，于是阴极内辉光中便出现了阴极物质和内充惰性气体的光谱。用不同待测元素作阴极材料，可制成相应空心阴极灯(有单元素空心阴极灯和多元素空心阴极灯)。

(2)空心阴极灯的使用。

①空心阴极灯使用前应经过一段预热时间，一般为 20～30 min。

②灯在点燃后应观察发光的颜色，以判断灯的工作是否正常：充氖气的灯正常颜色是橙红色；充氩气的灯正常颜色是淡紫色。

③元素灯长期不用时，最好每隔 3～4 个月通电点亮 2～3 h。

④对于低熔点、易挥发元素灯，应避免大电流、长时间连续使用；使用过程中尽量避免较大的震动；使用完毕后必须待灯管冷却后才能移动。

⑤空心阴极灯石英窗口勿损伤或沾污，如有沾污，可用酒精棉擦净。

⑥灯电流一般应不超过最大工作电流的 2/3。

2. 原子化系统

将试样中的待测元素转变成气态的基态原子(原子蒸气)的过程称为“原子化”。完成试样的原子化所用的设备称为原子化器或原子化系统。原子化是原子吸收分光光度法的关键。

实现原子化的方法有火焰原子化法和无火焰原子化法。

(1)火焰原子化法。火焰原子化包括两个步骤：先将试样溶液变成细小液滴(雾化阶段)，然后使雾滴接受火焰供给的能量形成基态原子(原子化阶段)。火焰原子化器由雾化器、预混合室和燃烧器组成。

①雾化器。雾化器的作用是将试样溶液分散为极微细的雾滴，形成直径约 10 μm 的雾滴的气溶胶(使试液雾化)。因此要求喷雾要稳定、雾滴要细而均匀、雾化效率要高、有好的适应性。

雾化器性能好坏对测定精密度、灵敏度和化学干扰等都有较大影响。因此，雾化器是火焰原子化器的关键部件之一。常用的雾化器有以下几种：气动雾化器、离心雾化器、超声喷雾器和静电喷雾器等。目前广泛采用的是气动雾化器。

气动雾化器(图 12-6)的原理是使高速助燃气流通过毛细管口，把毛细管口附近的气体分子带走，在毛细管口形成一个负压区，若毛细管另一端插入试液，毛细管口的负压就会将液体吸入，并与气流冲击而形成雾滴喷出。雾滴撞击在距毛细管喷口前端几毫米处的撞击球上，进一步分散成更细小的雾，雾化效率为 10％～30％。

影响雾化效率的因素有溶液的黏度和表面张力等物理性质、助燃气的压力以及雾化器的结构等。增加压力，助燃气流速加快，可使雾滴变小。但压力过大，单位时间进入雾化室的试液量增加，反而使雾化效率下降。

②预混合室。预混合室的作用是进一步细化雾滴，并使之与燃料气均匀混合后进入火焰。部分未细化的雾滴在预混合室凝结下成为残液。残液由预混合室排出口排除，以减少前试样被测组分对后试样被测组分记忆效应的影响。为了避免回火爆炸，残液排出管必须采用导管弯曲或将导管插入水中等水封方式(图 12-7)。

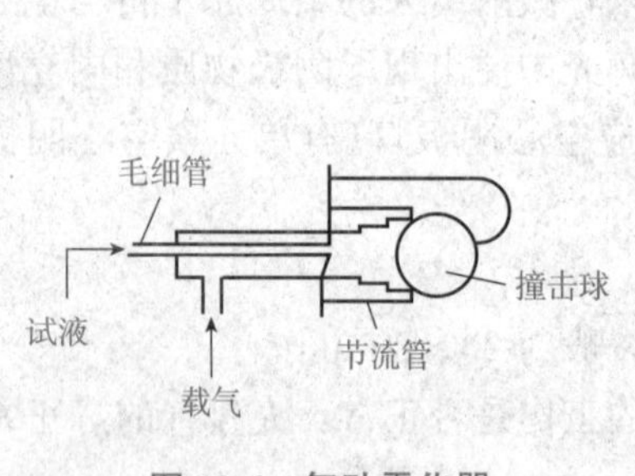

图 12-6　气动雾化器

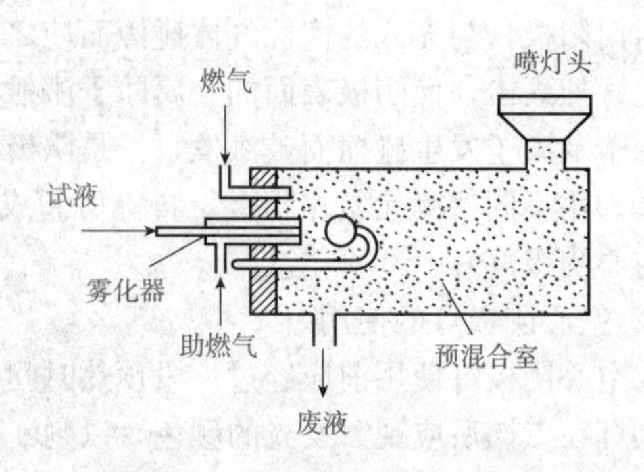

图 12-7　预混合室燃烧原理

③燃烧器。燃烧器的作用是使燃气在助燃气的作用下形成火焰，使进入火焰的试样微粒原子化。燃烧器应能使火焰燃烧稳定，原子化程度高，并能耐高温腐蚀。

燃烧器可分为单缝燃烧器(喷口是一条长狭缝，适应空气-乙炔或氧化亚氮(N_2O)-乙炔火焰)、三缝燃烧器(喷口是三条平行的狭缝)和多孔燃烧器(喷口排在一条线上小孔)。

目前多采用单缝燃烧器，做成狭缝式。这种形状既可获得原子蒸气较长的吸收光程，又可防止回火。但单缝燃烧器产生的火焰很窄，使部分光束在火焰周围通过，不能被吸收，从而使测量的灵敏度下降。三缝燃烧器，由于缝宽较大，并避免了来自大气的污染，稳定性好，但气体耗量大，装置复杂。燃烧器的位置可调。

原子吸收所使用的火焰，只要其温度能使待测元素离解成自由的基态原子就可以了。如超过所需温度，则激发态原子数增加，电离度增大，基态原子数减少，这对原子吸收是很不利的。因此，在确保待测元素能充分原子化的前提下，使用较低温度的火焰比使用较高温度的火焰具有较高的灵敏度。但对某些元素，温度过低，盐类不能离解，产生分子吸收，干扰测定。

火焰的温度取决于燃气和助燃气的种类以及其流量。

按照燃气和助燃气比例不同，火焰可分为三类。

a. 中性火焰。火焰的燃气和助燃气比例接近化学计量比，这种火焰温度高，干扰少，稳定，背景低，适于测定许多元素。

b. 富燃火焰。火焰的燃气和助燃气比例大于化学计量比，这种火焰燃烧不完全，燃烧高度高，温度低，是一种还原性火焰，其噪声大，适于测定易生成氧化物的元素(如Ca、Sr、Ba、Cr、Mo)等测定。

c. 贫燃火焰。燃气和助燃气比例为1∶(4～6)的火焰为清晰不发亮蓝焰。这种火焰温度高，还原性气氛差，适用于不易生成氧化物的元素(如Ag、Cu、Fe、Co、Ni、Mg、Pb、Zn、Cd、Mn等)的测定。

火焰的组成关系到测定的灵敏度、稳定性和干扰等。常用的火焰有空气-乙炔、氧化亚氮-乙炔、空气-氢气等多种。空气-乙炔火焰是原子吸收光谱中最为常用的一种火焰，其最高温度2 300 ℃，能测30多种元素。但不适宜测定难离解氧化物的元素，如Al、Ta、Zr、Ha等。氧化亚氮-乙炔火焰也常用于原子吸收光谱分析，它比空气-乙炔火焰温度高，化学干扰少，可适用于难原子化元素的测定，用它可测定的元素增加到70多种。

(2)无火焰原子化法 。无火焰原子化装置是利用电热、阴极溅射、等离子体或激光等方法使试样中待测元素形成基态自由原子。目前广泛使用的是电热高温石墨炉原子化法(图12-8)。石墨炉原子化器的本质就是一个电加热器，通电加热盛放试样的石墨管，使之升温，以实现试样的蒸发、原子化和激发。

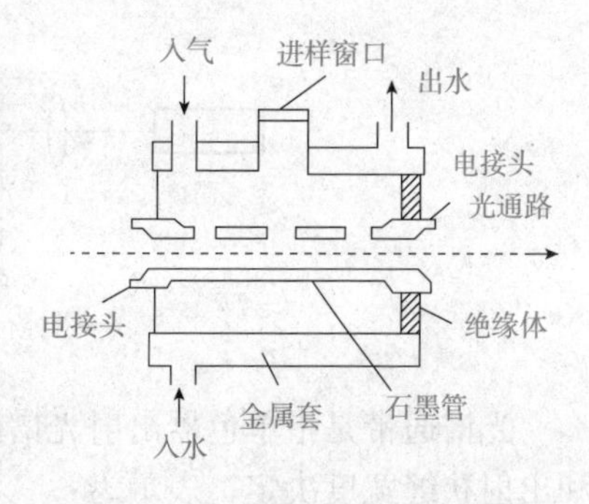

图12-8　电热高温石墨管原子化器

①石墨炉结构。石墨炉原子器由石墨炉电源、炉体和石墨管三部分组成。将石墨管固定在两个电极之间(接石墨炉电源)，石墨管具有冷却水外套(炉体)。石墨管中心有一进样口，试样由此注入。石墨炉电源是能提供低电压(10 V)、大电流

(500 A)的供电设备。当其与石墨管接通时，能使石墨管迅速加热到 2 000～3 000 ℃的高温，以使试样蒸发、原子化和激发。炉体具有冷却水外套(水冷装置)，用于保护炉体。当电源切断时，炉子很快冷却至室温。炉体内通有惰性气体(Ar 或 N_2)，其作用是防止石墨管在高温下氧化，保护已经原子化的原子不再被氧化，同时排除在分析过程中形成的烟气。另外，炉体两端是两个石英窗。

②操作程序。石墨炉工作时，要经过干燥、灰化、原子化和净化四个步骤。

a. 干燥。目的是在低温(溶剂沸点)下蒸发掉样品中溶剂。通常干燥的温度稍高于溶剂的沸点。对水溶液，干燥温度一般在 100 ℃左右。干燥时间与样品的体积有关，一般为 20～60 s。

b. 灰化。作用是在较高温度下除去比待测元素容易挥发的低沸点无机物及有机物，减少基体干扰。

c. 原子化。作用是使以各种形式存在的分析物挥发并离解为中性原子。原子化的温度与被测元素的性质有关，时间一般为 5～10 s。

d. 净化。净化(高温除残)过程是在试样测定结束后，将炉体升至更高的温度，除去石墨管中的残留分析物，以减少和避免记忆效应。

③石墨炉原子化法的特点。石墨炉原子化方式是在惰性气体保护下，还原性的石墨介质中进行的，有利于易形成难熔氧化物的元素的原子化；取样量少，通常固体样品为 20～40 μg，液体样品为 1～100 μL；试样全部蒸发，原子在测定区的平均滞留时间长，绝大多数样品参与光吸收，绝对灵敏度高，可达到 10^{-13} g～10^{-9}；一般比火焰原子化法高几个数量级；测定结果受样品组成的影响小；化学干扰小。

石墨炉原子化法的缺点是精密度较火焰法差(记忆效应)，相对偏差为 4%～12%(加样量少)；有背景吸收(共存化合物分子吸收)，往往需要校正背景。

3. 单色器

单色器(光路结构如图 12-9 所示)是由入射狭缝 S_1、出射狭缝 S_2 和色散元件 G(棱镜或光栅)组成。其作用是将待测元素的吸收线与邻近谱线分开。由锐线光源发出的共振线谱线比较简单，对单色器的色散率及分辨率要求不高，在原子吸收测定时，既要将谱线分开，又要有一定的出射光强度。当光源强度一定时，可用光谱通带表示缝宽。

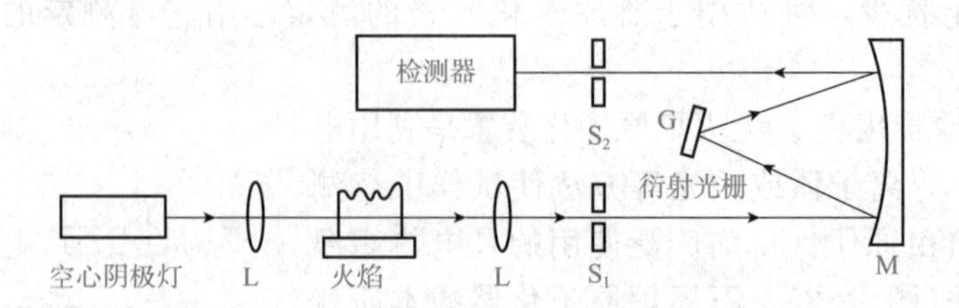

图 12-9　单色器光路结构

M—反射镜；L—透镜；S—狭缝

光谱通带是指单色器出射光谱所包含的波长范围。由光栅色散率的倒数(倒线色散率)和出射狭缝宽度决定，表示为

光谱通带(W)＝缝宽(S，mm)×倒线色散率(D，nm/mm)，即 $W=SD$。

4. 检测器

检测器由光电元件、放大器和显示装置等组成。其作用是将经过原子蒸气吸收和单色器分光后的微弱信号转换为电信号，经放大器放大后，以透射比或吸光度的形式显示出来。

12.3.2 原子吸收分光光度计的类型和主要性能

原子吸收分光光度计按照光束形式分为单光束、双光束两类，按波道数目分为单波道、双波道和多波道三类。目前应用较多的是单波道单光束和单波道双光束原子吸收分光光度计。

1. 单波道单光束型

单波道指仪器只有一个光源、一个单色器、一个显示系统，每次只能测一种元素(图 12-9)。单光束指从光源发出的光仅以单一光束的形式通过原子化器、单色器和检测系统。其优点是仪器简单、操作方便、体积小、价格低，能满足一般原子吸收分析的要求，缺点是不能消除光源波动造成的影响，基线漂移。

2. 单波道双光束型

双光束型指从光源发出的光被切光器分成两束强度相等的光：一束为样品光束通过原子化器被基态原子部分吸收；另一束只作为参比光束不通过原子化器，其光强度不被减弱。

由于两光束来自一个光源，光源的漂移作用通过参比光束的作用而得到补偿，故能获得一个稳定的输出信号。不过由于参比光束不通过火焰，火焰扰动和背景吸收影响无法消除。

3. 双波道单光束型

仪器有两个不同光源、两个单色器、两个检测显示系统，而光束只有一路。

两种不同的空心阴极灯发射出不同波长的共振发射线，两条谱线同时通过原子化器，被两种不同元素的基态原子蒸气吸收，利用两套各自独立的单色器和检测器，对两路光进行分光和检测，同时给出两种元素检测结果。

4. 双波道双光束型

仪器有两个不同光源、两套独立的单色器和检测显示系统。但每一光源发出的光都分为两个光束：一束为样品光束通过原子化器；另一束只作为参比光束不通过原子化器。

这类仪器可以同时测定两种元素，能消除光源强度波动的影响及原子化系统的干扰，准确度高，稳定性好，但仪器结构复杂。

思考题

1. 原子吸收分光光度计光源的作用是什么？
2. 使用空心阴极灯应注意哪些问题？
3. 试样原子化的方法有哪些？
4. 原子吸收分光光度计的类型有哪些？各有什么特点？

任务 12.4　原子吸收分析技术

12.4.1　测量条件的选择

1. 吸收线的选择

每种元素的基态原子都有若干条吸收线，为了提高灵敏度，应选用其中最灵敏线作为分析线。但如果测定元素的浓度很高，或为了消除邻近谱线干扰，也可以选择次灵敏线作为分析线。

2. 光谱通带带宽的选择

单色器的狭缝宽度主要是根据待测元素的谱线结构和所选的吸收线附近是否有非吸收线干扰来选择的。当吸收线附近无干扰线存在时，放宽狭缝，可以增加光谱通带。当吸收线附近存在干扰线时，在保证有一定强度的情况下，应适当调窄一些。光谱通带一般在 0.5～4 nm 选择。

由于原子吸收分光光度计的倒线色散率 D 是固定的，由 $W=SD$ 可知，增大光谱通带，即增大狭缝宽度，出射光的强度增大，但仪器的分辨率降低。反之，减小狭缝宽度，出射光的强度减弱，但仪器的分辨率提高。

3. 空心阴极灯工作电流的选择

在保证放电稳定和有适当光强输出情况下，尽量选用低的工作电流。对大多数元素，日常分析的工作电流建议采用额定电流的 40%～60%，因为这样可保证输出稳定且强度合适的锐线光。

4. 原子化条件的选择

(1)火焰原子化条件的选择。

①火焰的选择。火焰的温度是影响原子化效率的基本因素。要有足够的温度才能使试样充分分解为原子蒸气状态，但温度过高会导致原子的电离或激发，而使基态原子数减少，这对原子吸收是不利的。因此，在确保待测元素能充分分解为基态原子的前提下，低温火焰比高温火焰具有较高的灵敏度。

②燃烧器高度的选择。不同元素在火焰中形成的基态原子的最佳浓度区域高度不同，灵敏度也不一样。因此应选择合适的燃烧器高度使光束从原子浓度最大的区域通过，一般在燃烧器狭缝口上方 2～5 mm 附近火焰具有最大的基态原子密度，灵敏度最高。

③进样量的选择。进样量一般在 3～6 mL/min 较为适宜。

(2)电加热原子化条件的选择。

①载气的选择。可使用惰性气体氩或氮做载气，常用的是氩气。采用内外单独供气方式。

②冷却水。为使石墨管迅速降至室温，通常用水温为 20 ℃、流量为 1～2 L/min 的冷却水。

③原子化温度的选择。为了防止样品飞溅，又能保持较快的蒸干速度，干燥应在稍低

于溶剂沸点的温度下进行。不同原子有不同的原子化温度，选择原则是选用最大吸收信号时的最低温度作为原子化温度，这样可以延长石墨管的使用寿命。

④石墨管的清洗。为了消除记忆效应，在原子化完成后，一般在 3 000 ℃左右，采用空烧的方法来清洗石墨管，以除去残余的基体和待测元素，但时间宜短，否则会缩短石墨管的使用寿命。

12.4.2 干扰与消除技术

尽管原子吸收分光光度法使用锐线光源，光谱干扰较小，但在某些情况下干扰的问题还是不能忽视的。在原子吸收光谱分析中，干扰效应按其性质和产生的原因可分为四类：物理干扰、化学干扰、电离干扰和光谱干扰。

1. 物理干扰及其消除

物理干扰是指试样在转移、蒸发和原子化过程中物理性质(如黏度、表面张力、密度等)的变化而引起原子吸收强度下降的效应。物理干扰是非选择性干扰，对试样各元素的影响是相似的。

消除物理干扰的方法是配制与被测试样相似组成的标样。在试样组成未知时，可采用标准加入法或选用适当溶剂稀释试液来减少或消除。

2. 化学干扰及其消除

化学干扰是原子吸收光谱分析中的主要干扰。在样品处理及原子化过程中，待测元素的原子与干扰物质组分发生化学反应，形成更稳定的化合物，从而影响待测元素化合物的解离及其原子化，致使火焰中基态原子数目减少，从而产生干扰。化学干扰是一种选择性干扰，主要有阳离子干扰和阴离子干扰。

常用的消除方法如下：

(1)使用高温火焰。高温火焰可使在较低温度火焰中稳定的化合物在较高温度下解离。

(2)加入释放剂。加入一种过量的金属盐类，与干扰元素形成更稳定、更难解离的化合物，而将待测元素从原来难解离化合物中释放出来，使之有利于原子化，从而消除干扰。

(3)加入保护剂。保护剂能与待测元素或干扰元素反应生成稳定化合物，因而保护了待测元素，避免了干扰。

(4)加入基体改进剂。在石墨炉原子化中加入基体改进剂，提高被测物质的灰化温度或降低其原子化温度，以消除干扰。

(5)化学分离。化学分离干扰物质，可用离子交换、沉淀分离、有机溶剂萃取等方法，将待测元素与干扰元素分离开来，然后进行测定。

3. 电离干扰及其消除

电离干扰是指在高温下原子电离成离子，而使基态原子数目减少，导致测定结果偏低。这种干扰主要发生在电离电位较低的碱金属和部分碱土金属中。

消除电离干扰的方法是在试液中加入过量的比待测元素电离电位还低的其他元素(通常为碱金属元素)，由于加入的元素在火焰中强烈电离，产生大量电子，从而抑制了待测元素基态原子的电离。

4. 光谱干扰及其消除

光谱干扰是指由于分析元素吸收线与其他吸收线不能完全分开而产生的干扰。它包括谱线干扰和背景干扰两种，主要源于光源和原子化器，也与共存元素有关。

(1)谱线干扰。

①吸收线重叠。当共存元素吸收线与待测元素的吸收波长很接近时，两谱线重叠，使测定结果偏高。应另选其他无干扰的分析线进行测定或预先分离干扰元素。

②光谱通带内存在的非吸收线。这些非吸收线可能来自待测元素的其他共振线或非共振线，也可能是光源里杂质的发射线。消除非吸收线干扰的方法是减小狭缝，使光谱通带小到可以分开这种干扰，或者降低灯电流，降低灯内杂质的发光强度。

③原子化器内直流发射干扰。通过对光源进行调制或对空心阴极灯采用脉冲供电。

(2)背景干扰。背景干扰是指在原子化过程中，由于分子吸收和光散射作用而产生的干扰。它使吸光度增加，因而导致测定结果偏高。

分子吸收是指在原子化过程中，由于燃气、助燃气等气体分子，试液中盐类和无机酸(H_2SO_4、H_3PO_4)等分子或游离基等对入射光有吸收而产生的干扰。因此，在原子吸收光谱分析中应尽量避免使用H_2SO_4、H_3PO_4。

光散射是指试液在原子化过程中形成高度分散的固体颗粒，当入射光照射在这些固体微粒上时产生了散射，而不能被检测器检测，导致吸光度增大。

石墨炉原子化法的背景干扰比火焰原子化法要严重。

消除背景干扰的方法如下：

①用邻近非吸收线扣除背景。先用分析线测量待测元素吸收和背景吸收的总吸光度，再在待测元素吸收线附近另选一条不被待测元素吸收的谱线(邻近非吸收线)测量试液的吸光度，此吸收即背景吸收。从总吸光度中减去邻近非吸收线吸光度，就可以达到扣除背景吸收的目的。

②用氘灯校正背景。先用空心阴极灯的锐线光通过原子化器，测量待测元素和背景吸收的总和，再用氘灯发出的连续光通过原子化器，在同一波长下测出背景吸收。此时待测元素的基态原子对氘灯连续光谱的吸收可以忽略。由此可扣除背景吸收的影响，从而进行校正。

③用自吸收方法校正背景。基态原子高电流脉冲供电时空心阴极灯发射线的自吸效应。当以低电流脉冲供电时，空心阴极灯发射锐线光谱，测定的是原子吸收和背景吸收的总吸光度。接着以高电流脉冲供电，空心阴极灯发射线变宽，当空心阴极灯内积聚的原子浓度足够高时，发射线产生自吸，在极端的情况下出现谱线自蚀，此时测得的是背景吸收的吸光度。上述两种脉冲供电条件下测得的吸光度之差，便是校正了背景吸收的净原子吸收的吸光度。

④用塞曼效应校正背景。塞曼效应主要是根据原子能级在磁场中分裂为不同偏振方向的组分，再用这些分裂的偏振成分来区别被测元素和背景吸收的一种背景校正法。

12.4.3 定量分析方法

1. 标准曲线法

原子吸收光谱法的标准曲线与分光光度法中的标准曲线法一样，关键都是绘制一条标准曲线。其方法是先配制一组浓度合适的标准溶液，在最佳测定条件下，由低浓度到高浓度依次测定它们的吸光度 A，然后以吸光度 A 为纵坐标、标准溶液浓度为横坐标，绘制 A-c 曲线。用与绘制标准曲线相同的条件测定试样溶液的 A_x，从标准曲线上查得样品的 c_x（图 12-10）。

从测量误差的角度考虑，A 值为 0.1～0.8，测量误差最小。为了保证测定结果的准确度，标准试样应尽可能与实际试样接近。用标准曲线法对样品进行定量时应注意以下几点：

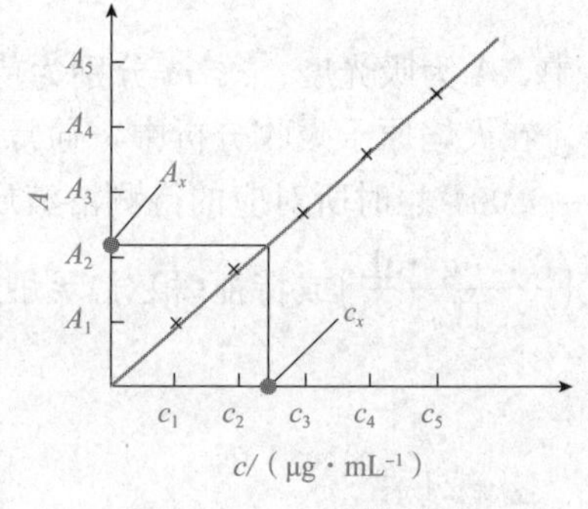

图 12-10　标准曲线法

(1)所配标准溶液的浓度，应在 A 与 c 呈线性关系的范围内；

(2)标准溶液与试样溶液应用相同的试剂处理；

(3)应扣除空白值；

(4)整个分析过程中，操作条件应保持不变。

由于喷雾效率和火焰状态经常变动，标准曲线的斜率也随之变动，因此，每次测定前，应用标准溶液对吸光度进行检查和校正。

标准曲线法适用于组成简单、干扰较少的试样。

2. 标准加入法

在原子吸收光谱法中，一般来说，被测试样的组成是完全未知的，给标准试样的配制带来困难。在这种情况下，使用标准加入法在一定程度上可克服这一困难。

标准加入法的具体操作方法：配制 4～5 份相同体积试样，第一份不加待测元素的标准溶液，从第二份开始分别按比例加入不同量待测元素的标准溶液，并稀释至相同体积，然后分别测定吸光度 A。

以加入待测元素的标准量为横坐标，相应的吸光度为纵坐标作图可得一直线，此直线的延长线在横坐标轴上交点到原点的距离对应的浓度即试样中待测元素的量(图 12-11)。

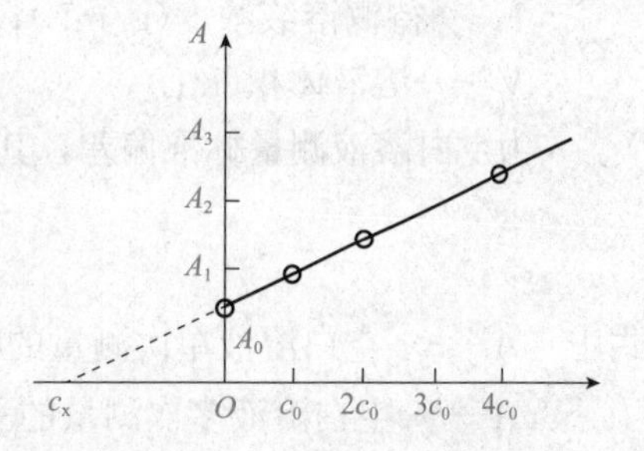

图 12-11　标准加入法

在应用本法时应注意以下几点：

(1)待测元素的浓度 c 与其对应的吸光度 A 呈线性关系；

(2)至少应采用 4 个点来作外推曲线，加入标准溶液的增量要合适，使加入第一个标准样品后产生的吸光度的增量约为试样原吸光度的 1/2；

(3)本法能消除基体效应，但不能消除背景吸收的影响；

(4)对于斜率太小的曲线，容易引起较大误差；

(5)当试样基体影响较大，且又没有纯净的基体空白，或测定纯物质中极微量的元素时可采用标准加入法。

此外，还有直接比较法(样品数量不多，浓度范围小)。

12.4.4　原子吸收分析的灵敏度和检出限

原子吸收光谱分析中常用灵敏度、检出限对定量分析方法及测定结果进行评价。

1. 灵敏度

根据 1975 年 IUPAC 的规定，将原子吸收分析法中的灵敏度定义为 A-c 工作曲线的斜率(S)：

$$S=\frac{\mathrm{d}A}{\mathrm{d}c}\text{或}S=\frac{\mathrm{d}A}{\mathrm{d}m} \tag{12-3}$$

式中，A 为吸光度；c、m 分别为待测元素的浓度、质量。

在火焰原子吸收分析中，通常习惯于用能产生 1%吸收(透射比 $T=99\%$，吸光度值为 $A=0.0044$)时所对应的待测溶液质量浓度(c，μg/mL)来表示分析的灵敏度，称为特征浓度$\left(\frac{c_c,\ \mu g/mL}{1\%}\right)$或特征(相对)灵敏度。

$$c_c=\frac{0.0044c}{A} \tag{12-4}$$

2. 检出限

由于灵敏度没有考虑仪器噪声的影响，故不能作为衡量仪器最小检出量的指标。通常用检出限来表示能被仪器检出的元素的最小浓度(质量)。

根据 IUPAC 的规定，检出限的定义为：在能够给出 3 倍于标准偏差的吸光度时，所对应的待测元素的浓度(质量)

$$D_c=3\sigma\frac{c}{A} \tag{12-5}$$

$$D_m=3\sigma\frac{cV}{A} \tag{12-6}$$

式中 D_c—— 相对检出限(g/mL)；

D_m—— 绝对检出限(g)；

c——待测溶液浓度(g/mL)；

V——溶液体积(mL)。

σ 为空白溶液测量标准偏差，其公式为

$$\sigma=\sqrt{\frac{\sum(A_i-\overline{A})^2}{n-1}} \tag{12-7}$$

式中 A_i—— 空白溶液单次测量的吸光度；

$\overline{A}$—— 空白溶液多次测量的平均吸光度；

n—— 测定次数，$n\geqslant10$。

检出限取决于仪器稳定性，并随样品基体的类型和溶剂的种类不同而变化。

思考题

1. 测量条件的选择主要包括哪些方面？
2. 原子吸收分析中会遇到哪些干扰因素？如何抑制上述干扰？
3. 原子吸收光谱法的定量分析方法有哪些？

项目实施

水样中铜的测定

[项目准备]

1. 主要仪器

原子吸收分光光度计、铜空心阴极灯、空气压缩机、乙炔钢瓶、50 mL 比色管(7只)、5 mL 胖肚移液管 1 支、5 mL 刻度吸量管 1 支等。

2. 相关试剂

(1)50.0 μg/mL 的铜标准溶液;

(2)Cu^{2+}的未知试样。

[工作流程]

1. 实验步骤

(1)仪器预热。

①打开计算机后，开仪器主机;

②打开操作软件;

③执行"分析设置"中"设置仪器参数"命令，选择"铜灯"→"设置"(狭缝、乙炔流量、灯电流等);

④单击"扫描"按钮，出峰后，单击"能量平衡"按钮。

(2)配制溶液。取 5 只比色管，分别加入 1.00 mL、2.00 mL、3.00 mL、4.00 mL、5.00 mL 50.0 μg/mL 的铜标准溶液，另取 2 只 50 mL 比色管，分别加入 5.00 mL 未知水样两份，用蒸馏水稀释至刻度摇匀。

(3)测定。

①单击"文件"按钮，进行方法设置(工作曲线法)。

②打开排风扇，确认管道系统不漏气后，先打开空压机，再开乙炔，点火。

③开始测定：于蒸馏水中单击"空白"按钮，于测定溶液中单击"采样"按钮。每次更换溶液均要用蒸馏水单击"空白"按钮回零后方可进行测定(若单击"空白"按钮不回零，则单击"分析设置"中的"仪器校零"按钮回零后再继续)。

④测定结束后，先关乙炔，火焰熄灭后退出系统，关空压机。

⑤退出软件，关仪器，关计算机，关通风系统。

(4)数据处理。以吸光度为纵坐标、标准溶液浓度(或铜离子的质量、标液体积)为横坐标作图，进行数据处理并计算未知液中铜离子的含量(μg/mL)。

2. 数据记录

记录测量标准溶液及样品溶液的吸光度值，见表12-1。

表12-1　铜标准溶液及样品溶液的吸光度

铜标准溶液/mL	1.00	2.00	3.00	4.00	5.00	待测水样1	待测水样2
A							

3. 数据处理

绘制铜的标准曲线，根据待测水样的吸光度从标准曲线查得相应的含铜量，计算待测水样的原始浓度。

（标准曲线绘制好后粘贴于此）

4. 注意事项

(1)仪器在接入电源时应有良好的接地。

(2)安装好空心阴极灯后应将灯室门关闭，灯在转动时不得将手放入灯室。

(3)点火之前有时需要调节燃烧器的位置，使空心阴极灯发出的光线在燃烧缝的正上方，与之平行。

(4)原子吸收分析中经常接触电器设备、高压钢瓶，使用明火，因此应时刻注意安全，掌握必要的电器常识、急救知识、灭火器的使用，使用乙炔钢瓶时不可完全用完，必须留出0.5 MPa，否则丙酮挥发进入火焰使背景增大、燃烧不稳定。

(5)乙炔为易燃易爆气体，必须严格按照操作步骤进行。切记：在点火前应先开空气，后开乙炔，结束或暂停实验时应先关乙炔后关空气。

(6)在测量试样前应吸喷空白溶剂调零。

项目评价

水样中铜的测定评价指标见表 12-2。

表 12-2 水样中铜的测定评价指标

序号	评价类型	配分	评价指标	分值	扣分	得分
1	职业能力	70	正确使用移液管	5		
			正确使用比色管配制溶液	5		
			能规范使用原子火焰吸收仪	10		
			能正确完成标准曲线的测绘	15		
			能正确完成水样中铜的测定	10		
			正确记录、处理原始数据，合理评价分析结果	5		
			相关系数：$r \geqslant 0.999\,9$，不扣分； $r < 0.999\,9$，扣 5 分； $r < 0.999\,5$，扣 7 分； $r < 0.999\,0$，扣 10 分	10		
			结果相对平均偏差：$\leqslant 0.50\%$，不扣分；$> 0.50\%$，扣 5 分；$> 1.0\%$，扣 7 分；$> 3.0\%$，扣 10 分	10		
2	职业素养	10	坚持按时出勤，遵守纪律	2		
			按要求穿戴实验服、口罩、手套、护目镜	2		
			协作互助，解决问题	2		
			按照标准规范操作	2		
			出具规范报告	2		
3	劳动素养	10	认真填写仪器使用记录	2		
			玻璃器皿洗涤干净，无器皿损坏	4		
			操作台面摆放整洁、有序	4		
4	思政素养	10	如实记录数据，不弄虚作假，具有良好的职业习惯	4		
			火焰有烫伤危险，需注意防范，规范操作，具有自我安全防范意识	4		
			节约试剂和实验室资源，废纸和废液分类收集、处理，具有环保意识	2		
5	合计	100				

拓展任务

原子吸收法测定人发中的锌含量

[任务描述]

近年来，头发与微量元素的关系受到营养学、职业医学和环境科学工作者的关注。通过动物实验、流行病学调查及临床观察治疗，现已证实很多疾病与微量元素有关。锌是维持人体生命必需的微量元素之一，对人体的贡献主要有合成多种酶、促进生长发育、增强免疫功能、促进智力发育、增强食欲等。原子吸收光谱法测定微量元素含量具有灵敏度高、选择性好等特点。为此利用原子吸收光谱法对正常人头发中锌元素的含量进行测定。

[任务目标]

(1)巩固原子吸收分光光度计的主要结构及其使用方法；
(2)通过对头发中锌的测定，进一步掌握标准曲线法在原子吸收定量分析中的应用；
(3)培养学生设计分析方案的能力。

[任务准备]

1. 明确方法原理

原子吸收光谱法测定微量元素含量具有灵敏度高、选择性好等特点。为此采用原子吸收光谱法对正常人头发中锌元素的含量进行测定。

原子吸收分析通常是溶液进样，因此被测样品需要事先转化为溶液样品。样品经硝酸溶解提取后，将其微量锌以金属离子状态转入溶液。用工作曲线法进行分析。

2. 主要仪器

火焰化原子吸收分光光度计、锌元素空心阴极灯、电子分析天平(精度 0.000 1 g)、消解瓶 3 只、50 mL 容量瓶 9 只、100 mL 容量瓶 2 只、1 000 mL 容量瓶 1 只、10 mL 刻度吸量管 1 支、10 mL 胖肚移液管 2 支、烘箱、电热板等。

3. 相关试剂

(1)1 mg/mL 的锌标准溶液：称取 1 g 金属锌(称准至 0.000 2 g)置于 200 mL 烧杯中，加 30～40 mL HCl(1+1)溶液，使其溶解，待溶解完全后，加热煮沸几分钟，冷却。定量转移至 1 000 mL 容量瓶中，用蒸馏水稀释至标线，摇匀。

(2)100 μg/mL 的锌标准溶液：移取 10 mL 浓度为 1 mg/mL 锌标准溶液于 100 mL 容量瓶中，用蒸馏水稀释至标线，摇匀。

(3)10.00 μg/mL 的锌标准溶液：移取 10 mL 浓度为 100 μg/mL 锌标准溶液于

100 mL 容量瓶中，用蒸馏水稀释至标线，摇匀。

(4)锌标准系列溶液：分别移取 10.00 μg/mL 锌标准溶液 0.00 mL、1.00 mL、2.00 mL、4.00 mL、8.00 mL、10.00 mL 于 50 mL 容量瓶中，用 1%的稀硝酸溶液稀释至标线，摇匀。浓度分别为 0.000 μg/mL、0.200 μg/mL、0.400 μg/mL、0.800 μg/mL、1.600 μg/mL、2.000 μg/mL。

(5)盐酸溶液：1+1。

(6)1%盐酸。

(7)浓硝酸。

(8)1%稀硝酸。

(9)高氯酸。

(10)30%过氧化氢。

[任务实施]

1. 样品预处理

(1)发样采集与准备。用不锈钢剪刀剪取发样，要贴近头皮剪并弃去发梢，取发量 1 g 左右，然后剪成 1 cm 左右长。将发样放入 100 mL 的烧杯，用 1%的洗发精浸泡，搅拌 30 min，自来水冲洗 20 遍，蒸馏水洗 5 遍，再用去离子水洗涤 5 遍，于 85 ℃的烘箱中干燥 1 h，取出后放入干燥器保存备用。

(2)消化处理。分别称取两份上述处理过的发样 0.100 g 于两个消解瓶中，分别加入 4 mL 浓硝酸和 1 mL 30%的过氧化氢，盖上短颈漏斗，在电热板上低温加热消解，温度控制为 140～160 ℃，待冒白烟至溶液余 0.5 mL 左右(不可蒸干)取下，冷却后，加入 10 mL 水微沸数分钟至干，放冷，反复处理两次后用 1%的稀硝酸将其移入 50 mL 容量瓶中，稀释至标线，摇匀。

(3)空白液的处理。取与试样处理相同量的硝酸和高氯酸，按同一操作方法做试剂空白试验。

2. 仪器预热

(1)开机前检查实验室环境条件、仪器各部件、气路连接和水封。

(2)打开计算机后，开主机。

(3)打开操作软件。

(4)执行“分析设置”中“设置仪器参数”命令，选择“锌灯”→“设置”(狭缝、乙炔流量、灯电流等)。

(5)单击“扫描”按钮，出峰后，单击“能量平衡”按钮。

3. 测定

(1)单击“文件”按钮，进行方法设置(工作曲线法)。

(2)打开排风扇，确认管道系统不漏气后，先打开空压机，再开乙炔，点火。

(3)开始测定。待火焰燃烧稳定后，吸喷 1%盐酸溶液单击“空白”按钮，测量系列标准溶液和试样的吸光度分别吸入标准溶液(浓度由小到大)，待吸光度稳定后单击“采样”按钮，读取并记录吸光度值。待 6 个标准溶液吸光度的测量完成后，仪器会根据浓度和相应的吸光度绘制工作曲线。

吸喷1%盐酸溶液单击“空白”按钮，测量试样溶液和试样空白溶液的吸光度，测量数据显示在测量表格中，并自动计算出未知样品浓度。

(4)测定结束后，先关乙炔，火焰熄灭后退出系统，关空压机。

(5)退出软件，关仪器，关计算机，关通风系统。

4. 数据记录与处理

(1)记录测量标准系列溶液的吸光度值(表12-3)。

表12-3　锌标准溶液的吸光度

V/mL	0.00	0.10	0.20	0.40	0.80	1.60
$\rho_{(Zn)}/(\mu g \cdot mL^{-1})$	0.000	0.200	0.400	0.800	1.600	2.000
A						

(2)记录试样溶液和试样空白溶液的吸光度值(表12-4)。

表12-4　样品溶液的测定

样品编号	1	2
$A_{样品}$		
样品溶液浓度/$(\mu g \cdot mL^{-1})$		
$A_{样品}$		
试剂空白浓度/$(\mu g \cdot mL^{-1})$		
样品中锌含量/$(\mu g \cdot g^{-1})$		

5. 数据处理及计算结果

绘制Zn的A-ρ工作曲线，用样品吸光度减去空白溶液吸光度所得值从工作曲线中找出相应浓度，算出样品中Zn的含量。

(工作曲线绘制好后粘贴在此)

6. 注意事项

(1)试样的吸光度应在工作曲线中部，否则应改变系列标准溶液浓度；

(2)经常检查管道气密性，防止气体泄漏，严格遵守有关操作规定，注意安全。

[相关链接]

《头发中微量元素的测定 电感耦合等离子体原子发射光谱法》(DB44/T 1935—2016)规定了原子吸收分光光度法测定人发中锌含量的原子吸收法。

阅读材料

国际纯粹与应用化学联合会(IUPAC组织)

1911年，英国伦敦成立了国际化学会联盟(International Association of Chemistry Societies)，它实际上是欧洲几个已成立的化学会的联盟组织。1919年，国际化学会联盟在法国巴黎改组为“国际纯粹与应用化学联合会”(International Union of Pure and Applied Chemistry)，简称IUPAC。

IUPAC组织是世界上最大、最具权威性的化学组织，各国仅可通过其全国性组织代表该国化学工作者参会。现有附属会员国57个、观察员国3个、相关专业协会组织34个，以及各国化学相关领域的公司会员78家。其工作主要包括对全球化学和化学工作者制定必要的规则和标准，如化学元素的确认与命名，物质的量的定义、测定方法和认定，化合物的命名法则，乃至化学工作者应遵守的科学道德准则和化学教育标准等；促进各国化学工作者间的合作与交流；培养年轻的化学工作者；普及化学知识；开展化学安全教育；促进化学科研成果为人类福祉服务等。

习题

一、单项选择题

1. 原子化器的主要作用是(　　)。

   A. 将试样中待测元素转化为基态原子

   B. 将试样中待测元素转化为激发态原子

   C. 将试样中待测元素转化为中性分子

   D. 将试样中待测元素转化为离子

2. 原子吸收的定量方法——标准加入法，消除了下列(　　)干扰。

   A. 分子吸收　　B. 背景吸收

   C. 光散射　　D. 基体效应

3. 空心阴极灯内充气体是(　　)。

   A. 大量的空气　　B. 大量的氖或氮等惰性气体

   C. 少量的空气　　D. 低压的氖或氩等惰性气体

4. 原子吸收光谱法中单色器的作用是(　　)。

   A. 将光源发射的带状光谱分解成线状光谱

   B. 把待测元素的共振线与其他谱线分离开，只让待测元素的共振线通过

   C. 消除来自火焰原子化器的直流发射信号

   D. 消除锐线光源和原子化器中的连续背景辐射

5. 下列(　　)元素适合用富燃火焰测定。

A. Na　　B. Cu　　C. Cr　　D. Mg

6. 原子吸收光谱法中，当吸收为1%时，其对应吸光度值应为(　　)。

A. −2　　B. 2　　C. 0.1　　D. 0.004 4

7. 原子吸收分析法测定钾时，加入1%钠盐溶液的作用是(　　)。

A. 减少背景　　B. 提高火焰温度　　C. 减少K电离　　D. 提高K的浓度

8. 原子吸收光谱法中的物理干扰可用(　　)消除。

A. 释放剂　　B. 保护剂　　C. 缓冲剂　　D. 标准加入法

9. 火焰原子吸光光度法的测定工作原理是(　　)。

A. 比尔定律　　B. 玻尔兹曼方程式　　C. 罗马金公式　　D. 光的色散原理

二、多项选择题

1. 下列关于原子吸收光谱法说法正确的是(　　)。

A. 原子吸收光谱分析中的吸光物质是溶液中的分子或离子

B. 原子吸收光谱法通常用一个元素灯可测多种元素，使用方便

C. 原子吸收光谱是线状光谱

D. 原子吸收光谱法的准确度高，与经典化学分析方法相近

2. 下列属于火焰原子化器的组成部分的是(　　)。

A. 石墨管　　B. 雾化器　　C. 预混合室　　D. 燃烧器

3. 石墨炉原子化过程包括(　　)。

A. 灰化阶段　　B. 干燥阶段

C. 原子化阶段　　D. 除杂阶段

4. 测量峰值吸收的条件是(　　)。

A. 单色光

B. 锐线光

C. 有大量的基态原子

D. 发射线中心频率与吸收线中心频率相同

三、判断题

1.(　　)原子吸收法是依据溶液中待测离子对特征光产生的选择性吸收实现定量测定的。

2.(　　)在原子吸收分光光度法中，一定要选择共振线作分析线。

3.(　　)原子吸收光谱分析中，测量的方式是峰值吸收，而以吸光度值反映其大小。

4.(　　)原子吸收仪器和其他分光光度计一样，具有相同的内外光路结构，遵守朗伯-比尔定律。

5.(　　)在石墨炉原子法中，选择灰化温度的原则是，在保证被测元素不损失的前提下，尽量选择较高的灰化温度以减少灰化时间。

6.(　　)贫燃性火焰是指燃烧气流量大于化学计量时形成的火焰。

7.(　　)原子吸收分光光度计中常用的检测器是光电池。

8.(　　)灵敏度和检测限是衡量原子吸收光谱仪性能的两个重要指标。

9.(　　)在原子吸收光谱法中，石墨炉原子化法一般比火焰原子化法的精密度高。

四、计算题

1. 用原子吸收法测定水样中的Cd，取一系列浓度为1.00 μg/mL的Cd标准溶液及20.00 mL水样于50 mL容量瓶中，分别加入1%稀硝酸2 mL后，用蒸馏水稀释到刻度。测定标准系列吸光度见表12-5，水样吸光度为0.095，计算水样中的Cd含量，以mg/L计。

表12-5 标准系列吸光度

加入Cd标准溶液体积/mL	0.00	1.00	2.00	3.00	4.00	5.00
A	0.003	0.052	0.100	0.147	0.194	0.246

2. 以4 μg/mL的钙溶液，用火焰原子吸收法测得透射比为48%，试计算钙的特征浓度。

项目12 水样中铜的测定习题答案

附　录

附录 1　弱酸弱碱的解离平衡常数

附录 1-1　酸的解离平衡常数

名称	温度/℃	解离常数 K_a	pK_a
砷酸(H_3AsO_4)	18	$K_{a1}=5.6\times10^{-3}$ $K_{a2}=1.7\times10^{-7}$ $K_{a3}=3.0\times10^{-12}$	2.25 6.77 11.50
硼酸(H_3BO_3)	20	$K_a=5.7\times10^{-10}$	9.24
氢氰酸(HCN)	25	$K_a=6.2\times10^{-10}$	9.21
碳酸(H_2CO_3)	25	$K_{a1}=4.2\times10^{-7}$ $K_{a2}=5.6\times10^{-11}$	6.38 10.25
铬酸(H_2CrO_4)	25	$K_{a1}=1.8\times10^{-1}$ $K_{a2}=3.2\times10^{-7}$	0.74 6.49
氢氟酸(HF)	25	$K_a=3.5\times10^{-4}$	3.46
亚硝酸(HNO_2)	25	$K_a=4.6\times10^{-4}$	3.34
磷酸(H_3PO_4)	25	$K_{a1}=7.6\times10^{-3}$ $K_{a2}=6.3\times10^{-8}$ $K_{a3}=4.4\times10^{-13}$	2.12 7.20 12.36
氢硫酸(H_2S)	25	$K_{a1}=1.3\times10^{-7}$ $K_{a2}=7.1\times10^{-13}$	6.89 12.15
亚硫酸(H_2SO_3)	18	$K_{a1}=1.3\times10^{-2}$ $K_{a2}=6.3\times10^{-8}$	1.90 7.20
硫酸(H_2SO_4)	25	$K_{a2}=1.0\times10^{-2}$	1.99
甲酸(HCOOH)	20	$K_a=1.8\times10^{-4}$	3.74

续表

名称	温度/℃	解离常数 K_a	pK_a
乙酸(CH_3COOH)	20	$K_a=1.8\times10^{-5}$	4.74
一氯乙酸($CH_2ClCOOH$)	25	$K_a=1.4\times10^{-3}$	2.85
二氯乙酸($CHCl_2COOH$)	25	$K_a=5.0\times10^{-2}$	1.30
三氯乙酸(CCl_3COOH)	25	$K_a=0.23$	0.64
草酸($H_2C_2O_4$)	25	$K_{a1}=5.9\times10^{-2}$ $K_{a2}=6.4\times10^{-5}$	1.23 4.19
琥珀酸$(CH_2COOH)_2$	25	$K_{a1}=6.4\times10^{-5}$ $K_{a2}=2.7\times10^{-6}$	4.19 5.57
酒石酸[CH(OH)COOH CH(OH)COOH]	25	$K_{a1}=9.1\times10^{-4}$ $K_{a2}=4.3\times10^{-5}$	3.04 4.37
柠檬酸[CH_2COOH C(OH)COOH CH_2COOH]	18	$K_{a1}=7.4\times10^{-4}$ $K_{a2}=1.7\times10^{-5}$ $K_{a3}=4.0\times10^{-7}$	3.13 4.77 6.40
苯酚(C_6H_5OH)	20	$K_a=1.1\times10^{-10}$	9.96
苯甲酸(C_6H_5COOH)	25	$K_a=6.2\times10^{-5}$	4.21
水杨酸[$C_6H_4(OH)COOH$]	18	$K_{a1}=1.07\times10^{-3}$ $K_{a2}=4\times10^{-14}$	2.97 13.40
邻苯二甲酸[$C_6H_4(COOH)_2$]	25	$K_{a1}=1.1\times10^{-3}$ $K_{a2}=2.9\times10^{-6}$	2.96 5.54

附录 1-2　碱的解离平衡常数

名称	温度/℃	解离常数 K_b	pK_b
氨水($NH_3\cdot H_2O$)	25	$K_b=1.8\times10^{-5}$	4.74
羟胺(NH_2OH)	20	$K_b=9.1\times10^{-9}$	8.04
苯胺($C_6H_5NH_2$)	25	$K_b=4.6\times10^{-10}$	9.34
乙二胺($H_2NCH_2CH_2NH_2$)	25	$K_{b1}=8.5\times10^{-5}$ $K_{b2}=7.1\times10^{-8}$	4.07 7.15
六亚甲基四胺[$(CH_2)_6N_4$]	25	$K_b=1.4\times10^{-9}$	8.85
吡啶(C_5H_5N)	25	$K_b=1.7\times10^{-9}$	8.77

附录 2 常用酸碱试剂的密度和浓度

附表 2-1 常用酸碱试剂的密度和浓度

试剂名称	化学式	M_r	密度 $\rho/(g \cdot mL^{-1})$	质量分数 $w/\%$	物质的量浓度 $c_B/(mol \cdot L^{-1})$
浓硫酸	H_2SO_4	98.08	1.84	96	18
浓盐酸	HCl	36.46	1.19	37	12
浓硝酸	HNO_3	63.01	1.42	70	16
浓磷酸	H_3PO_4	98.00	1.69	85	15
冰醋酸	CH_3COOH	60.05	1.05	99	17
高氯酸	$HClO_4$	100.46	1.67	70	12
浓氢氧化钠	$NaOH$	40.00	1.43	40	14
浓氨水	$NH_3 \cdot H_2O$	17.03	0.90	28	15

附录 3 常用缓冲溶液的配制

附表 3-1 几种常用缓冲溶液的配制

pH 值	配制方法
0	1 mol/L HCl①
1	0.1 mol/L HCl
2	0.01 mol/L HCl
3.6	$NaAc \cdot 3H_2O$ 16 g，溶于适量水中，加 6 mol/L HAc 268 mL，稀释至 1 L
4.0	$NaAc \cdot 3H_2O$ 40 g，溶于适量水中，加 6 mol/L HAc 268 mL，稀释至 1 L
4.5	$NaAc \cdot 3H_2O$ 64 g，溶于适量水中，加 6 mol/L HAc 136 mL，稀释至 1 L
5	$NaAc \cdot 3H_2O$ 100 g，溶于适量水中，加 6 mol/L HAc 68 mL，稀释至 1 L
5.7	$NaAc \cdot 3H_2O$ 200 g，溶于适量水中，加 6 mol/L HAc 26 mL，稀释至 1 L
7	NH_4Ac 154 g，溶于适量水中，稀释至 1 L
7.5	NH_4Cl 120 g，溶于适量水中，加 15 mol/L 氨水 2.8 mL，稀释至 1 L
8	NH_4Cl 100 g，溶于适量水中，加 15 mol/L 氨水 7 mL，稀释至 1 L
8.5	NH_4Cl 80 g，溶于适量水中，加 15 mol/L 氨水 17.6 mL，稀释至 1 L
9	NH_4Cl 70 g，溶于适量水中，加 15 mol/L 氨水 48 mL，稀释至 1 L
9.5	NH_4Cl 60 g，溶于适量水中，加 15 mol/L 氨水 130 mL，稀释至 1 L
10	NH_4Cl 54 g，溶于适量水中，加 15 mol/L 氨水 294 mL，稀释至 1 L
10.5	NH_4Cl 18 g，溶于适量水中，加 15 mol/L 氨水 350 mL，稀释至 1 L
11	NH_4Cl 6 g，溶于适量水中，加 15 mol/L 氨水 414 mL，稀释至 1 L
12	0.01 mol/L NaOH②
13	0.1 mol/L NaOH

①Cl^- 对测定有干扰时，可用 HNO_3。

②Na^+ 对测定有干扰时，可用 KOH。

附录 4 标准电极电位(18～25 ℃)

附表 4-1 标准电极电位(18～25 ℃)

半反应	φ°/V
$F_2(g)+2H^++2e^-$ ══ $2HF$	3.06
$O_3+2H^++2e^-$ ══ O_2+H_2O	2.07
$S_2O_8^{2-}+2e^-$ ══ $2SO_4^{2-}$	2.01
$H_2O_2+2H^++2e^-$ ══ $2H_2O$	1.77
$MnO_4^-+4H^++3e^-$ ══ $MnO_2(s)+2H_2O$	1.695
$PbO_2(s)+SO_4^{2-}+4H^++2e^-$ ══ $PbSO_4(s)+2H_2O$	1.685
$HClO_2+2H^++2e^-$ ══ $HClO+H_2O$	1.64
$HClO+H^++e^-$ ══ $\frac{1}{2}Cl_2+H_2O$	1.63
$Ce^{4+}+e^-$ ══ Ce^{3+}	1.61
$H_5IO_6+H^++2e^-$ ══ $IO_3^-+3H_2O$	1.60
$HBrO+H^++e^-$ ══ $\frac{1}{2}Br_2+H_2O$	1.59
$BrO_3^-+6H^++5e^-$ ══ $\frac{1}{2}Br_2+3H_2O$	1.52
$MnO_4^-+8H^++5e^-$ ══ $Mn^{2+}+4H_2O$	1.51
Au(Ⅲ)$+3e^-$ ══ Au	1.50
$HClO+H^++2e^-$ ══ Cl^-+H_2O	1.49
$ClO_3^-+6H^++5e^-$ ══ $\frac{1}{2}Cl_2+3H_2O$	1.47
$PbO_2(s)+4H^++2e^-$ ══ $Pb^{2+}+2H_2O$	1.455
$HIO+H^++e^-$ ══ $\frac{1}{2}I_2+H_2O$	1.45
$ClO_3^-+6H^++6e^-$ ══ Cl^-+3H_2O	1.45
$BrO_3^-+6H^++6e^-$ ══ Br^-+3H_2O	1.44
Au(Ⅲ)$+2e^-$ ══ Au(Ⅰ)	1.41
$Cl_2(g)+2e^-$ ══ $2Cl^-$	1.359 5
$ClO_4^-+8H^++7e^-$ ══ $\frac{1}{2}Cl_2+4H_2O$	1.34
$Cr_2O_7^{2-}+14H^++6e^-$ ══ $2Cr^{3+}+7H_2O$	1.33
$MnO_2(s)+4H^++2e^-$ ══ $Mn^{2+}+2H_2O$	1.23
$O_2(g)+4H^++4e^-$ ══ $2H_2O$	1.229
$IO_3^-+6H^++5e^-$ ══ $\frac{1}{2}I_2+3H_2O$	1.20
$ClO_4^-+2H^++2e^-$ ══ $ClO_3^-+H_2O$	1.19

续表

半反应	φ°/V
Br_2(水)$+2e^-$ ══ $2Br^-$	1.087
$NO_2+H^++e^-$ ══ HNO_2	1.07
$Br_3^-+2e^-$ ══ $3Br^-$	1.05
$HNO_2+H^++e^-$ ══ $NO(g)+H_2O$	1.00
$VO_2^++2H^++e^-$ ══ $VO^{2+}+H_2O$	1.00
$HIO+H^++2e^-$ ══ I^-+H_2O	0.99
$NO_3^-+3H^++2e^-$ ══ HNO_2+H_2O	0.94
$ClO^-+H_2O+2e^-$ ══ Cl^-+2OH^-	0.89
$H_2O_2+2e^-$ ══ $2OH^-$	0.88
$Cu^{2+}+I^-+e^-$ ══ $CuI(s)$	0.86
$Hg^{2+}+2e^-$ ══ Hg	0.845
$NO_3^-+2H^++e^-$ ══ NO_2+H_2O	0.80
Ag^++e^- ══ Ag	0.799 5
$Hg_2^{2+}+2e^-$ ══ $2Hg$	0.793
$Fe^{3+}+e^-$ ══ Fe^{2+}	0.771
$BrO^-+H_2O+2e^-$ ══ Br^-+2OH^-	0.76
$O_2(g)+2H^++2e^-$ ══ H_2O_2	0.682
$AsO_2^-+2H_2O+3e^-$ ══ $As+4OH^-$	0.68
$2HgCl_2+2e^-$ ══ $Hg_2Cl_2(s)+2Cl^-$	0.63
$Hg_2SO_4(s)+2e^-$ ══ $2Hg+SO_4^{2-}$	0.615 1
$MnO_4^-+2H_2O+3e^-$ ══ $MnO_2(s)+4OH^-$	0.588
$MnO_4^-+e^-$ ══ MnO_4^{2-}	0.564
$H_3AsO_4+2H^++2e^-$ ══ $HAsO_2+2H_2O$	0.559
$I_3^-+2e^-$ ══ $3I^-$	0.545
$I_2(s)+2e^-$ ══ $2I^-$	0.534 5
Mo(Ⅵ)$+e^-$ ══ Mo(Ⅴ)	0.53
Cu^++e^- ══ Cu	0.52
$4SO_2$(水)$+4H^++6e^-$ ══ $S_4O_6^{2-}+2H_2O$	0.51
$HgCl_4^{2-}+2e^-$ ══ $Hg+4Cl^-$	0.48
$2SO_2$(水)$+2H^++4e^-$ ══ $S_2O_3^{2-}+H_2O$	0.40
$Fe(CN)_6^{3-}+2e^-$ ══ $Fe(CN)_6^{4-}$	0.36
$Cu^{2+}+2e^-$ ══ Cu	0.337
$VO^{2+}+2H^++e^-$ ══ $V^{3+}+H_2O$	0.337
$BiO^++2H^++3e^-$ ══ $Bi+H_2O$	0.32
$Hg_2Cl_2(s)+2e^-$ ══ $2Hg+2Cl^-$	0.267 6
$HAsO_2+3H^++3e^-$ ══ $As+2H_2O$	0.248

续表

半反应	φ°/V
$AgCl(s)+e^- = Ag+Cl^-$	0.222 3
$SbO^+ +2H^+ +3e^- = Sb+H_2O$	0.212
$SO_4^{2-} +4H^+ +2e^- = SO_2$(水)$+2H_2O$	0.17
$Cu^{2+} +e^- = Cu^+$	0.159
$Sn^{4+} +2e^- = Sn^{2+}$	0.154
$S+2H^+ +2e^- = H_2S(g)$	0.141
$Hg_2Br_2+2e^- = 2Hg+2Br^-$	0.139 5
$TiO^{2+} +2H^+ +2e^- = Ti^{3+} +H_2O$	0.10
$S4O_6^{2-} +2e^- = 2S_2O_3^{2-}$	0.08
$AgBr(s)+e^- = Ag+Br^-$	0.071
$2H^+ +2e^- = H_2$	0.000
$O_2+H_2O+2e^- = HO_2^- +OH^-$	−0.067
$TiOCl^+ +2H^+ +3Cl^- +2e^- = TiCl_4^- +H_2O$	−0.09
$Pb^{2+} +2e^- = Pb$	−0.126
$Sn^{2+} +2e^- = Sn$	−0.136
$AgI(s)+e^- = Ag+I^-$	−0.152
$Ni^{2+} +2e^- = Ni$	−0.246
$H_3PO_4+2H^+ +2e^- = H_3PO_3+H_2O$	−0.276
$Co^{2+} +2e^- = Co$	−0.277
$Tl^+ +e^- = Tl$	−0.336 0
$In^{3+} +3e^- = In$	−0.345
$PbSO_4(s)+2e^- = Pb+SO_4^{2-}$	−0.355 3
$SeO_3^{2-} +3H_2O+4e^- = Se+6OH^-$	−0.366
$As+3H^+ +3e^- = AsH_3$	−0.38
$Se+2H^+ +2e^- = H_2Se$	−0.40
$Cd^{2+} +2e^- = Cd$	−0.403
$Cr^{3+} +e^- = Cr^{2+}$	−0.41
$Fe^{2+} +2e^- = Fe$	−0.440
$S+2e^- = S^{2-}$	−0.48
$2CO_2+2H^+ +2e^- = H_2C_2O_4$	−0.49
$H_3PO_3+2H^+ +2e^- = H_3PO_2+H_2O$	−0.50
$Sb+3H^+ +3e^- = SbH_3$	−0.51
$HPbO_2^- +H_2O+2e^- = Pb+3OH^-$	−0.54
$Ga^{3+} +3e^- = Ga$	−0.56
$TeO_3^{2-} +3H_2O+4e^- = Te+6OH^-$	−0.57

续表

半反应	φ°/V
$2SO_3^{2-}+3H_2O+4e^-═S_2O_3^{2-}+6OH^-$	−0.58
$SO_3^{2-}+3H_2O+4e^-═S+6OH^-$	−0.66
$AsO_4^{3-}+2H_2O+2e^-═AsO_2^-+4OH^-$	−0.67
$Ag_2S(s)+2e^-═2Ag+S^{2-}$	−0.69
$Zn^{2+}+2e^-═Zn$	−0.763
$2H_2O+2e^-═H_2+2OH^-$	−0.828
$Cr^{2+}+2e^-═Cr$	−0.91
$HSnO_2^-+H_2O+2e^-═Sn+3OH^-$	−0.91
$Se+2e^-═Se^{2-}$	−0.92
$Sn(OH)_6^{2-}+2e^-═HSnO_2^-+H_2O+3OH^-$	−0.93
$CNO^-+H_2O+2e^-═CN^-+2OH^-$	−0.97
$Mn^{2+}+2e^-═Mn$	−1.182
$ZnO_2^{2-}+2H_2O+2e^-═Zn+4OH^-$	−1.216
$Al^{3+}+3e^-═Al$	−1.66
$H_2AlO_3^-+H_2O+3e^-═Al+4OH^-$	−2.35
$Mg^{2+}+2e^-═Mg$	−2.37
$Na^++e^-═Na$	−2.714
$Ca^{2+}+2e^-═Ca$	−2.87
$Sr^{2+}+2e^-═Sr$	−2.89
$Ba^{2+}+2e^-═Ba$	−2.90
$K^++e^-═K$	−2.925
$Li^++e^-═Li$	−3.042

附录 5　一些氧化还原电对的条件电极电位

附表 5-1　一些氧化还原电对的条件电极电位

半反应	$\varphi^{\circ\prime}$/V	介质
$Ag(Ⅱ)+e^-═Ag^+$	1.927	4 mol/L HNO_3
$Ce(Ⅳ)+e^-═Ce(Ⅲ)$	1.74 1.44 1.28	1 mol/L $HClO_4$ 0.5 mol/L H_2SO_4 1 mol/L HCl
$Co^{3+}+e^-═Co^{2+}$	1.84	3 mol/L HNO_3
$Co(en)_3^{3+}+e^-═Co(en)_3^{2+}$	−0.2	0.1 mol/L KNO_3 +0.1 mol/L en(乙二胺)

续表

半反应	$\varphi^{\circ\prime}/V$	介质
$Cr(III)+e^- = Cr(II)$	−0.40	5 mol/L HCl
$Cr_2O_7^{2-}+14H^++6e^- = 2Cr^{3+}+7H_2O$	1.08 1.15 1.025	3 mol/L HCl 4 mol/L H_2SO_4 1 mol/L $HClO_4$
$CrO_4^{2-}+2H_2O+3e^- = CrO_2^-+4OH^-$	−0.12	1 mol/L NaOH
$Fe(III)+e^- = Fe^{2+}$	0.767 0.71 0.68 0.68 0.46 0.51	1 mol/L $HClO_4$ 0.5 mol/L HCl 1 mol/L H_2SO_4 1 mol/L HCl 2 mol/L H_3PO_4 1 mol/L HCl +0.25 mol/L H_3PO_4
$Fe(EDTA)^-+e^- = Fe(EDTA)^{2-}$	0.12	0.1 mol/L EDTA pH=4～6
$Fe(CN)_6^{3-}+e^- = Fe(CN)_6^{4-}$	0.56	0.1 mol/L HCl
$FeO_4^{2-}+2H_2O+3e^- = FeO_2^-+4OH^-$	0.55	10 mol/L NaOH
$I_3^-+2e^- = 3I^-$	0.544 6	0.5 mol/L H_2SO_4
I_2(水)$+2e^- = 2I^-$	0.627 6	0.5 mol/L H_2SO_4
$MnO_4^-+8H^++5e^- = Mn^{2+}+4H_2O$	1.45	1 mol/L $HClO_4$
$SnCl_6^{2-}+2e^- = SnCl_4^{2-}+2Cl^-$	0.14	1 mol/L HCl
$Sb(V)+2e^- = Sb(III)$	0.75	3.5 mol/L HCl
$Sb(OH)_6^-+2e^- = SbO_2^-+2OH^-+2H_2O$	−0.428	3 mol/L NaOH
$SbO_2^-+2H_2O+3e^- = Sb+4OH^-$	−0.675	10 mol/L KOH
$Ti(IV)+e^- = Ti(III)$	−0.01 0.12 0.10 −0.04 −0.05	0.2 mol/L H_2SO_4 2 mol/L H_2SO_4 3 mol/L HCl 1 mol/L HCl 1 mol/L H_3PO_4
$Pb(II)+2e^- = Pb$	−0.32	1 mol/L NaOAc

附录 6　难溶化合物的溶度积常数(18 ℃)

附表 6-1　难溶化合物的溶度积常数(18 ℃)

难溶化合物	化学式	K_{sp}	
氢氧化铝	$Al(OH)_3$	2×10^{-32}	
溴酸银	$AgBrO_3$	5.77×10^{-5}	25 ℃
溴化银	$AgBr$	4.1×10^{-13}	
碳酸银	Ag_2CO_3	6.15×10^{-12}	25 ℃
氯化银	$AgCl$	1.56×10^{-10}	25 ℃
铬酸银	Ag_2CrO_4	9.0×10^{-12}	25 ℃
氢氧化银	$AgOH$	1.52×10^{-8}	20 ℃
碘化银	AgI	1.5×10^{-10}	25 ℃
硫化银	Ag_2S	1.6×10^{-49}	
硫氰酸银	$AgSCN$	4.9×10^{-13}	
碳酸钡	$BaCO_3$	8.1×10^{-9}	25 ℃
铬酸钡	$BaCrO_4$	1.6×10^{-10}	
草酸钡	$BaC_2O_4\cdot3\frac{1}{2}H_2O$	1.62×10^{-7}	
硫酸钡	$BaSO_4$	8.7×10^{-11}	
氢氧化铋	$Bi(OH)_3$	4.0×10^{-31}	
氢氧化铬	$Cr(OH)_3$	5.4×10^{-31}	
硫化镉	CdS	3.6×10^{-29}	
碳酸钙	$CaCO_3$	8.7×10^{-9}	25 ℃
氟化钙	CaF_2	3.4×10^{-11}	
草酸钙	$CaC_2O_4\cdot H_2O$	1.78×10^{-9}	
硫酸钙	$CaSO_4$	2.45×10^{-5}	25 ℃
硫化钴	$CoS(\alpha)$ $CoS(\beta)$	4×10^{-21} 2×10^{-25}	
碘酸铜	$CuIO_3$	1.4×10^{-7}	25 ℃
草酸铜	CuC_2O_4	2.87×10^{-8}	25 ℃
硫化铜	CuS	8.5×10^{-45}	
溴化亚铜	$CuBr$	4.15×10^{-9}	(18～20 ℃)
氯化亚铜	$CuCl$	1.02×10^{-6}	(18～20 ℃)
碘化亚铜	CuI	1.1×10^{-12}	(18～20 ℃)
硫化亚铜	Cu_2S	2×10^{-47}	(16～18 ℃)

续表

难溶化合物	化学式	K_{sp}	
硫氰酸亚铜	CuSCN	4.8×10^{-15}	
氢氧化铁	$Fe(OH)_3$	3.5×10^{-38}	
氢氧化亚铁	$Fe(OH)_2$	1.0×10^{-15}	
草酸亚铁	FeC_2O_4	2.1×10^{-7}	25 ℃
硫化亚铁	FeS	3.7×10^{-19}	
硫化汞	HgS	$4\times10^{-53}\sim2\times10^{-49}$	
溴化亚汞	Hg_2Br_2	5.8×10^{-23}	
氯化亚汞	Hg_2Cl_2	1.3×10^{-18}	
碘化亚汞	Hg_2I_2	4.5×10^{-29}	
磷酸铵镁	$MgNH_4PO_4$	2.5×10^{-13}	25 ℃
碳酸镁	$MgCO_3$	2.6×10^{-5}	12 ℃
氟化镁	MgF_2	7.1×10^{-9}	
氢氧化镁	$Mg(OH)_2$	1.8×10^{-11}	
草酸镁	MgC_2O_4	8.57×10^{-5}	
氢氧化锰	$Mn(OH)_2$	4.5×10^{-13}	
硫化锰	MnS	1.4×10^{-15}	
氢氧化镍	$Ni(OH)_2$	6.5×10^{-18}	
碳酸铅	$PbCO_3$	3.3×10^{-14}	
铬酸铅	$PbCrO_4$	1.77×10^{-14}	
草酸铅	PbC_2O_4	2.74×10^{-11}	
氢氧化铅	$Pb(OH)_2$	1.2×10^{-15}	
硫酸铅	$PbSO_4$	1.06×10^{-8}	
硫化铅	PbS	3.4×10^{-28}	
氟化锶	SrF_2	2.8×10^{-9}	
草酸锶	SrC_2O_4	5.61×10^{-8}	
硫酸锶	$SrSO_4$	3.81×10^{-7}	17.4 ℃
氢氧化锡	$Sn(OH)_4$	1×10^{-57}	
氢氧化亚锡	$Sn(OH)_2$	3×10^{-27}	
氢氧化钛	$TiO(OH)_2$	1×10^{-29}	
氢氧化锌	$Zn(OH)_2$	1.2×10^{-17}	18～20 ℃
草酸锌	ZnC_2O_4	1.35×10^{-9}	
硫化锌	Zns	1.2×10^{-23}	

附录 7 相对原子质量表

附表 7-1 相对原子质量表

元素		原子量	元素		原子量	元素		原子量
符号	名称		符号	名称		符号	名称	
Ac	锕	[227]	Ge	锗	72.61	Pr	镨	140.907 65
Ag	银	107.868 2	H	氢	1.007 94	Pt	铂	195.08
Al	铝	26.981 54	He	氦	4.002 60	Pu	钚	[244]
Am	镅	[243]	Hf	铪	178.49	Ra	镭	226.025 4
Ar	氩	39.948	Hg	汞	200.59	Rb	铷	85.467 8
As	砷	74.921 59	Ho	钬	164.930 32	Re	铼	186.207
At	砹	[210]	I	碘	126.904 47	Rh	铑	102.905 50
Au	金	196.966 54	In	铟	114.82	Rn	氡	[222]
B	硼	10.811	Ir	铱	192.22	Ru	钌	101.07
Ba	钡	137.327	K	钾	39.098 3	S	硫	32.066
Be	铍	9.012 18	Kr	氪	83.80	Sb	锑	121.75
Bi	铋	208.980 37	La	镧	138.905 5	Sc	钪	44.955 91
Bk	锫	[247]	Li	锂	6.941	Se	硒	78.96
Br	溴	79.904	Lr	铹	[257]	Si	硅	28.085 5
C	碳	12.011	Lu	镥	174.967	Sm	钐	150.36
Ca	钙	40.078	Md	钔	[256]	Sn	锡	118.710
Cd	镉	112.411	Mg	镁	24.305 0	Sr	锶	87.62
Ce	铈	140.115	Mn	锰	54.938 0	Ta	钽	180.947 9
Cf	锎	[251]	Mo	钼	95.94	Tb	铽	158.925 34
Cl	氯	35.452 7	N	氮	14.006 74	Tc	锝	98.906 2
Cm	锔	[247]	Na	钠	22.989 77	Te	碲	127.60
Co	钴	58.933 20	Nb	铌	92.906 38	Th	钍	232.038 1
Cr	铬	51.996 1	Nd	钕	144.24	Ti	钛	47.88
Cs	铯	132.905 43	Ne	氖	20.179 7	Tl	铊	204.383 3
Cu	铜	63.546	Ni	镍	58.69	Tm	铥	168.934 21
Dy	镝	162.50	No	锘	[254]	U	铀	238.289
Er	铒	167.26	Np	镎	237.048 2	V	钒	50.941 5
Es	锿	[254]	O	氧	15.999 4	W	钨	183.85
Eu	铕	151.965	Os	锇	190.2	Xe	氙	131.29
F	氟	18.998 40	P	磷	30.973 76	Y	钇	88.905 85
Fe	铁	55.847	Pa	镤	231.035 88	Yb	镱	173.04
Fm	镄	[257]	Pb	铅	207.2	Zn	锌	65.39
Fr	钫	[223]	Pd	钯	106.42	Zr	锆	91.224
Ga	镓	69.723	Pm	钷	[145]			
Gd	钆	157.25	Po	钋	[～210]			

附录 8　一些化合物的相对分子质量

附表 8-1　一些化合物的相对分子质量

化合物分子式	相对分子质量	化合物分子式	相对分子质量
$AgBr$	187.78	$C_6H_5 \cdot COOH$	122.12
$AgCl$	143.32	$C_6H_5 \cdot COONa$	144.10
$AgCN$	133.84	$C_6H_4 \cdot COOH \cdot COOK$（邻苯二甲酸氢钾）	204.22
Ag_2CrO_4	331.73	$CH_3 \cdot COONa$	82.03
AgI	234.77	C_6H_5OH	94.11
$AgNO_3$	169.87	$(C_9H_7N)_3H_3(PO_4 \cdot 12MoO_2)$	2 212.74
$AgSCN$	165.95	$COOH \cdot CH_2 \cdot COOH$	104.06
Al_2O_3	101.96	$COOH \cdot CH_2 \cdot COONa$	126.04
$Al_2(SO_4)_2$	342.15	CCl_4	153.81
As_2O_3	197.84	CO_2	44.01
As_2O_5	229.84	Cr_2O_3	151.99
$BaCO_3$	197.34	$Cu(C_2H_3O_2)_2 \cdot 3Cu(AsO_2)_2$	1 013.80
BaC_2O_4	225.35	CuO	79.54
$BaCl_2$	208.23	Cu_2O	143.09
$BaCl_2 \cdot 2H_2O$	244.26	$CuSCN$	121.63
$BaCrO_4$	253.32	$CuSO_4$	159.61
BaO	153.33	$CuSO_4 \cdot 5H_2O$	249.69
$Ba(OH)_2$	171.35	$Ca(OH)_2$	74.09
$BaSO_4$	233.39	$CaSO_4$	136.14
$CaCO_3$	100.09	$Ca_3(PO_4)_2$	310.18
CaC_2O_4	128.10	$Ce(SO_4)_2$	332.24
$CaCl_2$	110.98	$Ce(SO_4)_2 \cdot 2(NH_4)_2SO_4 \cdot 2H_2O$	632.54
$CaCl_2 \cdot H_2O$	129.00	CH_3COOH	60.05
CaF_2	78.07	CH_3OH	32.04
$Ca(NO_3)_2$	164.09	$CH_3 \cdot CO \cdot CH_3$	58.08
CaO	56.08	$FeCl_3$	162.21

续表

化合物分子式	相对分子质量	化合物分子式	相对分子质量
$FeCl_3 \cdot 6H_2O$	270.30	$KB(C_6H_5)_4$	358.33
FeO	71.85	KBr	119.01
Fe_2O_3	159.69	$KBrO_3$	167.01
Fe_3O_4	231.54	KCN	65.12
$FeSO_4 \cdot H_2O$	169.93	K_2CO_3	138.21
$FeSO_4 \cdot 7H_2O$	278.02	KCl	74.56
$Fe_2(SO_4)_3$	399.89	$KClO_3$	122.55
$FeSO_4 \cdot (NH_4)_2SO_4 \cdot 6H_2O$	392.14	$KClO_4$	138.55
H_3BO_3	61.83	K_2CrO_4	194.20
HBr	80.91	$K_2Cr_2O_7$	294.19
$H_6C_4O_6$(酒石酸)	150.09	$KHC_2O_4 \cdot H_2C_2O_4 \cdot 2H_2O$	254.19
HCN	27.03	$KHC_2O_4 \cdot H_2O$	146.14
H_3BO_3	61.83	KI	166.01
$HCOOH$	46.03	KIO_3	214.00
HCl	36.46	$KMnO_4$	158.04
$HClO_4$	100.46	KNO_2	85.10
H_2CO_3	62.03	K_2O	92.20
$H_2C_2O_4$	90.04	KOH	56.11
$H_2C_2O_4 \cdot 2H_2O$	126.07	$KSCN$	97.18
HF	20.01	K_2SO_4	174.26
HI	127.91	$MgCO_3$	84.32
HNO_2	47.01	$MgCl_2$	95.21
HNO_3	63.01	$MgNH_4PO_4$	137.33
H_2O	18.02	MgO	40.31
H_2O_2	34.02	$Mg_2P_2O_7$	222.60
H_3PO_4	98.00	MnO	70.94
H_2S	34.08	MnO_2	86.94
H_2SO_3	82.08	$Na_2B_4O_7$	201.22
H_2SO_4	98.08	$Na_2B_4O_7 \cdot 10H_2O$	381.37
$HgCl_2$	271.50	$NaBiO_3$	279.97
Hg_2Cl_2	427.09	$NaBr$	102.90
$KAl(SO_4)_2 \cdot 12H_2O$	474.39	$NaCN$	49.01

续表

化合物分子式	相对分子质量	化合物分子式	相对分子质量
Na_2CO_3	105.99	$(NH_4)_2HPO_4$	132.05
$Na_2C_2O_4$	134.00	$(NH_4)_3HPO_4 \cdot 12MoO_3$	1 876.53
$NaCl$	58.44	NH_4SCN	76.12
NaF	41.99	$(NH_4)_2SO_4$	132.14
$NaHCO_3$	84.01	$NiC_8H_{14}O_4N_4$	288.91
NaH_2PO_4	119.98	P_2O_5	141.95
Na_2HPO_4	141.96	$PbCrO_4$	323.18
$Na_2H_2Y \cdot 2H_2O$	372.26	PbO	223.19
NaI	149.89	PbO_2	239.19
$NaNO_3$	69.00	$PbSO_4$	303.26
Na_2O	61.98	SO_2	64.06
$NaOH$	40.01	SO_3	80.06
Na_3PO_4	163.94	Sb_2O_3	291.50
Na_2S	78.05	Sb_2S_3	339.70
$Na_2S \cdot 9H_2O$	240.18	SiF_4	104.08
Na_2SO_3	126.04	SiO_2	60.08
Na_2SO_4	142.04	$SnCO_3$	178.72
$Na_2SO_4 \cdot 10H_2O$	322.20	$SnCl_2$	189.62
$Na_2S_2O_3$	158.11	SnO_2	150.71
$Na_2S_2O_3 \cdot 5H_2O$	248.19	WO_3	231.83
NH_4Cl	53.49	$ZnCl_2$	136.30
$(NH_4)_2C_2O_4 \cdot H_2O$	142.11	ZnO	81.39
$NH_3 \cdot H_2O$	35.05	$Zn_2P_2O_7$	304.72
$NH_4Fe(SO_4)_2 \cdot 12H_2O$	482.20	$ZnSO_4$	161.45

参考文献

[1] 高职高专化学教材编写组．分析化学[M].4 版．北京：高等教育出版社，2014.
[2] 李华昌，符斌．化验师技术问答[M]．北京：冶金工业出版社，2006.
[3] 黄一石，乔子荣．定量化学分析[M]．2 版．北京：化学工业出版社，2009.
[4] 孙彩兰，田桂芝．化工分析检测综合实训教程[M]．北京：北京航空航天大学出版社，2007.
[5] 胡伟光，张文英．定量化学分析实验[M]．2 版．北京：化学工业出版社，2009.
[6] 张承红，陈国华．化工实验技术[M]．重庆：重庆大学出版社，2007.
[7] 夏玉宇．化验员实用手册[M].3 版．北京：化学工业出版社，2012.
[8] 姚思童，张进．现代分析化学实验[M]．北京：化学工业出版社，2008.
[9] 于世林，苗凤琴．分析化学实验[M]．2 版．北京：化学工业出版社，2009.
[10] 王玉枝．化学分析[M]．北京：中国纺织出版社，2008.
[11] 王冬梅．分析化学实验[M].2 版．武汉：华中科技大学出版社，2017.
[12] 王明国，侯振鞠．分析化学实验[M]．北京：石油工业出版社，2008.
[13] 于晓萍．仪器分析[M].3 版．北京：化学工业出版社，2022.
[14] 王安群．分析化学[M]．广州：华南理工大学出版社，2010.
[15] 尚华．分析检验综合技能实训[M]．北京：北京理工大学出版社，2021.
[16] 梁冬，钟桂云．分析化学[M].2 版．武汉：华中科技大学出版社，2022.